第一推动丛书：生命系列
The Life Series

解码生命
A Life Decoded

[美] J. 克雷格·文特尔 著　赵海军 周海燕 译
J. Craig Venter

U0339819

CTSK 湖南科学技术出版社

THE
FIRST
MOVER

总序

《第一推动丛书》编委会

科学，特别是自然科学，最重要的目标之一，就是追寻科学本身的原动力，或曰追寻其第一推动。同时，科学的这种追求精神本身，又成为社会发展和人类进步的一种最基本的推动。

科学总是寻求发现和了解客观世界的新现象，研究和掌握新规律，总是在不懈地追求真理。科学是认真的、严谨的、实事求是的，同时，科学又是创造的。科学的最基本态度之一就是疑问，科学的最基本精神之一就是批判。

的确，科学活动，特别是自然科学活动，比起其他的人类活动来，其最基本特征就是不断进步。哪怕在其他方面倒退的时候，科学却总是进步着，即使是缓慢而艰难的进步。这表明，自然科学活动中包含着人类的最进步因素。

正是在这个意义上，科学堪称为人类进步的"第一推动"。

科学教育，特别是自然科学的教育，是提高人们素质的重要因素，是现代教育的一个核心。科学教育不仅使人获得生活和工作所需的知识和技能，更重要的是使人获得科学思想、科学精神、科学态度以及科学方法的熏陶和培养，使人获得非生物本能的智慧，获得非与生俱来的灵魂。可以这样说，没有科学的"教育"，只是培养信仰，而不是教育。没有受过科学教育的人，只能称为受过训练，而非受过教育。

正是在这个意义上，科学堪称为使人进化为现代人的"第一推动"。

近百年来，无数仁人志士意识到，强国富民再造中国离不开科学技术，他们为摆脱愚昧与无知做了艰苦卓绝的奋斗。中国的科学先贤们代代相传，不遗余力地为中国的进步献身于科学启蒙运动，以图完成国人的强国梦。然而可以说，这个目标远未达到。今日的中国需要新的科学启蒙，需要现代科学教育。只有全社会的人具备较高的科学素质，以科学的精神和思想、科学的态度和方法作为探讨和解决各类问题的共同基础和出发点，社会才能更好地向前发展和进步。因此，中国的进步离不开科学，是毋庸置疑的。

正是在这个意义上，似乎可以说，科学已被公认是中国进步所必不可少的推动。

然而，这并不意味着，科学的精神也同样地被公认和接受。虽然，科学已渗透到社会的各个领域和层面，科学的价值和地位也更高了，但是，毋庸讳言，在一定的范围内或某些特定时候，人们只是承认"科学是有用的"，只停留在对科学所带来的结果的接受和承认，而不是对科学的原动力——科学的精神的接受和承认。此种现象的存在也是不能忽视的。

科学的精神之一，是它自身就是自身的"第一推动"。也就是说，科学活动在原则上不隶属于服务于神学，不隶属于服务于儒学，科学活动在原则上也不隶属于服务于任何哲学。科学是超越宗教差别的，超越民族差别的，超越党派差别的，超越文化和地域差别的，科学是普适的、独立的，它自身就是自身的主宰。

　　湖南科学技术出版社精选了一批关于科学思想和科学精神的世界名著，请有关学者译成中文出版，其目的就是为了传播科学精神和科学思想，特别是自然科学的精神和思想，从而起到倡导科学精神，推动科技发展，对全民进行新的科学启蒙和科学教育的作用，为中国的进步做一点推动。丛书定名为"第一推动"，当然并非说其中每一册都是第一推动，但是可以肯定，蕴含在每一册中的科学的内容、观点、思想和精神，都会使你或多或少地更接近第一推动，或多或少地发现自身如何成为自身的主宰。

再版序
一个坠落苹果的两面：
极端智慧与极致想象

龚曙光
2017年9月8日凌晨于抱朴庐

连我们自己也很惊讶，《第一推动丛书》已经出了25年。

或许，因为全神贯注于每一本书的编辑和出版细节，反倒忽视了这套丛书的出版历程，忽视了自己头上的黑发渐染霜雪，忽视了团队编辑的老退新替，忽视好些早年的读者已经成长为多个领域的栋梁。

对于一套丛书的出版而言，25年的确是一段不短的历程；对于科学研究的进程而言，四分之一个世纪更是一部跨越式的历史。古人"洞中方七日，世上已千秋"的时间感，用来形容人类科学探求的速律，倒也恰当和准确。回头看看我们逐年出版的这些科普著作，许多当年的假设已经被证实，也有一些结论被证伪；许多当年的理论已经被孵化，也有一些发明被淘汰……

无论这些著作阐释的学科和学说属于以上所说的哪种状况，都本质地呈现了科学探索的旨趣与真相：科学永远是一个求真的过程，所谓的真理，都只是这一过程中的阶段性成果。论证被想象讪笑，结论被假设挑衅，人类以其最优越的物种秉赋——智慧，让锐利无比的理性之刃，和绚烂无比的想象之花相克相生，相否相成。在形形色色的生活中，似乎没有哪一个领域如同科学探索一样，既是一次次伟大的理性历险，又是一次次极致的感性审美。科学家们穷其毕生所奉献的，不仅仅是我们无法发现的科学结论，还是我们无法展开的绚丽想象。在我们难以感知的极小与极大世界中，没有他们记历这些伟大历险和极致审美的科普著作，我们不但永远无法洞悉我们赖以生存世界的各种奥秘，无法领略我们难以抵达世界的各种美丽，更无法认知人类在找到真理和遭遇美景时的心路历程。在这个意义上，科普是人类极端智慧和极致审美的结晶，是物种独有的精神文本，是人类任何其他创造 —— 神学、哲学、文学和艺术无法替代的文明载体。

　　在神学家给出"我是谁"的结论后，整个人类，不仅仅是科学家，包括庸常生活中的我们，都企图突破宗教教义的铁窗，自由探求世界的本质。于是，时间、物质和本源，成为了人类共同的终极探寻之地，成为了人类突破慵懒、挣脱琐碎、拒绝因袭的历险之旅。这一旅程中，引领着我们艰难而快乐前行的，是那一代又一代最伟大的科学家。他们是极端的智者和极致的幻想家，是真理的先知和审美的天使。

　　我曾有幸采访《时间简史》的作者史蒂芬·霍金，他痛苦地斜躺在轮椅上，用特制的语音器和我交谈。聆听着由他按击出的极其单调的金属般的音符，我确信，那个只留下萎缩的躯干和游丝一般生命气息的智者就是先知，就是上帝遣派给人类的孤独使者。倘若不是亲眼所见，你根本无法相信，那些深奥到极致而又浅白到极致，简练到极致而又美丽到极致的天书，竟是他蜷缩在轮椅上，用唯一能够动弹的手指，一个语音一个语音按击出来的。如果不是为了引导人类，你想象不出他人生此行还能有其他的目的。

　　无怪《时间简史》如此畅销！自出版始，每年都在中文图书的畅销榜上。其实何止《时间简史》，霍金的其他著作，《第一推动丛书》所遴选的其他作者著作，25年来都在热销。据此我们相信，这些著作不仅属于某一代人，甚至不仅属于20世纪。只要人类仍在为时间、物质乃至本源的命题所困扰，只要人类仍在为求真与审美的本能所驱动，丛书中的著作，便是永不过时的启蒙读本，永不熄灭的引领之光。

虽然著作中的某些假说会被否定，某些理论会被超越，但科学家们探求真理的精神，思考宇宙的智慧，感悟时空的审美，必将与日月同辉，成为人类进化中永不腐朽的历史界碑。

因而在25年这一时间节点上，我们合集再版这套丛书，便不只是为了纪念出版行为本身，更多的则是为了彰显这些著作的不朽，为了向新的时代和新的读者告白：21世纪不仅需要科学的功利，而且需要科学的审美。

当然，我们深知，并非所有的发现都为人类带来福祉，并非所有的创造都为世界带来安宁。在科学仍在为政治集团和经济集团所利用，甚至垄断的时代，初衷与结果悖反、无辜与有罪并存的科学公案屡见不鲜。对于科学可能带来的负能量，只能由了解科技的公民用群体的意愿抑制和抵消：选择推进人类进化的科学方向，选择造福人类生存的科学发现，是每个现代公民对自己，也是对物种应当肩负的一份责任、应该表达的一种诉求！在这一理解上，我们将科普阅读不仅视为一种个人爱好，而且视为一种公共使命！

牛顿站在苹果树下，在苹果坠落的那一刹那，他的顿悟一定不只包含了对于地心引力的推断，而且包含了对于苹果与地球、地球与行星、行星与未知宇宙奇妙关系的想象。我相信，那不仅仅是一次枯燥之极的理性推演，而且是一次瑰丽之极的感性审美……

如果说，求真与审美，是这套丛书难以评估的价值，那么，极端的智慧与极致的想象，则是这套丛书无法穷尽的魅力！

献给我的儿子，克里斯多夫·艾姆利斯·瑞伊·文特尔，和我的父母，约翰·文特尔和伊丽莎白·文特尔

引言

DNA 既不关心也不知道，DNA 就是 DNA。它是我们舞蹈的 [1]
乐章。

—— 理查德·道金斯（Richard Dawkins）

DNA 作曲，我们的细胞和环境来演奏。

—— 克雷格·文特尔（J·Craig Venter）

传统的自传已经声名狼藉了，本杰明·弗兰克林（Benjamin Franklin）曾说过："自传通常只是作者回忆录，它不会提供任何不利于作者的信息。"乔治·奥维尔（George Orwell）也认为如果写自传的人一味美言自己，那他很可能是在撒谎。所以他说："自传只有在它反映作者一些不光彩的事情时才是可信的。"山姆·戈尔德温（Sam Goldwyn）更是语出惊人："我认为任何人至死都不应该写自传。"

因为我曾幸运地参加了一项有史以来最令人激动、同时也是最能惠及人类的科学研究活动，所以我认为我的故事是值得一写的，而且由于某些政治、经济、科学方面的原因，故事变得富有争议性，这就更值得写出来了，但是研究结果表明我们的记忆具有相当的可扩展性，这一点我很清楚。我不敢说我写的都是真实的，因为这依赖于各种偶然因素，涉及很多人，而且与我的记忆力以及影响我的生活的部分经历也有关系。这是第一部附有作者60亿个基因码的自传，是对我本人基于DNA的新描述，鉴于此，这部自传在我过世后仍将会被继续写下去。我不得不将最终的解释权留给读者以及历史。

这是一段关于对看似不可能实现的崇高目标进行探索的传奇。其中涉及一些生物界著名人物间激烈的竞争、不快的辩论以及个性的冲突。整个故事也是我从欢乐的巅峰掉到沮丧的深渊的过程。当时我带领一个由科学家、电脑和自动机械组成的团队，规模虽小但吃得苦又能干，取得了难以想象的成就。但是随后我就面对来自多方面反对，其中有诺尔奖获得者、高级政府官员、我的同事甚至我的妻子。时至今日，这些记忆仍令我痛苦万分。但是我仍然很尊敬那些批评家。当我们在意识形态、伦理和道德方面有分歧时，我的对手大多数情况下还是值得敬佩的，每个人都强烈地认为自己一方是正确的。

这本书除了是一本科学读物以外，我希望它还可以给读者心灵的启迪。我在童年时基本上很难说是一个注意力集中、守纪律和志向明确的好孩子，因此没人会想到我能做学问并有重大发现，也没有人能预测到我目前所从事的职业，更不会有人想到我能承担一项重大研究项目。当然也就无人能料想我会被卷进一场文字官司并最终打败了一个机构。

我对自己的一个基本发现是我被迫去抓住生命并理解它，从而我能利用它。推动我向前发展的不仅是我对科学的好奇心。事实上，这么多年来，我一直试图理解那些在越战中牺牲的生命的含义，这些士兵只是由于政府政策而被卷入这场战争并献出了宝贵的生命。我曾经努力去理解我在越战中曾经看护过的两个士兵的死亡：一个年仅18岁，受伤严重，很难活下来；另一个35岁的应该可以活下来，但他却放弃了治疗。

　　数十年后，回顾和反思那段经历最终驱使我去更深更细地了解生命。尽管那两个人最终成了战争的牺牲品，但是他们死的方式让我今生难忘，我已经见证了人类强大的精神力量，仍有很多神秘的问题有待于回答，如人类的身体是如何工作的；还有更为神秘的问题，比如精神如何影响肉体。为了回答这些基本问题，在越南那段时间我从一个被动应战者转变成了一个主动的冒险者，我拿我的前途赌了一把，我打算转到一个与自己的早期教育毫不相关的职业。从越南回来后，[3]我靠自己顽强的毅力完成了大专的学业后进入大学，并最终拿到了博士学位。我成为科学家，主攻调整肾上腺素反应的蛋白质分子的研究，然后转向研究分子生物学，寻求阅读DNA编码的工具，因为这些编码决定了我所研究的蛋白分子的结构。这样，我最终走上了研究基因编码的道路。我初次见到那些决定生命的编码时，就有一种强烈的欲望想看到更为壮观的画面，这就是我们所说的人体的基因组。经过近10年的努力工作，我第一次破译了一个活着的物种的整个基因组，并且最终排出了人类基因组的碱基序列。设想有史以来第一个人可以直面他的遗传基因，研究那些为他的生命和性格 —— 先天条件和后天教育的混合结果 —— 提供遗传解释的每一片段和每一个区域，在这种意义上理解生命，还有什么比此更具有挑战性的呢？

　　尽管给世人解释清楚我的DNA所表现出的特征会花数十年的时

间，但我已给大家一些关于它的信息的提示。因此在这本书中，你会陆续看到一些加有背景的文字，我将利用这些文字来尽力为大家解释我的这些生命编码的意义。就在我们对DNA的理解还在不断发展，我对自己的命运只有一知半解时，我们已经面临人类历史的一个前所未有的最令人着迷的一刻了。随着我们能力的发展，我们不仅可以把我们自身的存在与我们的过去的进化联系起来，而且第一次能够看到我们的未来怎么样。在我的研究中，一个最为意义深远的发现是你不能只依赖DNA去诠释一个生命或者任何生命体 —— 不理解细胞或物种所赖以生存的环境是无法理解生命的。一个生命体的环境就像他的基因编码一样是独一无二的。

我猜想许多人写自传是为了理解生命的意义，由于人的本性，很难详述我们的过失、胜利和那些影响一生的激动人心的时刻。《解码生命》这本书可以看作是这样一个极端的例子：就像我的DNA中60亿个字母的总和在努力地理解它自己。利用我们已有的复制DNA的机器，我可以首次实现对自己DNA的解读，那么，当我们开始知道DNA的内容时，我们可能已开始超越自己的DNA甚至开始修改它了。我们也可能改变生命，甚至创造出人工合成的副本。但这将是我下一本书的内容了。

目录

第1章
⁵ 记录我的密码

> 无论如何我们都必须承认（包括我本人在内），尽管人类具有各种崇高的品质，但是，在他的躯体内仍然保留着他出身低微的永不磨灭的烙印。
>
> —— 查尔斯·达尔文（Charles Darwin）

> DNA既不关心也不知道，DNA就是DNA。它是我们舞蹈的乐章。
>
> —— 理查德·道金斯（Richard Dawkins）

在我所有的童年记忆中，印象最深的就是我可以拥有完全绝对的自由。在当今社会，孩子的每一天甚至每一分钟都要由妈妈来安排。有些妈妈给孩子们配备手机以保持联系，还有一些甚至打算用GPS跟踪或用网络摄像来监视她们的孩子。这种事在半世纪前是不可能发生的，那时孩子们的生活一般是无人看管的。

我很幸运生在一个有自由传统的家庭里。母亲小时候喜欢赤脚攀登圣迭戈附近海滩上的峭壁。父亲则常常在爱达荷州的蛇河里用假蝇钓鱼，夏天在怀俄明州他叔叔的牛场里工作。我的童年是在加州度过的，父母常常对我说"玩去吧"，从不约束我。鉴于这种家庭影响，我发现我喜欢冒险和面对挑战 —— 这一点并没有因为我的成年而改变。当时我尤其喜欢比赛,这个爱好直到现在我仍然保留着。

我最喜欢去的地方之一是当地的机场，我常常会站在跑道边的长草坪上，看着DC-3飞机的螺旋桨旋转起来并逐渐变得模糊。而后，当飞机向跑道边上靠近时，我血液开始沸腾，一旦飞机滑进起飞点，[6]比赛即开始了。我先就近蹲下来数机身上面镶嵌的亮晶晶的铆钉，当飞机的两个引擎发动起来时，我就飞快跳上自行车，使足了全身的劲，弓着腰猛蹬脚踏板。飞机开始朝东冲进加州蔚蓝的天空时，我的心狂跳不止，低着头尽最大努力沿着跑道蹬车飞驰。

在靠近机场的湾边庄园，我的父母拥有一套9 000美元的平房。和湾边庄园紧挨着的是距旧金山南24千米的密尔布市，它是一个只拥有不到8 000人的小城市，以前曾是密尔家族的领地。202高速公路向东延伸，朝西是铁路，而我们的南边和北边是牧牛的草场。这唯一的一个乡村标志已经随着机场的扩建逐渐消失了。当年的旧金山地方机场在1955年已扩建成现在的旧金山国际机场了，而且它仍在无休止地继续扩大领地。我敢肯定终将有一天涡轮螺旋桨飞机也会被喷气式飞机所取代，从我们家低矮的平房上空呼啸而过。

我小的时候旧金山机场与现在大不一样，既没有任何安全设施，也没有监控装置，更没有铁丝网护栏。隔离飞机主跑道和公路的是一个排水沟和一条小溪。我经常和朋友们骑着自行车滑到沟底然后再上到沟的另一边。开始我们总是坐在草地上惊奇地看着飞机滑出跑道起飞，奇怪那只"大鸟"为什么在跑道上滑行那么慢。此时我已不记得是谁出的主意，但某一天我们认为我们肯定比飞机跑得快得多，于是我们等到飞机预备起飞时，跳上自行车和它"赛跑"。我们甚至在飞机加速并超越我们之前暂时跑在了它前面。这种时刻真令人兴奋啊！

今天我经常坐飞机飞来飞去，不管何时我站在相同的东-西跑道上，我都很怀念我的童年。当一个飞行员看见一群小孩子在飞机旁边狂奔时，不难想象他是多么着急啊！而一些乘客也凝视着窗外，他们有的向我们招手，有的惊讶得张大嘴，也有的简直被吓呆了。偶尔有时候飞行员会向我们晃动着拳头，甚至会通知地面控制塔派机场警察来。但因为跑道很长，我们很容易就能看见警察过来，于是马上就从小溪逃走了。后来的一天，我们骑车去机场发现我们和飞机赛跑的岁月结束了：因为机场周围新修了一圈栅栏。

我童年的每一天都是在玩耍和探险中度过的，这给我的成长留下了很深刻的印象。尽管我不像了解DNA那样确切地明白我当时所做的一切，但我知道学校里所学的任何东西都无法与之相比。我想我能成为一名成功的科学家的原因之一是我天生的好奇心没有被教育体制所抹杀。我甚至还发现竞争其实很简单，就像一群孩子试图超越大而笨重的飞机一样，而这种竞争所产生的长远利益和它给孩子们带来的短暂的快感一样多。在今天不论何时我看见跑道周围的栅栏，我都会为我对机场的安全所做的贡献而感到自豪。

我的DNA，我的生命

　　我这部自传涉及我身体的每一部分。我共有100万亿个细胞（除去精子和血红细胞），其中每一个细胞里都包含有我的46个染色体，我的DNA就包含在这些染色体中，这些染色体数量是通常的人类染色体的数量，没什么特别之处。只有黑猩猩、大猩猩和类人猿才有48个染色体（我们曾一度以为人类染色体也是这个数，直到1955年一位勤劳的科学家才完整地给出正确数据）。25 000～35 000个基因分布在我的染色体中，这比我们曾经认为的数量要少得多。它们似乎也不是以一种特别聪明的方式组织在一起的，而且并不是所有具有类似功能的基因都必须聚合在一起。

　　基因中的密码子是由3个碱基组成的，它是一个DNA的三联体，能编码专门的氨基酸，并与其他的氨基酸连接后折叠成蛋白质，它是构成和操控我的细胞的基本单元之一。利用全部的20种不同的氨基酸作为材料，我的细胞可以产生出让人眼花缭乱的排列组合从而生产出各种各样的蛋白质，就像我头发中的角质和血液中传输的血红素相当不同一样，这些蛋白质相互之间也有很大的区别。蛋白质能携带各种信号，如胰岛素；或接收信息，如我们的视觉色素、神经递质受体以及味觉和嗅觉的受体。所有的这些蛋白质在结构上都是相同的。没有一个染色体能编码大脑和心脏，每个细胞拥有整套可以组成任何器官的遗传信息，但是它们不能组成大脑和心脏。我们对于细胞有多大能力的理解只处于初级阶段，胚胎期的干细胞能结束不同基因的组合，形成大约200种在体内发现的专门的细胞，如神经以及可以依次形成大脑和心脏等器官的肌肉细胞。但是总的来说，我们确实知道DNA中碱基的排列顺序给形成唯一的克雷格·文特尔提供了妙方（即通过一个更为古老的基因分子RNA翻译成细胞的活动）。

8　1946年2月我写过一本关于人类基因组的专著，那时我们还住在盐湖城犹他州大学的已婚学生住房里。我的父母，约翰·文特尔和伊丽莎白·文特尔，与我的哥哥也一起住在简朴的学校住房里，那些房屋曾经被美国军方占用。我的父母都很熟悉军营生活，不管怎么说，第二次世界大战时，他们作为海军陆战队的成员，都曾在太平洋的不同海岸上服役过。他们邂逅于加利福尼亚的潘德顿营区，我奶奶是一个虔诚的摩门教徒，而我爷爷不信奉任何宗教。

有一位来访者曾回忆说被我爷爷邀请到车库见一位老朋友"马尔科姆"，最后发现马尔科姆原来是一瓶苏格兰威士忌。我爷爷一直都不同意去教堂举办婚礼，所以奶奶只好等他去世后才举办婚礼，婚礼上由她弟弟来充当爷爷。父亲也步爷爷的后尘，最后被逐出了教会。虽然可能是因为父亲反对摩门教的什一课税制（收入的十分之一交给"教会"），但我总是认为是因为父亲喝咖啡和吸烟。不管怎么说，父亲被逐出教会除了给他母亲有些影响以外好像并没有给他自己带来什么麻烦，因为他并不特别信奉宗教。但是在奶奶的葬礼上，由于教会的人操控葬礼的方式，父亲与之发生口角，这加深了他对宗教的反感。

1946年10月14日，我，一个天真无邪的婴儿出生了。那时父亲正受惠于《军人权利法案》[1]，在盐湖城的一个学校里攻读会计学位。当他艰辛地照看妈妈和我14个月大的哥哥加里（Gary）时，经济几乎入不敷出了。现在想来他当时肯定视我为额外负担，一个让他的生活更加困难的家伙。我母亲说在所有的孩子中，我是最像我父亲的。但是我们从来都不很亲密。

我母亲做了一段时间房地产销售，可是父亲很讨厌她的这份工作，因为在那个年代这被看作是地位低下的象征。她太诚实，这一点也不利于这份工作：她不愿推销她不喜欢的房子。艺术是她的创造力的发泄渠道，具体表现为无数的关于海洋的绘画，但是在我童年时期，她多数时候是家庭主妇。我最早的记忆是她从报纸上剪下优惠券然后一家超市一家超市地跑着去买最好的廉价商品。尽管附近有很多奶牛场，但我们为了省钱只喝奶粉。暑假时我们去野营或去圣地亚哥（San Diego）看望我的外公外婆，圣地亚哥这座城市在我的一生中占据了重要位置。我也能清楚地记得我那些亲戚们是怎样不停地褒奖我哥哥的。[9]他是一个数学天才，表现比我好，而我总是被恐吓如果不听话就被送到少管所去。

---

1. 译者注：又称蒙哥马利 G. I. 法案（Montgomery GI Bill），是一部教育资助法案。于1944年6月22日由富兰克林·罗斯福签署执行。其资助对象为现役、退伍军人，还包括烈士以及伤残军人家属子女。其主要目的是帮资助对象适应美国社会的发展需要，给那些因参军服役而失去受教育机会的人们提供教育补偿，同时通过扩大教育面提高国家竞争力，并依靠这个资助项目推行及招募义务兵，吸引更多的人加入军队。

Y 染色体和原因

我的基因组有一个特点，当我一来到这个世界时，这个特点对于我的母亲、我的接生员或者任何一个人就是显而易见的了，更不要说一个获得诺贝尔奖的遗传学家、基因研究的领袖或测序大师了。我有一个X染色体（女性有两个）、一个Y染色体，而不是各有一对（就如同女性那样）。X染色体和Y染色体被称为性染色体，用来区分其余的常染色体。

同每个男性一样，我的Y染色体负责使男人拥有男性的特点，特别是一个叫SRY（Y染色体上的性别决定区域）的基因。尽管它只有14 000个碱基对长，但当一个英国科研队把它植入一只绰号兰迪（Randy）的母老鼠使其变成公老鼠时，它的力量首次展示了出来。相对而言，这个男性基因的捐献者倒没给人什么印象。在人类的25 000个基因中，只有千分之一的基因，也就是只有25个基因位于Y染色体上。尽管如此，这个小基因组的影响力被证明还是很大的。对于遭受Y染色体折磨的人们来说，生活从一开始就很艰难，而且只会越来越难。看看这个星球上最老的居民，你就会发现他们缺少一个Y染色体。从受精到最后死去的整个过程来看，相比那些拥有两个X染色体的人们而言，拥有Y染色体的人们正在逐渐衰败。Y染色体带来了很多特性，如冒险自杀、患癌症、成为富翁、秃顶等，这些可能性都比较大。

甚至直到两岁时，也许最能标志我的成功的一个特性才变得明显了，那就是冒险。对于那次事故，我已经没有任何记忆了，但是我被告知在与一个很高的跳水板的遭遇战中，我几乎被淹死了。后来我的一个导师布鲁斯·卡梅伦（Bruce Cameron）开玩笑说我喜欢做从高处跳进空池子的运动。（原话是"他试图计时，于是跳进盛满时间的池子，他撞到了池底。"）[1] 在那次我跳进我一无所知的水中后，我父 10 母就坚持让我在当地的基督教青年会学游泳。我很高兴他们能这么做，因为游泳增强了我的信心，并且不管怎么说，在越南战场上它还救了我一命。

当我在密尔布（Millbrae）长大时，更多的证据证明我的血液里有着冒险的精神。早期在铁轨上冒险的经历似乎是我们生活的全部，每天火车的咔嗒声就是背景音乐。而火车也把我父亲带到旧金山去工作，每天晚上再把父亲送回来，在我当时看来，那座城市既大又遥远。我们居住在铁轨"错误"的一边。每次购买食物时，我和哥哥就跟着妈妈拉上我们的红色四轮马车"无线飞鸟"翻过铁路去商店把食物拖回来。

铁路是另一类禁地，我老是跟着哥哥以及我们的朋友们在铁道下面的排水管里消磨时间。从一个小男孩的眼光看来，每天几乎每个小时呼啸而过的蒸汽式火车简直是一台令人难以置信的既强大又迷人、振奋人心的机器。当火车慢慢驶向密尔布火车站时，火车司机会将蒸汽向我们这边喷放出来，我们就在气体的包围中看着心爱的大机器轰隆隆地呼啸而过。

　　我们也经常在铁轨上玩耍。其中有一个游戏是把你的耳朵紧贴在路基上看看谁能听到最远的火车发出的第一声细微的将要来临的震颤声。我们会把硬币放在铁轨上让火车压扁它。（最近一次去密尔布我又尝试了这个游戏，可是却发现现在的硬币不是铜做的，所以太硬压不扁，仅仅在铁轨上留下了一个金属痕迹。）当我大约 7 岁时，我们变得更加胆大了，居然敢跳上呼啸而过的货车。对于一个孩子来说，即使是一辆行驶缓慢的车，要爬上它也不是件容易的事，经常有在车尾押货的列车长冲我们喊叫，赶我们下车。

　　那时父亲已是约翰·福布斯公司的合伙人了。他虽然做得很好，但是为此他也不得不付出代价，他给公司的定额支付使我们的家庭收入受到限制，他沉重的工作压力意味着他经常晚上在电视机前睡着，即使是在拳击赛或是《黛娜海滩追赶秀》里女主角那著名的吻别画面前。但是到了 1953 年，我们积攒了足够的钱从我爷爷那里买了一辆结实耐用的 1949 年产的斯图贝克四门车。我们也需要一个更宽敞的住处了。现在我有一个姐姐苏珊和弟弟基斯。我们的新家在密尔布的山里，位于铁路另一边较远的地方，但是我们仍能感受到铁轨的感染力。每天早上，我母亲开车送父亲去车站，晚上再接他回来。这些短途旅行变成文特尔一家的每天的固定行动了。路上母亲总把我惹的麻烦和搞的恶作剧向父亲报告。现在我哥哥加里争辩说我们那时的行为都是一样的，只是我乐意被抓住，"可能那时你具有一个坏孩子的形象吧"。

　　在那方面，我的新家和邻居也没能改变我。我搞恶作剧的灵感来源于一个朋友，他父亲是铁路工人，家住在车站附近铁轨边上的一个车厢里。我认为他的生活最美好所以经常去看望他。他给我演示了一些有用的恶作剧，比如怎样释放车闸来使火车停止，怎样连接和分开车皮。毕业那一年，他家搬到了另一个车站，这让我父母如释重负。我看着他的车厢咔嗒咔嗒地离开了我的生活。

接着我的冒险活动从铁轨转移到了老海湾高速公路上，这条高速路沿着海湾的岸边绕行直抵正在发展壮大的旧金山机场。在20世纪50年代时，这一带还未被开发出来，很空旷，没有任何建筑物。我和我的朋友们经常骑自行车穿过天桥去老海湾路。几年后在高中，这也是我们飙车的场所之一，我们甚至最终发展到了玩"比胆大"的游戏，就像《飞车手罗德》书里描述的那样，在年轻的飞车手浪漫的眼光看来谁先打方向盘躲开谁就是懦夫。

然而，我的成长经历不仅显示了我热爱自由可以不顾一切的一面，我的早期成长经历的另一个明显的重要特征，就是我无休止地想要制造东西的冲动，从晶体管无线电装置到堡垒无所不造。当我把一些东西捆扎到一起，用我的想象力去创造出一些仅用天然材料和工具所不能完成的东西时我总是最快乐的。就在我的同龄人在学校里毁灭他们的创造力之时，我可以做我能做的任何事情，用我的双手去边学边干地建造东西。

我早期许多的杰作都得到了小弟基斯（他现在仍做相同的行当，是美国国家航空和宇宙航行局的建筑师）的帮助，这些创举通常是在[12]我们的后院完成的，我们把它叫作"后院"，因为它处在我家花园的后边。花园栅栏有1米高，那个后院的一边有一个肥料堆，一部秋千，还有一棵野苹果树；院子另一边就是我的领地了，一棵杏树，一簇黑莓灌木丛，还有就是我建造使用的大量的泥土。

我的建筑开始时并不十分夸张，大多数是很小但很精致的隧道和城堡。每个月我也会尽力省下 1 美元去买个塑料轮船或战斗机模型。感谢无聊的时间、打火机油和火柴，我们发现我们可以有更真实的战斗场面，那就是把模型点着。玩具兵燃得很旺，看着热塑料不断往下滴我非常满意。当我的隧道初具规模时，我的纵火癖发展到了开始在隧道里面放鞭炮的程度。

我日渐扩大的地下隧道堡垒用一块 60 厘米宽、1 米多长的夹板盖住，上面再铺些泥土。但是几个星期以后，它还是被我父亲发现了。父亲害怕地下堡垒有塌方危险，命令我将它填满，我的建筑工作只好转移到地上。用建筑工地上找来的废木料我开始修建一座组合堡垒和俱乐部。为了能再利用那些废钉子，我们能花上几个钟头把它们从木头里拔出来弄直。我相信即使是 20 世纪 30 年代早期电影里照顾孩子的史潘奇都吃惊我们盖起了一座两层的建筑物。我们有数不尽的杏、黑莓和野苹果来充当我们战斗的军火。最终由于一个邻居抱怨说那个堡垒简直是他的一枚眼中钉，我的创作再一次被摧毁。

所有这些建筑的故事发生在我 7—10 岁年间。后来我的活动移到了院外的街上，在那里，我试图把我两个最初的最爱——建造和冒险，结合到一系列交通工具上，从四轮马车和肥皂箱赛车到粗制过山车，都充分利用了我们家坐落在山顶的优势。我们甚至做了一个早期版本的滑板——用螺栓把一只冰鞋的两边固定在宽 60 厘米、长 1.3

米的木板的两端。基斯和我比赛从山顶往下滑，直到我哥哥加里玩的时候把胳膊摔断了这项活动才宣告中止。

受到《大众机械》（*Popular Mechanics*）的启发，我的野心转移到了传动装置。这个杂志有一个计划：仅用船舶夹板制造一艘2.5米长的水上划艇，而不用任何复杂的基本框架。生活在旧金山海湾的我们被水环绕着，但是如同陆地上的像网球、高尔夫球等兴趣爱好一样,[13]我们也很少利用这些天然优势。在这些蓝图中，我第一次看到享受海浪的可能。我割草坪和发送报纸挣来的钱，足够买我必需的材料了。我的朋友汤姆·凯很有艺术方面的才能，他告诉我怎样把计划转化成实实在在的木料，以及怎样利用基本的工具。修建那条船花了我几个月时间。我父亲确信我不能成功，其理由是我没有舷外发动机。最终我花14美元从他的一个机械学方面的朋友那里买到一台20世纪40年代晚期使用过的已经坏了的舷外发动机。我不得不学习怎样拆除发动机又怎样把零件装配到一起使其继续工作。我用一个50加仑的油桶作为测试桶，结果发现我成功了。我重新让这个古董运转起来了，它在我家后院嘎嘎地响了长达数小时。

发动机安装好后，我把船体喷气装置刷成黑色，船头配上橘黄色的亮边。令我既惊奇又高兴的是父亲居然自豪地帮我完成最后的测试。水上划艇被抬到他那辆新的1957年产的"水星"旅行车车顶上，一家人开车去机场南面的小狼尖海港。海湾入口处没有滑道，我们也没有香槟酒瓶来打开庆贺。我们必须抬着它走过一片泥地才能使船下水。水淹住发动机后，我鼓起勇气发动引擎，船体迅速拍打着海浪，船头冲起巨大的浪花，眼前什么也看不见。虽然那天成功地完成了任务，但那个时好时坏的发动机让我感到很不满意。我梦想着有一天能做得更好。

在七年级的科学课上，我发现我对一些与我的知识相关的实践活动很感兴趣。和父亲一起去烛台公园（Candlestick Park）参观旧金山巨人后，我受到了启发，决定为初中棒球场建一个电子计分板。当我发明的计分板第一次出现在赛场上为比赛计分时我感到很满意。同时这也很明显地表明，我今后将会因为生存而做一些特别的尝试。

1960年9月我进入米尔中学但有关这段历程我不记得什么了。因为学校既不是我的兴趣所在也不是我的强项。由于早年痛恨死记硬背和考试直到现在我的拼写仍然有问题。在幼儿园时我曾是尖子生，可自从那以后我的成绩每况愈下，中学时，只有体育、游泳和木工课得了A。当我说不想做家具想建一艘时速可达100千米的水上划艇时，我的木工课老师并没有对此很在意。我开始实施这项计划时，才发现这是一项复杂的工作，红褐色的船板被架在蒸汽船头框架之上。300多美元的材料费正好超过了我的预支能力，但是我这个项目得到了特德·麦尔斯（Ted Myers）的资助，他每天开着"雷鸟"车去上学。他是个游泳爱好者，而且很专业。但是他对手工制作不感兴趣，而且对他那个拥有一个建筑公司的父亲深感厌烦，他的父亲倒是希望有一个更具男子汉气概的儿子。只要我能让特德动手做，他父亲就资助买两艘船的材料。我同意了，特德也同意了。

然而其实特德只是偶尔来帮帮忙看看，最后只完成了一艘船。在建造水上划艇的过程中，我给我父亲带来了不便，我占用了父亲的车库（最终我发现了一种给父亲的车腾地方的方法，就是利用一种复杂的滑轮系统每天晚上把我的船升到天花板下）。而且我还有一个真实的重大发现：做任何工作最甜美的时刻不是在工作完成时而是在胜利在望时。当我完成了它的框架时，当我的想象力能够完全表现在这艘划艇上时，我更喜欢这个特别的工作了。时至今日当我完成修建新房子、实验室和其他工程之后，我仍然发现脑子里的最后版本往往总是定格在修建过程中对修建物短短的一瞥上。

在朋友和家庭这样的养育环境中，教育无疑是最有影响力的因素之一。但是在1961年12月的世界舞台上正上演的风云事件也同样对我的生活产生了巨大的影响：肯尼迪总统授权美国政府压制越南共产党领导的起义，并扶持南越成为美国在西贡资助的独立政府。对于一个生活在密尔布的10来岁孩子来说，尤其当这个孩子心中的典型角色并不是战争影片中的那个瘦长脸明星，而是像詹姆斯·迪恩（James Dean）和马龙·白兰度（Marlon Brando）一样饰演的反英雄角色时，战争看起来好像很遥远。我的朋友们和我立志要打扮得像歹徒。我的一头金发很难看地泛着油光，但是我还是竭力创作出一个鸭尾巴式发型，把头发全梳到前面聚成一点，这种发型是一伙湾区的家伙们发明的，他们喜欢骑摩托车去上学。

反叛和不服从命令使我在高一那一年备受折磨。我经常要么被长期管束，要么关禁闭数小时。我母亲甚至有时检查我的胳膊看是否有针头，唯恐我注射海洛因。作为孩子，尽管我可以自由地乱逛，但是晚上如果没有同伴的话，我甚至不允许去看中学的足球比赛。有一次,[15]家人们在看台上看比赛，我偷偷溜出来和我的朋友们在露天看台下玩，他们在那里喝啤酒、抽烟。我们离开看台想去圣马蒂奥郡，我发现自己坐在一辆偷来的汽车后座上，汽车已经发动了。我们愉快地出发了。当警车闪着警灯响着警报器追来时，我惊慌失措，我们突然掉头开进运动场附近的小巷子里，使劲踩住刹车，我赶紧下了车飞快地跑回了露天看台我的家人身边，我又回到了正常生活中。虽然我可以冒险，但我不能犯罪。我又以一个新的展望开始了高中的第二年。我不知道我想干什么，也不知道我要走向何方，但我知道我不会做一个不幸的无赖。

我人生最大的一个转折点发生于1962年的夏天。我遇见了一个女孩，她是校乐队的小提琴手，瘦小的个子，浅黄色的头发，已经出国巡演过。琳达（Linda）开始把我引进到一个完全不同的世界，超越了加州的界限，不仅仅是游泳和建造划艇。我们在当地的书店喝咖啡，讨论文学，听古典音乐，还去圣马蒂奥学院听鲍勃·迪伦（Bob Dylan）的演唱会。夏天结束时，我的罗曼史也随之结束了，但是从那时开始她已经把我的生活引向了新的方向。

都是基因惹的祸

注意缺陷与多动障碍（ADHD）的典型症状是粗心、活动过多和冲动、注意力不集中——我十几岁时正是如此。最近的研究表明ADHD与先天性口吃有联系，后者与多巴胺转运基因DAT1 10次重复片段有联系。这段基因负责脑神经对化学信使多巴胺的再摄取，同时它也是安非他明和可卡因的靶基因。也许这种基因突变会影响儿童对哌醋甲酯——一种治疗 ADHD 的激素药物——的反应。我的基因被检测出的确有这样的10次重复。所以我的童年的不安分行为就有了解释了。这样我们就不得不相信简单的先天性口吃就能够导致如此复杂的行为特征。当然，并不是所有人都同意这一点。

另一个转折点与英国文学课有关，当时教我们这门课的是28岁的戈登·利斯，他有一头深黄色的头发，是比特·塞恩（Beat Scene）的追随者。他的第一份作业恰恰是杰罗姆·大卫·塞林格（J. D. Salinger）的《麦田里的守望者》（Catcher in the Rye），正是我所认同的英雄。直到那时，我仍然不安分，很烦躁，在班上爱制造事端。如果有幸运降临到老师头上的话就是我不理会他，眼睛只管盯着窗外或者盯在他的后面。我也经常在课上和朋友们说话，打断老师讲课。当然，今天如果哪个孩子像我当年那样做，那他肯定会被认为吃了利他林（Ritalin）了。但是利斯有一种比毒品还强大的精神力量深深地吸引了我。他也好像对我特感兴趣，我们经常在课下讨论文学和生活。我平生第一次尝试着去接纳别人的观点，很长一段时间我在学校天天读书、学习，健康成长。

利斯的英国文学课是一天中的第一节，同乡下的其他孩子一样，我们必须诵读"效忠国旗宣誓"。对于这个宣誓，我们向利斯表达了不满，因为这好像与课上讨论的自由相违背。利斯知道我们的抗议，有时候就绕过这一程序。后来校长宣布利斯被解雇了，因为他不配做美国人[2]。我们气晕了，有些女孩甚至哭了，我很气愤，唯一一个我可以谈得来的老师现在走了。

　　我说服其他学生参加我组织的室内静坐抗议活动，这可能是高中第一起静坐事件。抗议像滚雪球一样迅速壮大，最后逼得学校只好暂时停课。第二天我们继续示威游行，当地新闻媒体把这变成故事上了报纸。作为事件的发起人，我被传唤去向校长表明我们的要求。要求当然很简单：利斯老师的工作必须恢复。校长问我是否因为我担心将失去利斯老师课上得的唯一的 A。事实是甚至连利斯老师的课我也注定会不及格，因为我没有做他要求的特定的作业。由于同学们被威胁要被停学，游行第二天就悄悄地结束了。

　　由于我对利斯的忠诚，我被停课一周在家。我的父母管教了我一个月，这比以前任何一次都长。我想念利斯，不足为奇，几年后我的另一个英语老师将成为我的良师益友。利斯自己后来回忆他被迫离开他的教师工作岗位是"在教室里引起任何轰动的人引发的平常的不幸事件的一个结果"。[3]对我来说幸运的是他承认在米尔中学的"罪行"中包括"让学生们对讨论的观点如此兴奋，在大厅里可以听见他们喧哗的声音"。[4]几乎40年后，看见我在电视里，利斯还和他的一个朋友，同时也是我最大的对手，一个诺贝尔奖获得者评论说："我想我知道这个家伙，我忘不了 —— 用犹太人的话讲我们说那张旁利姆（punim 脸）—— 上帝所赐予克雷格的独特的一张脸。"

　　今天回过头来想想，我年少时的叛逆正好反映了身为老二的心理特征，完全是生活在老大成功的阴影下的。我怀疑当加里因为优秀而得到我父母的奖励，我也能因为自己的不优秀而备受家人瞩目。我曾努力地想向加里学习，但又不得不承认他是难以效仿的。我曾试着把他抓到越野赛上去，毫无疑问这种做法既痛苦又缺乏自信心。仅仅为了再次跟随加里的足迹，春天时我加入了游泳队。开始很难适应每天下午3小时的游泳训练，那段时期，我简直臭名远扬了。

但是我真的很喜欢实际的比赛，当我获胜了的时候包括我自己在内每个人都惊呆了。加里认识到自己在仰泳方面敌不过我，于是转向蝶泳发展了。胜利对我来说是一种新的体验，也很容易让人沉迷于此。尽管我的技术不怎么样，姿势也很丑陋，我仍然努力成为B组里游得最快的。加里和我加入了由前奥运运动员雷蒙德·塔夫脱（Raymond F. Taft）开办的游泳俱乐部，在这里我很快提高了我的游泳速度。逐渐游泳主导了我的生活。我被邀请参加各种比赛，而且在100米仰泳中夺得了冠军。这距离很适合我，我能在1分钟内全力出击，因为我的肾上腺激素很旺盛，虽然在练习中我仍然会有失误，不过多亏了激素的旺盛，我从来没在实战比赛中失败过。

在我高中游泳生涯的最后一个夏天，我完成了400米混合接力赛，包括加里在内的我们四个人创下了美国新的纪录。高中最后一年我们在联盟锦标赛上夺得冠军，并且战胜了一个老对手，还创了校纪录、镇纪录甚至联盟纪录。金牌和当地新闻报纸铺天盖地向我袭来，这对我的自信和自尊影响很大，而且我也赢得了女孩子们的欢迎。

但是当我的运动项目如日中天时，我的学习成绩却给我拉了后腿。校方威胁我说糟糕的学习成绩会影响到我在游泳队的地位，也会影响我的毕业。幸运的是，我洋洋洒洒写了一篇关于激进的共和党人巴里·戈德华特（Barry Goldwater）竞选总统的文章，他的口号是"在你心里，你知道他是对的"。批改我文章的老师好像是戈德华特保守派的一员，他给了我一个D而不是F。我就以这样的成绩高中毕业了。

雷蒙德·塔夫脱觉得我是块奥运的料，告诉我说我是他见过的最有发展前途的人，但问题是我总是独自战胜他们。他想让我在泳池里忘掉我的坏姿势开发我的新技能。但是我太想赢了不想改变什么，自那以后，我无论如何不想和游泳比赛再有任何瓜葛了。尽管我的成绩提供了我去亚利桑那州立大学的奖学金，但是17岁的我放弃了游泳，放弃了学校和密尔布。厌倦了被管束的日子，渴望自由的我只身前往南加州。

我的Y染色体和性欲

我16岁时，留着一头金黄的披肩长发。我被完全地推到了我的Y染色体遗传程序面前了。我有一个女朋友叫金（Kim），她转到米尔中学后我们相识了。在金的16岁生日宴会上，我们趁她的父母亲离开时初尝了禁果。那个时刻对我来说当然是很甜美的，当时她穿着可爱的透明贴身内衣引诱我。在那次之前，我仅有的性方面的经历就是每天做着青春白日梦，强行抚摸学校里不同的女孩子，甚至包括金最好的朋友。我的初恋内啡肽自从那次和金发生关系后升高了。所有这些都应归咎于人类的Y染色体，它由2400万个碱基对组成，拥有25个基因和基因组。其中之一就是决定男性睾丸发育的SRY基因。

当金随她的家人搬到柏林盖姆后，我们有了更多的机会，因为我们两家只相隔10分钟的路程。那是1963年的夏天，每当大家都熟睡后，我就搭个绳梯从家里溜出来，再爬到金家的一楼卧室里，这样持续了几周。一天早上，我回家时发现绳梯不见了，原以为是基斯（Keith）在开玩笑，没想到当我偷偷摸进门后，看见父亲正坐在走廊的楼梯上。他警告我，如果再被他抓住，他就把一切告诉金的父亲。面对这种威胁，我只好暂停。

可是几周过后，我的老毛病又犯了。不久我再次发现我的绳梯被拿走了，而且门也锁住了，我和父亲吵了一架。后来我再去找金时，她爸爸正等着我，一看到我就拿着枪对准我的头。6个月后，金一家搬离了柏林盖姆，也从此在我的生活中消失。我无法原谅爸爸对我的背叛（在我看来是背叛），甚至认为他这样做比用枪指着我还糟糕。我把这一切都归咎于Y染色体，它是男性激素分泌的关键因素，而男性激素又是与攻击性和侵犯行为联系在一起的。

在南加州的新港滩，水温达32℃，而不像是北加州的海浪，只有10℃，但我仍能在里面冲浪。那段时光，海滩有一条小木板路，感觉就像在吉盖特电影里一样。我所追求的是酒、女孩和用冲浪板冲浪。[19]打到冲浪板上的海浪可以把脊柱压碎。我和四个室友住在一所小房子里，为了谋生我晚上在一家希尔斯（Sears）罗巴克（Roebuck）仓库里工作，我的任务是把标有价格的标签贴到玩具上。我还做过夜班店员、机场燃料货运司机和行李搬运工（在那里我不得不因计件制而加快工作，这导致了当把行李转移到飞机上时会有更多破损的包裹、污损的行李箱和其他的毁坏）。

　　尽管我没有几个钱，但是我的日子是自由的，可以尽情享受无数的冲浪。我甚至意识到我不能每天只是冲浪、闲逛、做佣工，我加入了位于科斯塔迈萨（Costa Mesa）的橙色海岸专科学校，那里离美丽的海滨只有几分钟的路程。但是现在东南亚的形势的发展对我不利的一面已经显现了。收到我的征兵通知已经太迟了，以至于我不能申请学生缓期应召。像其他的成千上万的年轻人一样，征兵令将我从60年代偏远的美国庇护环境里清扫了出来。

　　我很矛盾，从个人角度说，我反对战争，但是我出生在一个有着悠久历史的军人世家。在独立战争期间，一位祖先是一名横笛手和实习医生。我的高曾祖父在1812年的战争中是名骑兵，曾祖父在内战中是同盟军的神枪手，而祖父在第一次世界大战中是一名士兵，在法国服役，他受伤很重，爬了几千米才获救。当然我的父母亲都是海军。

　　我父亲对我被征入军队很为不安，于是他劝我和海军征兵人员说说——也许这是他给我的最有用的建议——关于我的游泳特长。多亏了我的游泳纪录，我得到了我认为的最佳待遇：3年服役而不是通常的4年，去海军游泳队一段时间，另外还有一次在美国游泳大赛中比赛的机会。尽管我对战争有疑虑，我仍然希望自己能为祖国服务，也能为它游泳。这好像不是个坏选择，我从来不认为我会在越南牺牲。即使当我进入圣地亚哥新兵营时，越南战争已经升级了，到1965年圣诞节前美国军队将增兵到18.5万人。我开始我的军队生涯时，长金发被剃了。我发现自己和上万的年轻人在带刺的铁丝网后面转来转去，这些年轻人里，有来自农场的看来有很体面职业的年轻人，也有逃跑的囚犯。我正处在传统的漫长的精神抑郁的开始阶段，这样我就会变成一个工作有效而且顺从的水手。品行不端就意味着要背着鞍状沙袋 20 跑一天（如果你慢下来或是停下来就有士兵揍你）。我很痛苦，新兵营就像是蹲监狱一样。

我甚至考虑和一个同样感到痛苦的新兵一起逃走。后来大海再次给了我逃跑的机会，我们所要做的是顺着流过基地的小溪，一直游到大海。那时我每天要游3.5千米，所以我想这对我来说是很容易的事。但是我没想到当我和一个朋友讨论这项计划时，却隔墙有耳，于是当我们正打算努力争取自由时，连队的长官发表一项重要声明，两个白痴正计划逃跑，他想提醒他们，战争期间逃跑就是死罪。

我实际的海军游泳生涯还没开始就结束了。因为1964年8月爆发了东京海湾事件，其中涉及两次声称由越南北方炮舰舰队发起的对美国驱逐舰的攻击（2005年国家安全局的一项报告称第二次进攻没有发生）。林登·约翰逊力主升级战事，取消一切军人运动队，这就意味着我必须在海军中找一份新职业了。

在一次智力技能测试中，我得了142的高分，这在几千名被招入伍的新兵中，我的成绩是最好的。我感到很吃惊，这样的高分足以让我在海军中得到任何工作。在所有有趣的选择项中，从核工程到电子学，只有一项不要求任何征募限制和额外时间。我想我的职业是不需要用大脑的，我将去医院特殊兵种学校（我很有见识地认为这项工作可能正好反映了我潜在的兴趣，因为我曾在七年级年鉴中提到自己要做一名医生）。那时没人向我解释军队不厌其烦地扩大招募海军看护兵的原因是因为伤亡率很高。

新兵营结束后，我在世界上最大的军队医院——附近的Balboa海军医院接受了医护兵的训练。不久我就成为那里的一名高级看护兵，允许住在基地以外。我祖父母在海滩附近他们的老房子后面有一个小房间，我于是住在里面。每天我要骑着我的305毫升的本田梦想（当时本田制造的最大的摩托车）穿梭于医院和住所之间。我是从一个海军看护兵那里买的这辆摩托车，他在神经外科工作期间看过了这么多神经错乱的人以至于自己绝望地放弃了这辆车。

工作让我对人类的疾病有了不同寻常的看法。我发现我有能力给脑膜炎患者实施脊柱麻醉，而且能从肝炎患者身上切取肝脏活组织切片进行检查。过了一段时间后，我被安排负责传染病大病房，在那里我组织了一个20多人的医疗队三班倒轮流照顾疟疾患者、结核病患者、霍乱病患者等上百个患者。几十年后，我解码了引发这些疾病的传染性媒介的基因组。

医院成了我逃避规则、军纪和每天早上7点钟的内务例行检查的避难所。我几乎很少穿我的制服，我喜欢牛仔裤或者外科医生的白大褂。每天下午3点钟我轮休，然后加速骑车去冲浪。只要能逃脱惩罚，我就会留我的长发，因为海滩上的女孩子们总是尽可能地远离海军士兵。比较中学而言，在这段时间内找到异性伴侣是很难的。

我周围确实有海军护士，但是我作为一名应征的看护兵，是禁止与她们约会的，因为她们是军官。当然这也阻止不了我。首先是护士长。然后我开始对她的朋友感兴趣——事实上我已经开始约会她的朋友了。这最终将会是个大错。每个月，看护兵都要面临从海军到舰

艇工作的第二次征兵，那时舰艇上也使用海军的医务兵。我的医护兵
训练期被限定最多只能6个月就要开赴越南。大多数看护兵在战争中
是充当医务兵的，并且很快就会阵亡。每个杀死看护兵的越南士兵，
只要能上交战利品的某个凭证，比如身份证，就会被记功。6个星期后，
1名看护兵只有50％的存活率。

但是因为我曾经得到了圣地亚哥医生们的高度评价，所以当每
个月的征召名单出台时，我总能幸免 —— 有时是在最后一分钟被剔
除的。当最后我的名字被张贴出来之前，我还获得了一次长达14个
月的特赦期。因为那张征召告示有一个脚注：我将被送往长滩（Long
Beach）的海军驻地，让我在急诊室工作。我又吃惊又高兴。主任医
师很高兴，对他最后的拯救感到很满意。

那个我与她的朋友约会的护士长得知我再次避开了越南战场感
到很恼怒。当我离开时，她告诉我让我去剪头发。在去长滩之前我只 22
能再玩两周的冲浪了，逃避上战场最后的希望只能是他们会削减征兵。
但是对于护士长的劝告，我却很不礼貌地回应了她，甚至告诉她滚开。
我还没来得及骑上我的摩托车，两个宪兵就抓住了我，要送我去军事
法庭。我很快知道不服从一项直接的命令是有罪的 —— 我的金色长
发够倒霉的 —— 我要被判在长滩的禁闭室里待3个月。我面临的是
艰苦的劳作、一项犯罪记录和一份预定的通知 —— 决定去越南或者
不光彩地从海军退伍。

那两个宪兵拿走了我的记录和对我下的命令，把它们装在一个厚
厚的淡黄褐色牛皮纸信封里，外面用绳子绑着最初的命令副本。隔一

会回来送我时，用亮红色的信封装着我的修改命令。海军机构的一个特点是，去禁闭室之前我仍能请两周的假。我回到了祖父母的家，感到既孤单又担心。我很担心告诉他们关于军事法庭的事，更别说我的父母亲了。我在医学领域的前景遭遇了不测。

我盯着那个淡黄褐色的信封看，猜测里面究竟装了些什么。这是1966年。那时还没有电脑记录，所以当军事人员调往新驻地时，所有的记录会随着他们被带走。我在想我的简易军事法庭，想知道信封里的命令副本是否和信封外的原始命令相同呢？他们修改了我所有的命令还是只修改了原始命令呢？我决定把我的为难之处告诉我的叔叔大卫，问他我是否该冒险对信封搞点小破坏。尽管顾虑重重，他仍很高兴搞点小把戏，并且把祖母也牵涉进来。检查信封的时候，祖母命令大卫叔叔在炉子上将水烧开，当她把信封拿到滚水的水蒸气上时，我简直不敢相信，过了几分钟，信封自己就开了，她然后把信交给了我。

当我取出我的档案记录时，我发现我去长滩医院的原始文件未作改动。我把里面的文件整理好后，祖母帮我把信封重新粘贴好，我现在要做的就是丢掉附在信封上的修改命令，然后想出一个貌似真实的理由说它丢了。我肯定要骑我的摩托车去长滩，所以我想出了一个绝妙的借口：当我飞速骑车下高速路时，把信封滑脱，然后这些文件就散开了。我叔叔认为这是个好计划。为了更真实点，我们又开始在街上扔信封让它顺着人行道滑行。我们把原始命令其余部分全部扔掉以便所有红色印记都消失。

也有可能有第二份把我投进监狱的命令副本会在我之前送到长滩去。但是我考虑到，既然我已经无论如何也要被关禁闭了，那我面对的就是在自由与进监狱之间直接做出选择。直到那时我仍坚信军队机构是无能的。虽然如此，去长滩的2小时路途中，这些阴郁的想法几乎要毁了我。在基地大门前，我忐忑不安地被指示去了报到处。

我把那个破烂不堪的信封递给了坐在桌子后面的长官，那张脸令人难忘，他把信封撕开，检查了有关我的命令然后皱着眉头骂道："你真是个混蛋。"我的心在下沉，开始有点恐慌，我给他讲了那个摩托车的悲惨故事，但是他根本不听，只是重复着："你真是个混蛋。"然后就走了，回来时仔细考虑了一下，然后告诉我要受到严厉的惩罚：我必须去运输营禁闭1周并做清洁工作。只有当我已经认识到忽视海军财物的教训时，我才能去急救室恢复我作为高级看护兵的职责。我确实学到了一条重要的教训：冒险掌控自己的生命是值得的。

在长滩的急救室里工作时，我的爱情生活重新开始。通过一个朋友我遇到了凯西，她是住在帕萨迪纳的一名艺术系学生，我们一起共同度过了大多数的夜晚。尽管我在生活和爱情方面都走了好运，但是不久显而易见的是我只能在长滩待几个月，因为去越南是不可避免的。当我开始为即将到来的事做准备时，我的心在绞痛。在我遇到了一位刚从越南搞研究回来的年轻军官后，我的未来 —— 或者至少是我生存的机会 —— 将会改变。他告诉我如果我能被送到岘港（Da Nang，越南港市）的海军医院，那么我存活下来的概率将会大大提高。但是这里有个大问题：处在我这个职位上的看护兵只有少数的几个能得到这样的工作。我怎样才能使用计谋得到它呢？医学中心的头头建议我给美国海军外科总部写封信，在我收到官方委任书之前自愿要求去医院工作。

　　每个人都认为影响海军行政管理机构的企图简直是妄想，但是我再次感到我什么也不能失去。我的信描述了我在圣地亚哥传染性疾病病房有广泛的经验，以及在急诊室的经历。作为最后高潮部分的议论，我还说我的医学技能在岘港将比待在长滩更有用武之地。几个星期过去后，我变得越来越消极，然后过了一个月，我的命令下来了：通知我到岘港的海军医院报到。在这种情况下，主动可能会挽救我的生命。

　　被送往战区之前我有30天的假期，这无疑是我生命中最美好的时光。凯西有一辆小型英国产的凯旋TR4型跑车，我们驾着它绕海岸线从洛杉矶一直到旧金山。我们来到密尔布我父母的住处，和我哥哥加里以及学校时的朋友们一起坐上我的水上划艇在沙斯塔（Shasta）湖上滑水。我们又去了旧金山的海特-阿什伯利地区（Haight-Ashbury district）[1]，在那里的义务小诊所工作了一周。海特-阿什伯利交叉点的地区是嬉皮士经常出入的中心地带，那里的生活就是每天大型的烟雾缭绕的吸毒者的聚会，反战情绪高涨，年轻人势力庞大。我遇到的每个人都告诉我去加拿大才能避免去越南，但是我好像感到那是条错误的路。也许是因为我不想丢掉在医学领域的职业机会，也许是对战争抱有不稳定情绪，也许与我的家庭出身有关。我读

1. 译者注：旧金山的海特-阿什伯利（Haight-Ashbury）地区，是嬉皮士经常出入的地方，这些地区的主要活动是吸毒、自由的性生活、爱情-和平的哲学，以及音乐。据统计，当时有500～1500个摇滚乐队在那里演出。

了一些关于越南战争的书，没有发现可行的中间立场。政府的路线是直接从老一辈人，包括我那海军特种兵出身的父母亲那里一线贯之的，他们都认为战争是制止共产主义的唯一途径。我愿意相信这个观点，但是我发现怀疑者的立场更可信。奇怪的是，我也相信战争，我个人认为它能改变我。我遇到了一些在越南打仗的服役人员，他们显然在某些方面与众不同，但是又难以说清是哪些方面。我想经历这次冒险，我认为越南可以提供给我关于生命的一些基本问题的答案。甚至在我到达那战场之前，我就理解了所有服役人员之间的那种手足情意。

我和凯西坐着TR4沿一号高速路行驶在旧金山和华盛顿之间的海岸线上。在弯弯曲曲的路上，我们行驶得很快，一个骑摩托的警察开始追赶我们。当他追上我们时，我解释说这是我去越南之前最后的假期。结果发现他原来是一名退伍军人，曾经被看护兵救过，所以不一会儿我们就达成了协议。他告诉我开车慢点，不要还没等去越南就葬送了自己的性命。

25

出发前，我接受了一个月的反游击战训练。前两周是在弗吉尼亚海滩的两栖作战基地 —— 小溪（Little Creek）度过的。在那里一些倒霉的军官会给我们灌输政府的绝对立场。当他例行公事地把政府路线教给我，我会问他一些难以回答的问题。虽然我抗议政治指导，拒绝武器训练，但是我确实发现我是一个神枪手，所以不可避免地喜欢上了打靶训练。或许这样也好。我已被告知在越南，大多数看护兵最终会比他们的战友们武装得还要全面。

最后一周我们被分成几队，然后在一片沼泽中分散开，不携带任何食物。在被带有军火的部队搜捕到之前，我们只能依赖于我们的生存训练。如果被擒，我们将被送进战俘营度过剩下的几天。我这个队里有一个南方士兵是从小吃那些青色的羽衣甘蓝长大的，现在在这里这种食物成了我们饮食的主要组成部分，其他还有野草莓，以及用植物根制作的茶。有的人还吃青蛙和沼泽里的鱼。不管怎么说，我们算是混过来了。

我这个队是唯一一个躲过抓获的队。当最后我们自己主动投诚时，我们受到了嘲弄、恐吓并被带到了战俘营。在那之前，其他队已经被迫承受了各种不同的羞辱。我们发现他们被迫蹲在泥泞里，内衣裤里都是污垢。我在加州少数民族人口居多的地区长大，关于人权运动、密西西比自由、黑人力量的崛起等感触较少，但是当我对白色南方人的偏见得到证实时，我感到了恐惧。黑人被挑选出来接受更为野蛮的特殊待遇。有一个被来复枪杆撞了一下，头部鲜血直流，我走上去想给他处理伤口。当我被拒绝后，我要求说我要全力去照看他，但是我也遭到来复枪柄的一击，并且和我的"患者"一起被押进一个小房间。回到驻地时，我提出了抗议。

营地长官在训练结束前的一天找我，他语重心长地向我解释黑人需要受制于这种残酷的待遇，如果他们在越南被抓了，好知道如何应付，在那里他们可能会被改造、折磨或者被杀。然后他们提供给我一个典型的军事审判的"选择项"：要么我撤回我的申述，然后第二天毕业；要么让我留在战俘营，不过保证让我拥有"特殊待遇"，直到我同意他的要求。我被迫放弃了我的抗议（几年后，国会出面开展一项针对虐待士兵的调查后，战俘营关闭了）。现在没有什么事可以让我再避开不去那个国家了，在那里10年前胡志明曾经告诉法国人，"你可以杀死我的十个人来换取我杀你的一个人，即使以这样的比例，你们仍将会失败而我们仍将会成功。"关于生命的脆弱，越南教会我的比我想要知道的要多得多。

第2章
死亡大学

27   我对战争既厌烦又恶心。它的荣耀全是鬼话……战争就是地狱。

——威廉·T.谢尔曼将军

每一种生物都必须在它的生命的某一时期、一年中的某一季节、每一世代或间隔的时期，进行生存竞争，并大量死亡。当我们想到生存竞争的时候，我们可以用如下的坚强信念引以自慰，即自然界的生存不是无间断的，恐惧是感觉不到的，死亡一般是迅速的，而强壮的、健康的和幸运的则可生存并繁殖下去。

——查尔斯·达尔文，《物种起源》

想逃离这个世界，我决定远离一切现存的、死了的、垂死的：那些想活而不能活下来的，那些动过切除手术的人可以存活，却不想活的；还有那些伤势严重的人，他们几乎不知道自己是否能活下来。成堆的尸体被从丛林里拉出来，炸弹毁掉的田地，以及摧毁的一间间茅草屋。我想到了来自我女朋友凯西的信——"亲爱的约翰……"她无法忍受再听到任何关于我的所见所感的令人毛骨悚然的事。现在我所能感觉到的是来自中国海域的暖暖的海水。5个月后，我决定游泳离开这个充满胡说八道、风言风语和极度恐惧的地方。

　　我的计划开始实行，也许我会筋疲力尽沉入漆黑的大海深处最终被海水完全淹没。我相信这不容易成为事实，因为我是游泳健将而且体格健壮。游离海滩2000多米的海面上，我看见有毒的海蛇露出海 28 面呼吸，我开始怀疑我的所作所为是否正确。但是我仍坚持游过了一大片墨绿的海域 —— 直到我碰见了一条鲨鱼我才回到现实中来，它袭击我，对我又撞又咬。我不停地游，但是慢了下来而且我的决心也开始动摇了。我踏水环望四周，空气中烟雾弥漫，我看不见海岸。有一段时间我很生气鲨鱼破坏了我的计划。然后由于害怕，我耗尽了我的勇气。我他妈的在做什么啊？我脑子里要死的想法消失了。我想活，这种念头比以往21年的生活中任何念头都强烈。

　　我回转身朝海岸游过去，极度害怕，纯粹是肾上腺素所驱使，我比以往任何时候都感到恐惧，倒不是害怕鲨鱼或者有毒的海蛇，而是害怕由于我想死的心情，想找条捷径逃离越南的野蛮和寂寞的愚蠢想法将导致我可能无法安全返回了。

　　游回岸边好像花了很长时间，我简直无法相信我已经游出去那么远了，那时候很想知道自己是否找对方向了。我那时候所考虑的是我多想活下来，我的行为是多么愚蠢啊。接着我突然碰到了小浪花，于是我知道如果能人体冲浪到海滩，我就有机会成功抵达岸边。我竭尽全力抓住一个浪头，骑上去，然后抓住第二个，第三个，直到最后一个浪头。我的双脚现在能接触到沙底了，我继续朝前游了一两码，在我彻底虚脱之前跑过了水面。

耐力

　　我能在水里游相当远的距离，部分原因是我的一段基因没有突变，这段基因负责腺苷单磷酸脱氨酶（AMPD1），后者在肌肉收缩中起主要作用。这种最常见的突变引起上述酶的缺乏，从而导致肌肉酸痛、抽搐和容易疲乏。所有这些都是因为一个碱基由 C 到 T 的改变，抑制这种酶的产生，结果使得耐力大为下降。幸运的是我是 C/C 而不是T/T。

　　我裸体躺在沙滩上数小时，感到筋疲力尽也很放松。我很高兴自己还活着，而且逃离了我对生命的错误观点而导致的致命的后果。现在在我脑子里毫无疑问全是想活下去的念头，我想让我的生命有意义，我想与众不同，我感到了纯真，我感到了活力，我感到我有坚持下去的力量。

　　我顺着泥脚印在海滩上走，这些脚印将会带我穿过陆军特种部队的营地，在一个沙丘脊边上，立着一个个竹笼子，每个大约有 1 米高，面积有 1 平方米。在每一个笼子里，都有一个人蹲着 —— 很明显是个越南人，大概是越南共产党人。他们的遭遇我很难感同身受，但是我知道我的困境，对于任何一个囚禁在我面前的人来说都是像天堂一样。所以我甚至感到更加的生气，对自己更加失望，刚刚居然自愿过早地交出自己的生命。

　　我走过海军航空基地上了主干道。"1 号大道"是一条铺砌的从岘港到猴山的双车道路，途中穿过海军医院。我穿过后门，上了几阶木质阶梯，然后打开小屋的门，屋里永远亮着微弱的灯光，到处可以感到潮湿、阴暗。这就是我睡觉的地方，是我唯一能逃离越南，唯一可以使自己幸存的地方。这里现在就是我的家。我大老远从南加州旧金山海湾地区来到这里，从一个冲浪运动者，一个自由、疯狂的孩子和一个反战者变成了现在的样子：海军看护兵。

　　在越南，我对生命最初最真实的一瞥已经留在了载我来的包机上，当飞机开始俯冲降落时，它的光芒也消失了。当我们靠近跑道时，我能看见向我们瞄准射击的枪口闪烁的亮光。从我1967年8月踏上越南这块土地的那一刻开始，生命就有了创伤。我发现自己置身于岘港港口，岘港与广南（Quang Nam）省和中国南海接壤，我在流动军队外科医院工作，这里既没有笑话也没有漂亮女人。身边正进行的这场战争是美国支持的南越军队同越南共产党之间的战争。前者我们统称为"阿文（Arvin）"。早在两年前，数百万的美国观众被美国哥伦比亚广播公司（CBS）播出的一条晚间新闻报道所震惊，报道称一批越南农民的家被驻扎在岘港市附近村落里的美国军队放火烧着了。当我到达海军医院时，这种仅仅为了例行公事的纵火行为早就臭名昭著了。

　　像几乎所有其他人一样，我被安排到了廉价房舍内，这种住房在军用飞机场、兵营、医院到处可以看见，他们称之为"匡西特"的活动房屋内。这一排排用钢筋条搭成的半圆形瓦楞顶的建筑，上面覆盖着波浪形的金属片，是以它的出产地匡西特罗得岛来命名的。我的 ³⁰ 铺位和柜子正好就在门边，所以很容易找到。屋里时常是漆黑的，因为医院实行12小时倒班制：从早上7点到晚上7点，然后再从晚上7点到早上7点。

我更喜欢上晚班。晚上工作的那几个小时能让我有机会跑到海滩上游泳、冲浪。这种日程也有另外一个实际的好处，因为天黑后，海军航空基地的导弹就会在街道上空呼啸而过，周围的机械枪炮台几乎每晚都在射击。晚班也意味着我能避开老鼠，它们一到天黑就跑出来了。你唯一可以从军旅生活逃离出来的时候——做梦的时候——也会因为被老鼠啮咬或者乱窜惊醒，它们有时甚至会跳上你的脸。

夜晚基因

人人都本能地知道自己是猫头鹰还是百灵鸟——也就是说是白天工作者还是夜晚工作者。我总是挑灯夜战，结果（可能就是这个原因）发现早上很难早起。答案一定出在我的生物钟上。事实上，人体内除了一个超时钟外没有单独的计时器。时钟存在于每个细胞内，细胞是由蛋白质组成的，蛋白质具有月亮阴晴圆缺似的内在循环性。

这些时钟基因决定的蛋白质的齿轮共同运转起作用，它们由这些时钟基因构成，后者产生所谓的日节律，它将帮助控制各个不同的生物变化时间，包括激素的产生、血压、睡眠过程中新陈代谢减弱。那么使我痛恨起床的机制到底是什么呢？

有一项研究已经把周期同系物2（Per 2）中的基因突变和"睡眠时相提前综合征"（即想早睡早起）联系起来了。

我的基因组和我的生活方式是一致的：我缺少这个特别的基因突变。

更有研究前景的是，另一个时钟基因周期同系物3（Per 3）的长度差别和夜间工作者之间的相关性已经被萨里大学的一个研究小组在伦敦圣托马斯医院揭开了。这些荷兰人认为，这段基因的长度变异和早起是有内在联系的（尽管这个相关性仍在争论中）。缺乏这样的突变而喜欢夜晚工作的人则更为常见，它被称为"睡眠时相推迟症"。但是因为我的周期同系物3表明我不是一个夜晚工作的人，因此要理解我生物钟的特性还需要做更多的工作。

尽管医院已经在基地和北越之间建立了一个缓冲区，炸弹仍然会 31 突然坠落，在医院周围某个地方爆炸。医院的红十字标志就画在匡西特活动屋顶上，好像正好给攻击者指引了目标（我们推测越南共产党应该已经接受了日内瓦条约的条款）。一天晚上，当我正工作的时候，一颗炸弹正好在我的屋子前爆炸了，离我的铺位很近。墙上满是弹片留下的洞，有一大块弹片嵌入我刚睡过的床垫里。空袭警报在我屋子附近响着，当它响起的时候，通常会引起比炸弹本身更大的恐惧。我知道这是典型的巴甫罗夫条件反射，当人们处于沉睡中时，它的反应更强烈。

基因与上瘾

我痛恨越南，但是它没有让我对毒品上瘾。其中一个原因可能和多巴胺有关，它是神经传导中一个活跃的化学信使，能影响大脑对事物产生的欢愉感受。编码这种化学作用的一类蛋白质的基因是多巴胺 4 受体基因（DRD 4），它包含一段由 48 个碱基对组成的片段，该片段有 2～10 次的重复。有主张称——尽管目前证据尚不确凿——这段较长的基因与精神分裂症、情绪紊乱和酗酒有关联。编码一个多巴胺受体的多巴胺 2 受体基因（DRD 2）的一些变异，也与物质滥用有关。对于其他求助于酗酒和吸毒来寻求感官刺激的人而言，他们的基因组成意味着用更多的直接的方法可以激活大脑的快感中枢。

　　我确实喜欢喝酒，而且我有滥酗酒的家族史。我祖父 63 岁时，酗酒的并发症夺走了他的生命。而他的父亲的死也是由于在喝醉酒后又去赛马车导致的。这与我们的多巴胺基因组有关吗？我自己的命运已经被一段基因的重复定型了吗？事实上，我有多巴胺 4 受体基因的 4 次重复片段，这也就是个平均水平[1]。其他基因也与多巴胺关联，所以多巴胺 4 受体基因并不能给出完整的图像。虽然我已经检查了我的多巴胺受体基因组（DRD 1，DRD 2，DRD 3，DRD 5 和 IIP），但是没发现任何特殊之处。

　　交朋友很难。很少有人对获得快感以外的东西感兴趣，麻痹自己可以逃离恐惧和无助。当成吨的大麻轻松地进入越南时，每个基地都在使用它。在医院门口，我只需花 2 美元就能买到一袋 200 个高质量的曼谷黄金大麻烟卷（战后不久这些瘾君子们马上转向可以给他们带来欣快感更强的海洛因和鸦片）。把自己灌醉是可供选择的唯一其他方案。医院有个类似夜总会的地方，那里酒很便宜，而且一天 24 小时都供应。越南人的乐队和歌手激情演唱披头士（Beatles）、滚石（the Stones）以及野兽（the Animals）乐队的歌。多数看护兵下了班都去那里，把自己灌得不省人事。我有时也那样做，边抽烟边喝酒，但多数时候，我一有空就去做运动。

　　我几乎每天都要在我的军事海滩上跑步，现在被叫作中国海滩。沙滩从猴山横跨一个大圆弧，猴山起自岘港，穿过大理石山，在那里几乎每天晚上都有疯狂的战斗。虽然很难做运动，但是就是在这珍贵的时刻，我能忘记战争，而且意识到自己处在一个风景优美的地方。山峦中隐藏着神秘的岩洞、隧道，其中有一些还有佛教和儒教的神庙。离我住的地方几英里处有一个大教堂似的岩洞，那被越南共产党当作野战医院。

　　沿海滩跑3英里（1英里为1.6千米）本身就是个冒险行为，尤其是当我一路前进穿过铁丝网的屏障和每个间距半英里的防护塔时。为了娱乐，海军队员们会用50口径的机械枪或者他们的M16向我射击。在枪林弹雨中，我学会了保持自己稳健的步伐。每次跑完，我会游一会儿泳，然后人体冲浪个把小时，直到后来得到一块冲浪板。

　　岘港有汹涌的海浪和强大的激流：潜流或"河流"里的水在这里汇合，然后又返流回大海。面对我每天要在营地遭遇的这一切，我总是毫不犹豫地跳进离岸流。海浪就像滑雪斜坡上方索道里的椅子，会把我带到海洋深处。有时被拽到水下不得不屏住呼吸几分钟，但是一旦我征服了它，将是一场惊心动魄的驾驭。水里有丰富的海洋生物，包括鲨鱼、六步梭鱼、海蛇等。海蛇是最令人恐惧的。黑背海蛇和剑尾海蛇是南中国海岸很常见的蛇。它们通常如潮涌来，蛇潮有数英里长，半英里宽。蛇不是典型的攻击性动物，但是一旦遭到惊扰，就会又撞又咬，体内释放的一种含有神经毒素的毒液可以很快置人于死地。几乎每天都有报道称越南渔民抓海蛇时被咬伤致命。

33   一天下午我正在做人体冲浪时，感觉有东西撞我的腿。于是我把手伸下去推开那个入侵者，马上发现我抓了一条海蛇。我的手正握着的不是它的扁尾巴，而是它头附近圆溜溜的身体，我绝不能让它溜了。它张开口试图咬我。海蛇游泳能力很强，所以我得尽全力坚持攥住它。用一只胳膊游泳还不住地被海浪打翻，我可不建议大家坚持攥住一条在海浪里翻滚的海蛇不放。最后，我的脚终于能站稳了，不过还是被海浪又打翻了一次。好不容易气喘吁吁、跌跌撞撞跑到海滩上，看见一些浮木，我拿起来就往蛇的头部打，一直打得它不再动弹了。我拿着这个战利品让一个朋友照了张相，记录下生命中的这段险些丧命的遭遇。我不想忘记这段经历，于是跑到医院后面用小刀把蛇皮剥了下来，用注射器针头把它钉在一块板子上，在太阳下晒干。为了提醒自己那场遭遇，我现在仍把那张蛇皮挂在我的办公室里。

我在重症病房是一名高级看护兵。重症病房是一个独立的单间，无窗，只有两个门，20床被子。条件差得难以忍受，由于天气又热又潮湿，雨季期间，这个地区常会有梅雨天气（法国人称为毛毛雨）出现。这时通常会闹洪灾，大家都在木板上行动。多数的夜晚我们面临的是附近炸弹的爆炸，因为我们的伤员不能动，我们必须和他们待在一起，和其中睡不着的人说说话安抚他们的恐惧，也是在安抚我们自己。不管怎么说，基本没什么机会睡觉。穿过高速路，就是海军航空基地，每天不断有噪声从飞行香蕉"H21肖尼"、蝌蚪形的"乔克托人H-34"、载货机"奇努克人CH-47"、"休伊"等一些其他的越南人称为"大铁鸟"的直升机上传来。直升机在我们房子后面的空地降落，每次着陆都会带来很多遇难者，有碰上地雷的，被尖竹树桩扎伤的，子弹、手榴弹打伤的，各种炮弹、炸药炸伤的，白磷烧伤的等。

重症病房的结构床可以靠一个圆形架子旋转，这让我们能再放一条薄垫子在瘫痪患者身上以便让他能从上到下地翻转过来。我们这里从来没有空床，我看到它们的占有者被用我再也不希望用到的方法检验伤势和生命体征。我们经常会有双肢都被截的患者，一般是地雷爆炸所致。双腿动脉被切断后，他们只能一直躺在那里。他们之所以能活着躺在那里，一方面证明了医护兵的技术高，另一方面也证明了使用直升机来清理伤亡人员的效率。这些伤员经常意识到自己的困 34 境，经常在发现自己没了腿、脚、手或胳膊后，大声痛苦恐惧地嚎叫。脑外科患者，"素食者"，经常不知道自己是谁，或者他们失去了什么。最极端的要数胸部和腹部受伤的了。

在我的病房，伤员面临两种命运：要么他们足够幸运可以被直升机送到日本或菲律宾经过治疗而存活下来，要么他们在这里停止呼吸。我见过几百个士兵死在这里，经常是当我按摩他们的心脏时（每次都是徒手），或者是给他们做人工呼吸时。有几个人深深地刻在我的脑海里。有一个18岁的海军战士，他的状况让我很为难。他看起来很普通，很健康，身上没有明显的伤，但是他一直不省人事。经过仔细检查，我发现他的头部后面垫有一小块沾了血迹的纱布。在我们进一步检查之前，他的心脏就停止跳动了。这是很常见的事，作为心搏骤停抢救小组的头头，我照例开始了一套训练有素的程序。我们有很好的成功记录，因为我们的伤员年轻而强壮，但是这次这个年轻人例外。我们试着电击他的心脏，然后给心脏注射肾上腺素，不断对心脏进行按摩，但是一个多小时后，我们不得不接受一个事实：他死了。

他的死令人不解，于是对尸体做了解剖。因为这个孩子的死让我感到费解，他们问我是否愿作解剖助手。第二天早上，我去了病理办公室，我的患者赤裸着躺在桌子上。年轻的病理学者注意到没有什么伤，除了头后面有一个小洞。我发现甚至是开第一刀之前尸体解剖也是难以忍受的：在这样又热又潮湿的小屋里，一旦你闻到了从尸体身上散发出的甲醛味道，你就再也不会忘记它了。当病理学者从尸体的一边到另一边切了一个马蹄铁形状的切口，拉起一大块皮组织，把它反搭到尸体脸上时，我强忍住恶心看着。他用大剪刀剪开了胸部中心以下的肋骨，把心脏暴露在外，这颗心脏几小时前我们曾努力地想使它活起来。没有明显创伤。

病理学家又用解剖刀切开战士的头，露出他的头颅，并且用剃骨
35　锯刺穿头颅上边。把大脑移出来后，他把它切开。我们看见一颗子弹停在一条铅笔长的小径的一端。我很惊奇大脑不到百分之一的伤害何以致命，我向病理学家寻求答案。他的回答只能是子弹一定打中了一些重要的东西。尽管轮我换班休息了，可是我睡意全无。我们身体里的每一个细胞在有盖培养皿中无限期地生长，而仅仅因为其中几百万的细胞被毁，组成年轻人身体中100万亿个细胞就都毁灭了。

另外两名伤员对我影响也很深刻，因为他们提供给我一个不同寻

常的证明：有关人的精神以及生或死的愿望。他们都是大面积腹部受伤：一个是高加索人，35岁左右，被M16射中腹部，不是被敌人抓住就是在一次"友好的射击"中的意外受伤。由于这种武器的小型循环极端不稳定——甚至一层薄纸都能让子弹翻滚到其他方向——这会导致讨厌的伤害。我曾经见过身体的一侧有一个子弹进口和对应的在另一侧似乎不太可能的位置有一个出口。这个患者也不例外：他的部分肠子碎了，其余的也被子弹撕裂了。外科大夫把肠子破损的部分切除了并确定他能活下来。他不是一个作战战士而是一些辅助部门的兵，无意中遇到了袭击。他不久苏醒过来，惊奇自己还活着，精神很好。但是腹部手术带来的疼痛很剧烈，不久他的情绪开始低落。三天后，病房的门被撞开了，一个新伤员被推进来：一个18岁的非洲裔美国人，也是腹部受伤，机关枪所致。他的肠子已所剩不多，而剩下的大多都堆在担架上。外科医生和医疗队尽全力抢救，但因为这个人不仅同时失去了脾和部分肝脏，大肠还在流血，所以估计活不过第二天早上。可是惊奇的是，当我回来换班时，这个伤员醒来了而且很警觉。他的性格很温和，很善谈。他描述了他的部队怎样遭伏击，他又是如何关心他们的。他有吸引人的生命活力，在这样混乱的局势中，连我都被感染了。我知道他伤势很重，所以一晚上都在陪他谈话，谈他的家庭、他的朋友和这次奇怪的袭击，但大多数是有关回家和他打篮球的梦想。最后当我下班时，他已经睡着了。我不指望可以再见到他。[36]可是第二天我值班时，他还在那儿谈论暴风雨，挑战他的伤病和他的生理功能。他引起了我们的注意。

所有的事一天天地继续着，一次我给那个35岁的伤员换药，他问我能否帮他一个忙。他想给他妻子写封信，由他口述，告诉她他还活着，他很爱她，但是他无法忍受疼痛，他想他不能再见到她了。我认为他康复的概率还是很大的，我希望他能在一两天之内被直升机接走，从他的病况来看，他不久就能逃离这场战争。不管怎么说，我的拼写和书法以及我这20年的情感无法胜任此重任，所以我让别的看护兵帮他这个忙。我也很生气他要放弃治疗。1967年在战区恶劣的环境下，医药短缺，但我们仍尽全力抢救他。我认为我被激怒了，因为关于死我已考虑过很多次，它是最容易的出路。当我回来换班时，他死了，就在中午，验尸官指出"他放弃治疗了"。多么不可思议的对照！那个应该可以活下来的人却死了，而那个被认为马上会死的人却出乎所有人的想象，因为他想活下来。人们通常不会放弃生命，是生命弃人们而去。

尽管后一位伤员被带到菲律宾几天后还是不免一死，他向我展示的是比任何毒品还要强大的人类精神和纯毅力的作用。我们所有的努力多给了他几天的生命，这个努力没有白费，因为他已经赠予我们所有的人一份绝好的礼物，尤其是对我而言：他已经赢得了我们的尊重，给了我们对人生的渴望，这是我遇见他以来几乎每天都渴望得到的。我经常谈到和想起这两个人，感觉是他们部分地推动了我未来的事业。他们把我从一个漫无目的的年轻人转变成一个迫使自己理解生命本质的人。在越南这块土地上，生命是如此廉价以至于我觉得我的使命迫在眉睫。

花了几个星期忍受这种冲突——必须处理几百名伤员——对我来说反战是很明确的了。不仅是我一个人，在越南的美军里，有任何人支持战争都是不寻常的。像我很多的战友们一样，当我听说我将会得到两个重要官员——副总统休伯特·汉弗莱（Hubert Humphrey）和驻越美军最高指挥官威廉·威斯特莫兰德（General William Westmoreland）的接见时，我无动于衷。汉弗莱好像支持林登·约翰逊总统的政策继续扩大战事，而威斯特莫兰德——1965年《时代》周刊年度人物——是一个雄心勃勃的军人，他培养了一套荒唐的战争统计人数的哲学。这套哲学有它残酷和险恶的成分：就是用更多的炸弹、弹片和凝固汽油弹来缩减人员。美国的战争机器杀死越南游击队和北越部队的速度比河内方面通过胡志明小道提供援军在南方作战的速度要快得多。柯蒂斯·李梅（Curtis LeMay）。空军总参谋长，在影片《奇爱博士》中被乔治·斯科特（George C. Scott）讽刺说他曾发誓要"把越南炸回到石器时代"。在这场没有胜者的战争中，测量战争进展的两个数据一个是对越南军队的"人体统计"，另一个是计算有多少年轻美国人被杀和受伤。

当他们和记者一起到来时，副总统和最高指挥官被引见给在岘港医院工作的150名医务人员。我以前曾不时地幻想要上新闻头版头条来抗议战争，使上层感到尴尬，但是我当时所能做到的就是鼓起勇气拒绝和他们中的任何人握手，然后嘀咕着，"我们在越南犯了可怕的错。"而这只引起一小会儿的难堪而已。过了一会儿我的一个患者，一个双截肢的伤员做了一个更有影响力的姿态。当摄影师和记者在旁看着，最高指挥官威斯特莫兰德准备把勋章戴到这个伤员胸前时，伤员对他说："把这个黑心拿走，挂到你的屁股上吧。"威斯特莫兰德瞪了瞪我，气愤地走了。副总统继续保持镇静，抓住那个伤员的手说："我理解你为什么有这样的感受。"在后来的生活中，我对汉弗莱的评价充分改善了。

　　看护兵连接了生命和死神，经常不是变成忏悔者就是医治者。我渐渐看到了部队里的很多不同的抗议和叛乱形式。在越南休息娱乐时，有很多人开溜，有人拒绝参战，尤其在战争接近尾声时，还有人用手榴弹等武器杀伤军官，这是一个很阴险致命的抗议形式。尽管海军战士之间存在神秘的同志关系，这意味着他们从来不丢弃死者，但是他们可能会用一颗子弹处死疯狂的海军少尉，因为他只顾追求"杀敌"数字，一味想升官，根本不管他射击的是一个村民，还是一个越南共产党人。有很多次杀伤军官的事件均使用了不同类型的地雷去铲除一个指挥官，在士兵们看来，这个指挥官也会无故将他们都杀害。

　　其中有一个故事来自溪山（Khe Sanh），它所描绘的不仅仅是生
38 命的廉价，还有那些日子的无情和绝望。有三个受伤的海军士兵来到医院，告诉我他们是怎样杀死他们的指挥官的。一些地雷是当人踩上去引爆的，而另一些 —— 就像他们使用的那个 —— 则是设计好当这些受害者移动时压力减轻后才引爆。这三个人描述了他们怎样观察指挥官的行为，注意到他是怎样每晚在帐篷里喝一瓶苏格兰威士忌。出于自卫的想法，士兵们把威士忌放在地雷上，晚间时分，指挥官出来最后一次喝了他的威士忌。像这样的事件并不是独立事件。

　　每个人都服从命令应付特殊的压力。我找到了一个不太可靠的同盟者比尔·阿特金森（Bill Atkinson），他在入伍前住在加拿大边界附近的蒙塔纳山里的小木屋里，那里没有电，只有煤油灯和柴火。他甚至养了一匹狼当作"宠物"。比尔在医院的体检记录、患者转移办公室工作。一天我问他能否帮一位强烈反战的军官的忙。尽管他已经受伤了，但是他应该回到战区去。他愿意帮忙，比尔以健康原因使很多

人退伍了。我们不久发展了一种制度：遣送那些我们看来精神即将崩溃，或是迫切要逃跑的人回家。

我在岘港工作的前6个月结束时，海军决定应该以陆军为榜样把女护士送到越南。女士总是很受欢迎的。但是比起年轻、活泼和有同情心的陆军女护士，海军派来的却是大龄的校官或者尉官们，她们与实际的医务护理大相径庭而且浑身都是官僚气。身处困境的人们的尽力工作、琐碎的规则和官样文章碰在一起是很容易发生冲突的。对我而言，实用主义者和原教旨主义之间的冲突导致了一场遭遇战，那是上夜班时，病房里堆满了刚来的伤员，我们人手短缺。

在新送来的伤员中，有一个是带着呼吸器的韩国士兵，他的头部严重受伤，身体被炮弹碎片严重摧残。他旁边是两个战俘，一个是中国人，严重受伤但是还有意识，另一个则是一名也带着呼吸器的越南共产党人，我和另一个看护兵对他们进行抢救。两个人都有守卫，但两个战俘都伤势严重，哪里都去不了。当我正要去帮助那个承受极大痛苦的韩国人时，我无意间听到一名新来的护士命令一名我们的看护 39 兵给越南共产党人洗手指甲和脚趾甲。他肯定得洗得干干净净，因为他可能在一个地下碉堡里住了几个月了。但是他现在不需要，因为胸腔的血液无法从管子排出，他几乎不能呼吸了。

作为高级看护兵，我不想让我的手下从更加重要的拯救生命的工作上分心。于是当我让那个看护兵继续他的胸腔管引流操作，而护士长自己做自己的事时，引发了一场激烈的争论。第二天早上，那个越南共产党人死了。我换了班然后去床上睡觉。后来被一个军事宪兵叫

醒，他陪我去了基地长官办公室。我被告知，虽然我是最好的看护兵
之一，但是我再也不能回病房了。因为那个护士长已经向军事法庭提
出控诉我对高级官员的不尊重，不服从命令。我被解职了。虽然在战
区逃跑几乎是不可能的，直到合适的惩罚令下来以前，我还是要被软
禁在我的兵营里。几个月前在长滩发生的事又重复了，现在是另一个
护士长想要增加我被杀的概率非要送我到战区。

　　两天后，一个有独特的五点左右的须根阴影[1]的长官来找我。罗纳
德 · 纳达尔（Ronald Nadel）医生是主管皮肤病和传染病门诊部的，不
太整洁。他正在寻找一个有能力的看护兵和他一起工作。他知道我遇
到了指控的麻烦，我马上感受到他的温暖就接受了他的提议，一方面
因为我对传染病感兴趣而且有这方面的经验，另一方面因为我要从
40　重症看护病房解放出来，也不用去禁闭室或者进入丛林了。那天晚上，
我一直在考虑我是怎样再次用类似的方式把自己从类似的命运中拯
救出来的。

　　当我在门诊部工作时，我的生活立刻得到改善。罗纳德 · 纳达尔
医生是一个很好的老师，我喜欢学什么，他就乐意教什么。我们的团
队工作效率很高，他很信任我，开始让我独立承担手术任务，而他自
己去给别人做手术。他知道我会考虑到自己的知识局限，如果我发现
一个新情况，在没有得到他或任何其他人的指导之前，我决不会自行
试图处理它。虽然如此，通常当我无法辨认一些东西 —— 比如切除

---

1. 译者注：有时候，爱长胡子的男士，就算早上剃了胡子，到下午 5 点左右，胡子的须根已经露出
来，那些五点左右再长出来的胡子，或者，一两天未刮胡子，而长出来的须根，就被称作 "五点左
右的须根阴影"。

一个囊肿的外科手术中遇到一个不同寻常的组织 —— 对罗纳德来说也是新鲜东西。我们每天要面对200多名伤员，必须处理令人惊奇的 40 大范围的各种问题，从疟疾、丛林腐烂到肿瘤和性病，性病在越南几乎随处可见。从岘港到一号高速公路沿途一路上都有妓院，被称作内衣屋（skivvy houses），大概是以内衣"skivvies"来命名的。

　　卖淫是一种行业，包括女军人，甚至乡村孩子也受到了间接影响。在人们做交易的小屋里，空气中混杂着迷幻摇滚乐曲、烟、大麻、啤酒和玉妈妈（nhoc mam），后者是一种鱼发酵后提炼出来的辛辣味道的调味品。他们也会聚集在嘈杂的酒吧里，听着"阿-勾-勾"的摇滚乐，跳着兔子舞。他们必须买西贡茶来取悦酒吧女孩，几小时的性服务不计算在内。皮条客会大声叫喊，"你想轰炸？"或是"想买我妹妹？"我的答案总是否定的。作为给去过内衣屋的男人治病的看护兵，我虽然也忍受了很长时间没有性的日子，但我知道我不能利用它。

　　每天都会有使用抗生素治疗梅毒和淋病的病例。诊断梅毒，我必须让士兵脱掉内裤，然后我戴上手套，把下疳挤出，然后在显微镜载玻片上吸干脓汁。在黑色显微镜下，性病的菌群在载玻片上显示出来，它们是螺旋状的细菌，即梅毒螺旋菌。30年后，当我考虑哪种有机体需要基因解码时，我首先想到了梅毒螺旋菌，因为它造成的危害贯穿整个人类历史。在2002年，我和有机体的发展史发生一些关联，那年我被授予德国保罗·艾利希（Paul Erlich）奖，这是以现代化学疗法之父保罗·艾利希的名字命名的，他是第一个提出有效治疗梅毒的人。

　　我在岘港最美好的时光要数每个星期三去当地一家孤儿院给孩

子们看病的时候了。罗纳德和我带上药品坐吉普车去那个孤儿院所在的小村庄。越南军队已经深入到海军防线了，尽管在岘港市郊不断有暗杀军官的事件发生，但是出于人道主义考虑，我们还是留下来了。和我们一起的还有一名护士翻译，外号叫"大班笔"，她是一个天主教徒，1954年法国溃败以后从北越逃来的（天主教徒们为了自治与法国人打过仗）。她对待我们不论美国人还是越南人一视同仁地冷淡。我告诉她怎样用一些特殊药品，让她把复杂的过程翻译给患者听，她就用最短的句子翻译一遍，而当讨论较简单的治疗时，她却故意长篇大论。我们一起处理每件事，从怀孕到脓疱病到昆虫感染或是骨折。但是战争永远不会走远。当发现我们所留下的药品从孤儿院外流向军队时，我们改用注射，不用抗生素药片了。

在孤儿院行医是我在越南期间最辉煌的时刻。我发现拥有基本的卫生常识和肥皂就能使人们的生活质量提高，会达到高级药品同样的效果。孩子们有聪明、天真、热情的脸庞。由于我们每周都会来，所以很容易与他们发展友好关系。在这充满了死亡和痛苦的世界里，用我仅有的知识做点好事，我越来越确信我未来生命的方向了。如果我能回家我将去上大学，然后去医学院，在发展中国家行医。但是1968年当我坐在岘港郊外的小屋时，我只是4年前从高中毕业而已，唯一能做的就是在战争中救死扶伤，回家好像很遥远，更别说进入大学了。但是我很幸运，罗纳德·纳达尔——我所敬佩的少数人之一——帮我确信我一定能成功。

我在门诊的工作也触发了我毕生都热爱的航海运动。一天下午，一位海军军官走进门诊要求给他除去身上的文身，被我拒绝了，因为在战区是不准随意选择外科手术的。几次尝试后，这名军官很绝望，于是给我讲了他伤心的故事。在到达越南至少6个月后，海军全体人员曾有一次往返一周的休养度假机会，地点在越南之外的地方。这个长官和其他许多人一样，第一次就选择去了曼谷。而且和其他人一样，他在到达那里的途中醉倒了，第二天早上醒来发现身边多了三件东西：醉酒后的身体不适，一个年轻的女朋友和双手手指上的文身，上面写着玛丽（Mary）。

现在回到岘港了，他有资格进行第二次休养度假了，这次他被安排去夏威夷，在那里他将见到他的妻子。当然她不是玛丽。这个军官好像既无辜又悲惨，所以我决定帮忙。那天门诊关门后，我用当今的标准给他消除了文身，即从他的大腿移植了一块新鲜皮。几周后，很明显不仅移植成功，而且他现在也有一些感人的战争伤对他妻子炫 42 耀了。

在岘港港务长办公室工作时，我的患者可以用各种不同的小工艺品冲抵医疗费，而港务长则提供给我一条8.5米长的波士顿捕鲸船和7.5米长的玻璃纤维闪电帆船，它是一艘只有一根铝桅杆和两张帆的活动防浪板船。在一个休息日，罗纳德和我没什么事可做，于是我们驾着捕鲸船出了岘港港口，绕过猴山，然后上岸。在战区里，坐着一条小机动船在海上移动，这样悠闲的日子是不常见的。在空旷的水面上，这是多么美好，多么令人心旷神怡啊！这里远离了每天的生活，远离了岘港的死亡。从此以后，我总会到海上清醒大脑，恢复我的感官能力。

　　我也想试一试帆船。我经常梦见有一段自由的时间，在海上航行成为这个梦想关键的部分，因为我经常阅读关于海上航行冒险的故事。但是能让我驾驶帆船的一个条件是我们中的一个人必须有能力安全通过海边的拍岸浪并且能再次返回。我请教了一下我的战友，但是他们没人知道怎样航海。所以我只好做我自己的老师，我觉得航海并不是难到我根本不能掌握。每一次出航，我和我的海军乌合之众会比上一次航行得远一些。靠近海军航空基地时，我们就成为他们开"玩笑"的目标，通常是从直升机上往下扔烟幕弹，有时是手榴弹。

　　微风拂面的日子，我们会试着用手术传动装置做成的将就能用的滑轮装置来捕鱼，一天，我们钩住了什么东西，我们这艘原始的小船被拽得又是下沉又是摇晃。几分钟后，钓线再次被拉紧，接下来我们就被快速地拽着倒退着行驶。我确定我们已经抓住了一条鲨鱼，我们可不想加入到它的水世界里去。一小时左右以后，我们控制住了它，开始欣赏它在海里乘风破浪，但是它好像并不疲倦。几次它想停下来，游向海平面，我们看见的情景出乎我们的想象。带动我们船只的"引擎"是一条近 3 米长的灰鲭鲨，它以速度和敏捷著称。幸运的是，海域区经常见到的越南渔夫们看见我们的船一直退着行驶，他们就发动小渔船跟上我们，然后要求我们把鱼给他们，作为交换他们给我们固定好绳索以及控制好钓绳上不停乱窜的鱼。交易成交了。我们把绳索转给他们，看着他们 4 条木头平底船一起把鲨鱼拉上了岸。

　　甚至在战区，好奇经常可以战胜恐惧。越南海岸线很美，水面上43 的小峡谷被浓密的植被覆盖着。海滩附近有一个当作神殿或寺庙用的小木塔，是层级的金字塔结构，上面雕刻着各种美丽的装饰。我们想乘坐帆船去猴山上的小峡谷探险，这座山不是完全在美军控制之下的。在我们这次冒险活动中，我的战友决定带上他们的M16型枪，因为不止一次，这种安静的景色被军队的枪声惊扰了。战友们会回击，而我们则在船里躺倒，航行得尽可能快些。我想在这次航海中我有了唯一的一次遭遇子弹的经历。

忍受了越南6个月生活后，我有资格进行我的首次度假，我以前读过关于在澳大利亚飞行医生的故事，被那个国家的景色迷倒了，所以我选择去悉尼。几小时之后晕乎乎地离开了战区返回到正常社会，喝着咖啡，在宾馆收音机上听着《只一匙的爱》（The Lovin' Spoonful）。我感觉好像刚从一台时间机器里走出来。第一天早上，我从宾馆朝海滩方向走了两个街区后，我与她注定相遇了。一个可爱的女孩正朝我走来，她提着两袋子食品，当我经过她时，她手里的两袋东西全掉了，散落在人行道上。于是我趁帮她捡东西时，问她人体冲浪最好的海滩在哪里。她对我说是布朗特（Bronte）海滩，离这条街大约半英里，另外她还说她叫芭芭拉（Barbara）。我去海滩前我们聊了一会，好像很谈得来，芭芭拉给了我她的电话号码。

那天的海浪出奇的高，只有几个人敢于挑战下水。鉴于我在越南的经验，我并不担心，于是我开始在4.5~5.5米高的大浪里做人体冲浪运动。我在水上待了几小时，享受我的生活，感到很自在。后来，我注意到一群人聚在海滩上，人们正焦急地指着离我不远处的水面。一个女孩正奋力抗击激流，于是我朝她游过去，最后终于把她拖上了海滩。

　　布朗特海滩的救生俱乐部成员们帮这女孩上了岸，同时也四处吹嘘这件事：一个美国佬不仅在恶劣的环境下在他们的海滩做人体冲浪运动，而且还救了一个人。他们邀请我去他们的俱乐部里，让我做他们的名誉成员。那天晚上，他们用踏板车载着我一个酒吧一个酒吧地转悠着喝酒。他们强烈要求我找到我开始遇见的那个女孩，因为她是新西兰来的。澳大利亚人都知道新西兰姑娘"很容易上钩"。幸运的是我有她的电话号码。

44　　芭芭拉和我那天晚上就待在一起了，剩下的一周也一样。当我返回越南时，我们约定再见面，常通信。3 个月后，我有了第二次度假的机会，这次在我一个同事的推荐下，我选择了香港。令我感到惊奇的是，他在半岛宾馆已经用文特尔医生的名字预订了房间，而芭芭拉也同意去欧洲路过这里并在这儿停留。我走下从岘港派出的军用飞机时，受到了宾馆代表的接待，并且用劳斯莱斯载我去我的豪华套间。芭芭拉和我在宾馆见面，她也同样吃惊，就像我对豪华套间和三名侍从的待遇感到吃惊一样。在越南没有什么开销，除了喝酒抽烟，现在我感到我要挥霍一下了。我们的大多数时间不是逛街就是在床上。短短一周结束时，我发现很难再返回越南和回到战场上。芭芭拉和我暂时约定战后在伦敦再见。

　　当我返回岘港时，我把自己看成是一个和平主义者，决定只挽救生命而决不索取任何东西。很多看护兵被扯进战场之前都持这样的哲学态度。当医院在一系列的被称为春节[1]攻势中被占领时，我自己的思

---

1. 译者注：越南的旧历新年有一周的假期，对于越南人民来说，他们把感恩节、圣诞节和新年融在一起了。

想开始发生改变。在1968年1月30日黎明开始的那场战斗中，我们的境遇变得如此悲惨，海军护士从岘港撤离了，海军护卫队要求看护兵武装起来帮忙击退敌人的攻击。

医院附近不断地遭受到炮轰，就在我已做好心理准备，我要用我的M16避免成为5万多名年轻殉难者之一时，我再也不用执行这样的任务了。相反，我和每一个能用得上的人一起处理伤员。春节攻势改变了美国公众对战争的态度，也改变了我。关于治疗类选法的常识，我比任何一个20岁的年轻人应该知道的还要多，我学会了把那些你能救治的伤员和那些你不能救治的伤员分开处理，后者我只能在他们死去时帮他们减轻点痛苦。我不是在生命大学学习，而是在死亡大学学习，死亡是一名强悍的老师。

我最后的3个月尤其难熬。在越南我经常亲眼看见人们怎样努力培养能够活下来的希望，却又发现希望破灭了。一天，我发现自己正影响着一个和我年纪相仿的步兵，他在去飞机场准备回家的路上遭到 45 狙击手袭击受了重伤。在那段时间，我记得有一个特别的夜晚，我和朋友们航行了一天后回到空军基地，仰面躺着，抽了一晚上大麻烟卷后感到很舒服，当炸弹又开始在附近爆炸时，我们竟然没有躲进地道里，而是仍然躺在那，好像被那种奇异的迷惑的亮光催眠了，就像电影《现代启示录》里的景色一般。第二天早上回想起前天晚上的愚蠢行为时，我决定如果我想在岘港幸存下来，以后不能再干傻事了。我没有再抽过一支大麻，只是偶尔喝点酒。我更加努力地跑步，每天空闲下来就冲浪。最后终于等到我跟战友们说再见的时候了，我们乘坐707专机离开越南。

因为没有装甲保护，飞机最易受到攻击。而在救护直升机上，我们已经学会坐在自己的钢盔上，避免被从臀部射穿，但是飞机上没有钢盔。为更加安全，所有的起飞降落都安排在晚上，机下夜空中闪亮的流弹仍然令大家感到恐惧。尽管有这些情况，也没人抱怨。我屏住呼吸，当我们脱离了狙击兵的射程时，任何人都能感到飞机上很轻松的气氛。最后大家都庆祝：我们现在确定不用再疑惑什么了，我们已经在越南存活下来了。我感到快崩溃了，对未来既感到安慰又感到惊恐。发生了这么多事，也改变了这么多。我在部队仅待了2年零8个月，但是我已经不是当年那个只知道做人体冲浪的年轻人了。现在我将回家过另一种完全不同的生活。

生命是我的礼物。我曾见过上千的同龄人以一种意想不到的方式被杀或致残。我没有那种生还者的内疚心理。但是我想用我的生命做一些事情向所有我现在无法帮助的人们致敬。我再次回来对我的命运负责，那么我将再一次自己对自己的命运负责。我认识到如果我对死亡和毁灭说再见的话，那么我也就对一个医生所关切的和我知道自己只有经过10年多的平民生活中紧张学习和训练才能恢复的那种医疗水平说再见了。我可能再也无法达到那种水平了，谁都知道我的受教育程度低，我连最基本的单词都拼不出，因此首先被送到越南。我还要向不确定的人生致意。

随着我们飞过日本、关岛、夏威夷、阿拉斯加、西雅图、北加州的特拉维斯空军基地，最后到达洛杉矶附近的空军部队基地，平民生活越来越近了，随着每一段旅程的推进，我变得更加惴惴不安。最后46我们着陆时，我只是有点高兴而已，当下飞机时，和我一起的有些人弯腰亲吻大地。没有管乐队和旗子欢迎我们。只有朋友们和亲戚相拥着问候返回的士兵们，没有人来迎接我。回到美国，我感到一种难以置信的孤独。

在临时兵营待了两天后，我的等待结束了。对我下的最后的命令如下："从现役退伍转为海军预备役。"那天是1968年8月29日。除去这一年的开支，我的账户上还剩2 800美元。我有算得上在行的医疗技术，三枚军事奖章——国防部服役奖章、越南服役铜星奖章和越南战役多次奖章——这是一次光荣的退伍，最重要的是我还活着。我拿上我的包，登上了去旧金山的飞机。

美国的生活在继续，好像没有战争一样，但是这个地方对我来说已不是以前那个地方了。我4年前离开的那个家现在已感到空荡荡的，而且很陌生。家里四个孩子有三个已经离家了，那段时间，我认为弟弟基斯是家里"唯一的孩子"。父亲最终支付了他在福布斯公司的合股，现在是西海岸专门的会计公司。在父亲的一生中，他第一次有可以任意支配的钱和时间去发展与基斯的关系，他们经常在一起打高尔夫球。父亲现在开一辆凯迪拉克，他很自豪，现在已经是青山（Green Hills）乡村俱乐部的正式会员了。当然这里也就是我父母亲决定庆祝他们的儿子从越南回家的地方。

逃离了死亡大学，我的感觉和《毕业生》里的本杰明·布雷多克的感觉一样迷茫，他在南加州郊区的双亲也为他举办了家庭庆祝宴会。晚餐时我快迷失方向了，这时一群共和党的权贵们边喝酒抽烟边讨论要是杀死几个共产党和亚洲人的自豪感。对于他们来说，越南共产党的顽强抵抗使我们更有理由杀死男人、女人和孩子，更容易做一些荒唐的事，比如把死水牛扔到井里使井水有毒性。关于无数死伤人员，我想大声呼吁，告诉他们上千名已致残或伤痕累累或已死的年轻人其实什么都没得到 —— 除了向我们的敌人证明我们更愿意牺牲我们的青春。我离开了这个晚餐讨论，我借口说我有点飞机时差反应，所以回家了。

47　　我预订了第二天去伦敦的飞机票。我计划 —— 或者说我的希望 —— 尽快离开美国和芭芭拉会面。到达希思罗机场（Heathrow），我感到很不受欢迎。1968年反战示威游行与日俱增，并且有暴力冲突。我是一个21岁的美国人，背着黑色旅行包和睡袋，还有一张被西贡政府停用的美国护照，停用原因甚至到现在都难以探究。英国政府官员断定：这个茶棕色头发的年轻人来到英国，一定是帮助激起反战运动的。我被调查了，每一个项目都进行了严厉的审查，我猜想是为了找毒品。过了半天后，我终于被释放了，允许进入英国境内，我平生第一次进入了我的祖先的国度。我没地方住，因为是酷暑时节，旅游旺季，没有空房。有一个旅馆建议我唯一可去的地方是基督教青年会（YMCA），果然，我在那儿找到了地方过夜。

　　第二天，我在一个便宜旅馆找了个小房间，然后联系芭芭拉。她刚花3个月时间搭便车游览了整个欧洲，她说这是一个很伟大的旅程。我们坐火车去了多佛（Dover），然后上了一条渡船，在加来（Calais）海滩露营，就这样开始了我们吉卜赛式的流浪生活。我后来变得讨厌搭便车：对于一个年轻的单身女性来说，这是一种很有效的旅游方式，但是对于一对背着背包的夫妇来说却很不奏效。后来在法兰克福，我买了辆二手大众汽车。当我们去法国、西班牙旅游时，我仍想逃离大城市去寻找一个隐蔽的、平静的地方减轻压力，理理我的思绪，调整一下不在战区的情绪。在瑞士的阿尔卑斯高山上，我租了一间牧民的小屋，它地处日内瓦末端洛桑市附近。我们长途跋涉，做饭，休息，做爱，读书，自我调整。但是当灰暗的日子和冬季第一场雪来临时，我对开始新生活变得越来越没把握。在海军工作将会有很快的晋升机会，但是我无法做到一味地听从命令。我可以参加医生助手或是注册护士考试，但是我又想尝试其他更多的工作。从与罗纳德·纳达尔和其他人的交谈中，我知道应该去上医学院，我不仅必须要去一流大学，而且还要取得好成绩。既然凭借我的专业成绩，我不会被那种好学校录取，我只好去了社区学院，然后到三四年级时再转到一所大学。

圣马托（San Mateo）学院离我成长的地方不远，它是学院中最 ⁴⁸好的，这里也学习为斯坦福大学和加利福尼亚大学安排的课程，我能在1月份就读，甚至更好的是，只有计算机编程证书的芭芭拉也愿意跟我一起回去读书。我们与美国大使馆协商，却被告知新西兰人要等很久才能获得去美国的签证。更糟的是，他们甚至不保证芭芭拉最终能否拿到签证。但是如果我们结婚了，她将被准许直接获得签证。

我愿意和芭芭拉生活在一起，并且去上学。在我的一生中，我并不渴望婚姻的承诺。我还年轻，不成熟，只是需要性和友谊。我向哥哥加里征求意见。这是20世纪60年代，他告诉我："大多数人在他们的一生中会结四五次婚，所以不用担心婚姻。"芭芭拉和我在日内瓦用民间仪式结婚了，这好像是对一对来自美国和新西兰的夫妇地理上的折中。

　　芭芭拉后来获得了美国签证，在回美国的路上我们去英国拿了些我在越南曾经幻想过的东西。其中帮助支撑我渡过难关的梦想之一是摩托车精华中的精华，胜利巴纳维亚650。这是经典的历史年代最火的公路车，该车总是与好莱坞影星——詹姆斯·迪恩（James Dean）、史蒂夫·麦奎因（Steve McQueen）和马龙·白兰度（Marlon Brando）——联系在一起。它能发出别具一格的轰鸣，从低声咆哮到嘶哑的喉音，然后是尖声吼叫。还在岘港时我就订购了一辆，说我要在英国接货——以这样的方式我就能把它作为一辆已使用过的车进口回美国，可以节省很多关税。

　　我带着一辆新摩托和一个妻子返回了密尔布，可是这两样没有一样特别受父母的欢迎。不过我现在的心理素质比刚从越南回来时好多了。我要试图理解在岘港看见的事情，而返回学校上学是最难迈出的一步。为了发现生命，我渴望开始我的教育，即使是从零开始。

第 3 章
肾上腺素迷

这些变化——心跳加快、呼吸加深、血糖增加和肾上腺素分 49
泌——是不同的并且看起来互不相关。在考虑了大量的这些变化后
的一个不眠之夜，一个念头划过我的脑海，如果把它们认为是身体
为最大努力地去战斗和搏斗做准备的话，它们就是一个很好的整体
反应。

> ——沃尔特·布拉德福·坎农（Walter Bradford
> Cannon），《一个研究员的处世之道》

很难低估自己在1969年重返校园时的自信心。同样也无法对我
提高自己的动机有过高的评价。像任何其他人一样，我害怕失败，尤
其在想到自己的不光彩的学术记录后。但是在越南看过真正的精神、
肉体和灵魂的贫乏后，我懂得了教育的价值——这里指的是我自己
的教育。幸运的是，在加州至少有很多工作机会。依赖我以前的医学
经历，我很快找到了一个职位，就是在旧金山半岛上的柏林盖姆半岛
医院做呼吸科医生。不久后，我被任命为心搏骤停抢救小组的头儿，
和原先在岘港的工作性质一样。

像当年曾经部分地资助我父亲上大学一样，军人权利法案也同样

帮助了我，我注册上了圣马特奥学院（College of San Mateo）。芭芭拉和我在一起，她参加了各式各样的英语、数学、化学基础班，因为加州政府不承认她在新西兰的高中成绩。我准备努力学习，必须首先学会怎样学，怎样钻研。不过像很多成功人士一样，我身边也有一些伟大的老师鼓励我、激励我，他们真正关心我的教育。

50　　　一位是布鲁斯·卡梅伦（Bruce Cameron），他给我上了第一堂英国文学课。布鲁斯40多岁，纽约亨特学院（Hunter College）毕业，靠开黄色出租车挣钱完成学业。由于他最近刚获得硕士学位，所以前一年他就已经搬到加州来这个大学当老师。布鲁斯经常告诉我们如果有谁不喜欢或者讨厌写作业，那他可以利用这个机会写一些自己的灵感。我决定不理睬他布置的任务，有感于他抽烟的爱好，我给他讲了哈里·博格斯（Harry Boggs）的悲惨故事，他是一个烟鬼，死于肺癌。我的这个业余三幕故事和只有我一人向他挑战的事实给他留下了深刻的印象。所以我们之间开始了一段友谊，不久逐步上升到定期去他家与他和他妻子帕特共进晚餐，布鲁斯不仅待我像朋友一样，还挑战我的思想，鼓励我战胜一切。我的写作能力和自信每周都有所提高，不仅表现在英语上，而且表现在那些以前我认为已毫无希望的功课上，比如数学。

化学仍然是我最头疼的，这门课对于医生职业来说至关重要。高中让我对化学过敏，甚至对抓住世界的原子和分子的思想都过敏。我的老师是最近获得博士学位的凯特·穆拉希吉（Kate Murashige），他对教育的献身精神点燃了我对化学的热爱。令我感到吃惊的是，我发现自己喜欢化学侦探工作——用不同的方法发现一种不为人知的化合物。现在一个专利律师凯特（Kate）把我回忆成一个看起来好像要成功取得"A"的学生，这当然是马后炮了。我开始喜欢我的六门课了，我学习态度的转变反映在我的成绩上——我努力求得全A，甚至当我每晚都在医院通班工作时也是这样。通过课外补习，我计划用18个月来完成大学前两年的课，然后我再转到加州大学去（我负担不起斯坦福大学的学费）。

一天当我在上法语课时，班里的那些人不仅说着法语，还喜欢矫揉造作地模仿法国人耸耸肩类似的说话习惯，我感到有点恐惧，这时，一个学生突然闯进来告诉我们肯特州立大学发生了对抗议越战学生的流血大屠杀。那时尼克松已当选总统，宣称要结束越南战争，但是实际上冲突已经扩大到了柬埔寨，要求和平的反战运动比比皆是，全国校园已经爆发出要求停战的抗议。1970年5月4日，星期一，肯特 [51]
州立大学的4名学生遭国家警卫队枪击身亡，还有9人受伤。

我能理解抗议者和政府之间存在的深深的芥蒂。在越南时，我就已经目睹了毫无知觉、野蛮的残杀，在那里我本人的反战情绪也曾一度被激起。但是我也能强烈地感受到身在越南的军人们的心情。他们大多数是被征入伍的，就像我一样，或者有的参军是为了逃离可怕的家庭生活，有的则是为了冒险，还有很多仍然对我们国家有爱国的情绪。抗议者没有考虑这些因素。不论战士的动机如何，不论他到那儿的原因怎样，他只是另一个"婴儿杀手"——参考类似米莱（My Lai）[1]
的一些事件。上百个手无寸铁的平民惨遭屠杀，其中包括了老人、妇

---

1. 译者注：1968年在越南米莱村，由于怀疑村民掩护北越军队，美军的3个排开始了灭绝人性的大屠杀。在屠杀中，就连几个月的婴儿也未能幸免，共有数百名越南平民惨遭杀害。

女和孩子。讽刺的是，这些"猪"们加入国家警卫队很多原因只是为了避免去越南，而现在其中很多都卷入了这起肯特州立大学枪击事件。

我的反战思想在那天最终取得了优势，我相信我有在越南当医务兵的经历可以帮助影响舆论。我的第一想法是我们必须关闭学校，举行游行示威来抗议枪击事件。上千名学生聚集在附近，因为这是一次自发的集会，愤怒的感情无法抵挡。人们一个挨一个拿着麦克风向拥挤的人群演说，轮到我时，我呼吁我们要计划一次庞大而和平的游行，要横穿圣马特奥市（San Mateo）。第二天，当地报纸头版贴着我的照片，头条写着"这是我们的学校，让我们夺回它"。

我最终组织了这次游行示威活动，大学校长和他的职员通过布鲁斯与我联系。他们似乎被我的非暴力方式所鼓舞，表示愿意非正式支持被害学生的游行，希望能协商出一个和平的结果。当天，超过一万人参加了游行。我是带头人，后面跟着一副象征性的棺材。

由于肾上腺素激增，那天的事件除了一个细节外就是一个污点。一辆白色有篷货车一直慢慢地跟着我们。它的滑行门开着，里面的人不断地给我和其他学生领袖照相，我以为是新闻工作者，后来才知道他们是警察和美国联邦调查局（FBI）的人。游行以和平的方式结束了。

52 肯特州立大学枪击事件导致了一场历史上美国全体学生总罢课。其中4万人抗议，900多所美国高校停课。在整个骚乱、催泪瓦斯弹和棒棍中，有一个抗议形象仍然清晰地停留在我脑海里：那是一张加利福尼亚大学圣迭戈分校的新闻照片，上面有个学生自焚。

　　我怀着复仇心继续学业。在后来几次布鲁斯布置的作业中，我必须写两份读书评论，简要说明我以后的生活方向。首先我选择了《孤独的海洋和天空》，在这本书里，弗朗西斯·奇切斯特（Francis Chichester）充满激情地描述了他1966年独自环游世界的故事。奇切斯特是一名英雄，创下新的纪录，获得了骑士爵位。他也描述了他乘坐吉卜赛4号小船历经的9个月的海上航行，在没有任何外力援助的情况下，是怎样努力克服病痛、创伤和危险，以及在波涛汹涌的海浪里他几乎被颠覆丧命。对于任何一个人来说，这都是一次传奇的经历，更不用说是一名65岁高龄的老人了。我选择的另一本书是《双螺旋》（ The Double Helix ），这本书描述了分子生物学中一项重大发现。书以其轻率著名，他的作者是美国诺贝尔奖获得者詹姆斯·沃森（James Watson）。这本书最初的名字是《诚实的吉姆》[1]，其中一部分是关于他是如何跌跌撞撞走向成功的，另一部分毫无戒备坦率地写关于人们如何认为他使用别人的数据作为他最伟大的发现（他甚至草草写过一篇以"一个罪犯的编年史"为题的文章）。

　　这里值得稍微打断一下，介绍一下沃森的故事。因为这个人以及他的生命、他的科学将会和我的故事密切相关 —— 在我读他写的有关他和英国人弗朗西斯·克里克（Francis Crick）发现DNA结构的故事时，我从来没有想象过那是什么东西。沃森描述了他和克里克怎样给乏味的英国生物学界提供了大量必需剂量的"基因新鲜空气"，两个人计算出DNA分子的化学结构以后，克里克在老鹰俱乐部吹牛说他们已经发现了"生命的秘密"，也就是这一对生物学家的典型行为，这一声称成为人们酒后的笑谈。当沃森说，"我们得尽快广播，如果我们再等一会儿，其他人就难免会想出合适的答案，我们将只能分享他的荣誉了"。[2]他们为其守口如瓶的竞争对手所犯的错误欢呼，拒绝按规则玩游戏。不论他们用好的方法还是不好的都不重要——他们所要的是尽快知道答案。克里克承认自己有年轻人的一些毛病，如"骄傲自大、冷酷……缺乏耐心、思想涣散"等。[3]倘若按照1953年的既定标准来衡量的话，沃森和克里克就是分子生物学最初的坏孩子。

53　　　　在他们和他们的成就后面的是莫里斯·威尔金斯（Maurice Wilkins）和英国皇家学院的罗莎琳德·富兰克林（Rosalind Franklin），前者用X线研究DNA的先驱性工作启发了沃森，后者是双螺旋故事的另一个重要角色。沃森把"罗斯"（Rosy）[1]描述为一个冷漠、急躁的知识分子：她储藏了她不理解的数据，使威尔金斯的生活变得很悲惨，对待男人就像对待愚蠢的男学生一样。反过来，威尔金斯对于她不愿承认双螺旋的存在感到很灰心。在沃森的书中，曾有这么一个场景，他描述自己在1953年初大步闯进富兰克林的实验室，告诉她并没有领会她所发现的东西的真正含义。

　　　　富兰克林听后如此生气以至于从实验室的长椅子后跳了起来，沃森立刻后退唯恐她打着他。撤退时，几乎跌倒在威尔金斯身上，后者给他看了富兰克林用X线拍到的有关DNA最好的照片。这是1952年5月拍的第51张[4]，它显示出了一个黑色十字交叉物的影像，这对证明双螺旋结构至关重要。沃森回忆说："我张着嘴，脉搏开始急跳。"[5]他确定他正在看一条双螺旋体，他和克里克正走在正确的轨道上。威尔金斯自从1951年就告诉了他很多信息，碰巧的是，克里克刚刚发展

---

1. 译者注：Rosy 是 Rosalind 的昵称。

出一个关于双螺旋结构在X线衍射下图样的理论。DNA结构就现形了，"比我们预先想象的要漂亮得多。[6]"沃森说，因为DNA的碱基对的互补功能（碱基A总是与碱基T对应，碱基C与碱基G对应）反映了细胞分裂时，基因组是怎样被复制的。

有关这一机制的最早记录为1953年3月17日克里克写给他儿子的信："你现在可以看到大自然是怎样使基因组复制的。[7]因为如果两条链解开变为两条独立的链，并且如果每条链都可以与另外一条链复合，再因为A总是与T对应，C与G对应，我们将可以在原来只有一条链的地方得到两个复制品，换句话说，我们认为我们已经发现了复制机制，通过它知道，生命来自于生命……你可以理解我们是多么兴奋。"

双螺旋的发现确立了未来科学历史上的一再发生的主题：有权使用数据。半个世纪后，沃森在他的《倾情DNA》（*A Passion for DNA*）这本书里承认；"有些人认为弗朗西斯和我无权使用其他人得出的数据，说我们实际上窃取了威尔金斯和罗莎琳德的双螺旋理论。"[8]但是沃森后来解释说皇家学院没有要求更多的名誉权的原因很简单：在开始寻找DNA结构的竞赛开始时，学院没有问一个最基本的问题：我们将怎样取得胜利？

我在学校的努力学习得到了回报。那个学期我得了全A，有两门54是连续得的，和芭芭拉一样。当我们发现我们已被加利福尼亚大学圣迭戈分校接受为优秀学生时，我们整晚都狂欢痛饮。但是钱仍然是个问题。一季度900美元的学费用当今的标准可能是笔小数目，但是它却超过了我在加州的奖学金。我必须要找个办法资助芭芭拉和我的全职学习。作为已婚的学生，芭芭拉和我符合学生贷款的条件，但是我父亲同意不要利息借给我们钱——只要写一张借据。他很明显对我缺乏信任，但是我还是要感谢他的帮助。

我的染色体和我的弟弟

当我和小弟弟在圣迭戈的海里游泳时，我看见远处不到20码的地方有一条大鱼鳍。虽然我们可以很轻松地逃离鲨鱼，但我还是开始恐慌：基斯天生神经性耳聋，他游泳时把助听器取了，他不可能听见我的大叫或者附近渔船人们的呼叫。我别无选择只好跟在他后面游，指着鲨鱼，告诉他注意。当我们最终回到船上时，我想我们肯定像动画片里的人物似的，几乎是跳出水面的。

20世纪五六十年代的社会对任何一个有残疾的人都是残酷的。基斯跟我一起上学的那段日子是最困难的。他是家里最小的，受我们每个人的保护。我们关心我们的基因，毕竟，就像蚂蚁、蜜蜂和其他社会昆虫也都这么做。在我自己的染色体中是否潜伏着基斯变聋的原因呢？毕竟，我们来自同一组遗传基因。很多研究把耳聋和基因变异联系在一起。在研究一个哥斯达黎加的大家族失聪原因时，一个叫作DIAPHI的基因被认为与其耳聋有关系；另一个叫作TMIE的基因则与老鼠以及几个印度、巴基斯坦家族耳聋有联系。这些基因突变我都不存在。

另一个候选基因是CDH23，它好像在耳朵深处的毛发细胞中发挥作用。以毛发细胞表面毛状突出物命名，内耳能够辨明声音，耳蜗是其中一个螺旋状贝壳似的结构，在它周围分布的毛发细胞形成一个带状振动传感器。我同样检查了这个基因，看是否有毛病，但是仍然没发现问题。如果我们要揭示基因是否对基斯的听觉造成威胁，最终我将不得不分析他的染色体。

我们搬到了德尔玛（Del Mar）的第15街的一座房子后的小单元 55 住房里，这里可以看海景。在附近的使命湾（Mission Bay）我仍保留着我那条6米长的帆船。在一天早上，我用木块和一个纯钢质的啤酒桶制造了一台老式发动机。大海在我生命中仍然很重要，在德尔玛，去好的冲浪海滩只需很短的路程，就在离黑色海滩不远的地方，有一段很长的沙滩，偶尔能见到几个暗礁，那里随处可以看见游泳的人。我弟弟基斯在附近的圣迭戈州立大学（San Diego State University）学习，我们经常一起游泳，一起为了一场公开的拉荷亚1.6千米游泳竞赛而训练。

当不在海滩或者冲浪时，我就在教室里。老师当中有一位叫戈登·佐藤的日本口音的老师，他个头矮小，在第二次世界大战中被分配到一个再安置营（relocation camp），后来就成了一名美国士兵，然后回到了加利福尼亚教生物化学。佐藤的实验室里好像总是有漂亮的女人去"教他新语言"，但是他对学生总是善意地漠不关心。然而我在他班上表现卓越，他似乎也很想鼓励我。我着迷于他讲的细胞培养方法，细胞组织可以和酶发生作用溶解并产生独立的活细胞，然后在塑料器皿中发育成长。佐藤好像认识到我可能有比当医生的更大的潜力：一天我们坐在太阳下聊天，他问我是否对基础研究感兴趣。事实上，我早就想深入探究我曾做过的一个从小鸡胚胎心脏分离细胞的试验了。

几天后，佐藤告诉我说著名生物化学家、酶学界头号人物内森·卡普兰（Nathan O. Kaplan）想来看我，不仅是因为他对我不同寻常的历史背景留下深刻的印象。虽然我不过是一名大学生，卡普兰鼓励我提出一个能激发他好奇心的研究计划。我没花多长时间就找到了：我想研究由肾上腺素引起的"斗或逃"反应。随即我由一名医学院学生向科学家演变的重要时刻来临了，我问肾上腺素是怎样使细胞收缩加速的。我以为有人已经知道问题的答案了，但是奇怪的是，尽管这个机制对于我们的生存至关重要，却没人知道。在他们的安排下，首先第一步让我读了好几天的科学文献，我开始学习受体，它是细胞中一种与麻药和激素互相作用的蛋白质。得到英国学界支持的一个理论是肾上腺素在细胞内工作，而盛行美国学界的一个观点是它在细胞表面工作。我告诉卡普兰只要用几片同等收缩的心脏细胞来研究肾上腺的活动，我们就可以结束这场争论了。他喜欢这个主意，不仅给我机会让我来做这个计划，而且还让我拥有了自己的小实验室。那时，卡普兰已经有40多位科学家为他工作了，他们挤在几个实验室里，那些希望拥有自己工作空间的人发现一间觊觎多时的多余的实验室被分给了一个没有任何研究经验的大学生时，感到很不高兴。

我设计的实验是用钳子在一个受精12天的鸡蛋壳的上方开一个洞，把里面的物质提取出来放在培养皿中，每个胚胎是透明的，有大大的眼睛。它那红红的、跳动的心脏透过皮肤可以很明显看见，我用外科手术剪刀把它分离，切碎，然后用酶溶化和心脏细胞黏在一起的胶原质。细胞在体温环境和有糖原、氨基酸和维生素等的生长媒介中培育了一天后，我通过显微镜观察到一个奇迹：我从小鸡身上剥离的小细胞已经附着到塑料器皿表面，并且变平了。它们每一个都是浓缩的，就像几千个小心脏一样。我观察了几小时，又看到一个奇迹：几天里，心脏细胞分裂了，开始互相接触，它们的搏动变成同步，一个叠一个，直到最终整盘的细胞浓缩成一个整体。

当卡普兰和其他科学家看到心脏细胞在培养器皿中辛勤工作时，感到和我一样很激动。我向它们喷出一点肾上腺素，反应令人不可思议：心脏细胞马上收缩得越来越快。而一旦冲洗掉肾上腺素，它们就回到正常速率了。再多加一点肾上腺素，它们就再一次开始加快收缩。当我和卡普兰讨论我的发现时，我们提出了一个揭开肾上腺素秘密的新颖的方法。当时我不知道的肾上腺素在细胞的什么地方起作用这样一个基本问题将会占用我后来的10年岁月。

回到东部，在诺贝尔化学奖获得者克里斯汀·安芬森（Christian B. Anfinsen）的国家卫生研究所（NIH）实验室里，一个名叫佩德罗·夸特雷卡萨斯的年轻科学家已经把胰岛素附到由糖分子（琼脂糖）制成的微小珠子上并发现，由于珠子的大小，胰岛素不能进入脂肪细胞，但是胰岛素仍然可以通过刺激脂肪细胞来传递它的激素功能[57]从而吸收葡萄糖，然后再把它转变为甘油三酯（脂肪）。这个方法既简单又较好地证明了胰岛素对一个受体的作用，这个受体显然存在于脂肪细胞表面。

在卡普兰实验室利用自己的专业知识，我能做一些类似的工作找出肾上腺素在哪儿起作用。在那里，杰克·狄克逊正通过把这些大的蛋白质分子附到砂粒大小的玻璃珠子上来研究酶的活性。因此纳特（Nate）[1]建议我和杰克合作，看是否有化学方法把肾上腺素分子附到珠子上，并且仍旧保持它在心脏细胞上的生物活性。

这需要一些努力。我们弄出一个长"分子臂"，它的一端可以以化学方法吸附到玻璃珠上，同时另一端抓着肾上腺素分子并保持它与玻璃珠足够远，这样肾上腺素就能够到达假定的细胞表面的肾上腺素受体了。我们做了第一批"肾上腺素玻璃珠"，经过大面积的清洗去除任何自由的肾上腺素准备试验使用。

显微操纵器可以把物体移动很小的距离，我用它把一些玻璃珠放到心脏细胞附近。什么也没发生，这是一个好迹象：肾上腺素没有浸出珠子。稍微转动显微操纵器的旋钮，我逐渐移动珠子轻轻接触心脏细胞，细胞马上跳到一个新的地方。真令人高兴啊！由于相同的机制，我自己的心脏也跳动起来。我把珠子移走，细胞重新恢复了它们正常的节奏。我用没受染的玻璃珠重复这个操作：结果什么也没有发生。卡普兰像个孩子般对我的结果表示致敬。他抓住同事、学生、朋友——事实上邻近的任何一个人——催促他们赶快看和显微镜相连的小电视屏，我正把那些珠子在心脏细胞上下移动。

卡普兰建议我下两层楼去找史蒂文·梅尔（Steven Mayer），问问

1.译者注：内森·卡普兰的昵称。

他的看法，看我的发现有没有发表的可能。他是药理学的领头人，这是我第一次涉足科学发现领域。梅尔同意见我，但是起初很冷淡，好像勉强承认在他领域的一项发现可以在酶学实验室里完成。但是他的好奇心战胜了他自己，谈话结束时他建议我们做一些重要的对照实验来支持我们的发现，并让我们排除其他可能的原因或人为因素。（我一点也没意识到我将花3年时间来完成这些实验。）为了做这个实验，史蒂文建议我们使用些专门阻碍肾上腺素活动的药物在不同的假定受体之上，比如说心得安，一种"β-受体阻滞剂"。

和很多实验一样，这个实验理论上很简单。很容易观察到在有珠子的时候，心脏细胞跳动得更快更厉害，也可以看到心脏细胞的跳动 58 受β-受体阻滞剂的抑制，但是很难量化这个结果——肾上腺素刺激心脏细胞的两个反应：加大跳动的速率和收缩力度。为了找到精准测量收缩力度的方法，我请教了心脏病学的专家小约翰·罗斯（John Ross Jr.），他为我联系了彼得·马洛克（Peter Maroko），一个可爱的知识渊博的心脏病学家，他正用狗做实验研究心脏病发作。我们决定把一些玻璃珠子放到狗心脏表面的不同部位，看它们是否有任何反应。我在海军部队心脏恢复工作的经历让我成功处理了外科手术，我马上被完全接纳了。

结果没有比这更富有戏剧性了。当肾上腺素玻璃珠子被放在狗心脏大部分地方时，什么也没有发生；但是，当我们接触起搏点，也就是窦房结时，心脏马上开始快节奏地跳动；珠子被拿走后，跳动速度减到平时水平。代替我以前的原始秒表测量仪，现在我们有大量心电图纸和特定的力量传感器记录肾上腺素所有反应细节：增加肾上腺素，狗的心跳加快时，心电图描记线上的显示点之间的距离就会缩短，而从力量传感器读出的数据显示却是明显加宽了。

罗斯打电话告诉卡普兰说他对实验结果印象深刻。卡普兰刚刚成为国家科学院成员并由此感到荣耀的他，决定用一篇文章来纪念他的荣升。他和我、杰克·狄克逊、彼得·马洛克一起作为作者把这篇文章递交给学院权威期刊——《国家科学院学报》（PNAS）。我很高兴。从越南回来 3 年后，我发表了第一篇论文，这篇论文主要出自我个人的好奇心[9]。更令人不可思议的是，我还是一个在读大学生。我对于自己已经超越早年教育的局限感到十分高兴。我现在和科学中坚分子一起工作，将来仍是。尽管研究的实际应用仍有待确定，但是我对于结果的满意程度比赢得了游泳比赛更大，甚至比在孤儿院给孩子看病还高兴。

直到那时，我都一直尽我所能帮助自己进入医科学校。一周一次，有时候是在周末，我会开我的大众甲壳虫去提华纳诊所（Tijuana clinic）为穷人门诊，治疗人们先天性畸形疾病，包括去除先天多指（趾），还曾从一个已受孕女孩腹部去除掉篮球大小的良性肿瘤，但是我内心的本能告诉我，我真正的职业在于研究。佐藤劝我说，科学突破会影响更多的生命，比我一次治疗一个患者要有意义得多。我发现自己在不停地对我弟弟基斯重复这个论据。不过，进入医科学校也并不代表就把我从科学生涯排除出去了。

有一天，天气异常炎热，空气低沉，天空暗黄，我去参加南加州大学的面试，抉择的时刻到了。在医科学校一个阴暗的办公室里结束了长达两小时的面试后，会见者下结论说，鉴于我对研究的兴趣，我可能不愿意做临床工作。知道了自己有多不喜欢医院幽闭恐怖的环境后，所以我自己也同意他们的意见（会见者好像是一个直肠病专家，是我肚子里的蛔虫）。那天晚上，当我在拉荷亚海里游泳，打算洗去汗水和令人厌恶的污垢时，我决定我要继续和卡普兰做研究，我很喜欢这个人。

我第二天早上告诉卡普兰我的决定时，他似乎很高兴，就给帕尔默·泰勒（Palmer Taylor）—— 他带的一个博士后苏珊·泰勒（Susan Taylor）的丈夫 —— 打电话，苏珊的实验室在我的对面。帕尔默说，虽然我的申请迟了，但是他们将很高兴明年秋天雇用我。我现在必须要做的是确定我可以从加利福尼亚大学毕业，我虽然有来自班里的各种荣誉以及和卡普兰搞研究的与学习无关的研究成果，但是，仍然有一道关卡让我寝食难安。

加州大学圣迭戈分校的约翰缪尔学院的基础课里有一个语言课目。为了帮助我在墨西哥的患者，我从法语转到了西班牙语，但是我的任何一门语言课都无法通过口语测试。我提出了一个两全其美的办法，既有用又能完成口语课的要求：我将翻译一篇最近刚发表在法国科学杂志上的有关培养心脏细胞的论文。系主任同意了我的建议，给我一周时间准备我的翻译。这项工作比我想象的要难，我奇怪这篇论文里充满了大量的俚语和本族土语，完全超越了我字典的范围。可是主考官对我的工作印象深刻，我通过了考试，并且在1972年6月光荣地取得了生物化学学士学位，从我一开始在圣马特奥学院的尝试性学习开始到现在我花了3年多一点的时间。我被卡普兰雇用去做一项暑 60

期研究计划，有关提纯酶和生产一种几千克重的昂贵的维生素，以满足他的实验室需要。

20世纪70年代早期的大学生活与现在的大相径庭。吸毒很常见而且被认为是相对安全的。确实，一个药理学系的老师就曾建议我试试可卡因，并告诉我，我会对药效留下印象的。从我的实验室穿过大厅，一个曾经学化学的学生发现一个有创意的方法可以付他在医科学校的学费：通过工作到深夜制作几批LSD[1]去卖钱。

在艾滋病流行前的那段日子，对于性的态度都很松懈。一些医科学校招生委员会的教授的办公室周围似乎总是有好多迷人的大学生闲逛。给我实验室清洗器皿的大学生从不戴胸罩，就像当时很多女性，因为她也喜欢穿透明上衣。很多人 —— 都是男士 —— 总是找一两个理由去我实验室转转。1972年9月我大学毕业参加工作。令人满意的是，我发现我的肾上腺素研究那时正被用来当作证明肾上腺素对细胞表面受体起作用的演示教材。其间我每天在实验室工作数小时，试图发现更多关于激素对心脏的影响。约翰·罗斯和另外一个心脏病专家吉姆·科威尔（Jim Covell）建议我检查猫的乳头肌 —— 一种圆柱形肌肉，大约1毫米宽0.5厘米长，它的功能是在心跳时确保心脏阀关闭。许多科学家已经发现这些乳头肌肉是研究心脏力学性质的有用工具，因为它的成分细胞是线性排列的。对于我的挑战是，取出心脏，在器官迅速恶化之前摘出肌肉。像所有其他科学家一样，我也不喜欢用动物做实验，尽管我知道，我用过量注射戊巴比妥钠的方法使动物

---

1. 译者注：LSD，麦角酸二乙基酰胺（lysergic acid diethylamide）的简称，是一种迷幻药。

致死比在为它们提供的公共避难所的结局要仁慈得多。实验是用一条线拴住肌肉一端，把它固定在有氧气泡冒出的盐溶解液中，肌肉的另一端连接一个微型变形测量器，可以用来精确测量收缩力度。用它做对于肾上腺素的刺激反应比用心脏细胞做实验更生动 —— 和一个微型加热玻璃珠子一样小的细胞可以导致清晰的反应。这个计划能够精确测试不同的药物和激素对心脏肌肉的作用，这有助于找出肾上腺素的作用机制。

史蒂文·梅尔建议做的实验是研究可卡因对玻璃珠子肾上腺素的反应有何影响。可卡因的一个工作机制被认为是通过阻止肾上腺素进入神经末梢的活动而实现的。梅尔有大量的可卡因（和其他的麻醉药一起）放在他办公室的保险柜里。我们发现可卡因推进了玻璃珠子上的肾上腺素的反应 —— 这解释了为什么毒品可以引起吸毒者胸疼 —— 我们得出结论是，可卡因肯定在心脏细胞膜上有另外的活动点。尽管我现在有大量的教学任务，但是我还得为《国家科学院学报》（*PNAS*）写第二篇论文，这篇论文在1973年初发表了。我最后的考试没有通过，以0.5%之差没有达到医科学校的班级平均分。威胁再次降临，我的工作几乎无法开展。

尽管其他没有达到班级平均分的学生已经因此而被踢出了研究生院。但是因为我在第一年结束之前就已在高质量的杂志上发表了比大多数博士生5年内发表的还要多的论文，所以学校给了我第二次机会，条件是我参加一个由一批高级教授组成的专业口头测试。我做得很好，他们建议把我的成绩从F改到A，虽然他们最终给了我B，并允许我继续留在学校。后来的两年，除了我在医科学校的助教任务，包括在狗身上做开胸腔手术，我又完成了11余篇专业论文。我开始考虑用途一直固定不变的麻醉药和酶的新用途。当我听艾德文·西格米勒（J. Edwin Seegmiller）做的关于痛风的报告时，我想到了一个主意。由于痛风和丰富的食物和酒有联系，所以被誉为是"国王病"。痛风会引起血液中尿酸增多，最终尿酸盐沉积在关节和其他组织周围，结果导致了关节疼痛发炎，甚至死亡。这种疾病和嘌呤的新陈代谢有关，后者是含氮化合物，是DNA的组成成分。除了人类，所有哺乳动物体内都含有一种叫做尿酸氧化酶的酶，它把嘌呤分解为可溶性产物。目前通过注射来自猪身上的尿酸氧化酶来治疗痛风，但是由于经常会发生患者对猪尿酸氧化酶的排异反应，这样就限制了治疗过程。

　　我有一个大胆的想法：为什么不通过固定尿酸氧化酶来传递血液？尿酸氧化酶固定在身体外的分流通管里，允许血液通过导管循环，这样防止身体发生免疫反应。卡普兰对这个想法感兴趣，而西格米勒却很谨慎，但是认为值得一试。我面临着数十个技术问题和重重障碍。我应该怎样把尿酸氧化酶连接到玻璃珠子上？既然我们不能用患者做这一实验，我怎样才能测试它呢？用分流通管会冒什么风险？卡普兰像往常一样鼓励我，说大多数科学家都试图说服自己做一个很可能会失败的实验，还说，"如果你相信实验，就去尝试吧。"

　　在杰克·狄克逊的帮助下，我们把酶附着在珠子上，并使它保持活性。令每个人感到惊奇，而我感到高兴的是，不仅酶很活跃，而且甚至比原来的酶更活跃。我使用心切开储血器开发了一个独特的方法使血液通过尿酸氧化酶珠子，一个足球大小的塑料泡泡，两边附上接口，通过管道和动脉、静脉连接，血液进入一个被网包围的中心室，在血液返回到患者体内之前去除血液凝块。我把附着酶的珠子加到相同的室内，用过滤器使它们保留在原位。

现在的问题是怎样测试我的"酶反应堆"以及在什么物种上测试。西格米勒指出达尔马提亚犬的新陈代谢有缺陷，当它们吃高嘌呤的食物时，它们的尿酸值会升高 —— 这很容易，因为肉类食品中嘌呤丰富。如果一只达尔马提亚犬全吃肉食，它的尿酸值会快速增加。把它的血液全部通过固定化酶反应堆循环一次只需4小时，尿酸值就会降到正常值，狗也就会痊愈。但是我的结论还是没有得到大家的完全信任：也许狗的尿酸值无法完全模仿痛风病中的那些尿酸值。使问题更为复杂的是，狗自己也有一些尿酸氧化酶。

西格米勒建议用鸟作为试验品。鸟是没有任何尿酸氧化酶的 —— 所以鸟的粪便是白色（这就是尿酸）的。根据我的酶反应堆的大小，可以处理整个循环系统的鸟只能是一只很大的鸟。事实上，依据主治兽医所说，我需要一只重量在26～36千克的鸟。他知道附近农场可以帮我提供这样大小的一只火鸡，不过他还警告我说这只鸡相对较老，可能不可靠。结果发现这是一个保守陈述。

那只34千克的火鸡用卡车运来了，虽然它行动困难，翅膀庞大但它还是不停挣扎，引起一阵骚动。只有足够大的心脏血管实验室外科室可以进行这项工作。我们把两张手术桌摆在一起，架起我们的设备，用绳子系住火鸡的脖子，把它哄出笼子。到现在为止，我们的实验对象看起来更大更难驾驭了，但是一旦这只大鸟被固定住后 ——这项工作用了4名技术员 —— 我就设法从它身上取了一些血液样本去测试它的尿酸值。

兽医不确定该推荐什么麻醉剂，建议我们试试戊巴比妥，一种巴比妥酸盐，每磅体重使用和狗一样的剂量。我给那只仍受制的鸟注入了合适的剂量。然后兽医又告诉我，他想起了有关火鸡生理功能的一些东西：我们可能需要更多的戊巴比妥。正好在这时，这只鸟好像也同意他的说法，它转动它的头，险恶地看着我。兽医要求我耐心等待，但是几分钟后，没有变化，我就重复注入了一定剂量。大鸟松弛了一些，但是没有睡意 —— 一点不像我想要的一只昏昏欲睡的 34 千克重的火鸡的样子。我们决定加双倍剂量，也许大鸟现在看起来有点晕了。我注射了 3 倍多的剂量，最后，大鸟不省鸟事了。

我们所有人把它抬到两张手术台上，在那儿我们有反应堆和血泵。当我正要切开一支动脉，接入分流通管中时，鸟突然眨巴了一下眼睛，紧接着是鸟拍打翅膀的嘈杂声，把不锈钢桌子震得弹跳起来。当大剂量戊巴比妥再次射入鸟的翅膀静脉中后，技术员们拼命控制住那只鸟。第二次它醒来的时候我的分流器已经搭好试验在进行中了。每次鸟一眨眼，我就注入更多的戊巴比妥，最后这只鸟在我面前仰面躺着不动弹了，一切都得到了控制。

正当我再次放松时，火鸡醒来了，它试图鼓翼而飞，桌子、酶反应堆、静脉注射瓶和人们都跟着跳起来。主技术师的忍耐已经到达了极点，他给那只翻跳得挺欢的火鸡注射了整瓶麻药。他问实验是否能结束了，我同意了。实验很明显失败了。即使尿酸值已迅速下降，包括我自己在内，没有一个人再想证实这一事实。

在那只大鸟到达之前，很多争论是关于实验后怎么处理这只大鸟。多数人的意见是我们应该在海滩开的毕业生晚会上把它烤了。那只曾经是我们尊贵客人的34千克重的死鸟现在出现问题了。我们以前没有考虑怎样给它褪毛，一只那样大的火鸡得煮半天时间。兽医带着忏悔和一个计划走上前来，原来他和他的同学们曾经因为学会了怎样用 [64] 高压灭菌器烹饪大型动物才得以在兽医学校幸存下来：在这个美其名曰压力锅的容器里煮了一段时间后，火鸡就很容易去毛了，然后拿去烧烤，在炉子上烧得焦黄。我很奇怪他如何精确地预先就知道用高压锅煮火鸡冒气后加压的时间。至今我也不知道呢。

我最大的担心是已经注射到我们晚餐里的大剂量的戊巴比妥。整个海滩晚会会睡着吗？每个人都说从高压锅出来的热量会把麻药分解，何况我们最后还会再烧烤它半天。我同意，这个战利品被送到了海滩。当100多人都聚集在火鸡和啤酒周围时，我是这时候的主角。我不能吃自己失败的试验品，仔细看了看学生们想从他们当中找到带睡意的，但是我好像是唯一感到疲乏的人。因为我亟须睡觉，所以早早就回家了。

虽然我的火鸡出了点麻烦，但是卡普兰对我的数据很有印象，我已经获得固定尿酸氧化酶方式，他建议我写篇文章发表。我一边对肾上腺素做固定的研究一边完成我的课程，只要我能找到时间，我就开始准备文章。尽管一直到我的研究生涯后期我对自己的工作仍不能完全感到满意，我仍然越来越多地被那些一起工作的杰出的科学家所接纳。卡普兰自己就是被公认的世界级的发酵学者之一，他证明存在多种形式的有着类似但不是相同特性的酶（同工酶）：例如乳酸脱氢酶是一种可以使乳酸盐酸发生代谢变化的酶，它可以通过测量乳酸脱氢酶的类型比率来辨别人们是否有过心脏病发作，乳酸脱氢酶把被损坏的细胞排入到血液中去。

　　一天，当卡普兰正为我的工作进展感到特别自豪时，他开始和我谈论我的科学血统，说这可以追溯到几代前的生物化学家，我是第四代。卡普兰是第三代，他早年在费瑞兹·利普曼（Fritz Lipmann）手下做事，并和他一起发现了一个我们的新陈代谢中重要的生物化学媒介：辅酶A。1953年，利普曼因此获得了诺贝尔奖。利普曼在他的《一个生物化学家的遐想》（*The Wanderings of a Biochemist*）一书中，描述了一项研究结果是怎样成为下一项研究的脚踏石的。在卡普兰描述他怎样把利普曼当作他的科学之父，而把奥图·迈耶霍夫（Otto Meyerhof）当作他的科学曾祖父时，他旷达宁静，但是也有点激动。奥图·迈耶霍夫是德国人，1922年的诺贝尔奖获得者，他是一种基本新陈代谢的发现者——尤其是承担能量分子作用的三磷腺苷。卡普兰突然停下说我实质上是他的儿子，但是他明确表示这只是他的感觉。我愿意接受他作我的科学领域的父亲。

　　不论何时，卡普兰的著名朋友和同事包括利普曼要访问大学，他都会在他自己家里以他们的名义举办大型晚会。他通常不邀请任何实验室的人，但是会叫我去做男招待，这样我就可以同科学界的大人物们见面了。比如说分享了1974年诺贝尔奖的卡尔和葛泰·科里（Gerty Cori）（Gerty是美国第一个女诺贝尔奖获得者），还有伊弗雷姆·卡查斯基（Ephraim Katchalski），一个生物化学家，他一直研究固定酶（1973年，卡查斯基把他的姓改成犹太人的姓卡齐尔，后来被以色列议会选为以色列总统）。另外一个常客是威廉·麦克伊劳（William McElroy），大学校长，他以研究出萤火虫发光的生物化学成分而出名，他对我小里小气地使用小酒杯感到很吃惊，教我"像生物化学家那样猛灌"。他把苏格兰威士忌的瓶子倒立在一个大杯子里，然后慢慢数到三，这个仪式在一个晚会上他可以重复四次。

尽管我在圣迭戈做得很成功，我的生活在某种程度上仍然被越南搞得黯然失色。有谣传说我所居住的附近要举行大型抗议活动，阻止一列火车向海湾停靠的船只上装运凝固汽油弹。此后怪事就开始出现了。开始，我家的电话声音突然发生改变，背后有更多的杂音。让我感到够方便的是，一个修理工好像总是光顾这里，坐在我二层起居室窗户外突然出现的柱子上小岗亭里。一天他作为三名美国联邦调查局的成员之一出现在我家门口，坚持要访问我们。一番长时间的讨论结束时，他们自称他们拿到了据称是芭芭拉所填写的支票，该支票与国际洗黑钱有关，就像他们需要芭芭拉的笔迹和指纹一样，他们也需要我的笔迹和指纹。离开之前，他们警告我们最好谨慎点，否则他们会驱逐芭芭拉。他们说两天后他们会回来，这正是举行抗议活动的日子。

在那一天，几百名警察在铁路前戒备森严，铁路就在海面上的悬崖上。到下午时分，由500人左右组成的一队示威者聚集在主大街和铁路中间的草地上。一看见有警察包围群众，我就抓住芭芭拉的胳膊[66]迅速离开冲突现场。当我们到达警戒线外的街道时，第一枚催泪瓦斯弹便如花绽开了。直升机掠过头顶，人们开始四处逃窜，而警察逮捕任何一个他们能抓住的。我们退回了公寓，从窗前观察整个事件，夜幕降临时最后一队抗议群众在直升机的探照灯下被找到然后被捕。到星期一，电话修理亭撤走了，美国联邦调查局没再回来，芭芭拉和我恢复了上课。

　　我一直想测验一个观点，这是从卡普兰早期的一个工作突破得到的灵感。我的组织培养的跳动的心脏细胞能否被用来研究与心脏病发作有关联的生物化学变化？当我的心脏细胞含氧值降低时，通过测量从我的心脏细胞释放出的生物标志酶、乳酸脱氢酶和肌酸激酶，也许我能模拟当当受阻的动脉使心脏血液缺氧而死时所发生的一切。从第一个实验开始，很清楚我获得了大成功。在单个细胞中释放的酶酷似在实际心脏病发作时释放的。酶释放水平和细胞的恢复能力有关，然而更高水平是细胞死亡的一个迹象。这可能是一个绝好的潜在地保护心脏细胞或促进恢复的药物甄别工具。卡普兰对这一工作的意义感到如此兴奋以至于他让我给专门的心血管中心写一个资助申请书。我对这一请求感到非常高兴，即使它涉及了大量额外的工作，要花费数周时间讨论和介绍。沉闷的基金申请程序最后结束了，我们的项目被组合到心脏中心相关的一个大团队里。然后不可思议的事发生了：卡普兰自己的心脏病发作了。

　　他很敏感地注意到了虚汗和胸疼的症状，马上去了大学医院，在那里他用自己的方法测量了血液。酶值显示他的心脏病发作较弱，有望完全康复。我经常去看望他。那时候所做的就是给患者连续几天服用大量的镇静剂，理论上这可以使紧张程度减弱，但是镇静剂对卡普兰也有其他的影响，包括使他不断的神志不清。他曾经要求心脏外科的主治医生打开他的胸腔，使用我的肾上腺素珠子来使他的心脏工作状态改观。

作家担心自己的文字被窃取，科学家们也担心自己的思想被不加 [67]
引用说明地窃取。当我的良师生病住在医院时，简（化名）决定用这
个机会接管我的心血管计划，我第一次遇到了这样的知识破坏行为。
她把我和卡普兰的名字从心脏中心资助申请书上划掉，换上她的名字。
心血管小组假装以为这已经得到我们的允许，因为卡普兰很明显病得
很厉害，根本不能承担这项科研了。

当这个项目的负责人约翰·罗斯（John Ross）出于礼貌送给我一
份心脏中心的建议复印稿时，我们才发现这一个月左右的时间里发生
了什么。当我发现是简的名字而不是我的，我的大脑几乎要炸了。难
道卡普兰为了另一个科学家的利益背叛了我？我快速地跑下大厅去
他办公室，把这份资助申请书扔到他桌子上，大声吼道："这到底是什
么？"卡普兰不知道所发生的改变，同样很生气，当他平静下来，他
争论说，如果我们对这件事认真追究，一个重要官员的前途可能会被
这件事所损害，由于多方面的政治原因，卡普兰希望避免这种后果。
我年轻、天真，一点也不满意他的逻辑，也无法平息心里的怒火。

然后纳特（Nate）告诉我他早年在他的工作中也曾经是知识窃
贼的受害者。他和利普曼一起写了他发现的辅酶A的文章准备在《生
物化学期刊》上发表，利普曼送了一份草稿给一位资格老的同行评阅。
他们没有听到回音，但是同时，那个期刊送给利普曼一份草稿让他评
阅：它正是卡普兰和利普曼自己的关于辅酶A的论文，但是他们的名
字没有了，取而代之的是那个利普曼同行的名字。利普曼给"生物化
学期刊"的编辑打电话，使他的原创作者身份得以恢复。这篇论文出
了名，使利普曼获得了诺贝尔奖。

　　尽管卡普兰争辩说"真理终究会真相大白的"，我仍然相信为了科学界的信誉，欺骗行为也不应该被扫到地毯下去。比个人的名誉更大的事情正处在危险中——科学本身的可信性。几天后当卡普兰告诉我我的基金资助将要通过简得到授予时，我确实感到那些坏蛋已经赢了：我本该感到高兴，我的想法已经被证实生效了，但是我发现很难这么做，因为它们已经被其他人窃取了。

　　在此期间，我在固定肾上腺素上的研究正向前进展。还有一个未解决的问题是我们曾经用的把肾上腺素附着在珠子上的方法是否干扰了它的行为。像许多简单的问题一样，这需要大量工作去回答。只有一篇关于肾上腺素分子的相同区域的化学黏合剂的文献，所以我们不得不仔细研究它。莱尔·阿诺德（Lyle Arnold）曾经是卡普兰的一个博士后，他帮助我用核磁共振的方法揭示肾上腺素上的化学黏合剂被附着在哪里。多亏了希蒲（Chip）的核磁共振技术，我们揭示了它被安置在与生物放射性活动一致的环形位置上。

　　最后的障碍是研究当我们把肾上腺素附着在大体积的分子上而不是玻璃珠子时，它是否仍然完全具有活性。对于这项工作，我从化学系主任，同时也是我的论文委员会成员默里·古德曼（Murray Goodman）那里寻求帮助，他是一个聚合物化学家，他有几种我们可以黏合肾上腺素的大分子聚合物，如果聚合物和激素的化合物在生物上仍具有活性，它将证明可以用聚合物取代玻璃珠子，而肾上腺素仍具有活性。

　　古德曼为我安排了一个博士后，迈克·维兰德（Michael Verlander），他曾用两个变性氨基酸 —— 酚磺酸双羟（基）喹啉和帕拉－氨基－苯基制成聚合物。我们把聚合物制成两个尺寸 —— 一个很大，把肾上腺素扩散到组织中得花点时间，另一个小些 —— 并且核对确定它们不会分解释放出肾上腺素。从一开始注射后的心脏组织的测试结果就已非常清晰了：它们起作用了，并且几乎和激素有着相同的活动性。我狂喜不已，因为现在我有答案可以应对所有人的评论了，希望这些结果能再次发表在权威的《国家科学院学报》（*PNAS*）上。

　　修改几遍后，我完成了这篇论文，在几周内，我正准备以文特尔、维德兰、古德曼和卡普兰为作者送出去时，卡普兰就打电话叫我去他办公室并告诉我古德曼想在作者顺序上做些改动，维德兰觊觎想当第一作者。我提醒他这是建立在我们的思想基础上的我的研究，而且维德兰只是创造聚合物的化学家。卡普兰同意我的看法但是说对于一个研究生来说，我已经很出名了，况且我的名字只要在文章上，在哪个位置并不重要。而维德兰在工作上需要一个提高。维德兰是一个同事，有帮助的科学家，而我应该发慈悲，但是我仍感到我的贡献是最重要的一个，我应该是第一作者。最后，卡普兰的直觉是对的，因为他和我为这工作几乎得到了所有的荣誉，但是让步还是很痛。

　　那时，我已经从一个同事那里得知由于他在酶学领域的工作，他[69]已经被提名诺贝尔奖了。因而，他要找一个既生动又有报道价值的发现，去说服诺贝尔委员会他是一个该拿此奖项的人，正如利普曼当年对他的工作有贡献一样，卡普兰本人的成就有利于我的工作。到最后，卡普兰的得力助手指出，我可能会被授予全权在肾上腺素受体和它们的基本酶上尝试一些我的想法。我的研究一个很明显的扩展是去寻找受体，即肾上腺素激素在身体内作用的位置。我想用附着在珠子上的麻醉剂把受体从一个复杂的细胞蛋白质混合物中分离出来，用这种方法对受体进行提纯和研究。

我又向我的老朋友火鸡求助。范德毕特大学（Vanderbilt University）的小艾尔·苏瑟兰德（Earl W. Sutherland Jr.）已经用火鸡的红细胞做实验诠释了激素在细胞上的活动机制，由此他获得了1971年的诺贝尔奖。根据他的研究，激素吸附在细胞表面的受体，激活腺嘌呤环化酶形成一个叫作环腺苷酸（cyclic AMP）的分子。它将在细胞内产生作用。早在1960年，苏瑟兰德已经认为这一机制可以解释很多激素的反应效果。但是当时的生物学家们反驳他的想法，认为只是单一的化学物质环腺苷酸不可能对应无数由不同激素引起的反应。今天我们承认环腺苷酸是"第二信使"之一，它帮助激素完成它们的反应。我的目的是把肾上腺素附着在玻璃珠子上，捕捉血液内的肾上腺素受体，腺苷环化酶可能会在同时与它发生连锁反应。

为了完成这一任务，我需要大量火鸡血液，我给曾经和我一起工作过、共同做的大鸟外科实验失败了的兽医打电话。他给我安排去了一次火鸡场，那里离医科学校开车需要一小时。大家都太清楚我在实验前期需要的帮助有多大，因此在他们能来帮助我之前，我就说服杰克·狄克逊来帮我从火鸡身上取血。当我们穿着实验室的白大褂，带着护目镜到达鸡场时，我们肯定看起来是一道风景。"你们是来取火鸡血的小伙子们吗？"农场主问我们。他抓了一只，轻轻拍了拍，自信地把它压住，而我很快从它的翅膀静脉处取了50毫升血。第70 一个用血做的实验成功了：固定化肾上腺素好像把受体从血液中吸引出来使其丰富。但是不久我就很明显知道，提取纯粹受体将是一项主要的工作，尽管当时我不知道，我将抽取火鸡血长达数年。

直到现在，在研究生院仅3年后，我肯定我已做得够多了，我打算写我的毕业论文准备毕业。一般来说，一个博士毕业生要在他的研究工作结题后提交或发表一到两篇论文，通常研究工作要花5～6年。但是自从我提交或发表了12篇论文以来，我已经准备好下一阶段的研究了，这些论文一半是发表在《国家科学院学报》上，其他的在一些严肃期刊上，包括《科学》杂志。

芭芭拉和我最近搬到校园附近的一套双卧室的城市住宅里，我不想工作时被任何事打扰，所以我搬出了我们的卧室，住进那间已经被我改成办公室用来写作的卧室里。经历了越南战争后，我喜欢白天自由地游泳、乘帆船航行、冲浪，然后晚上开始写作，通常在半夜和凌晨3点之间这段时间，我的创造力发挥最大。

当我把已发表的论文轻松地订合起来，然后提交了一份"坦白论文"，我想做更多的工作使我可以正确地看待我的研究发现，并且在我以前发现的可能会导致一个新领域的理论问题上进一步详细描述。我尤其着迷于我的数据和当前流行的关于麻醉药物和激素怎样在受体上发挥作用的理论不一致。现有理论假定麻醉药物和激素在所有的组织细胞中基本同时达到类似浓度，所发生的反应直接与麻醉药物或激素所占有的受体数量成比例。换句话说，如果一半的受体包含一个假定的激素，那么一段肌肉就会反应最大值的一半。我的数据显示那些反应无论怎样也不会直接与组织中的受体百分率成比例。我想坚持的是，假定心脏肌肉在很短的时间内对激素做出反应，那么激素是不可能到达每一个细胞的。对于整个肌肉而言，以同等方式作用，把一次心脏跳动作为一个单位，那么肯定会有一个激素信号的传播过程，即通过几个细胞传到整个肌肉。

　　因为我的想法违背了当前的思潮，要想使其他人都相信会是一项挑战。为了支持我的想法，我需要了解分子扩散或者通过液体或固体的速度，以及界面层的疑点，比如，液体的不活跃层与容器壁甚至是一个很活跃媒介相邻。换句话说，我必须进入到陌生的科学领域，更加使人畏缩的是我缺乏适当的数学背景。但是最终我成功了。

　　在这段紧张的思考和写作的时期内，我被大海吸引住了。为了从我僧侣般的生活中抽出来喘口气，我决定航行到 160 千米外的墨西哥去。我使用了我的 6 米多长的舷侧重叠搭造的（一种传统的建筑形式）木制小船，它几乎和我的年龄差不多，是 1949 年在丹麦造的。现在回想起来，这段旅程对我来说好像有点莽撞，但是当时我觉得我有足够的航海经验，我曾经划小船沿海岸航行，然后又回到卡特琳娜岛。驾驭海洋，通过星星和自制的简易海斯凯特无线电方位探测器掌握方向。在一个敞口小船上，感觉大海扩大了，在暖暖的阳光下，没有一片土地。这种感觉是最奇妙的。晚上，我只有星星相伴，无线电为我指路。

　　卡普兰实验室的两个博士后希蒲和罗恩·艾什纳（Ron Eichner）认为他们与芭芭拉和我同行是一件很冒险的事。因为谁将带补给没有说清楚，我们最后两天，四个人只有少量的食物了。我用从实验室拿来的填充冷却器的干冰使我们不足的食物供应变成碳酸盐，这使得我们的食品危机变得更糟糕。第一天令人高兴，我们在阳光下顺风航行到科罗拉多岛，要不是遭到墨西哥海上警察的拦阻，我们几乎直接就跑到提华纳去了。我不确定该做什么，因为风和海洋已经使船速增加到18海里/小时，这个速度使我们很难转向。几个小时后，我们在一个小海湾发现了避难所，抛锚系住一棵大海藻。尽管我们又累又饿，我们四个在小船里没有睡多少觉。第二天，海面平静一些了，我们驾船驶回圣迭戈的使命湾，当船靠码头时，我们冲出去找吃的。

那时还没有电脑和文字处理机，要打一篇论文是件大事 —— 当你雄心勃勃地写了365页的文章，每页将花50美分打印，而最后的版本复印还要花每页1.25美元时，更是如此。3个月紧张的努力工作后，我复印了10份电话簿大小的重达4斤的作品准备分发给我的论文指导委员会，其中包括主席卡普兰、戈登·佐藤、约翰·小罗斯、史蒂夫·梅尔和默里·古德曼，他们似乎对我呈给他们的作品的大小和范围感到奇怪，尤其是卡普兰。他开玩笑说他还不准备让我毕业，因为他没钱支付我作为博士后的费用。一旦他们阅读了并认可了书面论文，我就必须准备在观众面前答辩了。[72]

我有些担心，如果委员会成员的日程排得满满的，会要拖很长时间才能安排方便我答辩的日子。需要强调的是，答辩被安排在医科学校的主会堂举行，那里可以容纳很多观众，这好像在我的告示牌下画了下划线。那天，当我和卡普兰走下楼去会堂时，他只给了我一条忠告："关于你的议题，你知道得比主会堂里任何人都多，这就行了。"我发现他的忠告非常令人鼓舞，因为我感到我确实对我的议题知道得比一般人多得多。但是那时，我记得我要面临一个高级委员会，他们3个人都是系主任。

大会堂挤满了人，但是我尝试不让自己紧张。现在我知道如果我准备充分了，我就能泰然地轻松自如地发表演讲。我有一个奇怪的能力感到好像我的头脑里什么都没了，只剩下我将要说的。当我进行演说时，那些话自动地编辑出来。那天我不停地说了90分钟，没有看一眼笔记，然后又回答了另外90分钟的问题。3小时后我目瞪口呆地发现，会堂里没人了。当委员们站起来聚成一团时，最紧张的时刻来了。几分钟后，他们走到我面前，由卡普兰带头说："祝贺你，文特尔博士。"那是1975年12月，从我坐飞机离开越南那刻算起，7年零5个月。

我克服了我早年没有理论知识背景的缺陷，获得了大学博士学位，在我一生中，这个大学提供了很多的背景知识。当我还是孩子时，每年夏天我父母亲来往圣迭戈，我曾经乘坐他们的车路过这个学校。而我在海军部队时，也同样开车来往于纽波特海滩路过这里。我总是有点嫉妒那些有能力和特权可以进入这所大学的人，现在在我家我将是第一个有博士学位的人，我很自豪、高兴、放松、疲倦。

但是甚至当我的同事、朋友和家人祝贺我时，我都在想象接下来会是什么。正像我的智商测试为我在海军部队铺平道路一样，它也为我的博士头衔创造了机会。在博士后位置上将最少花5年时间，类似于医学上的实习医生和住院医生，或者是学徒。卡普兰想让我走这条路，或者留在他的实验室，或者跟着悉尼·乌登弗兰德（Udenfriend, Sydney）做博士后，悉尼是新泽西分子生物罗西（Roche）学院的院长，是著名的生物化学家。

　　然而一年前，我收到了一份不同寻常的邀请，这份邀请缩短了一条传统的职业道路。尼尔·摩恩（Neil Moran）是亚特兰大埃默里医科学院的药理学主席，他曾经参与评阅了我和约翰·罗斯提交的大型心血管资助申请书。摩恩相信我能跳过博士后这一阶段，马上可以担任埃默里医科学院的教师，史蒂夫·梅尔也力促这一选择。简而言之，我有三份工作接受函，而卡普兰办公室的其他人提交了数次应聘信却连获得一次面试的机会都很困难，当时就业市场压力很大。但是我不想步梅尔和摩恩的后尘从事传统药理学。我注意到加利福尼亚大学圣迭戈分校所有的名角都裁掉了其他学院的学术对手，更不用说学术范围相同的。对我来说好像如果我想在某些领域具有绝对权威，我就必须首先在其他领域证明自己。

　　让卡普兰头痛的是，我看起来更加偏离惯常。尽管有传言说斯坦福大学将开设一个新的分子药理学系，由著名科学家阿维荣·歌德斯坦（Avrum Goldstein）领头，卡普兰警告我说我不能等着它开设，需要尽快做决定——毕竟，我桌上放着几个工作机会。我安排拜访了埃默里，但是发现自己被一份提供教师岗位的工作激起了兴趣，在布法罗的纽约州立大学医科学院，那里有一个致力于研究神经传递受体的分子机制的前沿研究团队。这个团队包括埃里克·巴纳德（Eric Barnard），他是研究可以引起神经收缩的乙酰胆碱受体的；另一个是戴维·崔格（David Triggle），他是研究蛋白质泵把钙转移到细胞中的；还有一个是约翰·埃克尔斯爵士（Sir John Eccles），他因为研究带电原子（离子）怎样在神经细胞上作用而得了诺贝尔奖。我从埃默里那里回来后马上安排时间去见了他们这几位。

74 　　在亚特兰大的面试很顺利，摩恩是一个可爱正派的人，他深深打动了我。但是实验室看起来似乎又黑又幽闭恐怖，我感觉它在某些难解的方面代表了旧科学。我也收到了一点警告，几个同仁问我，以我的成就，为什么想在这里工作。当我遇到埃默里遗传学系的一名成员时，他开玩笑说，在电影《激流四勇士》中所描绘的人们 —— 这部电影我和芭芭拉最近才看过 —— 不是演员而是他的研究对象。他还很自豪地说，他能告诉我电影背后的真实故事。我坐飞机去了布法罗，觉得亚特兰大不适合我。

　　虽然我对于去布法罗持怀疑态度，但是在那里我得到了他们的热情接待，他们尽力想给我留下深刻印象，他们也确实做到了。大学、医科学院和罗斯威尔·帕克癌症研究所（Roswell Park Cancer Institute）联合起来提供了一个令我吃惊的有深度的学术科学氛围。补充关于受体基本原理的专门知识是一门涉及生物膜的跨学科研究生课程，由德米特·帕帕都普勒斯（Demetri Papadopoulos）创建，其中包括罗斯威尔·帕克癌症研究所主席达里尔·道尔（Daryl Doyle）和乔治·波斯特（George Poste）。

　　他们给我提供的条件很大方：充分的实验室空间，马上提供启动科研的津贴，年薪2.1万美元 —— 比在拉荷亚多挣9 000美元。芭芭拉也成为协议的一部分，提供给她在罗斯威尔的博士后位置，在一个有极好声誉的乳腺癌实验室研究。我接受了这份工作，并在7月份开始工作，好让芭芭拉有时间完成她的论文。我们把我们的房子卖了

2.5万美元，早年买时花了1.4万（如果几年后再卖能挣10多万美元，这不过是我想挣钱的本能而已。）我们在德尔马租了一套家具齐全的城市住房。最后芭芭拉的论文答辩完成了，我们一起参加了大学的毕业典礼。我最后著名的职业里程碑在拉荷亚。我父母来和我们一起住，我们在周末又租了另一个住处，我们在壁炉旁做爱以表示庆祝。

我们在布法罗就要开始我们事业的下一阶段了，在那我能跳过博士后阶段直接接替初级教师职务。我的前任英语老师，布鲁斯·卡梅伦（Bruce Cameron）和他的妻子帕特送给我们一份外出度假的礼物，去旧金山看《平步青云》的票。那天晚上剧中的一首歌一直萦绕在我耳边，开了一天一夜的车后，我们到达了一座城市，自从它1976年独立以来，似乎一直无人居住，几乎是座死城。唯一的和声音乐在我脑海中一遍一遍地弹唱："在布法罗自杀是多余的。"

第 4 章
在布法罗重新开始

75　　有记载说，一个怀抱大志的年轻人问法拉第他能成为一个成功的科学家的秘诀是什么，法拉第回答道："秘诀有三个——工作、完成、发表。"

　　　　　　　　　　——J·H·格莱斯顿（Gladstone），《迈克·法拉第》

　　我们到达布法罗不久后，芭芭拉发现自己怀孕了，没有比这更糟糕的了。对于我们的婚姻而言，我们现在是刚跳出虎口又入狼窝。

　　当我们在加利福尼亚一起生活时，我们是平等的，共同努力取得我们的博士学位。我们在一起学习，友好竞争，和谐相处。现在我是医科学院的教授，手下有两名实验室技术员、两名研究生和一名博士后，我可以独立行使职责。但是芭芭拉是为别人工作的博士后，感到好像她正站在我的阴影里，她在实验室也不很如意。因为我们的学费，我们背着大量的债务，远不是在拉荷亚时的每天能享受蓝天、温暖的冲浪那样美好的生活。现在她怀孕了，生活对她来说甚至更艰难了，我们的关系面临巨大的压力。

　　而当我们的私人生活出现裂痕时，我在布法罗的职业生涯开始的第一天也简直糟透了。我到学院的那天早上，就被邀请参加彼特·吉斯纳（Peter Gessner）的研究生的论文答辩，他是系里资格较老的教授，我想他不过是想在从西海岸来的新同事面前炫耀他的学生。问题是我刚从一个治学严谨、爱挑剔的、不讲私情的大学氛围中来到这里，在那里任何傻瓜都不能愉快地混下去，你很快就学会无须私下去对别人品头评足。

当我因为一个女学生论文的浅薄、专业领域的无知和科学想象的贫乏而抨击她时，却没有想到我也不经意地攻击了她的导师和系里一位老资格。因为我在拉荷亚是一个做事主动的人，我从来就没有想到过研究生会不做他自己的工作而是扩展他的导师的工作。我也不知道在大学的文化中，学术有一个潜规则："如果你让我的学生通过答辩，我就让你的学生通过。"我肯定给我的新同事留下了深刻印象，留着长发，扎着马尾辫，凌乱的胡须，一条20世纪70年代流行的涤纶喇叭裤，使我更增添了生气。怪不得我在布法罗剩下的那段时间中，我的那些著名的教授同事都没有向我这个暴发户科学家咨询有关他自己学生的品质的想法了。

但是在布法罗也有得意的时期，我儿子克里斯多夫·艾姆利斯·瑞伊·文特尔（Christopher Emrys Rae Venter）在3月8号出生了，正是暴风雪时期，1977年那场众所周知的暴风雪刚过去几周。布法罗被完全中断了与外界的联系，狂风时速达到100多千米，被风刮积的雪堆高达8米，到处有抢劫事件发生，人们在他们的汽车中也有遭遇不测之虞。在海军部队时我曾参与分娩工作，但是并没有近距离地观察我儿子的降临。第一眼看见他就爱上了他。为了偿还我们上学时的贷款，我们无法雇一个保姆把孩子留在家里，我们都不想也不能从工作中抽出时间。我有豪华舒适的办公室，不像芭芭拉工作场所逼仄寒酸，所以我自愿带着克里斯去工作，并且这样工作了数月。

最初，克里斯在我办公室的文件柜的抽屉里睡觉，但是随着他慢慢长大，我最后买了一张婴儿床。虽然我乐意花所有时间和克里斯待在一起，但是隔壁办公室的同事抱怨他的哭闹。我努力要做一个全日候的父亲、一个搞研究课题的全日候的科学家和一个医科学院、牙科学院的教授，这种状况给我本人和我的婚姻都产生了巨大压力。我开始求助于大家普遍接受的消遣：我买了半加仑的苏格兰威士忌，每天晚上几乎都要喝一两口。

我来这里大约一年后，我感到我已经领略了当地的学术全景。布法罗在 20 世纪 70 年代后期或 80 年代早期可能达到顶峰，之后，它的新鲜血液 —— 杰出科学家 —— 开始流失。约翰·埃克尔先生在我刚来时就走了，而我被召进来时，没人向我提起过这件事。帮我搬到自己的公寓住房的团队同时已经打包好了他们的行李。生物化学家埃里克·巴纳德在几年之内也去伦敦组织一个大型项目去了，德米特·帕帕都普勒斯被引诱去了加利福尼亚大学旧金山分校，乔治·波斯特加入了史克公司。目击大批杰出人才的离去，我意识到我需要很快地建立自己的科学项目以免被永远困在布法罗。幸运的是，我马上成功地申请到了我的第一份国家健康学会（NIH）基金项目，虽然随着批准资金一同而来的批评是说我的提案太过于艰巨。

我在拉荷亚的工作是关于肾上腺素受体的，把它们置于自律神经系统的包围神经细胞的脂肪膜中，自律神经系统对自觉受控制的过程负责，如射精、瞳孔放大到心脏跳动等过程。这项研究的逻辑扩展是隔离和净化受体蛋白质以便在分子层面上研究它的结构，这是理解它怎样工作的关键。微量的肾上腺素受体蛋白质从来不曾被成功隔离和浓缩，更不用说那些嵌入细胞膜中的蛋白质了。第一步是发展一个测量从膜中隔离出来的蛋白质的浓度的方法。我们花了近一年时间完善探测受体蛋白质轨迹的探测器，我们知道 β-神经阻滞剂原子链中的一个放射性碘原子可以与受体捆绑在一起。一旦我们给受体贴上放射性标签，我们就能尝试无数方法把它从脂肪膜中分辨出来，比如通过测量附着在玻璃过滤器上的放射值来测试我们的工作。下一步的工作是努力把受体从其他作为膜载体的细胞蛋白质中分离出来，各种不同的方法被我们尝试了数百次。

我的博士学位培训简历中，没有为我准备好指导这种费劲的事，在漫长的、复杂的旅程和每次热情的尝试中，我从我犯的错误中学会了很多，当然，我犯的错很多。我开始懂得怎样应付、激励、指导、鼓励、重新定向和培训学生，指导准备论文的学生、博士后和技术员，并且努力处理与他们之间的复杂关系。我学会了怎样解雇，最重要的是，怎样雇用好的应试者。

大学研究被研究生和博士后推动，所以对于实验室里的优等生，他们之间的竞争是很激烈的。我当时正在研究一个很热门的领域，这意味着需要大量应聘者。一个是克莱尔·弗雷泽（Claire Fraser），她以优异的成绩刚从纽约州北部的一所高等科学工程学院毕业。她已经被耶鲁大学接受但是仍然来参加面试：她与多伦多一个银行家订了婚，而布法罗是离多伦多最近的一座美国城市，并且有一所理想的大学。我对她印象深刻，但是考虑到她是常春藤盟校的人才，我决定不再见她。

78　　　几个月后，我知道她来到了我的系。在几个实验室，她完成了她必需的试验期后，她选择了在我的系工作我感到很高兴。在1979年，我们发表了一篇关于怎样用一种清洁剂溶解肾上腺素受体的论文，它是一个对我们的研究十分有用的窍门。

克莱尔好像很快领会了我带到实验室的新方法，我们的能力似乎很互补：我是一个野心勃勃的科学家，试图向几个研究阵线前进，使用不同的技术手段，想在国际层面上扬名立万。克莱尔是一个守口如瓶的新英格兰女孩，是一所高中学校校长的女儿，是一个逻辑学家，她的兴趣在于一些问题的特定子集的细节，这正好和我相兼容，我喜欢较混乱、充满激情、高能量驱使、目标宽广的处理方法。

我为她的论文提供了一个有挑战性的课题，我提议给受体使用一种单克隆抗体特效药，把受体从复杂的蛋白质混合物中拽出来，从而使它被纯化。在那时，科学界里到处散布着一则新闻，制造单克隆抗体的程序已经在英国剑桥的分子生物实验室里被乔治·柯勒（Georges Köhler）和恺撒·米尔斯坦（César Milstein）发明出来，这一成就可能会使他们获得诺贝尔奖。我们血液中的每个多克隆抗体来自于单一的白细胞，后者扩大为几百万个自己的副本（克隆扩充）。柯勒和米尔斯坦已经发现一个隔离个体白细胞和单个（单克隆）抗体的方法。

克莱尔同意承担一项受体抗体的项目，我们很快发现了一种检测是否有抗体能抵挡与受体捆绑在一起的放射性药物的方法，这个雄心勃勃的计划不久就取得了成功。我们的首次成功是随哮喘一起来的，哮喘长期被认为与肾上腺素受体有联系。这个题目也是我长期的个人爱好，因为我有过敏性哮喘。

一些最常见的过敏药物，比如 β - 受体激动剂，是通过刺激肾上腺素受体工作的，受体反过来使气管肌肉放松。很多关于肾上腺素受体为什么可能和哮喘有联系的理论被提出。比如，有事实证明得哮喘病的人们肾上腺素受体较少，所以气管平滑肌会紧缩来回应其他更强大的影响。相反，可能有更少的自由受体是因为哮喘病患者制造自己的抗体阻挡受体。我们现在有办法测验这些观点。兰·哈里森（Len[79] Harrison）在贝塞斯达的国家卫生研究院工作，我和他，还有一个在布法罗的儿童医院的哮喘病专家一起工作，我们从患者身上获得了血液样本。当我们发现一些受影响最严重的人反而有一些看起来是抗体的东西，并且这些东西可以影响肾上腺素受体时，我们感到奇怪，这是一个重要发现。兰、克莱尔和我把我们的发现递交给《科学》期刊，它是首屈一指的期刊。当我们得知我们的论文将被发表时，我们庆祝了一番。

我的哮喘和我的基因

像很多其他人一样，在烟雾弥漫的情况下，我要伸手拿我的呼吸器。哮喘易感性与遗传学相关联，研究者们关注谷胱甘肽硫转移酶（GST）族酶，它帮助除去致癌物质中的混合物的毒素和药物。这一想法认为身体能很好地利用这些抗氧化剂保护自己，也就是说这些抗氧化剂保护自身不受空气污染物的污染，解毒有害颗粒，限制相应的过敏反应。

这类酶有两种，它们被称为谷胱甘肽硫转移酶 M 1（GSTM 1）和谷胱甘肽硫转移酶 P 1（GSTP 1）。GSTM 1 以两种形式出现在特定人群的染色体 1 号中：有效的和无效的。生来带有两种无效形式的人们根本不能生产 GSTM 1 保护性酶，大概 50% 的人们属于这一种群。同时，一个常见的存在于染色体 11 号上的 GSTP 1 基因突变被称为 ile 105，生来带有两个复制体的人们产生一个并不十分有效的 GSTP 1 形式。

在一项由法兰克·吉利兰特（Frank Gilliland）领导的在加利福尼亚进行的研究项目中，与抗氧化剂相关的基因族中的变体和柴油废气颗粒的反应有关。相比较其他参与者而言，缺乏 GSTM 1 基因的抗氧化剂产生形式的志愿者会引起更大的过敏反应。既缺乏 GSTM 1 又有 ile 105 变体的人占据了美国人口的 15%～20%。我的染色体的分析显示我属于这一特殊种群，因为我的一个 GSTM 1 拷贝被删除，而且我携带 ile 105。雪上加霜的是，除了它的解毒的特质，缺乏 GSTM 1 还可能会使我更容易感染特殊的化学致癌物质，而且与肺癌和直肠癌也有联系。好消息是哮喘也与另一个来自这个族的基因，谷胱甘肽硫转移酶 θ 1（GSTT 1）的缺失有联系，它在染色体 22 号上，这个基因的两个拷贝副本在我的染色体中是正常存在的。

考虑到我用来治病的药物，我有一个主意。对哮喘的一个主要 80
治疗是用类固醇（糖皮质激素）减轻炎症，引发细胞中的蛋白质合成。
是不是这样：它们的工作机制是通过加速肾上腺素受体合成，从而使
细胞对肾上腺素更有反应呢？我们想了一个简单的计划：我们将用放
射性药物测量细胞表面的受体数量，然后添加类固醇激素观察放射
能 —— 受体水平 —— 是否随时间增加。我们很高兴地发现受体密度
在 12 小时之内增加了一倍。这篇揭示了哮喘中糖皮质激素的活动机
制的论文自从发表后，它就被频繁引用了。

1980 年我的团队也发表了一些其他科学论文。一篇是关于肾上
腺素作用的细胞膜受体的第二种类型，被称做 α 肾上腺素受体的。我
们找到一种方法把隔离出的火鸡的红细胞膜的肾上腺素受体（涉及了
更多的火鸡血）重组成其他细胞膜，这一步对于长期研究受体蛋白质
是重要的。我们揭示了在细胞循环（即当一个细胞分裂时）过程中受
体密度（受体蛋白质分子的数量）发生了相当大的改变。这一年的最
大成就伴随着克莱尔的单克隆抗体工作一起产生，那时她成功地制造
出了第一个单克隆抗体，这个抗体被局限在一个能处理化学信使（神
经传递素）的受体中。最可贵的是，我能利用这些抗体获得令人兴奋
的新信息，比如关于神经细胞上的肾上腺素受体族在结构上是怎样互
相类似的。诺贝尔奖获得者朱利斯·阿克塞罗德（Julius Axelrod）把
研究论文寄给《国家科学院学报》发表。

1980 年对我的工作是一个过渡期，它也标志着我和芭芭拉婚姻
的结束。克莱尔搬到布法罗后不久就解除了她的婚约，现在和一个新
男朋友住在一起，但是因为她经常和我待在实验室，所以芭芭拉就假

想我们有暧昧关系，虽然我们的关系仅仅是职业关系。芭芭拉本人已经开始和一个从加尔维斯敦来的教师发生交往，不久她在得克萨斯当了老师，留下克里斯多夫和我，去和她新男友住在了一起。虽然这是一段困难时期，但是让我放心的是，她没有要求克里斯多夫的监护权，作为一个单身父亲，它虽说是对我的最大的挑战之一，却有时也是老天对我生命中最大的恩惠。

81　　　克莱尔和我现在开始来往了，和教授约会的学生不久在医学院成为一件公开的丑闻。这种情况很复杂，因为克莱尔仍继续和她男朋友同居，而我虽然和妻子分开了，但仍然是合法夫妻。虽然离婚程序正在进行中，对方变得很刻薄，芭芭拉起诉要求克里斯多夫的监护权。纽约法庭不同情单身父亲，完全支持她一方。我现在仍然在想，如果当时婚姻顾问像现在一样到处都是，那我们麻烦的短命婚姻是否就能幸存。

想象一下，我和克里斯多夫在一起度过了多少时光，我的生命中如果没有他，我的生活将会很悲惨，我会变得很沮丧。随着时光流逝，我想到芭芭拉已经开始真正关心他，我心里就得到点安慰。法庭准许我频繁的探视权，在很小的时候，克里斯多夫频繁地穿梭于我和他妈妈之间，芭芭拉后来又有三次婚姻，成为一名成功的专利律师。分裂了 20 年后，我很高兴地说我们现在又再次成为朋友了。记者经常问我那个烦人的老问题：如果我能改变我生命中的某些经历，它会是什么？很简单：我会很愿意抚养我的儿子。

那一年发生了另一件主要的职业冲突，这给了我一个重要的教训。

虽然药理学系有一项7年左右没有成果就离开的提升/终身职位的计划，我相信我可以早点获得提升。毕竟，我已经获得了几乎一半的拨到系里的科研基金（很多正式教授都没有获得一美分），我带着6个优等生和博士后，我的论文发表记录令我的同行嫉妒。已经有其他的大学和我接触了，我也有几封有分量的推荐信，所以我放出一个最后通牒：早点给我终身职位，否则我要离开。

我曾经毫不留情地攻击了彼特·吉斯纳（Peter Gessner）的博士生，而他负责终身职位的审查讨论小组。经过持续了长达3个月的程序后，委员会决定我必须再等几年才能加入他们的阶层。为了荣誉，我感到我别无选择只好尽快离开，但是我的离去比我预期的还快，多亏了生物化学系的突然提议。在那里他们给了我一个比我现在这个大3倍的实验室，一个属于药理学部分的教学承诺，一个提升副教授的名额，和一份提高了的工资，年薪从2.3万美元提升到3.2万美元。我的生活马上得到改善。

尽管我仍然不是很有钱，我开始有点纵容自己。我认为我能在我 [82] 的债务上再加上一小笔，花3000美元买了一条6米多长的霍比猫帆船，它是一艘绝对快的双体船，能让我在周赛中，顶着从加拿大伊利湖、水晶湾、沙克斯顿湾刮来的大风顺利出航。每个周末，我将带着我的船一起去比赛，我的船拖在我的蓝色的柴油梅塞德斯车之后。

我喜欢双体船航行的技术，也喜欢它的速度。就像荡秋千（腰带和一根钢丝绳连起来，系到桅杆上），我必须利用我的身体作压舱物防止航行中轻船体被颠覆。船体高出水面，以保持船体浮力，坐在迎风的船体边缘真令人愉快。在大风大浪中，船头进入水中，船体随浪来回涌滚，要防止船体颠簸需要很高的技术。

我好不容易说服克莱尔跟我一起去航海冒险。我们第一次出去时，当我在外面吊架上努力在船体上滑行时，我们的航速是 40 千米 / 小时。当克莱尔回头和我说话时，我不见了 —— 我已滑到了船首，在钢丝绳上摇摆。尽管我没有落水，当我来回摇摆时，她开始尖叫，打算跳进水里向岸边游去。"不要再那样做了"，她歇斯底里地尖叫着。

航行成为我逃避现实的一种方式，也是我大量肾上腺素奔泻的一个源头。周末，和六个人在安大略湖大浪中航行，霍比猫帆船一头扎进大浪中，在浪底继续向前航行，只有我们的头、桅杆和船帆还隐约可见。我们慢慢上升，像一条潜水艇升到水面，当我们在继续前行中露出水面时，每个人都兴奋地大叫。岸边的目击者们被眼前情景所震撼，他们跟随着船向前跑并且给我们买来了饮料。

83　　我并不畏惧，直到那时我的经历中还没有受伤来教会自己尊敬海浪，我不久赢得了更多的比赛。但是在一次单枪匹马的和厉害对手的硬战中，我接受了一次严酷的教训。在这场比赛中，我远比他们超前，很明显我会获胜。我很自信并开始玩一些刺激动作，我和一条几乎是垂直的船体飞起来以此炫耀。为防止翻下船，我坐在船的上部，前后移动我的身体，这时舵柄折断了，当船开始以好像很慢的动作翻转时，我感到自己向后倒，而且我确定自己要葬送在水中了。幸好我先跌到下面的船体上，折断了我的从肩膀一直到胸骨的右锁骨和我的肩骨。我的头撞在船上，昏过去了，滚进海浪里，没有救生衣，但是幸运的是，冰冷的海水和肩膀的疼痛使我苏醒过来，尽管目击者说我已经面朝下漂浮了大约一分钟。剧烈的疼痛，没有救生船的帮助我不能自己爬回船上。几个星期，我都吃着止痛药。但是我一旦能行了，我就又回到航海上来了。

目前为止，克莱尔正集中精力结束她的博士工作。她的论文答辩很顺利，庆祝活动渐渐平息后，我请求她嫁给我，并继续留在实验室工作。她开玩笑说，只要我同意再不拿这种手段来招募新员工，她就同意（真相是，她花了一些时间接受我。几年后当被《人物》杂志问到是否是一见钟情时，她说，"对他来说是，对我来说不是。"）。

至少我知道，克莱尔并不是为钱而嫁给我。她已经看到过我的财政状况从糟糕到更糟的过程了。我在试图处理第一次婚姻的残骸：那张大的信用卡清单，孩子的抚养费和律师费。我必须卖掉我心爱的梅赛德斯车来还账，我甚至买不起一个订婚戒指；克莱尔只得借钱给我买一个。

我们要结婚的消息很快传遍整个医学院，不过到现在丑闻已经变成常规传言，再闲聊学生和教授之间的风流韵事已经没什么意思了。

我们决定在科德角结婚。克莱尔来自一个天主教家庭，虽然她家希望我们在天主教堂结婚，但是因为我离过婚，所以不可能实现。我们在马塞诸塞州的森特威尔（Centerville）找了一个古老的教堂，一些已故船长的坟墓环绕在它的周围。教堂离克莱尔父母在海因尼斯港（Hyannisport）西部的家不远。我们把日子定在1980年10月10号，婚

礼和婚宴是很令人高兴的事。加里是我的伴郎，在整个婚礼上，我的
家庭好得像一个人似的。我的父亲明显很自豪，而且很高兴我把自己
从一个冲浪高手转变成一个医学院教授，而且他对我和我的新娘的定
居很是认同。后来每谈起那场婚礼，他必满脸喜气地提到在婚礼中他
和三名女傧相的一张合影，其中之一，总是热情地欢迎我的拜访，即
84　使这种拜访有点唐突。婚礼后，我习惯几乎每周都和我的父母谈话，
通常是我父亲。

　　蜜月期间我的科学工作也没有停下，其间我们曾经在南塔基特
岛（Nantucket）的一个旧旅馆度过了一个晚上。第二天我们飞往巴黎，
在那里我做了一个讲座，然后一起继续去伦敦给国家卫生研究院递交
了一份基金申请，是我和克莱尔共同申请的。（多浪漫啊！）继而我们
又参加了有关受体的希巴基金（Ciba Foundation）研讨会。在那里我
们遇到了一个人，他后来成为我们的良师益友 —— 马丁·罗德贝尔
（Martin Rodbell）正和他妻子芭芭拉参加这个研讨会。马蒂（Marty）
在1994年因为发现蛋白质G —— 鸟嘌呤核苷黏合蛋白质 —— 与受体
连接的分子开关，从而获得诺贝尔奖，分子开关就像我所研究的肾上
腺素受体，它允许或抑制细胞内部的生物化学反应。马蒂和我是同类
人，是这个研究层面中少数几个经历过战争的人之一 —— 他在第二
次世界大战中是一个无线电技师。他去禁闭室的次数比我多，由此可
见他的反叛精神。

　　在希巴会议中有一段时间，我飞到比利时去参加在莉莲公主心脏
研究所（Princess Lillian Cardiology Institute）举办的一个特殊研讨会。
在那里我和另外一位著名的即将获得诺贝尔奖的科学家詹姆士·布莱

克（James Black）相识了，他是发现 β-受体阻滞剂的英国人。我们吃了顿丰盛的午餐后，喝了两瓶葡萄酒，我们都认为在会议上我的思想很容易受别人影响（至少，在我们收到出版发行的评论抄本之前是这样的）。与比利时国王和王后吃了一顿正式晚餐后，场景又变回到伦敦、克莱尔和希巴会议，在希巴会议上马丁·罗德贝尔告诉我一个巧妙的方法可以计算出受体蛋白质的大概尺寸：用放射线攻击一个细胞，直到蛋白质停止工作。致使蛋白质停止工作需要的放射线越多，分子就越大。在韩国科学家 C·Y·钟的帮助下，我把这一方法应用到了测量我们想隔离的受体蛋白质的大小上。

克莱尔和我在布法罗的两居室公寓里开始了我们的婚姻生活。她在生物化学系得到了一个职位，我们继续一起工作。那时我已经还清债务，甚至在父亲节时，还送给父亲一张支票作为礼物，那是在我财政最紧张时借我父亲的。那时，我们的关系已经从我刚从岘港回来时的最低潮中走出来了。当我去旧金山做讲座时，他去机场接我，看起[85]来很苍老，身体很虚弱，但是我当时并没有想太多。

我父亲的基因遗产

最常见的心脏病起因是动脉硬化，钙、脂肪和胆固醇一起聚集在血管中形成斑块，引起心脏病突然发作或者中风。一种称做载脂蛋白 E（Apo E）的蛋白质负责调节血流中的脂肪标准，该蛋白质的变异与心脏病和阿尔茨海默症有联系，后者是一种逐步严重的、具有毁灭性的神经退化疾病。

　　我在电脑屏幕上阅读我的染色体组，检查第19号染色体，也就是Apo E基因所处的位置。它长达900个编码，以三种常见形式出现，分别是E2、E3和E4，它们在编码的两个"字母"上有差异。E3在欧洲人和高加索人中较为常见，用健康性质的词描述就是"最好的"，相对而言；7%的人有两个E4复制体，患早期心脏病的概率高一些；4%的人有两个E2复制体，他们更倾向于患上高胆固醇、高脂肪症；携带E4基因的人们——只有一个字母不同于E3——则与高概率老年痴呆症有关。我只有一个E3，但不幸的是，我也有一个E4，这使我仍处于危险中。尽管没有证据表明我们家族任何一支有过老年痴呆症史，但是这个基因的携带者，比如我父亲，显而易见，他就是被这个可怕的退化疾病那么快地带走的。

　　通过阅读我自己的生命之书，我有机会讨论这些潜在的威胁。因为它们涉及可对待的生物化学失衡。饮食和锻炼给我提供了一条可行之路，我也服用斯塔汀，一种降低脂肪的药物，来抵消E4的影响。同样斯塔汀也显示出了某种程度上的对老年痴呆症的防治。

　　很多基因都与各种冠心病有关，从心脏病到高血压都是由于血管狭窄（器官狭窄）造成的。我的染色体携带对应风险较低的基因版本，主要有TNFSF4、CYBA、CD36、LPL和NOS3。但是还有几百个其他的基因。我们要花几年时间理解它们互相影响的复杂方式。

回到布法罗，我计划在父亲节那天给他打电话，但是1981年6月

10 日的清早，妈妈打电话告诉我说父亲已经在睡眠中去世了。他只有59 岁；他的医生诊断说是突发心脏病死亡。克莱尔和我第二天乘飞机回去安慰我母亲，并且安排父亲的后事。我们把他的遗体葬在旧金山要塞的军事墓地里，因为父亲觉得宗教带来的损害比好处多，我母亲拒绝在他的墓碑上有任何宗教符号，只让它矗立在十字架和星星中间。[86]我哭了，因为他的逝去对我和我的家庭来说是一个痛苦的转变。我感到高兴，我父亲至少活着时看到了我的成功，而且对我来说，也与他建立了良好的关系。而越南已经教会我生命是有限的，而我的父亲的早逝又特别强调了这一点。

1982年我被罗斯威尔·帕克癌症研究所的新主任亨氏·柯勒（Heinz Köhler）聘去当分子免疫学习的副系主任时，我最后繁重的教学约定结束了。我有漂亮的新实验室，被聘为正教授，我的薪水也加了双倍。我也给克莱尔争取了加薪和助理科学家的位子。我们搬出了我的公寓，搬到一个农场主刚盖了4年的房子里，我们的每件事都开始改善。到1984年，我的团队每两周或三周就发表一篇论文。

多亏了柯勒，我感到好像所有事情都在我的控制之下。但是，在一个有风天，在伊利湖的沙克斯顿海滩，正是柯勒几乎把我的新生活埋葬在水里。亨氏很热切地让我允许他加入到霍比猫帆船团队，我们召集了好几个船员来平衡船体。我们尽情愉快地航行着，帆船顺着波浪上下飞驶，好几次几乎是空降下来，柯勒问他是否能掌舵，他向我保证他知道自己要做什么。几分钟后，他将船驶入一个大浪中了，克莱尔和我只能无助地从吊架向上看，我们开始上下颠簸。双体船把柯勒掀到空中，在半空中当船前后颠簸时，他撞到了桅杆上。

　　船像海龟一样被扣翻,克莱尔被淹到水中,被各种绳索缠住了。我把她解救上来后,她疯狂地要把柯勒推下水淹死他。柯勒自己那时正大量流血,看起来好像要休克。尽管我们离岸边还有2千多米,而且狂风怒号,但是克莱尔开始朝岸边惊慌地游去。我制止她,又安顿好柯勒,海浪不断想把我们掀出船外,我们竭力扳正船头,终于安全地回到了岸上。几周后,克莱尔发誓再也不乘坐霍比猫帆船了。我定购了一条凯普岛瑞25D,它是一条单体巡航帆船。

　　1983年,我收到一份改变我生活和我的科学课程的邀请,邀请是从贝塞斯达的国家卫生研究院(NIH)的美国医学研究大本营发来的。

87　在那儿有"内部"计划,资金几乎是自动拨付的,只要主任信任你所做的。这意味着不需要申请任何基金。被他们聘用尤其是一大美事,因为那时国家卫生研究院宁愿发展自己的研究团队,也不愿引进人员。

痛呀!

　　当我的团队告诉我未来有什么在等待着我时,这个词概括了我当时的感受,一个被称为SORL1的基因出现了,它负责一种称作穿膜神经肽受体(Sortilinrelated receptor)的蛋白质。这段基因的变体与老年痴呆症的后期发作有关,是最常见的痴呆病因。2007年有国际团队报道说,这种基因变体类型的老年痴呆症联系是第二位的,Apo E 4被置于第一位。

　　与同龄的健康人群相比,SORL1的变体更常见于四个种族的人群中,后者患有后发性老年痴呆症,并且人们认为这段基因的危险变体会导致蛋白质在大脑中沉淀的形成，即形成色斑，它导致了由这种疾病引起的精神退化。或者，换种说法，当 SORL1 完全工作时，通过循环利用所形成沉淀的蛋白质对它形成一种保护功能。这样，SORL1 在大脑中的变体就可能加速了老年痴呆症的发展，这从对患者死后脑组织的检验过程中可以看出来。

虽然 SORL1 与可怕的疾病之间的必然联系性比 Apo E4 小得多，但是它表明我的染色体在一部分基因中携带所有危险的变体，在另一部分基因中携带一些变体。痛啊！的确如此。假如我已经有 Apo E4 变体，我的团队早就更加密切注视了。在我的部分基因里，存在一些危险变体，我们已确实了解这部分基因是怎样改变基因被细胞转换成蛋白质的方式的，从而改变与痴呆的联系。但是我们还不清楚位于第二个敏感区域（所谓的第 5 风险等位基因簇）的变体是怎样提高我的风险的。

国家卫生研究院看起来是个理想的环境，在这里我可以继续和提高我的研究。在 10 年里，我一直花时间描绘肾上腺素受体的特征，变得越来越清晰的是，净化每个细胞中很少数量受体的传统方法从来都不能提供足够的蛋白质来获得它的氨基酸序列，从而让我们描绘出它的分子形状，而这是理解它怎样工作的关键一步。我想利用新型分子生物方法来避开这个障碍以便做出对这个课题进攻还是终止的终极抉择。

柯勒和罗斯威尔管理部门提出了一个吸引人的还价，在某些方面，[88]

我也试着想留下来。我有很多关于布法罗美好的回忆，它帮我建立了自己最初的科学事业，而且在那里，我从一个大学毕业生转变成一个正教授。在那儿我也迎接了我儿子的出生，并且遇见了克莱尔，我的妻子也是工作的合作者。但是我也不得不承受了父亲的去世和一次痛苦的离婚，还有一个事实是我正处在一个弱化的学术环境中。更为重要的是，我仍然被岘港的经历所推动，希望能完成更多。我的团队里十几个成员都准备和我搬到国家卫生研究院去，我开始做填写表格之类的书面工作，准备成为一名政府雇员。尽管布法罗马上要失去这么多的职员，但当柯勒得知我要把我的基金留在布法罗时，他还是相当高兴的。我现在准备开始一段新的历程，去当一名国家公务员了。

第 5 章
科学的天堂，官僚的地狱

通常使用恰当的酶把这个大分子打碎，然后这些小的碎片被相 [89]
互分离并测序。得到足够的结果后，这些结果被一个程序安装在一起
形成一个完整的序列。这个过程必然是相当缓慢并且冗长乏味的，常
常陷入持续的领悟和筛分中，而且这种方法也很难用于大 DNA 分
子……看起来想要测序遗传物质我们需要一个合适的新方法。

——弗雷德里克·桑格（Frederick Sanger），

诺贝尔获奖讲演，1980 年 12 月 8 日

我发现自己走进黑暗走廊的一间无窗的房子里，这间房子位
于我曾提到的 36 号楼的二层，它将是我在国家神经紊乱和中风研
究所（NINDS）的新项目的研究室。这座建筑是马里兰州贝塞斯达
（Bethesda）的国家健康研究所的一群无计划地占用山林农田建造的
复杂建筑之一。为了建设和装备这个实验室，我花了几十万美元，为
了启动我在分子生物领域的新研究事业，现在我有一笔 100 多万美元
的年度预算。把我在布法罗的研究小组的大多数成员带来后，我就可
以很快开始研究了。

在国家卫生研究大院里，有数百名全国顶级的研究人员在我们的

周围一起工作，我们可以和他们相互合作。在我们楼下是马歇尔·尼伦伯格（Marshall Nirenberg）的实验室，他因为破译了遗传密码，揭示了怎样由一个基因中的DNA的三个"字母"编码一个氨基酸过程，氨基酸是构成蛋白质的单位，从而与人分享了诺贝尔奖。他和他的NIH的精英们可以教我们新的东西，有助于激发我们的新奇想法。我在贝塞斯达学会的技巧和产生的兴趣在我以后的生命中起了意义深远的影响，也给我日后产生解读基因组的兴趣奠定了基础。这里真是研究者的天堂。

但我深知享受愉快必须付出的代价。正如每一次漂亮的周末航行总是伴随着充满狂风和惊涛骇浪的海上的累人的旅程。在NIH享受顶级科学工作的同时我也受到了它的影响，我不得不和一些行动迟缓的政府官僚机构打交道。我是以最高的民用服务等级——15级10等进入NIH的。问题是分配给我的实验室的人力资源明显没有按这个等级委派。最典型的是：当某位政府机构忠实官员遇到一些麻烦时，他采取了一个小小的抵制方案：把我的文件夹扔到抽屉的最底层并把它忘诸脑后。我不得不打电话询问我的薪水并确认一些必要的事宜，因为他们找不到我的文件而发生一些不愉快的事情。幸亏罗斯威尔·帕克还一直将我作为相关基金的研究员发放工资，否则，我可能会几个月没有工资。当最终对质此事时，这个人力主管承认是因为害怕搞乱程序而决定什么也不干的。

这并不是唯一的摩擦起因。本来承诺有一个固定职位给克莱尔的，同时也给几个关键的人员诸如多琳·洛宾逊（Doreen Robinson）和马丁·史瑞夫（Martin Shreeve）安排职位以便他们可以跟我从布法罗转入NIH。但是在我到NIH不久，我被叫到学术主任欧文·柯宾（Irven Kopin）的办公室，被告知克莱尔一定会得到固定职位，但是必须在一年或更久以后，因为他们觉得她的科学资历低于他们的标准。

寻找一套新房子被证明同样比我们预期的要难，因为在华盛顿附近，生活消费水平相对较高。一套比我们在布法罗的又小又旧的房子要几十万美元，而布法罗的是8万美元。我们的不动产代理芭芭拉·罗德贝尔（Barbara Rodbell）是马蒂·罗德贝尔（Marty Rodbell）的妻子，正是他联系我们来NIH的。芭芭拉刚开始卖房子，而我们是她的第一个（也是唯——个）客户。

我们在马里兰的西尔弗斯普林（Silver Spring）买了一套住所，这也是我们唯一可以支付得起的，它是一座价值10.8万美元的有两个卧室的市内别墅。我们和恺撒——我们的一条6个月的荷兰卷尾狮毛小狗，它的名字源于它在我们的生存空间中的绝对支配地位——算是有可安身之所。我也为我的8.5米长的凯普岛瑞游艇（一次几乎导致我们的经济出现问题的放纵产物）找到一个泊位，位于马里兰盖尔斯威尔（Galesville）的哈特格斯（Hartges）游艇园。西河在这里通行无阻地注入切萨皮克海湾，形成了几千海里的海岸线和巨大的停泊地点。当地经济支柱是烟草和捕蟹，这使得这个地方有浓浓的怀旧情结，特别是那些有烧木头的壁炉和跳棋格子的桌子的杂货铺更加重了这种风格。 [91]

一个周末，我计划到海湾航行探险，探险是我的职业和个人热情的交汇点。在前往盖尔斯维尔的路上，沉醉于飞车的我始终敏锐地盯着后视镜看有没有无标志的警车，我自然会注意到任何的不寻常的事情，比如坐在一辆褐色福特车前排的两个可疑的人。不管我变换车道还是选择复杂的路线前往盖尔斯维尔，这辆特殊的福特车始终跟在我的后面。一到达哈特格斯我很快就忘了这条神秘的尾巴。但一天的航行后，在我回西尔弗斯普林的路上它又出现了。我开始担忧那辆福特车，疑惑是否我的反战抗议的日子回来困扰我了，因为现在我已是一名政府高级雇员了。如果我知道那辆车中的人会对我日后的研究方向产生重大影响的话，我就不会这样多疑了。

下周一早上，当我发现有两名穿黑套装打领带的男子在我的狭窄的NIH办公室等我时，我的担心看起来似乎是发生了。当我走进来时，他们站起来并出示了身份证，他们是美国国防部的。他们解释说，他们来此是想要跟我谈谈用我的研究探索神经毒气以及相关生物战争试剂。这个要求是有道理的，因为我正在研究的受体蛋白正是神经毒素的作用对象。尽管这个话题很严峻，但是听到他们感兴趣的是我的研究内容而不是我个人，我还是松了一口气，请他们坐下说话。

他们要我从事的研究的基本思想很简单：是否可以开发神经毒剂附着的在体内引起伤害的相同的蛋白质来检测神经毒剂的存在？这些蛋白质是否可以当作诱饵来吸收空气中相当微小的神经毒剂，并借助精细化学分析通过微弱的光信号的闪烁来警告其周围的人员，已受到毒剂攻击？

虽然我当时正在研究的特别肾上腺素受体不能得到作此用途的足够剂量，但是信使化学物质乙酰胆碱作用的烟酸乙酰胆碱受体可以得到足够的量，我认为，我们可以将这种物质作为替代品。可以说，[92] 这正是他们所愿意听到的。乙酰胆碱传递神经信号给各种各样的肌肉，包括控制呼吸的膈肌。神经性毒剂如塔崩（Tabun,GA），梭曼（Soman, GD），和沙林（Sarin,GB）阻碍一种称为乙酰胆碱酯酶的关键酶的活性，这种酶分解和排除乙酰胆碱。化学毒剂在几分钟就起作用了，通过加重人体对神经刺激的传递，从而导致神经系统的短路，最终使膈肌瘫痪让人窒息。

因为乙酰胆碱还对大脑的数个位点也起作用，所以非军事科学家们也对该受体感兴趣。尼古丁引发位于神经末梢的那些受体位点，增加脑中多巴胺的消耗，多巴胺是另外一种信号分子，它反过来在神经科学家们所谓的"犒赏通道"上发挥作用，从而导致吸烟者的渴望感受。

乙酰胆碱受体已被约翰·林德斯特姆（John Lindstrom）成功地提纯，他当时在圣迭戈的索尔克研究所（Salk Institute）。约翰很高兴以相当高的价格为我提供这种蛋白质，有一点我认为是合理的，如果让我们努力去分离它将会是相当艰辛的。这样，他就会得到国防部的钱去进行他的基础研究，而我也可以解决怎样帮助政府检测神经毒剂。

但是政府的官僚脑袋并不是一个统一协调的实体。NIH的官僚作风使得我从国防部拿钱难度加大了很多。科学家们不会把政府的钱转入NIH，他们通常直接在工作中把钱花掉。尽管有人说我太商人作派了并且我的确不需要额外的钱，最后一个25万美元的机构间转账还是以我的名义被安排储存在NIH的一个特殊账户里。

一旦我的实验室成立，我们就随时可以从人脑中分离或克隆肾上腺素受体基因，这将为我们提供其分子结构和其神秘的工作方式的新线索。在这个意义上，克隆意味着基因的复制，通常是把它放在实验室里置入大肠埃希氏杆菌中，随着细菌的繁殖，我们想研究的基因复制也完成了。事实上，克隆一个基因也意味着在细胞或染色体中找到它以便我们能揭露基因用来制造蛋白质的DNA处方 —— 既然这样，

93 对肾上腺素有反应的大脑中的受体蜂拥而至。为了达到这一目的，我们必须隔离受体蛋白质，计算出它的氨基酸序列，然后推论出能够拼出这些序列的可能的DNA编码。

这个描述使过程听起来简单容易。实际上，要花10年的辛苦。相同的工作现在只需花少部分时间，甚至几天的工夫，这里面也有我的一部分努力。不过让我们回到20世纪80年代，那时分离和研究人体内微量的蛋白质是很艰难的。

为了使微量的受体蛋白质达到我们能开始基因捕获的数量，我想利用最近开发的叫高性能液体色谱（HPLC）的新技术。用这种方法，人类细胞膜的成分在清洁剂中被溶解成脂肪和油脂，然后使它们穿过柱状物质把它们分开。每个蛋白质的前进速度取决于它的大小或负荷，所以越小越敏捷的分子穿越得越快。

采用这一新方法，我需要有经验的人。我雇用了安东尼·克拉维奇（Anthony Kerlavage），他已经在加利福尼亚大学圣迭戈分校和苏珊·泰勒（Susan Taylor）一起做过高性能液体色谱蛋白质的提纯工作。发展分子生物技术的力量就必须研究蛋白质，为此我建立了一支青年

小组，由北卡罗来纳州的一个博士后钟富荣（Fu-Zon Chung音译）和两个从布法罗来的实验室技术员珍妮·高科因（Jeannine Gocayne）和迈克·菲茨杰拉德（Michael FitzGerald）组成。

当我的小组全力制造纯化受体时，我们最后发表了30篇有关受体结构和功能的不同方面的科学论文。当受体的设计被解构出来时，更重要的发现之一是，大自然是多么节俭，一次一次地使用相同的结构，几乎没什么变化。我们对于蝇蕈碱乙酰胆碱受体（乙酰胆碱受体的亚型）和 α 肾上腺素受体（一类肾上腺素受体）结构的分析显示它们的基本结构是类似的，尽管它们被认为是人体内不同的神经递质。这对科学界来说是令人惊奇的，科学界普遍认为，不同受体属于不同的研究领域。结果，很多人拒绝接受我们的发现直到几年后受体基因被排序出来，发现它们是极为相似的。

两年内，虽然我们的士气正遭受挫败，但我们的努力却取得了重大进步，我们的目标就在眼前，我们正从少量提纯的受体上获得第一[94]个氨基酸序列。我们被杜克大学（Duke University）的罗伯特·莱夫科维茨（Robert Lefkowitz）团队打败了，他们与梅克（Merck）制药公司合作提纯和克隆来自火鸡的红细胞的肾上腺素受体。他们的成功使这个领域的每个人都很兴奋，包括我。我召集我那失望的小组成员在一起，提醒他们这是我们研究领域的早期结果，大多数发现还有待我们挖掘。我们应该逐渐赶上他们并且充分利用莱夫科维茨的克隆人脑中的稀有肾上腺素受体这一突破性发现。

为了取得进展，我们充分利用基因密码中的互补碱基对 —— 双螺旋的2条单链 —— 的连接方式。在他们那次极具洞察力的1953年的重大突破中，沃森和克里克已经通过碱基对配对的方式计算出一条DNA链是怎样轻松地被复制成一个互补链的。这反过来反映了当细胞分离时，它们是怎样复制染色体中的DNA的。在基因字母表中的4个碱基中，他们发现A总是与T对应，C总是与G对应。把双螺旋分成2条单链，这个简单的规则帮助生成一个互补链。同样地，如果你重组一串单独的碱基对，那个相同的规则就确保它会粘到一个互补链上 —— 实际上，这就给你一个DNA探针，它与人类染色体的巨大环境中的一个单独基因相附着。

　　我们以两种方式充分利用这个互补的碱基对继续探索人类肾上腺素受体的基因密码。首先，我们能利用已取得的小部分的人类受体蛋白质序列推断相应的DNA序列，并且用它作为一个探针搜索人类基因组中的基因。接着，我们利用进化遗产：火鸡肾上腺素受体基因很可能有一个类似的人类受体的基因密码。换句话说，我们从火鸡受体基因本身开发DNA探针：如果它们黏结在互补的人类DNA，它们就会显示相等的人类基因。通过把一个放射性标记贴到任何一种探针上，我们能通过确定探针附着处的放射性斑点来评估我们的成功。

　　但是，仍然有一个实际问题有待克服。我们首先需要得到适合操作这些试验的人类基因组：甚至就像它在细胞里一样以染色体的形式打包起来，这个编码还因太大无法操作。把人类基因密码分裂成易处理的碎片对搜寻基因来说是至关重要的。如果你把人类细胞中所有的DNA补充物拿走，把它分裂成碎片，你最终就会得到科学家们称之为95 文库的东西。有两个基本类型的DNA文库：基因组文库和互补DNA

文库。

基因组DNA文库可以通过特殊的限制酶制造出来，利用这种酶把人类染色体切割成片段，每一片段大约由1.5万～2万个DNA碱基对组成。为了能处理这些人类DNA片段，我们也需要一个复制和储存的方法，就像一本书需要印刷和装订一样。在复制过程中，将人类DNA的每个片段都附着在一个噬菌体DNA上，噬菌体可以感染细菌，并且能够在其中繁殖。当这个经过处理携带的病毒被用来感染埃希氏大肠杆菌时，它携带着人类DNA。在皮氏培养皿表面涂上受过以上感染的埃希氏大肠杆菌，在细菌菌落上就会生长出清晰的斑点，病毒已经把埃希大肠杆菌杀死。这些斑点被称为空斑，它们包含数百万的病毒微粒 —— 因此包含数百万最初人类DNA片段的复制品。

互补DNA文库以细胞中的另一遗传物质信使RNA为材料，它被用来执行基因组的命令合成蛋白质。我们的基因密码只有3%负责编码蛋白质，所以集中RNA合成蛋白质，我们最终得到一份更简明的人类DNA密码的"工作副本"（一个典型的基因能包含100万个碱基对；相反，转录的RNA可能只有1000个碱基）。换句话说，这个文库揭示了一个方法：大自然的复制者把整个基因密码转录成一段相当小的信使RNA，它仅代表特定细胞或组织需要的基因遗传信息。

信使RNA本质上是中转站。为了将它从细胞中分离出来，以便于直接解读，我们通过一种叫反转录酶的酶，将RNA复制成DNA的稳定形式。它被称为互补DNA（cDNA）。通过分离人类RNA产生cDNA，你将得到人类基因组的浓缩版本，其中包含易读形式的蛋白质编码基因。

　　就像基因组文库，互补DNA文库的大小都必须处理成能够处理和复制的形式。大自然再次提供了解决方案。通过隔离在组织中工作的信使RNA，把RNA转变成互补DNA片段，然后把这些片段插到一个质粒中，它是一个小的环状DNA，并为细菌携带指令，互补DNA文库就被制造出来了。当埃希氏大肠杆菌被感染上质粒，它将再次为文库里的书提供"印刷机"。因为每一个细菌将包含人类cDNA的不同片段，当细菌复制时（分裂成子代细胞），亲代和子代细胞将包含相同的人类基因片段。

　　尽管肉眼看不见这些DNA片段，但是用科学工具可以观察它们。稀疏地展开包含人类cDNA的埃希氏大肠杆菌，注意让两个细胞绝不会互相接触，单个的群体将开始生长。最终，当有斑点出现时，每个群体将包含数百万的相同细菌细胞（克隆体），所有这些群体都具有相同的人类cDNA片段。在一个小皮氏培养皿中，可能有几万到几十万这样的单个群体，从而得到一个人类DNA的巨大文库。

　　使用任意类型的文库，利用互补DNA粘贴在一起的方法，搜寻受体的工作现在可以开始了。用一张滤纸就可能把DNA从皮氏培养皿中移出来，培养皿中正在用基因组文库或cDNA文库培养埃希氏大肠杆菌。然后将滤纸整夜浸入探测受体的DNA探针溶液中。为确定它是否被束缚在文库中的互补DNA上，探针被附加了放射性标记 —— 通过与一个放射性核素 ^{32}P 交换DNA中的磷原子。然后清洗滤纸以便去掉没有附着任何DNA片段的放射性探针，然后晾干，放到一个X射线胶卷盒里好几天。阳性菌落和噬菌斑 —— 表示放射性探针已经粘在目标DNA上 —— 在显影的X线上呈现黑色斑点。将皮氏培养皿与胶卷重叠，阳性菌落和噬菌斑就能被识别，它们的DNA被分离和扩增。

　　并不总是很容易发现不稳定的编码少量蛋白质的信使RNA。以一个难以捉摸的膜蛋白质为例，比如肾上腺素受体，在每个细胞中只有几千个蛋白质分子。结果，编码受体蛋白质的RNA信息也是稀少的。利用捐献给医学科学的人脑中的基因物质，我们必须检测超过100万的cDNA菌落，才能找到一个包含制造肾上腺素受体信息的cDNA菌落。一旦我们培养一个菌落产生一批足量的这种DNA，我们就能用测序DNA的过程把它解读出来——算出4个核苷酸（CGAT）的顺序[97]，它们形成了糖和磷酸盐的DNA外部骨架中的"横档"。我们可以用两种基本测序方法来读出DNA中这些碱基对的顺序。一种方法是弗雷德里克·桑格在剑桥的英国医学研究委员会分子生物学实验室（Medical Research Council's Laboratory of Molecular Biology）里发展出来的，他是一个专注的研究者（同样也爱好划船），他曾经说自己是"有良好的思想，却不太擅长讲话"。第二种方法是哈佛的沃利·吉尔伯特（Wally Gilbert）的工作，他被描述为一个"政治掮客，一个有宏伟目标的男人"[1]。虽然桑格和吉尔伯特在1980年共同分享了诺贝尔奖，但是过去10年间完成的大多数序列是桑格设计的方法的一个直接扩展。桑格是一个有着惊人才能的科学家，他能解决生物界一些高难问题。1975年5月桑格因为他的首批DNA部分序列而得到大家的敬重，然后继续得出一个噬菌体基因组的首批完整序列：细菌病毒（噬菌体）的基因密码中有5 375个碱基对，被称为 φ-X 174。接着桑格测序了大约17 000个人类线粒体（我们的细胞中的能量工厂）中的DNA碱基对，标志着首批人类基因组工程的开始。考虑到他有这么多的显著纪录，桑格是双诺贝尔奖获得者就不足为奇了（第一次诺贝尔奖，是由于 1958 年他对于蛋白质结构的工作，当时他拆开了大约 50 个组成胰岛素分子的氨基酸），尽管他的学术影响巨大，得到同行的敬重，但是桑格是一个安静的、谦虚的、不招摇的人。他说："我没有多少学术才气。"

桑格在剑桥和阿兰·考尔松（Alan Coulson）一起开创的 DNA 解读方法涉及到用 DNA 聚合酶制造无数的 DNA 分子复制体。复制 DNA 聚合酶必须放在 DNA 的基本片段液中，即核苷酸中。酶从每一个源 DNA 链的末端阅读，用核苷酸制造新的复制体。桑格的贡献是把另一成分"末端核苷酸"加到这个溶液中，"末端核苷酸"的每个核苷酸用 ^{32}P 做放射性标记，这样命名末端核苷酸是因为，当它们在培养的复制体中合并时，它们会随着末端聚合酶的活动，用放射性周期标记培养链的结束。这一过程在任何阶段都可能发生，大量 DNA 分子复制体是在试管中制造的。结果是 DNA 不同长度的片段的混合物，每片段都是以放射性标记的 C, G, A 或 T 上结束，依赖于哪一个碱基标记 ^{32}P。

这些片段然后在电场作用下，通过平板凝胶，按 DNA 分子的大小被分离开。现在人们能读出它们的序列是因为 DNA 的最大片段在平板凝胶中移动速度慢。四个核苷酸上 C, G, A, T 的标记是相同的，都能在 X 线胶卷上产生相同的黑色标记，人们必须对每个片段进行四次检验，每次检验出对应密码中的一个碱基。一旦 DNA 聚合酶和每一个不同的终止核苷一起被识别（以便在一批中，所有的 C 都被标记，另外所有的 G 都被标记，其他两个也一样），它们就被分放在相同的凝胶平板体的 4 个邻近的泳道上。当片段分离后，一个泳道显示 DNA 片段以一个 C 结束，另一个就显示以一个 G 结束，其他两个也一样。

然后将凝胶板烘干，对准X线胶卷放几天，出现四个黑色的平行泳道。接着研究胶卷，从四个碱基泳道的第一条泳道开始，然后移动至最近的泳道出现。如果最初，比如说最小的DNA片段在C区带泳道上，那么C就是第一个碱基；如果下一个黑色标记在A区带泳道上，那么A就是第二个碱基，以此类推。用这种辛苦的方法，每个样品按顺序记录每个碱基几百次，序列就出现了。这是一项单调乏味的工作，很多事情都可能发生而且经常出错。如果在凝胶平板上的四个泳道中的任何一个失败了，整个实验就毫无价值了；有很多次，泳道不能相互平行了，于是在凝胶平板中走得越远越不可能比较黑色标记和读出每个泳道上的缺口序列。凝胶板可能因为太干而破裂。当我们一天天地等待答案时，试剂可能变质了；几周过去了也可能不会产生任何有用的数据。

我发现解读的过程特别令人丧气，因为我曾对分子生物学抱有很高的希望。我已经见过太多的例子说明科学进步很少是靠数据所驱动，更多是靠某个特殊个人力量或是某个教授的事业推动。我想要真实的，生活的经验事实，而不是那些通过其他人的眼睛过滤出来的东西。你或许有序列或许没有。在方法的局限内，它或许是精确的，通常因为马虎的操作它是不精确的。我注意到当碱基不清楚时，许多序列实验室经常作出一个猜测，而不是留下一个问题标记。经过几周的斗争后，我们发现我们能为人脑肾上腺素受体获得一个cDNA克隆。当意识到它的序列完全不同于火鸡的受体序列时，我们感到十分兴奋。我们在贝塞斯达的第一次重大成功正处在边缘上。

但是，当我们确定序列的最后片段时，很清楚有可能我们还没有

99 完成工作：我们正在失去基因的起始点，在这个点上，DNA通常有一个标记符号的基因对等物，就像前面所提到的，只有少量百分比的DNA与编码蛋白质的基因相对应。有大写字母和周期的基因对等物帮助细胞的分子系统区分它们。

就像一个大写字母开始一个句子一样，大多数标志着DNA的蛋白质译码区的开始的基因，所谓的起始密码子，是以ATG开始的（编码蛋氨酸）。正如大写字母经常出现在句子中间一样，蛋氨酸也通常出现在蛋白质序列中，所以必须要有多余的信息核实一个ATG标志一个基因真正的开始。比如，一个人可以寻找一个邻近的终止密码子，它是处于DNA序列末端的一个分子周期，并告诉我们的分子系统何时停止合成蛋白质。

因为我们知道我们只有一个来自脑文库的DNA片段和肾上腺素受体对应，我们需要另一个文库来找到剩余的基因。我们仅有的希望是从缺少的片段附近的DNA中制造一个放射探针，并用它来彻底搜查人类基因物质的第二个文库，以便发现基因缺少部分的一个互补片段。

我们再一次海底寻针，尽管这次要测量的DNA的数量很少。在第二个基因组文库中，DNA片段平均长度是18 000个碱基对，因此每个片段（克隆）仅代表了由30亿个碱基组成的基因组中的0.0006％。我们现在要寻找的是167 000个克隆中的一个，而不是100万个克隆中的一个。在几周内，我们已经有几个可靠的线索可供检测。一个由18 000个碱基组成的克隆看起来在它里面有基因的端点，所以我们开始给它测序。

　　这个计划是行得通的，最后我们通过电脑拥有了完整的基因序列图谱，我的职业生涯的第一篇分子生物论文完成后[2]，我们把它投到《欧洲生化学会联合会快报》(FEBS Letters)，因为我认识那里的编辑乔治·西门萨(Giorgio Semenza)，他许诺会很快发表。我们不久获得第一例人脑肾上腺素神经递质受体基因序列。鉴于我们不得不从受体蛋白质纯化开始爬陡峭的高山，计算出怎样解读密码，我们都感到好像完成了一件重要的事。看到DNA序列这对我来说是极美好的时刻，它曾是我幻想的一部分 —— 走出漆黑的洞穴进入阳光地带。甚至是今天，一个人能利用人类的检测仪器和技术显现分子密码，好像仍然很不平常。这篇论文标志着我事业的转折点。我已经离开了一个安全的领域，在那里我曾经舒适地确立了自己的地位，现在我让自己和小组转向一门新学科 —— 分子生物学。我们已经准备好前进了。 100

　　但是那时对我来说显而易见的是，获得一个基因或蛋白质的序列只代表了理解肾上腺素工作方式的第一步。这段特殊旅程的终点标志着很多新的路程的起点。比如，通过把人类受体基因插入老鼠细胞，并培养它们，我们能大量生产用于各种实验的受体。我们需要做更多的测序来跟上我们早期的发现：一定范围内的神经递质受体随着相同抗体起反应。它们有着共同的进化遗产，为了巩固我们的这一信念，我们需要比较大量受体序列。我们的关于解读几个不同受体基因DNA的努力标志着我们进入了一个当时还不存在的，属于科学处女地的领域：基因组学。

　　《自然》期刊最新发表的一篇文章也刺激我在科学事业中的这个关键性改变。那是加利福尼亚理工学院的李·胡德(Lee Hood)小组写的一篇文章，描述了一个有关可能提高DNA测序技术的问题。不是用单独的放射性探针，而是通过利用4种不同的荧光染料，4种不同的桑格序列反应在一个测序凝胶体上被合并成一个单独通道。当一个DNA片段朝凝胶体的底端移动时，被一条激光光柱滤过，光柱激活荧光染料。发光的染料很容易被光电倍增管探测到，然后被计算机记录下数据。4种颜色，代表不同的核苷酸，直接读出基因密码，把生物的模拟世界转换成微芯片的数字世界。

我曾经与李·胡德和他的博士后迈克·亨克皮勒（Michael Hunkapiller）合作研究过受体蛋白质，现在我想再次与他们合作。我利用传统的放射性方法花了近一年时间给1000个碱基的基因密码排序，这段历程真令人痛苦，从李·胡德的文章我马上看到了加州理工的自动化方法的价值，我联系了他们，得知亨克皮勒要把这个方法进一步发展成一个商业性的DNA测序仪。他已经加入了应用生物系统（ABI），这是一家生物技术公司，曾做过DNA的合成仪。我与亨克皮勒还有本地的ABI销售代表谈了话，告诉他们我想买一台他们的首批机器。这对ABI是很合算的，因为国家卫生研究院的买卖会赋予他们技术上的声誉。经过多次讨论后，万事俱备，我的实验室将成为这批新的测序仪的首批测试者。现在我所需要的是偿付11万美元。恩斯特·福瑞斯（Ernst Freese）是我的研究所的基础科学部主任，他反对购买新的没有经过验证的技术，但是他愿意提供25万美元购买一个蛋白质顺序分析器。

问题是我想研究的受体蛋白质量太少，这样一台顺序分析仪使用效率过低。福瑞斯和我对于蛋白质分析和DNA测序之间的相对价值发生了争论，最后我输了。几天沮丧过后，我想起这25万美元是国防部给我用于生物战争侦查工作的特殊款项。我告诉福瑞斯我强烈地要尝试这个新技术，我要用这笔钱并且对这次冒险负责。他肯定仍然反对我，但是我认为现在他已经被我的坚定打动了，于是订单给了ABI公司。

1987年2月，国家卫生研究大院里的36号楼收到了一个不寻常的货物：它是我的新DNA测序仪。我的未来就在这个板条箱里。我对我这个婴儿感到很兴奋，为了解决实验室空间缺少的问题，我决定把这个仪器放在我自己的办公室里，我个人负责帮助建立DNA测序的新方法。在我旁边是技术员珍妮·高科因，她刚从布法罗获得硕士学位。我想她能很容易继续并且完成她的博士学位，尽管她好像没有信心，但我对她的技术有足够的信心，我让她用新方法帮我测定DNA序列。

我们很快就开始了工作，检查了仪器的每个部分。这项交易的最后一项是"电泳盒"，它包含一个垂直的测序凝胶体，大约有一张标准文稿簿大小。凝胶体有16条泳道以便16个样本能同时移动（因为我们必须移动4个标准样品以确保仪器正常工作，实际上，它只能处理12个样品）。在凝胶体的底部，是一个扫描仪，来回读出从荧光染料发出的任何信号，然后发送到计算机。一个单程操作需16个小时产生数据，而用旧方法则需要1周时间。

熟悉测序仪花了几个星期，我们很快就看到了很好的数据，每个 102
DNA样品有200个基因密码碱基对。问题是仪器的软件是原始而不可靠的，当珍妮和我轮流读出色峰，而其他人记录基因密码时，问题出现了。人工能直接读和识别的特定序列模式，比如标记基因开始和限制酶捆绑点的 ATG 密码子，机器却不能。后来，我们的软件工程人员花很多时间使计算机能完成珍妮和我用经过训练的眼睛很容易做成的事。

在 DNA 排序过程中，一个重要的阶段是 DNA 聚合酶的使用，这是复制 DNA 的酶，在一小片叫作测序引物的 DNA 片段的辅助下工作。想象一下将缺失的铁轨修补完好的修路过程，你就能大致描绘出聚合酶和测序引物一起工作的图像。铁轨代表了 DNA 双螺旋，铁路工代表 DNA 聚合酶，开始把新铁轨放在两段完整的铁轨处，DNA 聚合酶可以被一小片捆绑到 DNA 序列特定碱基的合成 DNA（测序引物）诱导在 DNA 上的特定点开始生成一小段双链 DNA。

当我和内森·卡普兰作为一个生物化学家一起培训时，我学会了精确地测量每样东西，检查所用试剂的纯度，而不依赖于提供商所声称的纯度。每次我操纵机器，都要测量 DNA 和测序引物的质量，在化学反应中的反应物和产品之间生成恰当的比率。对于细节的关注是至关重要的，ABI 告诉我们，最初没有人能与我们从测序仪中得到的结果相比较。事实上，很少有人得到过结果。他们的大多数消费者都很失望地退还了他们仪器。我们感到我们已经在该仪器上取得了足够的进步，我们测序两个新的受体基因，一个是我们从老鼠心脏分离出来的 β - 肾上腺素受体，该受体改变对应肾上腺素受体的心脏泵的活动；另一个是蝇蕈碱受体，它通过迷走神经作用降低心率。我们很快给这两个基因测序，1987 年秋天，我们在《国家科学院学报》上发表了我们的结果，它们是第一次通过自动DNA排序法得到的数据，这个方法仅在一年前我曾在《自然》杂志上读到[3]，而我现在的科学事业与那时已大不相同。

现在我们已经克隆、排序而且制造肾上腺素受体，我们已能利用分子生物工具探索一些有关受体结构和功能的问题：什么使它识别肾上腺素？一旦它和肾上腺素捆绑在一起，接下来会发生什么？受体分子实际作用是什么？什么成分控制了它的合成和降解？在细胞膜中它的分子结构是什么？ 103

这些问题的关键是确定它的细胞膜内的三维蛋白质图像。一个蛋白质的复杂形态不能轻易地从它的DNA序列推断，解决这个问题仍然是生物学的重大挑战之一。这个知识是至关重要的，因为当大量分子中的一个围绕我们的细胞游弋时，它具有适当的形态和适当的电荷去捆绑一个受体，该受体能产生一个至关重要的反应比如使心脏跳动更厉害或者调整细胞生长过程。

每个研究肾上腺素受体分子结构的人已经注意到一个重要结构特点：根据计算机的预测，7段氨基酸将形成一个螺旋形的形态，一个 α 螺旋体。这些螺旋体试图跨越细胞脂膜。从细胞外部到内部，受体分子都是重要的交流者，记得几年前我的玻璃珠子实验已经帮助证明了这一点。肾上腺素受体穿越膜7次；我们推测大概7个"手指头"形成一个口袋可以抓紧肾上腺素，这样多少改变了剩余的受体分子从而显示信使化学物的到来。因为脂细胞膜外部的环境包含水，我们认为与肾上腺素在一起的氨基酸应是亲水的，它们带负电荷，因为肾上腺素带正电荷；我们确实发现一些氨基酸具有这种特性。受体序列中其他氨基酸，比如脯氨酸通常在蛋白质结构中发挥作用，它会产生不规则角或扭结。

当时，我们甚至知道如果我们重新设计受体蛋白质那么会发生什么事情。利用一种叫作"定向诱变"或者"蛋白质工程"的分子生物技术我们可以做一些奇妙的实验，比如对受体基因的基因密码做一些改变，我们能改变氨基酸的序列，从而改变蛋白质结构。以这样的方式，我们就能开始解剖这个难以捉摸的分子的内部构造，研究改变了的受体蛋白质怎样有效工作 —— 比如，它是否仍然与肾上腺素黏附在一起，是否会有其他药物也喜欢和它黏附在一起。另外，如果是这样，受体的行为是否还和它以前遇到肾上腺素一样？

这里我必须承认我是一个老派的生物化学家：我不仅喜欢思考改变蛋白质形态的突变，而且喜欢思考这些改变从生物学角度看是如何反映出来的。很多遗传学家满足于发现一片DNA和一个特性有联系，然后就停留在那儿。对我而言，那就像追星族碰到了认识名人的人一样，"我有一个朋友认识麦当娜。"但是我想要得到更多的信息；我想知道更私密的事，而不仅仅是麦当娜的二手知情人。就此事而言我想懂得如何激活麦当娜以及每个人的受体生物规律。

最终我们多次改变受体蛋白质氨基酸。1988年，我们发表了两篇重要的论文，论文描绘了我们发现氨基酸影响肾上腺素分子黏附和激活受体的方式，奇怪的是它对 β -神经阻滞剂药物没有影响，但是该药物也是黏附在受体上的，比如心得安。我们从这个发现中得出结论，黏附在受体的催化剂，比如肾上腺素（所谓的兴奋剂）上的受体蛋白质上的斑点不同于附着在像心得安这样的拮抗性的受体阻滞剂上的受体蛋白质上的斑点。我们以前对于受体是如何工作的简单描述现在要修正了。激素总是被认为像插入锁里转动的钥匙一样工作 —— 锁是受体 —— 而拮抗剂只是不理想的不能打开锁里所有机关的钥匙。现在看起来似乎它们能够在锁的不同部位上作用以防止它工作。

如果我们有一个模型显示肾上腺素受体真正像什么，那么这个推测就容易多了。我记得我第一次加入卡普兰的实验室时，苏珊·泰勒曾经通过X射线晶体学得到乳酸脱氢酶的三维结构。根据她的数据设计的0.11立方米的蛋白质模型，显示了在各种各样包括植物和动物的有机体中，酶是如何催化丙酮酸盐和乳酸盐在基本新陈代谢中的互换的。我想为肾上腺素受体做相同的实验。但是为了给受体"拍照"，就需要对晶体状的蛋白质进行X射线研究，这需要提纯的受体蛋白质质量达到克单位 —— 相当于我们那时能得到的受体蛋白质的100万倍。我仔细查看了文献，发现有人用酵母大量生产蛋白质并获得成功，所[105]以我雇用了一位专家，迪克·麦克白（Dick McCombie），让他为X射线研究生产足够的蛋白质。

大概就在这段时期，我也第一次讨论了有关一个项目的问题，这个项目有一天将把我的研究推进到举世瞩目的中心位置。当我花大部分工作时间仔细调整我的自动化DNA测序仪时，我开始追忆一些早期的讨论项目，那就是测序人类全基因组的不切实际的想法。[详细内容读者可以查阅杜克大学的基因讲解员罗伯特·库克·迪根（Robert Cook-Deegan）所著的《基因战争》（The Gene Wars）一书。] 其中一场讨论是在1985年5月由加利福尼亚圣克鲁斯大学的罗伯特·辛舍梅（Robert Sinsheimer）组织的研讨会上进行的。他曾经认为像这样一个大型生物项目能使他的大学从此出名。研讨会我也参加了，位于拉荷亚的索尔克学院的诺贝尔奖获得者瑞纳特·杜尔贝克（Renato Dulbecco）在《科学》杂志上提倡给基因组测序以帮助赢得抗癌战争，英国医学研究理事会的悉尼·伯伦纳（Sydney Brenner）也力促欧盟承担一个协议项目。人类基因组的讨论还被查尔斯·德利斯（Charles DeLisi）推动，他是能源部的一个数学生物学家。能源部的介入似乎出乎意料，但是实际上它早就被要求提供辐射对人类的影响，尤其是第二次世界大战中在广岛和长崎遭受原子弹袭击后的幸存者（受原子弹影响的人）的基因密码所受到的影响。

人类基因测序的想法被当时多数人评价为除了不可能就是错误，自然遭到了国家卫生学会的反对。[詹姆斯·温家登（James Wyngaarden）是反对派首领，他讽刺说能源部基因解密计划好像 " 国家标准局计划建B2轰炸机一样 "][4]，甚至伯伦纳也开玩笑说这项工作如此宏伟艰难，技术太有限以至于测序任务应该当作惩罚性劳动交给罪犯去做 —— 一个罪犯派给1200万对碱基的测序任务。这时我被建立一个人类个体基因序列总数据库的想法摄住了。10年里，我的大部分时间花在试图解码大约10万个人类基因中的一个。如果15～20年的巨大努力可以检测出整体的人类基因的结构，那么我将全力以赴。像其他领域一样，我的领域将肯定会从此受益。据我了解，仅有的真正意义上的争论在于这项工程是否切实可行。运用以前桑格的方法显然是不切实际的，我们要忍受放射性标记、凝胶体破裂分叉无数次的挫折；而在基因组上使用自动化的方法这一切将大为改观。

　　我开始更多地考虑我如何展开这样一项艰巨任务，我将不得不扩大我的实验室，但是在国家卫生研究院的真正的资产是有限的。与恩斯特·福瑞斯（多亏了我的成功，他对测序理由有了转变）和欧文·柯宾（Irwin Kopin）—— 后者是国家神经紊乱和中风研究所（NINDS）的主任 —— 讨论过后，我在马里兰州的罗克维尔的帕克劳恩大楼里有了一席之地了，在美国食品和药物管理局的街对面。这次迁居可以让我的项目扩大4~5倍，我的小组也扩大了，又增加了二十多位科学家。

　　尽管如此，这个决定并不是直截了当的。要移出研究大院我感到很不自在 —— 这个地方曾经是如此珍贵，我的同事们曾经为他们占用36号大楼里哪一层楼而对簿公堂。但是我要去帕克劳恩出于两个动机：那儿缴纳的管理税最少，而且我将进入新大楼（49号楼）的计划编制委员会，这样当它建成后我就可以把我的小组整体搬到科学院的主阵地。我同意1987年8月搬到帕克劳恩。

　　那时，大多数人都嘲笑用ABI仪器来处理人类基因组的研究项目。日本人已经提供了一个替代产品，在1987年，日本人以头条新闻宣称他们计划建造一台新机器，每天能够给100万对碱基测序（这个目标最终调整到一天1万对）。但是对我而言，如果你有一台缝纫机，想加倍你的产量，你就得增加第二台机器，为了加快我们的DNA测序速度，我们需要第二台DNA测序仪。我知道，通过给我的实验室增加几台ABI仪器，我就能达到日本人的目标。最简单的答案就是平行处理。

　　我开始与福瑞斯协商给我增加75万美元的年度预算，以便我能买更多的DNA测序仪。福瑞斯尽管害怕其他实验室的主管会抱怨我过大的预算，但是他通过给我的实验室配件贴上国家神经紊乱和中风研究所DNA测序设备的标签的障眼法，避开了这个问题。这个策略使我能够得到我要的机器，只要我为同行们提供他们研究中涉及的DNA片段测序。我同意了，因为我知道没有多少分子生物学研究在神经紊乱和中风研究所进行，所以也就没有那么多测序要求。克莱登·加达塞克（Carleton Gajdusek）是一个例外，他曾经因为研究库鲁病赢得了诺贝尔奖，这是一种不常见的大脑疾病，与牛脑海绵体病（疯牛病）有关。我又另买了三台测序仪，我的实验室立刻变成世界上最大的DNA测序中心。

当我如饥似渴地马上开始测序工作时，很明显我们手边没有有效的方法以便我们可以以一种划算的方式进行测序。我们需要制订一个策略以便很好地利用自动化测序机器，而且要考虑到它们一次只能处理几百对DNA碱基序列的实情。

一个策略是从一个单程制造出最长的序列，一次读出几百对碱基。然后，将该序列末端的DNA密码，作为新序列的引物，它将标记仪器接下来读出的几百个相邻DNA序列字母的开端。这个过程将被一次次重复直到基因结束或达到正在考虑的DNA片段。这个技术被称为"引物依次推进法"，要花几天时间，因为每一步都得制定一个新的引物。引物依次推进法甚至比使用ABI测序仪耗费更多的时间、精力和费用，因为引物不是简单的DNA延伸，它上面涂有荧光色的化学附着物。我很清楚引物依次推进法并不实用，不能排出好几万对碱基，更不用说数十亿的人类基因组了。（虽然我很清楚这一点，其他人并不是这么清楚。这个问题争论了好几年。)

引物依次推进法的首位替代方案是小克隆霰弹枪测序法：把有1.8万~3.5万对碱基的长的复制体粉碎成足以被测序的碎片，然后计划好怎样把短序列再连接到一起。根据DNA被粉碎成小片的方式，这个方法有几种不同的版本。在佛瑞德·桑格1982年的使用 λ 噬菌体解码4.8万对碱基的开创性工作中，他没有采用真正的随机（霰弹枪）方法，而是用了一个新颖的方法打破或是分割 λ 基因组。他利用了另一位诺贝尔奖获得者汉密尔顿·史密斯（Hamilton Smith）的研究结果，史密斯曾发现了限制酶，这是一把分子剪刀，能够把DNA精确地在特定序列上分割，比如，限制酶ECORI可以切割序列GAATTC，但是其中如果有一个字母改变（如GATTTC），那么限制酶ECORI就[108]不会动它。把DNA用不同的限制酶分成足以测序的小片段后，桑格利用一个特殊的正在研究中的DNA基因图谱重建 λ 基因组，这个图谱显示限制酶作用的DNA片段上的位点，所以它能被桑格用作界标，使一个序列片段与另一个连接起来。

想象一下，你正在根据一条规则（等同于限制酶）剪切一份纽约时报：只要单词"和"（with）出现在页面中，你就必须剪掉单词"今天"（today）前面的一部分。现在用单词"和"和"那"（that）来重复这个过程。即使一个人不会阅读，只要知道做剪切试验的每张报纸上这些词的特性（限制位点），就能帮助把报纸再次放回一起[5]。对于病毒，桑格的限制酶方法是唯一有效的手段，但是因为它是手工操作的，又慢又乏味，所以它不能为细菌基因组测序提供有效方法，更别说为30亿碱基对的人类基因组测序了。

正值DNA测序的工作全面展开之时，我们的受体研究也迅速发展。我们在果蝇（*Drosophila melanogaster*）中寻找肾上腺素受体的对等物，它是生物学中最集中研究的生物之一。我们隔离并排列果蝇的基因，叫作真蛸胺（octopamine）受体，它可能是我们自己的肾上腺素受体的进化先驱。在昆虫中，化学信使真蛸胺发挥了类似兴奋或沮丧的作用，就像肾上腺素对人类的作用一样。我的真蛸胺研究取得了很大进步，不但在国际会议上发表演说，同时又为生物技术和制药厂做一些顾问工作，我越来越受到大家的欢迎。但是这条20年前自从我走进卡普兰的实验室就遵循的研究路线现在要结束了。

我很幸运地处在一个鼓励开辟新途径的环境中。因为我的实验室在国家卫生研究院内部规划中，我的研究预算可以让我安全地冒大险。我大多数同僚们宁愿谨慎些，尽管我们允许冒险，我们不必写资助申请，而且也摆脱了保守派的评论，在那场无休止的竞争中，资金有限，委员会成员们宁愿资助那些他们感到安全的项目和人员。人类基因组学提供了足够的诱惑鼓励我跃入一个未知的领域，尽管我们这项工作能带来的好处还不确定。

我可以转入基因组学研究，同时为保险起见，也保留自己的受体研究以防失败。但是在国家卫生研究院工作5年后，克莱尔仍然没有得到终身职位，而且好像也不可能得到了。因为她是我实验室众多成员中的一员，对于委员会而言，不可能区别她为最成功的项目所做的独特贡献。幸运的是，国家酒精和药物滥用研究所想建立一个受体研究实验室，给她提供了一个建立自己小组的机会。我不想解散我原来的受体研究课题组，也不想让她从零开始，我正打算在刚刚出现的基因组学领域建立一项全新的事业，我只把组里对这方面感兴趣的人带走，而让她来接管我的受体工作。

这个决定似乎很符合逻辑，但是却是一个难下的决定。我不仅要在职业上与我曾经一起愉快地工作过的同事们分道扬镳，而且我还要离开我努力了19年的受体领域研究，不管成败与否。如果在基因组学方面的新努力失败了怎么办？这个新安排对于我们的婚姻和日常关系有什么影响？我把转移看作是我们实验室的离婚：克莱尔将照看我的受体宝贝，我将拥有基因组学。另一方面，我希望这次转移会加强我们的关系，因为克莱尔现在能够得到更多关于她的工作的客观反馈，由于自己的努力，她会感到更有成就感。

进入人类基因组学领域意味着不仅要跟上科学团体的速度，而且要跟上科学政策的速度。我很幸运，因为当我迈出了我的第一步时，我遇见了雷切尔·莱文森（Rachel Levinson），她的丈夫兰迪在克莱尔的新研究所工作。雷切尔是被国家卫生研究院主任詹姆斯·温家登任命的新工作组的行政秘书，该工作组考察国家卫生研究院所能提供给人类基因组学研究的贡献。我喜欢和雷切尔谈话，她很漂亮，而且知识渊博。雷切尔建议我同国家综合医学研究所的露丝·克什斯坦（Ruth Kirschstein）谈谈，因为露丝想确保任何一个NIH基因组成就都出于她的研究所，接受她控制和指导。雷切尔安排了一次见面以便我能告诉露丝NIH内部计划中的DNA测序情况进行得怎样。雷切尔1988年2月29日至3月1日在弗吉尼亚的雷斯顿组织了一个重要会议，我被邀参加。她代表温家登努力使国家卫生研究院在基因组研究核心的位置被确立。

110　　复杂基因组的专案咨询委员会的几项任务是令人难忘的。这是我第一次与人类遗传学领域的主要参与者相遇，比如诺贝尔奖获得者戴维·巴尔的摩（David Baltimore），沃利·吉尔伯特和吉姆·沃森。会议也标志着基因组领域研究的真正开始，会上温家登作了一项惊人的宣布：吉姆·沃森要来国家卫生研究院担任新成立的人类基因组研究办公室的副主任，给这个项目提供更需要的科学可信度。

　　沃森的任命产生了许多暗流，是接下来几年中基因组研究的主旋律的序幕，这个主旋律就是激烈的政治斗争、游说和操纵。尽管沃森本人承认对摆在眼前的挑战感到不自在，但是一个见多识广的评论员相信留给他的这个职位是"权力的吸引，但不能像统治科学的未来那样统治人"。[6]

　　我在雷斯顿听到的一些关于项目方向的说法令我震惊。沃森争辩说，我们的目标是搞出序列，让未来的一代科学家为怎样理解它而操心吧。我一贯相信确定对于测序是否有效的关键就是对序列的解释。许多出席的人同样争论说一旦我们有了基因组序列，我们也只是通过一台个人电脑找到了实际的基因所处的位置而已。但是真正的生命从来不是那么简单。另外一件惊人之事是，李·胡德把他们小组所研发的 ABI 测序仪描述成相当于亨利·福特的 A 型车，他想在认真测序之前花几年的时间建造一辆法拉利。

　　我只是想继续做它。会后，我去看恩斯特·福瑞斯，告诉他我将

承诺在基因组学方面有所提高，而且我需要他的支持，因为我的预算
依赖于他。他很大方地给予支持，但是又警告说，因为我们所可以授
权研究神经性疾病，为了获得他的支持，我将必须以与神经性疾病和
大脑相关的基因组区域为目标。这似乎像一个合理的妥协。我离开之
前，恩斯特提到他几年前就已经是沃森的博士后了，当沃森成为国家
卫生研究院基因组中心的头头时，恩斯特承诺把我们联合起来，所以
我能给沃森看我的DNA序列数据。

　　我认为有几个基因组区域可能对于我的序列研究来说是块丰产
田 —— 比如说，X染色体短臂的尖端，那里有很多与疾病相关的基
因已经图谱化，其中包括X染色体断裂，一种智力迟钝型疾病。另外
一个有前途的位点是4号染色体的短臂尖端，那里我们希望找到亨廷
顿疾病的原因，这是一种神经退化的毁灭性疾病。为了使我的研究保
持在受体领域，我将同步收集受体基因的图谱数据。阅读和讨论过许
多次后，我开发了一个测序X染色体的初步计划，作为启动人类基因
组工程的方式。我现在知道在一个陷入困境的领域里，是不可能启动
任何东西的。在实验室政治中，科学和数据只能位居第二，次于人格、[111]
骄傲和自负。

　　沃森到达国家卫生研究院大院后不久，恩斯特·福瑞斯组织了会
面，他和我一起步行到一号大楼，他在那里有他的办公室。简单介绍
后，我给沃森出示从我实验室里的测序仪上读出的信息，告诉他我认
为这些数据很好，可以继续关于人类染色体的工作了。他问我脑子里
是否有具体计划，我呈递给他有关我的X染色体的计划。吉姆对我提
供的数据和数据质量很感兴趣。他告诉我就在前天他拜访了李·胡德

在加州理工的实验室，胡德甚至没有试图使用他自己发明的自动化DNA测序仪，而是使用了老式的放射性方法。为什么当其他每个人都放弃了ABI测序仪时，我却成功了？我告诉他有关我在测序过程中所做的努力，尤其获得了正确的化学引物。他询问起我的科学师承，我告诉他我怎样跟着生物化学家内森·卡普兰受训，"这就可以解释一切了，"吉姆说，"你是一个生物化学家。"

甚至今天，一想起我是如何误解这个评论我就发笑。我当时就以其字面意义上把它当作对我的恭维，因为我自己对于我的训练很自豪，它延续了四代生物化学家，只是后来我才知道沃森对生物化学家并不十分尊敬。几年后，在一个国家卫生研究院组织的庆祝我们的人类基因组序列的座谈会上，我开玩笑说我很愿意回首过去的好日子，那时最坏的事情莫过沃森曾叫我"生物化学家"。

吉姆问我需要多少钱才能开始。我回答，100来万美元吧。但是沃森坚持说这些钱不够，要开始X染色体的测序，要花500多万美元。他让我列出500万美元预算的清单。他会出席第二天的国会会议，并且他将要求国会增加预算以便我们能进行实验。

112 在他的证明陈述中，沃森的言词很动听。他说我有世界上最好的测序实验室，他需要500万美元开始测序X染色体。在那段时间，在长岛（离纽约城大约60千米）的冷泉港实验室的一个草坪露天宴会上，沃森作为主任，自夸说："人类基因组工程将要成功，我有这个小伙子，他能使自动测序仪工作起来。"[7] 我在空中飘起来，自信我对X染色体测序做的努力一定会得到许可。我将领导第一次资助基因的人类基因组计划。

我很快拟就吉姆要求的建议草稿。但问题是，不管出于多么好的意图，沃森是一个联邦政府的官员，像其他政府官员一样，他害怕自己做决定。一周后，在一次国家卫生研究院的会议上，很多人表达了对开始测序是否太早的顾虑：是否把资金花在基因搜索上，或者花在寻找基因组的地标（图谱）上更好一些？也许这种疑惑被以学院派为基础的研究者们表达出来并非偶然，他们没有想到他们一直觊觎得到的一大笔钱会用在国家卫生研究院的机构内的研究者们身上，而不是他们自己身上。但是吉姆比较好战，他指定我是启动工程的表率，解释说他想资助我的小组做一项有关X染色体测序的示范工程。

罗伯特·库克迪根回忆说，测序政治是"多么的强烈，因为在分子生物学家中，对于大规模的测序，有相当多的反对者，甚至对于典型有机体，比如酵母、线虫和果蝇的测序也一样。当开始为人类DNA测序时，这些反对甚至更强烈……关于理想的测序方法和最好的策略也有相当多的争执……这些激烈的反对迫使沃森减少了他当初的承诺。"[8]

沃森后来告诉我他想从我这得到一个更长的建议稿，大约20页，这让我感到他要遵循某一类型同行评论过程，不仅仅是推动我的计划。不久我意识到这项表面很合理的要求给我带来了麻烦，因为我一旦同意，我就要开一个可怕的先例。在这里，我是一个不需要任何资助的部门内的科学家，却要申请一个外部资助项目。在一次公开会议上，包括桑格在内的几位年长的科学家指出了我正在犯的错误，桑格已经

113 和沃利·吉尔伯特一起研究他的测序方法。国家卫生研究院的科学家们总是很担心把院外同行的评议引进内部项目上，他们完全不打算为他们的研究而写资助申请。我能感到 500 万从我指间溜走了，这都是因为一刀切这种官场瘟疫。吉姆向我保证那不是问题，他催促我交给他一份书面材料。

和我的小组花了几周时间辛勤地起草了一份有分量的研究计划后，我决定在冷泉港沃森领导的一年一度的实验室春季会议上亲自把文件交给他。他的反应并不快，姗姗来迟的反应也只是他以前曾经说过的话的较长版本而已：科学团体只是没有准备好基因组测序，如果他的支持者们、同盟者们和顾问们认为他要偏袒我，是因为我是国家卫生研究院的内部科学家，他会疏远他们。

现在这些建议者们想让我写一份成熟的国家卫生研究院外部资助申请项目计划，这份计划应该包括这项研究领域的全景，不仅要包括我必须提供的我的团队现状，而且要考虑了来自像李·胡德和沃利·吉尔伯特这样的竞争对手的现状。我对于沃森个人、他的领导能力以及他履行自己诺言的能力的评价又跌了一个等级。

也许这是笼罩在我的研究事业之上的阴云的前兆，这时候我决定该检测我的航海技能了，我渴望经历一次海上暴风雨。那时，我用我心爱的凯普岛瑞 25D 换取了一个大点的凯普岛瑞 33，以一颗星星命名它为"天狼星号"，这颗星星位于猎户星云中大犬座之后，是天空中最亮的一颗星星。两个夏天里，我从切萨皮克海湾环游了 1600 千米，向东沿大西洋沿岸航行至科德海角，然后返回。我已经经历过一些暴风和恶劣的天气，但是现在我感到天狼星号和我正面临一次更大的挑战。暴风雨充满了浪漫和恐惧，两者给了我充分的理由来承受其中的任何一方。

对于东海岸的水手们来说，这里很明显可以赢得一枚"蓝色水域"勋章：航行1100千米去百慕大。这样，我将穿越神秘百慕大或者魔鬼三角地带，它位于百慕大岛屿、迈阿密和圣胡安之间，百慕大群岛以经常出现莫名其妙的失踪事件而出名，曾经有5架携带战术弹道导弹的战机"复仇者"在起飞后不久就在这个区域消失了，还有油轮"独眼巨人"无痕迹消失等。魔鬼三角地带是地球上仅有的指南针指向正北的几个地方之一。在百慕大也能感受到墨西哥暖流的强大力量，[114]这是大西洋中一股强大的暖流，在墨西哥海湾形成，由佛罗里达流向海特拉斯角，向上至南塔基特海岸，然后到达欧洲，这股暖流使英国远离了冰河世纪。墨西哥暖流产生了它自己的天气，尤其当风迎着海流方向刮时，风把海浪刮得又高又陡。但是这些水流也养育了多种多样的海洋生命，大量的海豚和鱼类聚集在那里。

虽然我很大胆，但并不是莽撞之徒，为了避免飓风，我决定在5月初航行。尽管我最初尝试着独自航行，但是我错误地认为有一名船员将会更安全些。达里尔·道尔（Daryl Doyle）也想横穿大洋，他是位于布法罗的纽约州立大学的生物学主席和教授，他曾经在伊利湖上航行过（达里尔在2006年去世）。达里尔带来了他的朋友赫伯（Herb）。我们装载了燃料、几听金枪鱼和丁提穆尔炖牛肉，于1989年5月14日在盖尔斯威尔告别克莱尔出发了。我告诉她我将在5天后在阳光明媚的百慕大见到她，我故意没有核查天气预报，想在没有任何预先警示的情况下处理路上遇到的一切。

　　风很轻，我们的行程很慢。当我们越来越艰难地漂过明镜似的水面时，达里尔做了意想不到的事，他对着大海大叫引诱海神："我宁愿要飓风也不要无风！"有人正在听着呢。17日早上9点钟，海浪高达4米多，而且继续推高。到下午3点，我们确信我们已经驶出了墨西哥暖流，希望海浪能低一点，事实却正好相反。收音机天气预报说百慕大有暴风雨。我的航行日志上也记载了这次"垂直的蓝色海水"，到下午6点，风如此猛烈以至于我们不得不落帆航行。由于船有被海浪打翻并颠覆的危险，所以我配置了大风骑士，它是一个半球形的重型袋状织物，用大绳拴在船后，使船尾始终接触海浪。

　　坐在这么一条小船的操舵处，在大浪之间穿行心情又舒畅又充满恐惧。立起的浪峰和我们的桅杆一样高，16米。当海浪开始破碎并把我们的船尾向旁边推时，大风骑士又把我们拽回来，像一个伟人从灾难中把我们拯救出来。18日的午夜，风速降到了25或者35海里/小时，但是全体船员已经筋疲力尽了。就在我一打盹的时候，赫伯确定我们无法从百慕大三角中安全通过，他以90°的转弯改变了我们的航线，避开百慕大三角，把我们所有人都置于危险中。

　　当我发现他所做的事时，我很生气，我把两个同行的船员送到下面过夜，关上船舱盖。直到现在，我已经30多个小时没合眼了，达里尔把我们所有的咖啡豆都散落到舱底了，因此让我无法有效地集中注意力。在这种紧急情况下，我服了安非他明。穿上我应对险恶气候套装——充气式救生夹克，系上安全带，随身听里播放着罗伊·奥比逊、埃尔顿·约翰的歌声，我以9海里/小时的速度兴高采烈地在月光下的大浪中一上一下地航行着，离陆地有几百千米，这是我一生中度过的最不可思议的航海之夜。

第二天早上，暴风雨停了，我打开舱门，让达里尔和赫伯把他们的安全带系上，出来掌舵，而我要加固一个地方。后来从他床垫的情形我知道了，在暴风雨最高峰时赫伯已经十分害怕，他躺在铺位上尿裤子了。现在他一看见巨浪，就惊慌，努力把船转向，以致于大家互相碰撞，几乎要翻转过来。海水倾泻进舱口，我冲上甲板，发现赫伯正在水里把船向后拽，他的安全带救了他。我没有看见达里尔，下一个浪把赫伯冲到甲板上，重重地撞了一下，当我把船转回原航线时，我发现达里尔像一块湿抹布一样垂在帆下桁上。安全带没有在他身上，而是在他旁边悬挂着。

我们最后在5月22日凌晨两点钟到达百慕大，这已是出发后第8天，共行程1500千米。我的两名船员直奔飞机场，我给克莱尔打电话，她那时确信我已经丧生了。就在我感到最兴奋、感到生存有望的时候，她已经核查了保险金条例（我把另一条船命名为百慕大快感号纪念我的这种感觉）。克莱尔第二天来看我，但是我没有陪她多久，我连续睡了两天。那时我并不知道，百慕大之旅将标志一场战斗的开始，这是一场更漫长、更艰辛、更有意义的生存之战，在这场战争里，我的科学、我的婚姻和我的名誉几乎处于危如累卵态势。当我完成了人类基因组的测序这段航行时，我同样感到难以置信地高兴，那种震撼人心的喜悦与11年前去百慕大时感受到的一样。

116　　回到国家卫生研究院后，我再次回到撰写 X 染色体的测序计划中来，这项提案现在已经完成了 60 多页。如我所担心的一样，因我而导致的内部项目争议已经形成相当大的敌对派，所以我决定在人类基因组学界中寻找同盟者。我联系了托马斯·卡斯基（C. Thomas Caskey），他当时是贝勒医学院人类遗传学系的主任和 X 染色体的专家，他同意与我合作。当我和里斯合作的时候，他建议我从 Xq 28 号染色体的短臂处开始，这段基因上映射了很多疾病基因，包括 X 染色体断裂。汤姆的实验室正和埃默里大学的一个年轻研究者斯蒂芬·沃伦（Stephen Warren）合作，他已经组合了一个柯斯载体克隆文库——大约有 3 万碱基对长度的几段人类 DNA——这几个片段覆盖了 Xq 28 区域很多次。沃伦和安东尼·卡雷诺（Anthony Carrano）一起工作，后者是劳伦斯里弗莫尔国家实验室（一个能源部的实验室）的人类基因组工程的主任。为避开国家卫生研究院内、外部资助的争议，我把我宏伟的 1989 年的计划打印在空白纸上，而不是外部资助表格上。我们的目标是用 12 年完成 X 染色体的测序，但是计划真正的主旨是计划 3 年时间测序 Xq 28 的 420 万个碱基对，同时减少每对碱基对测序费用，从 3.5 美元降到 0.6 美元（今天，我们的费用是每对碱基 0.0009 美元）。

我最终收到了一封信，这是一封面试函——"反向实地访查"——安排在 1990 年 3 月 29 日，在弗吉尼亚州阿林顿市的水晶城万豪酒店。当时人类基因组研究中心有一个特殊的评论委员会，由许多科学家组成，这些科学家都有意于在未来的基因组测序方面担任主角。其中包括来自剑桥的巴特·巴瑞尔（Bart G. Barrell），来自斯坦福的罗纳德·戴维斯（Ronald Davis），来自索尔科学院的格伦·埃文斯

（Glen Evans），来自冷泉港的托马斯·马尔（Thomas Marr），旧金山
加利福尼亚大学的理查德·M·梅尔斯（Richard M. Myers），俄克拉何
马州立大学的布鲁斯·罗和布鲁克海文国家实验室的F·威廉·斯达
蒂尔（F. William Studier）。简·彼得森（Jane Peterson）代表沃森基因
组中心参加面谈。

在这次沉闷的相遇几年后，几乎每个委员会的成员都接着申请由
自己的中心来做基因组测序工作。那天我出现在他们面前时他们似乎
为一个目的所联合，现在想来这个目的就是：在他们做之前，阻止任
何其他人得到任何钱。询问列表很清楚表明，委员会认为技术尚不成 117
熟，基因图谱不够，我们没有计划一个新方法。当托马斯·卡斯基正
准备飞回得克萨斯时，他告诉我这是他职业生涯中最感到羞辱的一次
经历。

我后来得知有两份竞争计划已经争取了委员会的同意。一份来自
李·胡德，他计划测序T细胞受体区域，这是身体免疫抵抗系统的主
要部分；另一份是沃利·吉尔伯特，他计划测序的首个活物种的基因
组，为微生物山羊支原体（*Mycoplasma capricolium*），它会引起绵羊
和山羊的肺炎。最主要的是，他想尝试一种没有任何早期数据说明的
能真正奏效的新方法。

沃森和我一样担心基金评审的结果，他告诉我如果我愿意再次尝
试的话，他将设立一次新评审。后来的几个月，我们协商了修订后的
计划要包含的内容，以及提出其他供研究的染色体。艾文·科克尼斯
（Ewen Kirkness）是我实验室的一名博士后，他已经提取了不同的神

经传递素 γ 氨基丁酸的受体，并且已经在 15 号染色体上提纯了一个新受体，该受体处在一个中间区域中，这个区域与两个人类遗传背景相关联，它们分别是天使人综合征和普拉德威利综合征。直到 20 世纪 80 年代后期，人们还几乎无法理解这些不同寻常的疾病，那时，有的科学家意识到基因的源头可能会产生不同的结果：来自母体染色体的"留有印记的"基因控制一些过程，而来自父亲的基因控制其他过程。普拉德威利综合征会引起智力迟钝、肥胖和几种发育畸形，这种疾病发生在那些继承了母亲的双份 15 号染色体的人群中，正常状态应该是从双亲那里各遗传一个。天使人综合征会引起智力迟钝、典型的愚蠢行为和癫痫症，这种病也和 15 号染色体有关，但是得此病的人缺乏母亲一方的机能型基因。波士顿儿童医院的马克·拉朗德（Mark Lalande）正在研究胚胎，他渴望看见这个区域的基因被测序，所以保证要与我们合作。我也把与亨廷顿病有关的区域加进了计划中。缺陷基因是这个破坏性的神经紊乱症的诱因，8 年前，缺陷基因已经被确定位于 4 号染色体的短臂尖，可是实际的基因还没有被发现，尽管一大批科学家 —— 大约有 60 个来自 6 个不同的团队 —— 已经被南希·威克斯勒（Nancy Wexler）召集到一起去做这方面的研究。南希这样做有她个人的理由：她和她姐姐均有"患这种病的风险"，因为她们的母亲、叔叔和外祖父都死于这一遗传的、无法治愈的、知名的神经错乱症。这些科学家们正在尝试用每种可行的方法帮助她，除了基因组测序。

这批科学家中的一些成员认为测序是未经试验的方法，是不可能奏效的，而其他科学家担心它会从他们的研究那里占用能量和资源。我反驳说，我在国家卫生研究院有独立的资金，他们什么也不会损失；他们的研究者们没有一人对尝试基因组测序法感兴趣。就像我一再发现的：很大一批人类遗传学者只关心他们是否赢得了发现疾病基因的比赛，而不是尽可能快地完成比赛。亨廷顿病的基因搜寻者们给我的印象也不例外。除非他们能从中得到好处，否则他们将反对任何新的方法，即使这个新方法可能会使我们更快地分离基因。

一个重要而且可以理解的例外是南希本人，她就像任何一个生活在疾病阴影中的人一样，只要能发现给她们家族带来这么多痛苦的缺陷基因，她愿意做任何事。南希对这个团队施压并且建议他们尝试着和我合作。没有人能提出一个合理的反对论据，所以决定让马塞诸塞综合医院的詹姆斯·居塞拉（James Gusella）给我的由迪克·麦克白领导的小组提供三份复制品，其中囊括了4号染色体尖上的10万对碱基。结果证明缺陷基因正处在目标区域的边缘位置上。总之，我接受了他们，因为我有更大的目标，即创建有效快速的DNA测序法。我感到如果我与亨廷顿团队创建了良好的工作关系，那么如果我成功了，他们下次就可能会给我更有研究价值的复制品。

另外一个目标是肌肉损耗失调肌强直性营养不良。这次我的运气好了一些，肌强直性营养不良研究小组的头目是安东尼·卡雷诺，是我那倒霉的X染色体基金申请的一名合作者。签了一份同意书后，我收到了3份19号染色体的复制品，其中包括含有基因的区域中的10万对碱基，同意书上写着，我将和他们一起分享数据和荣誉。安东尼亚·马丁－盖拉多（Antonia Martin-Gallardo）是一名来自西班牙的博士后，带领我的19号染色体研究小组，该小组是我用从我的内部预算中转出的资金投资建立的。那时甚至直到今天，我仍相信成功是感动那些批评家的最好策略：好的数据将最终战胜争论。

119　　　　用霰弹枪法，测序开始很快进行了。这些复制品以柯斯载体的形式存在，DNA延伸至3.5万对碱基那么长，它们被打包于一个噬菌体中，所以它能被放入埃希氏菌中。首先我们用声波把许多DNA复制品分散成小片段，每个大约有1500对碱基。统计上，通过随意选择1000个片段，测序300～400对碱基，理论上我们至少覆盖了10次柯斯载体中DNA的每对碱基（350×1000=350000）。

　　　　但是当我们试着测序DNA时，那并不意味着我们将不会遇到任何问题。因为那时的软件设计最多只有处理几百个序列的能力，而要处理1000以上时，我们不得不求助于乏味的手动操作。为了取得重大进步，我们需要比当时所用的更强大的计算机和更好的软件（尽管我的同行不这么认为）。为了达到那些要求，我开始雇用一些精于计算机的科学家。

　　　　其中之一是马克·亚当斯（Mark Adams），他来自密歇根州大学，面貌酷似麦考利·卡尔金（Macaulay Culkin），戴一副大眼镜，态度诚挚，在1989年底，我曾经见过他。我记得当时的印象是，这个瘦瘦的年轻人在研究所时已经开了一家软件公司作为兼职。马克对基因组工作很兴奋，同意第二年就开始。我们购置了强功能的太阳牌计算机，我寻找软件工程师帮忙开发新方法解译基因密码，这些等待读取的基因密码已经开始在我们的电脑里堆积起来了。感谢盲人程序师马克·达布尼克（Mark Dubnick），我们也用一种新方法观察DNA，马克·达布尼克用一种特殊的键盘系统，它可以以最快的速度表达他的思想，比我们能理解的速度还要快。我们甚至尝试用它来读取基因密码，然后以音乐形式反馈给我们，看是否这种实现能帮助我们探测基因结构中的改变。

但是不管我们试用哪种方法，我们发现用现有方法解读人类基因密码实际几乎是不可能的，甚至在我们努力组装了染色体序列的长串后也是如此。在细菌序列中有效发现和阐释基因的软件不能研究更复杂的人类基因组，在复杂的人类基因组里基因被无意义的DNA（基因内区）分裂成小段（编码顺序），就像一部电视剧被无意义的广告 [120] 分隔开。以这种方式，一个基因经常以小块和小片的形式被展开成几十万到几百万个基因密码字母。我们采用了最先进的程序搜寻它们，但是软件不能区分真正的基因和无效数据，后者由随机选出的四字母的基因密码产生。

我提出一个寻找有效基因的方法，该方法通过寻找信使RNA的对应物来确认该片基因是否为有效基因。不管何时，一个真正的存在于人类基因组的基因，都将有一个相对应的信使RNA分子，这是一个基因的删节版本，只包含细胞制造蛋白质所需的基因密码的碱基对。通过把这个瞬时RNA转换成可以测序的cDNA，我们就可以确定我们的基因预测。

我们开始从不同的人类组织测试cDNA文库，主要是大脑和胎盘。我们的探针是我们曾经从4号染色体和19号DNA的计算分析中预测到的基因序列。如果在一份克隆的cDNA中找到代表一个从基因密码预测来的基因，它的存在将证明基因是真实的而不是人造的。但是，不管这种方法在逻辑上多有效，我们几个月的辛苦工作仅仅确定了序列中的几个真实基因。怪不得当 cDNA 方法在早期讨论基因组计划阶段被提出以替代 [主要是悉尼·伯伦纳（Sydney Brenner）和保罗·伯格（Paul Berg）提出的] 基因测序时，它们被很快叫停。

尽管有这些障碍，我仍然感到我是在正确的道路上。1990 年我更加确信这一点，那时我被邀去日本参加一个讨论会，主办者是 DNA 测序仪的厂商应用生物系统公司。在那里，我发现我的基因组研究被看作是处于领先位置的。很多日本研究团队都集中在 cDNA 克隆分离和测序，我和他们交谈了很长时间，主要是关于我利用 cDNA 克隆来确定基因组序列中已预测的基因。对于我的数据他们很激动，因为它验证了他们自己的方法论。尤其有两个日本科学家对我的想法印象深刻。一位是大阪大学的冈山洋人（Hiroto Okayama），他和保罗·伯格（Paul Berg）已经开发出一种方法有效克隆 cDNA，现在正在研究一种方法使他们确认克隆体覆盖了整个基因序列，所谓全长的 cDNA。

这是一个屡被提及的主要问题，使 cDNA 研究十分棘手：当 mRNA 被从组织中隔离出来时，很不稳定；在被完整克隆之前，它有可能分裂成小片段。其他问题包括反转录酶，它被用来把瞬时的 mRNA 信息转变成更稳定的 cDNA。这个酶在完成任务之前会削减 mRNA。我真是太熟悉这一现象了：当我把 cDNA 用在我的肾上腺素受体研究工作上时，我丢失了一段克隆末端的基因。

另一个人是松原建一（Ken-ichi Matsubara），他是大阪大学的分子细胞生物学院的主任，日本基因组工作的领导，同时也是文部省

（日本教育、科学及文化部）的顾问：两个人都相信克隆的全长cDNA
的测序工作将要成为基因组测序工作的一个基本平台，或者甚至成为
完全的替代物，尽管这个方法已经完全被美国和英国基因组专家否决。
我和松原签了份分享基因数据的合同；富裕的日本人在其他国家资助
的基因组研究上不劳而获，沃森对此很烦恼，他给松原写信，威胁说
要拒绝共享科学数据，在信中他使用了类似"人类基因战争"[9]，"如
果有战争，我就要战斗"这样的容易成为大标题的语言，沃森宣称，
"如果你是个懦弱者，那在这个世界上你哪里都去不了"。

在我12个小时的归家的航途中，我一直在想日本人的全长cDNA
测序方法，如果人体中所有的cDNA都被分离克隆和测序，那么分析
人类基因组将会是多么容易啊！我想到自己10年来就为找到只是一个
克隆的cDNA的单个基因；还想到为了查找一个基因，使用霰弹枪法
来读取1000个基因组序列密码是多么的低效率 —— 通常只是一个基
因的一部分 —— 想到找到对应的克隆的cDNA来证明那个基因的存
在是多么困难。

我突然觉得自己好像一下子掉进了13千米的太平洋海底：我正
在错误的DNA世界里使用正确的测序技术。如果我能把快速随机霰
弹枪测序法和cDNA克隆结合起来会怎样呢？如果我只是随机地挑一
个克隆的cDNA，然后一口气给它测序又会出现什么情况？我的测序
仪器可以一次性读取400对左右的碱基，足够在基因数据库中找到一
个配对，就像发现人类基因目录的一个索引。

因为知道一个已知序列是从克隆的cDNA中获取的，而克隆的

cDNA是从易破坏的mRNA中取得，比如mRNA是从人脑中分离出来的，这告诉我们它本身包含重要的信息，第一，这是一个真实、明确的基因的一部分；第二，基因是大脑功能的基本要素。比较起来，基因组序列什么也没告诉我们。如果我转向测序1000个随机选择的克隆的cDNA，我可能会发现几百个基因，每一个我都可以通过传统的基因测序来确定。这个想法让我激动万分，我迫不及待地回来尝试这一重要实验。

第二天早上，我一走进实验室就召集了我的小组的高级成员，我肯定他们对于这一新思路也同样感到兴奋，但是我碰到了一堵疑惑的墙。麦克白和其他人的底线是我的主意很有可能失败，并且可能使资金要从基因组测序工作中撤走。他们用了与其他怀疑cDNA方法的人同样的论据。现在的权威的说法是，人体组织的基因表达将只涉及少量表达清晰的基因，它们淹没了任何稀有的、表达不清的基因的信号。我们截取的任何信使RNA将可能朝这些显性基因倾斜。但是虽然这个论点对一些组织是有意义的，但是它不可能应用到人脑中，人脑依赖大量基因让我们可以思考，其中有些基因以很低的水平表达。斯克里普斯诊所小组的一项研究就表明一半的人类基因被用在大脑里。

我想起了纳特·卡普兰的建议，不要脱离实验随口立论：答案最终取决于世界实际上是怎样工作的，而不是取决于当前的权威说法。幸运的是，我发现我小组里有人被我的观点激起了兴趣。一星期前，马克·亚当斯从密歇根大学来到我们这里，我们必须考虑在X染色体测序工程申请失败后，他打算做什么，X染色体测序工程是起初吸引他来我们实验室的原因。我们讨论过利用人类大脑cDNA文库来

122

尝试我的cDNA随机选择和测序试验，他同意马上开始。直到许多年后，我才知道麦克白和其他人是怎样在我背后攻击马克的，他们攻击他太认真地看待我的这一主意了，他们关心的是潜在的分散资源。事实上，他们没有理由担心，因为我们有足够的资金在许多领域同时向前。如果我们需要更多的钱，我将会努力争取到。

来自沃森的基因组基金最近的资助现在到位了，它资助测序丰富基因区而不是测序整个染色体。沃森和我10月份在我的基因组测序分析会议上相遇，会议在南卡罗莱纳州的希尔顿·海德岛上举行，我 [123] 略述了我的计划，准备测序亨廷顿的4号染色体区、19号染色体的肌强直性营养不良区和15号染色体的普拉德威利区。他也同意我的方案是可靠的，因为它将吸引疾病基因搜寻者，而且他喜欢这个方案，它将帮助结束漫长的寻找导致亨廷顿症基因的过程。

沃森也确定这次我将会有好结果，因为被选出来组成评论委员会的科学家们真正的兴趣在于看到基因组工程有实质性进展。但是我还是非常恼火他没有把他前三个诺言坚持到底，我们关系仍然很好，而且我觉得他真诚地想看见我的计划能获得资助。毕竟，我们都是基因组学和人类基因测序的真正的信徒。

在这次会议上，我还记得另外一件将在未来承载重大意义的事件。我和沃森组织了为期一天的研讨会，会上，他大声与制药公司代表争执关于谁将能从基因组工程获得基因专利权。他也呼吁双方一致同意转让序列数据，只要研究人员一确定数据是精确的就马上这样做。在接下来的几年里，这次争吵将一直萦绕在我脑海里。

突然我发现我的科学生活改变了。从我实验室里的测序仪里显现出的结果明显表明测序随机选择克隆的cDNA将会获得大胜利。我很高兴，但是为了确信我们没有被数据误导或犯错，大量的工作还有待完成。对我们的挑战是只有300～400个基因密码字母的cDNA就可以确定我们有足够的信息识别相应的基因。我们想展示这个方法的所有价值，包括把cDNA序列图谱还原回基因组。我们也尝试了操纵cDNA文库看是否有有效的方法能去除常规基因的影响，以便我们能"看见"稀有的基因。

就在我们越来越多地研究克隆的cDNA时，实验室里的气氛也被刺激得兴奋起来了。1990年前，不到2000个人类基因被确定和测序，其中只有10%——比如肾上腺素受体——来自大脑。每天我们的测序机器都在运转，每天我们能够发现20～60个新的人类基因。每天啊！这个数字几乎难以想象，因为它相当于我们在数月的基因组测序过程中解码得到的基因的10多倍，这个数字比我10年前为了找到肾上腺素经历了难以置信的磨难用传统的方法得到的大60倍。我们将要把生物学翻个个儿。

第 6 章
大生物学

科学进步所依赖的因素，按先后顺序可能是这几个：新技术，新 [125]
发现，新思想。

—— 悉尼·伯伦纳，2002 年诺贝尔生理及医学奖得主

在科学界，荣誉属于使全世界信服的人，而不属于首先有这种想
法的人。那些播下种子，收获它，研磨它并让全世界受益的人比那些
止步于灵光一闪的人更有价值。

—— 弗朗西斯·达尔文爵士，
第一次优生学会高尔顿演讲（1914）

一切看起来都很清楚、符合逻辑并且非常简单。我知道怎样在揭
示人类基因方面做出真正的进步。我知道怎样实现这个伟大的抱负，
我必须把注意力放在决定蛋白质的那百分之几上，至少目前尽力不
要让其他 97％ 的包括调整区、非编码 DNA、废弃的旧基因、重复序列、
寄生 DNA、病毒以及一些谁都说不清的神秘片段干扰和分散注意力。
当最终理解基因的重要性在于它的让人头晕的复杂性时，我可以通过
简单寻找它指导其他细胞的行为而得知生命本身所要表达的要点。我
的只需要注意很少量的遗传物质携带的遗传指令，而不是整个基因组

的想法成形时，我的通往基因的快车设想被一些带着偏见的政客看作是对基因组计划存在的威胁。

126　1990年底，我想让世界都知道我正在进行的cDNA方法是多么顺利，就打电话给《科学》杂志讨论发表一篇论文。那个编辑很感兴趣，催促我把关于我们的新方法和基因发现的一篇专业文章赶快整理出来。我清楚地知道关于cDNA排序方法的第一篇论文必须尽可能地完整。我每天与马克·亚当斯碰面讨论计划的进程。到现在为止，实验室的其余人已经完全被说服了，我们正处在正确的前进道路上。马克正用一种新的方式为我们的研究收集cDNA，我联系了国家卫生研究院实验室的一位主任卡尔·梅林（Carl Merill），让他帮助把新基因绘制到基因组中，其他人正在开发新的软件来确定基因。

我也开始和其他科学家讨论我们的发现，并且做一些关于我们小组努力的演讲。不久我发现悉尼·伯伦纳也在思考随机选择克隆的cDNA排序的问题，他是在英国剑桥大学工作的分子生物学家。悉尼出自南非一个没受过教育的犹太鞋匠家庭，他很健谈、有创造力，可能是健在的最有才气的分子生物学家（他在2002年获得了诺贝尔奖）。因为我一向很尊敬他，所以我给他打电话说我听说他正在做类似于我们的工作，我解释说如果编辑们感兴趣的话，我们要在科学杂志上发表一篇文章，我问他是否愿意考虑发表一篇背靠背的论文。我们甚至能交换数据看我们是否能找到一些相同的基因。悉尼解释说他的成就还没那么大，但是他同意我所说的很有意义。我们计划不久后谈一谈。

　　后来，《科学》杂志说愿意考虑把我的论文和悉尼·伯伦纳的同时发表，我把这个消息转给悉尼，并重述了我最初的想交换数据的请求，另外使他确信我要推迟提交我的原稿以便给他留出时间让他自己做好准备。他解释说他与制药公司及英国政府有一个复杂的资助协议，因此不能随意交换数据，但是他建议我们这些搞生物信息学的人们应该相互通通气。安东尼·克拉维奇目前正与伯伦纳团队的一个人合作，为我们的排序研究一个新数据库，但是几周后，很明显没有交换基因组数据，也没有从伯伦纳那里得到他的原稿。最后，我给悉尼打电话，告诉他我们想提前递交我们的论文。因为他的还没有准备好，而且也不会很快准备好，他同意了。

　　完成我们的原稿之前，还有一件事要做：我们的技术需要一个命名。我们正在处理用在组织中的基因，但是在大多数时候，我们没有完整的基因，只是一部分基因序列。安东尼·克拉维奇知道现存的图谱绘制工具是"序列标签位点"或STS，他提议用"表达序列标签"或EST方法命名这个测序法，这个名字所描绘的正是我真正喜欢的，实验室其他人也和我一样。我们给我们的论文命名为《互补DNA测序：'表达序列标签'与人类基因组计划》，然后于1991年初把它寄给《科学》。[127]

　　我一直在考虑第四次尝试说服吉姆·沃森，我的实验室应该得到基因组计划的资金。虽然申请已经在评审中了，但是对我来说，更清楚的是，我的EST方法对于基因发现和理解基因组有难以置信的价值。我把《科学》上的论文预印本给沃森想听听他的想法，我们也通过简·彼得森询问他是否愿意允许我改变未决的基金计划研究中一些目的以便把EST方法包括进去。简·彼得森是一个政府中层官员，她已经多次用压抑单调的声音驳回传递给她的我们的申请。对于我的商酌，沃森的回应很干脆：不！虽然悉尼·伯伦纳和斯坦福大学的保罗·伯格曾经主张建立一个系统的 cDNA 排序计划，但是大多数人类遗传学家们劝告沃森要完全反对这个排序计划，原因和当初反对我的小组的原因相同。伯格与福瑞德·桑格由于在基因密码方面的贡献一起分享过诺贝尔奖。

1991 年的春天，沃森评审团评审了我的第四份计划。简·彼得森再次打电话告诉了我结果，并且再次通知我，委员会认为技术太前卫了，以至于没有人真正知道这个方法是否奏效，等等。X 染色体资助再次失败了，说我很沮丧是过于轻描淡写了。我对沃森很生气，因为他没有履行自己最初的诺言，也因为他让我经历了一个拖延了几年的评审过程，而我实在讨厌这个评审过程。我感到评审的最高议程不是科学，而是对金钱的支配。我知道我已经有了一个能改变基因组科学的突破性的方法了，我也知道我正在浪费时间、能量和情感与一群没有兴趣让我这样一个局外人分析人类基因组的家伙们做斗争。

我开始给沃森起草一封严厉指责的信。在过去的两年间，他帮助创建的官僚机构已经成为一套无意义的、令人讨厌的和使人沮丧的阻碍科学进步的形式主义了。我费了很大的劲给沃森写的四份申请现在什么也不是了，这也耽误了我推动基因组向前的研究。我指责他试图取悦他所有的批评者，而实际上他害怕领导这项计划。我告诉他我正撤出我的申请以便我能集中注意力在我的 EST/cDNA 方法上。这不需要他的资助。我的朋友们和同事们把这封信加工淡化。使它不再显得是对沃森个人的攻击之后，我于 1991 年 4 月 23 日把它寄了出去，这时距离我当初寄给他《科学》的 EST 论文的预印本已一年多时间了，他从来没有对此做出过回应。

　　沃森收到我的信后不久，简·彼得森给我打了电话。她很疑惑，我以前在她那儿从来没有察觉到这种情感，她问我是否知道我的资助好像已经批下来了。有时候我已经被指控感觉迟钝、喜好辩护，此时我诚实地告诉她，从我已收到的回应来看，我完全不可能觉察到任何少许的对我申请的积极回应或对于我的提议的感兴趣之处。我仍然对无止境的拖延和冷遇的方式感到生气，我一时气愤地告诉她我正考虑不同的科研管理方式，而且，如果我不能使用基金的一部分用在 EST 方法上，那么我将在没有基金的情况下继续做下去。

　　我想知道我是否犯了一个重大错误。尽管我将永远不会知道，如果我没有撤回我的基金申请我将会得到什么结果。汉姆·史密斯，我的一个关系最近的科学合作者，他认为如果我从沃森那里拿到了钱我可能就不会达到现在的成就。这次事件描绘了一次重大的而且是简单的生活教训：当你来到一个交叉路口，你只能走一条路。

　　那时，我的那篇 EST 的论文正受到科学界的评论家们吹捧似的反馈，很明显它将被接受并发表。当一个评论家建议我们应该引用我们没有见过的一篇文章作参考书目时，我们遇到了一个小挫折，这篇文章 10 年前已经发表了，乍一看，这篇文章看起来引导了我们的工作，因为它描述了 150 个克隆的 cDNA 的部分序列，这些克隆的 cDNA 是从野兔骨骼肌肉 cDNA 文库中随机选出的。如果说这篇文章确定了什么，那么它似乎确定了一个这样的观点：cDNA 方法是不可行的。只有几个已知的高显性基因被这个小组发现，当然这个论据是用来反对使用任何 cDNA 方法的。不过，我很好奇，想知道论文是否已经产生了任何影响，或者它是否间接地影响了我本人的想法。作为一个经验法则，一篇论文越有意义，它被后来的工作者和科学家引用得就越多。我们调查了后来的文献，发现除了把它作为获得野兔肌肉克隆的 cDNA 的方法使用外没有人引用这项文献。我的论文将于 6 月发表，我只是太高兴而没有引用这一文献。

我能循着我自己的 EST 灵感，追溯到一次从日本返回的飞行之旅。但是当然，伟大的想法经常同时被几个人构思出来，他们以类似的方式对思想潮流做出了回应，很难精确确定一瞬间的灵感是什么时候、怎样诞生的。卡普兰已经教会我，好的观点对一个精明的人来说是很平凡的，唯一区分好与伟大的方法是看这个想法是怎样被实行的 —— 也就是说它怎样变成事实的。

科学历史中尽是关于某人拥有一个观点但是不把它坚持到底，最后只是看见另一个人有类似的灵感然后把它证明是有效的这一类故事。比如达尔文不是第一个构思或写出进化论的人，但是他确实用一生的研究和写作支持这一观点可行性。对于 EST 也是一样的。伯伦纳从来没有发表过他的数据，即使我相信他正在用和我相同的方式思考这个问题。从果蝇文库中取得的克隆 cDNA 应该随机选择和排序的建议也已经被史蒂夫·赫尼科夫（Steve Henikoff）写进 1990 年的基金申请中，这份申请是提交给国家卫生研究院的基因组中心的，史蒂夫·赫尼科夫在位于西雅图的弗雷德哈钦森癌症研究中心工作。而我很幸运地在内部项目资金有保障的国家卫生研究院工作，史蒂夫却必须通过一个漫长的撰写基金申请的过程，而且要等待9个月的评审进程。更糟糕的是，他收到了一份长达5页的批评意见，其中罗列了这个方法为什么不奏效的所有的论点，否认了对他的资助。我的文章在《科学》杂志上发表后，史蒂夫送给我一份这个批评意见的复印件，并且告诉我他把这份关于对他的申请的令人沮丧的评论复印件贴到了实验室的墙上，就在我的照片和《科学》那篇EST文章不远处。

　　一种思想观点复杂的起源也意味着对它们的起源的评注的开放性；仅仅考虑一下在不同的国度流传的关于谁发明了电视、谁点亮了第一盏灯等等的说法有多不同，我们就明白要统一某种说法的难度。甚至对于我在《科学》杂志上关于EST的论文的思想是怎样想出来的这样一个清晰的问题，我的批评学家们也经常混淆，或者至少加入了其个人的想象。比如，沃森在他最近的一本纪念双螺旋发现50周年的关于分子生物学和基因组历史的书描述了我怎样拜访了悉尼·伯伦纳的实验室，并且对他cDNA的策略留下深刻印象。"他几乎急不可 130耐地返回到他在华盛顿的国家卫生研究院的实验室，在那里他自己将运用这项技术来产生一个有价值的新基因。"[1]

　　当然，我没有拜访过悉尼，而且大约在沃森发表这段陈述10多年前，伯伦纳的老板英国医药学研究理事会基因组工作的头头托尼·维克斯（Tony Vickers）就描述了实际上在悉尼实验室发生的事："当文特尔第一次提出这个问题时——它的排序系统刚刚运行了一个月，MRC小组不准备发表。"[2] 但是沃森的书确实包括了一个有启迪作用的洞察力，它解释了为什么伯伦纳没有发表他的数据："热切地想收获测序的商业利益，英国制药公司在有机会确立他们从中获利之前，

MRC小组一直防止伯伦纳发表这些数据。"[3]

　　我自己测序工作的商业成果在1991年5月变得很明显了。当我正在国家卫生研究院行政大楼里闲逛寻找会议室时，我意识到我迷路了，于是我在走廊里向一个看起来能帮助我的人询问会议室在哪里。他碰巧是里德·阿德勒（Reid Adler），是国家卫生研究院技术转让办公室的头儿，这个办公室决定了代理商的专利政策。"你不是克雷格·文特尔吗？"他问道，然后解释说在收到马科斯·亨斯利（Max Hensley）的信后他已经打算去找我，马科斯·亨斯利是生物技术巨人基因技术公司（Genentech）的专利代理人，信里询问国家卫生研究院计划怎样使用我的基因发现的源泉。阿德勒想去我的实验室讨论知识产权问题。我告诉他我不欢迎这个主意。

　　关于专利和专利申请我并不了解很多，我对此多少有点反感。当我还在布法罗时，纽约州想将我和克莱尔提取的抗受体抗体提出专利申请。就我而言，主要的影响是当一个专利申请准备好并被提出来时它对我科学出版的阻碍。这完全是贝赫多－尔法案的一个结果，这个法案是1980年通过的，以它的提议人参议员伯奇·贝赫和罗伯特·多尔命名。法案鼓励利用在联邦资助下创造的发明，但是不可避免地使发现和商业的界限模糊了。结果，科学家、律师和经济学家不断争论大学的研究管理和联邦资助体系是否已经从对基本知识的追求以及
131　知识的自由传递转移到追求能够被应用到工业的实际结果。我当时没有意识到我的发现将会使这一辩论火上浇油。

　　以技术转移的名义，国家卫生研究院已经就果蝇的真蛸胺受体和

制造受体蛋白质的细胞排列申请专利。但是当提到我们发现和开发的EST和EST方法时，马克·亚当斯和我刻意做了一个忽视政府规则的决定，因为我们不想在关于我们的发现的专利申请上让我们的出版受阻。因此我告诉里德·阿德勒我们的文章已经被《科学》接受，将要在一个月内发表，而且，那怕是推迟一天发表我也绝不愿意。

阿德勒拜访了我的实验室，在我反对任何专利申请这件事上逼我。原因很简单，我告诉他，我们想让每个人能够利用我们的新方法和我们新发现的基因，并以不受阻的方式推动我们的研究。但是当然，这并不简单。就像许多科学家一样，我把秘密和专利等同起来，主要因为专利代理人的最初的所作所为确实延误了科学发现的公共推广。但是我现在懂得了一项专利就是政府与发明家之间成交的协议，它实际上是设计出来做相反的事：使信息可被更普遍利用，同时也给予发明家商业发展权。

对于那些寻求保护发明或发现的人来说，专利的一个附产品是商业秘密。自从1886年5月8号在佐治亚州一种用来制造饮料的糖浆被亚特兰大的药剂师约翰·斯第·彭伯顿（John Stith Pemberton）首次开发以来，可口可乐的配方是严格保密在公司内部的。在专利制度下，发明家将在一段特定的时间里，从商业角度开发他的产品；过后，这项发明可以被任何人利用于商业目的。可口可乐的配方申请了专利后，我们现在都知道在一杯可乐里装的是什么，而且专利期满后，竞争者们都可制造相同的冒泡的饮料。

专利在药物商业化中发挥了至关重要的作用。在美国管制严厉的

氛围下，公司必须提供大量数据证明一种新药物是安全有效的。经过
耗资数亿美元的临床试验后，食品和药物管理部门才准予某种药物进
入美国市场。经过了这些昂贵的测试的药物中只有不到10%被核准。
132　而对于基因生产商来说，通过相仿的工程克隆药物是相对容易的。有
争论说，如果不能保护知识产权的话，没有一个制药公司会冒险花数
亿或数10亿美元制造一种新药物。

当咖啡因行凶时

　　我喝了无数听健怡可乐，但是幸运的是，我携带着良
好的基因版本P450 1A2（CYP1A2），它能帮助我处理我
的嗜好。我的这段DNA值得一提，因为它再次强调了一些
基因只是在与一定的生活方式结合时才变得有害——比
如喝大量的咖啡、茶或者可乐时。在15号染色体上发现的
基因负责肝脏中的一种酶，肝脏帮助咖啡因（"细胞色素"
解毒酶的大家庭之一）的新陈代谢；这个染色体上的变异
使代谢过程减速，结果增加了一个人心脏病发作的危险。
一项对4000人的研究显示，每天喝4杯或更多咖啡的患者
比每天喝不到1杯的患者得病的危险高64%，而对于有两
个快速新陈代谢的基因复制品的被试者来说，相应的危险
却不到1%，我就属于这一类。这个结果可以解释为什么咖
啡消费和心脏病发作之间不存在决定性的联系。

　　直到阿德勒就专利问题与我交涉时，知识产权已经在20世纪80
年代作为遗传学的一个主要争议出现了，那时胰岛素基因首次被分离，

申请专利，并由基因技术公司生产，就是这个公司同样关心我的工作。重组（由基因发生改变的有机体生成）人类胰岛素标志着标准治疗的一个可喜的进步：人们从猪身上提取胰岛素，但是最终发生了抵抗激素的免疫反应。为了获得有效的治疗效果，他们要求更多剂量的胰岛素，但是当抗体胰岛素蛋白质联合体作用到肾脏时，患者经常早就死于肾脏衰竭。

另外一个生物技术巨人安近分离并申请了一项基因专利，这个基因是编码蛋白质激素红细胞生成素的，它增加红细胞的生成。红细胞生成素是首例耗资数十亿美元的生物技术药物，和胰岛素一道，它传送了诱人的信息，即基因专利的成本费用约为10亿美元。科学家、大[133]学、各个州和联邦政府开始为每一项新发现的人类基因申请专利。曾经认为专利阻碍科学发展的许多科学家和联邦官员开始被一连串的事实动摇了，这些事实显示国家卫生研究院和哈佛在公共研究领域里的发现很少为公众产生过利益，因为它们从来没有被发展过。

阿德勒解释说，对于EST，法律是不清晰的。很可能我们的部分序列将会使整段的基因不能得到专利，因为怎样使用EST获得完整的基因和蛋白质序列是很明显的。这将使制药公司感到气馁，不再对基因感兴趣——因为他们不可能独享数据，他们研发的任何药物都能被容易地复制——这阻止了以基因为基础的新疗法的发展。换句话说，我们的论文的发表带来的坏处比好处多。但是如果国家卫生研究院首先申请了专利，那么学院就能免费地应用它们，而且商业投机也可以被收取适当的费用而合理使用它们。他让我们清楚轮不到我来做这样的决定，他能独自决定申请专利的进程。

马克和我同意与他合作，但是有两个先决条件：《科学》上的那篇论文将按时发表，阿德勒将努力使他的决定公共化，并使它引起沃森的追随者们的注意，确保这是正确的方法。我记得沃森在希尔顿海德的研讨会上有关基因专利的争论。但是我也记得，作为生物技术和制药工业方面一个潜在的巨大的推动力，他是怎样把基因组计划卖给国会的。

我经常被忠告对于我所要求的要仔细审慎，因为我可能刚刚与它劈面相遇而浑然不觉。递交专利申请前，阿德勒确实努力与国家卫生研究院人类基因组中心、沃森以及他的代理谈过话，但是关于这个重要的问题，沃森保持沉默。在那个时候，这似乎很奇怪，但是现在看来一点都不奇怪。几年后，当我们请求沃森支持一项为人类基因组迅速测序的计划，他告诉我们，他很想假装不知道我们计划，以便在向公众宣布这项计划时当场表示惊奇。现在他有相同的机会竖起眉毛表示震惊了，当阿德勒就我们小组发现的347个基因提出专利申请时，这些基因的发现先于我们的论文发表，论文发表于1991年6月21日的《科学》上[4]。

在《科学》的一篇社论里，小丹尼尔·柯什兰德（Daniel E. Koshland Jr.）说我们已经发现了"一个当前最实用的捷径，对理解人类基因组有很大好处，通过提供互补DNA的显性序列标签，大量新基因被揭示（尤其在大脑中）。同时，也在染色体上以灯塔的作用为疲倦的测序仪指路，力克了模糊的限制图谱的诸多不足。"但是期刊刊登了一篇预示着一场即将来临的暴风雨的新闻预报，即莱斯利·罗伯茨（Leslie Roberts）题名为《有关基因组测序捷径的赌博》的新闻报道。

实际上，我不倡议把cDNA当作基因组测序的替代品，而是当作一个"便利的助手"，并且认真地指出，我用自己的方法不能发现100%的人类基因。沃森当然感到这是一个主要的缺点，但是我已经回答说："如果我们只要得到80%~90%的人类基因，我就不会觉得我们已经失败了。"甚至是今天，在罗伯茨的文章中，英国分子生物学家约翰·萨尔斯顿（John Sulston）的嘲笑仍然令我汗颜，他曾经讽刺说："我敢打赌，那肯定不是80%~90%，我认为更像是8%或9%。"[5]

萨尔斯顿研究秀丽隐杆线虫（Caenorhabditis elegans），一种靠食细菌为生的小土地虫。他在英国的基因科学的诞生地和大本营——剑桥的英国医学研究理事会（MRC）分子生物学实验室里工作。悉尼·伯伦纳曾经提议全面探索一种动物的全部功能（吉姆·沃森曾经以为这个想法太狂野了所以没有资助他），他决定最好以简单的东西开始：蠕虫。萨尔斯顿在1969年首先遇到了线虫，那时他开始与伯伦纳的小组合作，开始了那项使他一举成名的研究，30年后他与伯伦纳一起获得了诺贝尔奖，他们耗费了很大的精力探寻线虫的一毫米的体内所有959个细胞的血统记录。到1983年，萨尔斯顿联合福瑞德·桑格手下最得力的大将——阿兰·考尔松，绘图并测序这个线虫的基因组。

但是他对于EST价值的极度悲观的估计令我震惊。主要因为我碰见萨尔斯顿和他的合作者罗伯特·沃特斯顿（Robert Waterston）时，我们曾经讨论了这项工作，沃特斯顿是伯伦纳的另一个前蠕虫研究员，他后来在圣路易斯的华盛顿大学创建了自己的实验室。在会上，我也曾提到我的小组里迪克·麦克白希望把这个方法应用到秀丽隐杆线虫的研究上。萨尔斯顿和沃特斯顿不想与我们合作，他们和多数人的观点相仿，认为这没有什么科学价值。这些并不奇怪，但是当他们强烈要求我不要发表EST论文因为它可能被看作是破坏基因组计划时，我被吓着了。后来，一位资深科学家告诉我，沃特斯顿因为担心会吓跑政府的资助他已经中断了评定DNA测序中错误的论文的发表。萨尔斯顿在2002年发表的有关基因竞赛的"精确而质朴的描述"[6]中承认他认为我的EST方法对他自己的工作是一个威胁："如果他的实验室每次都能识别大量的线虫基因，而我们只有几个 …… 它将不利于我们获得资助。"[7] 尽管在一年内，萨尔斯顿和沃特斯顿就开展了他们自己的EST测序计划，为秀丽隐杆线虫测序。萨尔斯顿说："意识形态最好避免：一个好的基因组计划应该是由所有可用资源处提供数据，然后把它融合到一个完整的图像中。"

《科学》上的EST论文发表后不到一个月，我被邀参加参议院关于由新墨西哥的彼得·多米尼西（Pete V. Domenici）主持的基因组计划听证会，彼得曾在我的希尔顿海德那次研讨会上做了主题发言。这是我与参议院的首次相遇。令我感到安慰的是，这次听证会被看作是感觉良好的：共和党人多米尼西是参议院最早最强的基因计划的支持者，这部分地要感谢能源部查尔斯·德利斯的努力，他曾经起草了一份备忘录，其中预测了将要发生什么，包括从民营部门获得的利益，并提供了有说服力的数据。当天出席的另一个参议员是阿尔·戈尔，他也是支持的。听证会的部分内容是讨论知识产权问题，甚至到那时为止，仍然没有公开提及国家卫生研究院就我的小组发现申请过专利。

在听证会上，我不仅描述了EST方法和由此产生的人类基因发现的快速发展，而且表达了我对国家卫生研究院的专利成就的关心，这个问题我很高兴把它公开。许多人被这个信息惊呆了，房间里一片寂静，然后沃森突然大叫道申请这样的专利是"彻底的精神病"，还说"事实上，任何猴子"都会用EST方法，他对此感到"恐惧"。[8] 杜克大学的与会者库克·迪根描述了整个事件，"沃森正在埋伏等待着，用大炮瞄准。"[9] 那时，库克·迪根是沃森的助手，他后来告诉我沃森在听证会开始前就已经做了准备。

我当然被他的反应惊呆了，因为沃森几个月前就已经知道了专利这件事，作为基因组中心的领导人他有许多机会正式地发表看法。一个旁观者描绘了我的震惊反应："你可以看见匕首插进去 —— 杀了他。"[10] 没有经过可能缓解或甚至防止冲突的非正式沟通，沃森选择 136 了在媒体和两名参议员面前哗众取宠，针对该项专利的申请强烈谴责我，作为一个诋毁他已经感到的对其预算的威胁的手段，甚至沃森后来也承认他对我太苛刻了。

沃森说得对，我是一个灵长类动物

既然现在我分析了我的基因组，我就原谅了沃森这次感情爆发了。没有提到猴子和猿的区别，吉姆无意中用一种迂回的方法暗示了15年后在我的DNA序列中的一项发现，虽然他对猴子和猿之间的区别没有给予重视。我有部分基因组在标准人类基因组上，老鼠基因组上，甚至在赛雷拉使用的参照人类基因组上是不存在的，[11] 但是却出现在黑猩猩基因组中。吉姆可能打算说的是："克雷格有猿的DNA,所以有可能任何猿都会使用EST。"

　　我的同事塞缪尔·莱维（Samuel Levy）浏览了我的基因组并且把它和由NCBI创建的标准人类基因组和其他生物的基因组比对时有了一大发现。他在我和黑猩猩的基因组中都发现了5.4万个碱基对基因码，但是在其他人身上这好像不常见，甚至在老鼠身上也不常见。我与猿的共性在于19号染色体上DNA区域上的另外500个字母，这条染色体译码为所谓的锌蛋白，它与DNA连接以调节基因的影响力。[12] 似乎我的猿版本连接了少量DNA，因为它比明显的"正常"版本的编码稍微长一些。（很明显因为基因组长度的有效数据如此之少，所以我们计算出的哪个变型是正常的，哪个是不正常的只具有尝试的性质。）

　　有人可能会想象这个差异将影响我的基因调节体内蛋白质的方式，但是揭露所有的细节将要花许多年。谁知道？也许在人类基因排序的竞争中，正是这些黑猩猩区域给了我优于公众对手的能力。

　　除了受到政治性抨击，把我当成权谋政治家，知识欺诈也是我的罪名之一，我担心这次突发事件会挫败马克·亚当斯和这个年轻的小组的士气，他们在这个突破性工作上如此努力。幽默是解除紧张状态的最好方法，克莱尔这一点做得比我好。她第二天穿着一件大猩猩的衣服出现在我的DNA测序实验室，外面穿着国家卫生研究院的白色实验服。当大家和大猩猩一起在测序仪上工作时，整个小组轮流照相留念，这个大猩猩也会坐下来读沃森的书。这很幼稚，但是作为有效治疗本小组心理压力的权宜之计，我们都怀着报复的心理回到了工作中。

第二天，我收到了《华盛顿邮报》记者拉里·汤普森（Larry Thompson）的电话，他告诉我他想了解我们所正在做的科学工作，要求见一面。我们花了数小时谈了谈新型自动化DNA测序仪的方方面面、计算和数百种每天发现的新基因。接下来的星期一，他的报道出来了，那是完全有关政治的，而非科学。这次见面教会了我如何了解媒体的十分有价值的教训：不要以为一篇报道的内容和一次访谈的内容是对应的［汤普森后来成为沃森的接任者弗朗西斯·柯林斯（Francis Collins）的新闻助理］。

汤普森把专利之战描绘成沃森和伯娜丁·希莉（Bernadine Healy）之间的战争，希莉是第一位领导国家卫生研究院的女士，她是一名心脏病专家，曾经担任罗纳德·里根总统的代理科学顾问。汤普森的这个角度可以理解，因为沃森已经把他的攻击面扩大到希莉，认为她是现在他喜欢称作"文特尔专利品"的同谋。这场战斗被看作是一场巨头们之间的斗争，世界著名的分子生物学家与最强大的生物医学研究行政官之间的对抗。在科学机构中，这些攻击通常不屑一顾。但是当遇到商业团体，则可能会有破坏性的结果，就像他们最终所做的一样。

愤怒在继续着。与阿德勒的初衷直接抵触，EST方法专利近似于被判死刑，因为批评家说"它将削弱对那些长期而艰苦工作的人们专利保护，他们一直努力解释由基因编码的蛋白质的功能。"[13] 最终争论呈现了国际化特色。沃森告诉《科学》，"如果克雷格能申请专利，英国也能申请。"沃特·波曼爵士（Bodmer, Sir Walter），一个很受尊敬的人类遗传学者，警告说"如果文特尔继续这一大规模的专利活动，那么英国可能不得不相应跟上"。[14] 更有力的反应是 MRC 基因组计划的领导托尼·维克斯证实，"文特尔的美国专利申请应该会成功，英国研究者们将被迫勉强仿效"，还说法国人也正在考虑申请专利[15]。对我而言，这些故事中最显著的特点是沃森把阿德勒在国家卫生研究院的工作成功转变成"文特尔的专利"之争，并且有效地把我转变成研究商业化的海报人物，一个替罪羊和一个坏蛋，所有都融为一体。

138　　　　《纽约时报》引用了一个研究者关于 EST 方法专利的评论："这是快捷而肮脏的土地掠夺，没有创新。"（尽管他后来给我写信否认一些引用的话出自于他。）[16]《自然》警告说专利热的基础是"全世界的研究者们突然对专利办公室的工作发生了兴趣 —— 对文特尔简单的技术也一样"。圣路易斯华盛顿大学的梅纳德·奥尔森把 EST 方法专利称为"一个可怕的主意"并且认为它是在"避重就轻"而不加理会："提倡这样方法的科学家们是在玩火自焚。"[17]

　　　　但问题并不是 —— 像许多人当时认为的那样 —— 最终关于使用序列信息的权利。申请专利以后，任何时候我都可以把我的序列信息通过发布给基因银行使其公共化，因为这不会危及专利本身。《自然》的记者克里斯多夫·安德森（Christopher Anderson）敏锐地发现了在论战中真正困扰沃森和他的支持者们的是什么："大规模的 cDNA 测序绝对不是体育运动。基因组计划从国会那里的要价是：耗时 15 年，耗资 30 亿美元绘制和测序整个人类 DNA 分子的基因组。现在文特尔说在几年之内也许只要 1 千万美元他就能得到几乎所有的基因 ——

多数国会议员关心的那部分基因 …… 这使国会相信另外25亿美元仍需要花在给剩下的基因组排序上 —— 有97%～98%根本就不包括基因 —— 可能很难。"

"不公平"的主题几周后在《旧金山纪事报》的1991年12月2日那一期出现过："设想一下，埃德蒙·希拉里[1]（Edmund Hillary）先生不是辛苦跋涉爬上了珠穆朗玛峰最高点，而是坐直升机飞到那里却因为爬上了世界最高峰而得到了好评。那么这位新西兰爬山运动者毫无疑问将创造一个国际辩题。"国家卫生研究院取得专利权就"相当于坐飞机征服峰顶的爬山运动员从此基因之峰飞到彼基因之峰，并全部插上国家卫生研究院的旗帜从而宣称对整个山脉的征服"。[18] 但是这个比喻有误导之嫌：论题中心是哪个科学家能吃苦耐劳可以忍受又慢又单一的旧式方法，而不是哪个能从遗传学获取一些重要的知识开始尽快指导临床治疗。你可能对那个花了一天时间爬上山顶医治你的断腿的坚强的救护人员印象深刻，但是如果他坐直升机在两分钟内赶到的话，你会更轻松些。

当瑞克·布鲁克（Rick Bourke）进入到故事里时，基因组第一次真正的商业前途的暗示到来了。在与伊莎多尔·艾德尔曼（Isadore [139] Edelman）的一次电话谈话中，我第一次听说了这个来自康涅狄格州诺沃克的商人和前壁球冠军，伊莎多尔·艾德尔曼是哥伦比亚大学杰出的生理学家，他在电话里说他正在给布鲁克当顾问。布鲁克不仅是妇女皮革饰物公司布鲁克-杜尼公司的那个布鲁克，而且他还和亨

1.译者注：首位登上珠穆朗玛峰的新西兰探险家。

利·福特的曾孙女——埃利诺（Eleanor），昵称"诺尼"——结了婚。布鲁克对基因组学感兴趣，并且已经和这个领域的一些前沿科学家初步接触过了，其中包括查尔斯·康托尔（Charles Cantor）和李·胡德。现在布鲁克想和我见一次面。当然可以，我告诉艾德尔曼欢迎光临。

　　这两个人乘坐布鲁克的私人喷气机飞到华盛顿。布鲁克很明显对我们的发现很激动，想知道我是否愿意离开国家卫生研究院加入一个新的基因组公司。我热爱能够在国家卫生研究院做的科学，那时感到我能轻松地留在那里。而且我也知道，基础科学不能总是在商业环境里忍气吞声。作为一个顾问和科学董事会成员，我经常看见患上我所称为的"祈祷螳螂综合征"的人：他们开办生物技术公司，常常是为科学研究寻找资助的一种方式，当冷眼的投资者最终要求把基础科学转向发展适销对路的产品时，生物技术公司的创办人最后只能是被狠狠地批评、解雇或者降职。我想继续做基础科学，决定我是否离开国家卫生研究院的唯一标准是我是否能建立我自己的研究所。

　　我把这一切都告诉布鲁克，他解释说他仍然只对商业机会感兴趣。但是他邀请我7月份花几天时间去他在缅因州的住所。布鲁克的避暑山庄在芒特迪瑟特岛，阿卡迪亚国家公园所在地，那里山海相连，是东海岸中最壮观的景色之一。我和李·胡德、查尔斯·康托尔、托马斯·卡斯基以及三个参议员一起，他们分别是乔治·米切尔（George Mitchell），他是参议院的领导，也是预算委员会的头，从田纳西州来的尚慕杰（James R. Sasser），还有来自马里兰州的保罗·萨班斯（Paul Sarbanes）。这是一次轻松的聚会，所以家庭成员也受到了邀请，康托尔带来了他的女朋友卡珊德拉。邻居也来了：戴维·洛克菲勒（David Rockefeller）和佩吉·洛克菲勒（Peggy Rockefeller）。

　　这所房子是我曾见过的最惹眼的豪宅之一，也是我第一次被介绍到这样既有财富又有权威的精英社会家庭。我带上了我的儿子，当克里斯和我到达那里时，布鲁克的看门人向我们问候致意，然后把我们带到儿童游戏室的客房，这样叫它是因为它从主房间分离出来了，而且有室内壁球场，一个台球室和一个像模像样的游泳池。外面是一个 140 斜坡道，一直向下到达水边的码头。那天，我和克里斯坐上了布鲁斯家的一条波士顿捕鲸船，我们用它在海港探险，观赏房子和船，尤其是这条一流的航行快艇，它是1928年由欣克利公司制造的。傍晚结束时，克里斯和诺尼在玩一副木制拼图。这种拼图是一件艺术作品，值2 000多美元，我恰好也收藏了一副。

肥胖基因

　　随着从脂肪细胞发育到使我们感觉饥饿的大脑机制所对应的各种基因被逐渐发现，过去仅仅依赖饮食控制和锻炼效果的肥胖症有了新的发现，2007年在《科学》上的一项研究特别有意义，它是由英国埃克塞特市半岛医学院的安德鲁·哈特斯莱（Andrew Hattersley）和牛津大学的马克·麦卡锡（Mark McCarthy）共同撰写的，不同于以前的文章，这篇文章建立了一个很普通的与轻微肥胖之间的基因连接，而不是与过度肥胖之间的罕见连接。

　　这项研究——进行了15年，有42位科学家参与其中——首先通过对2000名患2型糖尿患者和3 000名志愿

者的对比组的研究确定了和肥胖之间的基因连接，研究者
们然后更进一步对来自布里斯托尔、敦提和埃克塞特以及
英国、意大利和芬兰等其他许多地区的 37 000 人进行了测
试。在每一个案例中，FTO 基因的相同变体 —— 大多数
是在大脑和胰腺和其他重要组织中出现 —— 和 2 型糖尿
病和肥胖有关联。

如果人们携带 FTO 基因变体的一个复制体，它将导致
体重增加 1.17 千克或者腰部增加 1.27 cm，变胖的风险率
将为 1/3。英国普通人群中有一半人是这样的。发现携带
FTO 基因变体中的两个复制体的人群，占普通人群的 1/6，
这些人将比那些不带变体的人多增重近 3 千克，变胖的风
险率将高达 70%。

黄嘉祺（Jiaqi Huang，音译）和塞缪尔·莱维（Samuel
Levy）为寻找 FTO 的这一变体，搜索了我的 16 号染色体，
发现我有这两个低风险的复制体。我还没有体重增加这一
特殊的遗传倾向，以及它的所有关联特性，比如渐增的患
糖尿病和心脏病的风险。但是尽管这项工作提供了有关肥
胖的新见解，就在我写这本书时，FTO 的实际生物学作用
就像很多其他的基因一样仍然是神秘的。

141　　那天晚上，我们去野餐，这次野餐并不像我们以前曾经去过的那
样。客人们和船员、厨师以及服务员都登上了布鲁克的大功率游艇
"午夜号"，游艇带着我们去了远离缅因州海岸的几百处岩石岛之一。
到站后午夜号下了锚，我们排队乘着爆满的小游艇渡到海滩上。我发
现自己和佩吉·洛克菲勒坐在一起，她是一个很可爱、很端庄的女人。

岩石阻止了这条爆满的小游艇着陆，我想知道：佩吉将会被服务员背到海滩吗？她给出的答案是：下了小游艇，自己涉水上岸，在那里的岩石上，船员正在准备一堆篝火和一场美酒盛宴。

在我们大快朵颐的时候，我们谈到了基因组学的重要性和国会是否会同意资助基因组学公司。我们讨论吉姆·沃森是否会涉及在内。对此康托尔、胡德和卡斯基表示强烈反对，我感到很奇怪。当康托尔的女朋友问是否有一个卫生间时，严肃的气氛消失了。她被引到了树林边缘，但她拒绝走进黑暗深处。布鲁克的看门人拿着灯笼陪同她，每个人都不说话了。当她返回来时，汤姆[1]·卡斯基问她是否噪声打扰了她。什么噪声？哎呀，摄像机的呼呼声呀，汤姆开玩笑说。这次关于基因组等的讨论，是接下来几个月多次这样的谈话的第一次。布鲁克、胡德和康托尔反对研究所模式，更喜欢一家成熟的公司。布鲁克想让卡斯基来当公司的头，但是汤姆不准备离开贝勒（大约一年后，他离开那里去了梅克制药公司）。胡德相信DNA测序是唯一能向前推进的方法，他想让我来主持测序工作。尽管大家都喜欢讨论这些计划，但我吃不准他们是否认真想把它们实现。最后，几个月后，在加利福尼亚理工学院和胡德开了一次紧急会议，在那里我们起草了一个科学计划和预算。我们和布鲁克详细地讨论了这项计划，我告诉他们，他们需要在两个星期之内做出决定否则我要继续我的工作了：这些谈话消耗了我的时间和精力。

我回到国家卫生研究院时，被召到主任伯娜丁·希莉的一号楼办

1.译者注：托马斯的昵称。

公室。我马上就理解了，估计这和正在进行的专利传奇事件有关。她把我迎进她的办公室，当她告诉我她已经听说了一些关于我要离开国家卫生研究院的传闻时，我消除了疑虑。她担心人才从贝塞斯达流失。她能做什么来改变我的想法呢？

142　　我倾吐了我的挫折，陈述了从沃森那里得不到基因组资助的经过。只要国家卫生研究院有内部基因组计划，我解释说，我就能继续我的科学研究，我不用忍受与人类遗传学界争夺资助，这些资助是由政治而不是价值所驱使的。她问我是否认为国家卫生研究院的其他的研究所也将支持这项内部计划，我回答说他们会的——他们将受益于能够阅读到人类遗传密码。这次会见以她决定给我支持而结束。她有自由支配主任预算的权利，愿意用它资助我的计划使我能在国家卫生研究院留下来。我愿意主持内部基因组新组建的新委员会吗？当然，我说。那天之后，我给胡德和布鲁克打电话告诉他们我在国家卫生研究院的前景已经无限制地改善了，所以我决定从他们的基因组公司撤出——这项决定将会带来许多意想不到的结果。

由于胡德和布鲁克现在需要另外有人指导他们的测序工程，他们马上开始去引诱萨尔斯顿和沃特斯顿，后两位热切渴望讨论一项商业投资，因为它将提供新技术和巨大的资源。对于萨尔斯顿而言，这比他桌子上的从英国医药研究理事会送来的一份提议有更多的诱惑，但是萨尔斯顿开始意识到他的初恋——线虫——不在布鲁克的议程上。就像我在他们之前做的一样，萨尔斯顿和沃特斯顿坚持继续他们的基础研究——对他们来说就是一份10年的线虫基因组测序计划。他们也坚持任何发现"必须留在公众领域"。布鲁克甚至与沃森讨论了这

件事，同意遗传信息应该公共化，只要创建者在使用这些基因信息去
诊断测试和药物时比他的竞争者有优先权。

到现在为止，沃森已经开始惊慌了。在我之后，他开始相信萨尔
斯顿和沃特斯顿是最佳的基因测序的主角了，如果他们离开了，他
的计划就落空了。为了强调这一点，正如他说的，"打开一点龙头。"
沃特斯顿曾经写信给沃森表示他需要得到从国家卫生研究院的资助，
"我们不想让计划被二流的竞赛者利用更多的资源胜出。"[19]

沃森飞到伦敦与戴瑞斯（Dai Rees）见面，戴瑞斯是MRC的秘书，
他前一星期曾经告诉报纸说引诱萨尔斯顿的企图是"臭名昭著地出
价，是为了产生一个人类遗传学的IBM"。[20] 同时，沃森赋予相同的
故事以英式风格：他说，线虫类计划是"英国科学王冠的宝石。对 143
于英国科学来说，失去它将是一个严重的退步"。然后，才是沃森真
正的要点："对于我们正在试图建立的美妙的国际协作，它将是一个
重要的打击。从这项协作中获得的专门技术将对所有的科学家们开
放。"[21]

已经有人准备好了要帮助MRC了，她是一位仙女教母¹，名叫布
里奇特·奥格尔维（Bridget Ogilvie），她是总部设在英国的威尔康信
托基金的主任，该基金是美国企业家亨利·威尔康（Henry Wellcome）
在1936年过世时创办的，威尔康把100％的以他名字命名的药物
公司的所有权捐赠给了该基金 [后来格兰素威尔康公司（Glaxo

1.译者注：童话《灰姑娘》里帮助灰姑娘的神仙。

Wellcome）被吸收进入了格兰素史克公司（Glaxo SmithKline）］。10 年来信托基金已经利用威尔康公共有限公司的药物股权的股息资助了医学、热带疾病等疾病的研究计划。当 20 世纪 80 年代由于它的抗艾滋药物 AZT 的推动，威尔康公司的股票飞速高涨，威尔康的董事们劝说英国当局容许他们违反亨利·威尔康的遗嘱。遗嘱规定信托基金保留公司中所有的股份，除非有"无法预料的情况"发生。

威尔康股份两次抛售 —— 1986 年和 1992 年 —— 净赚 40 亿，比信托收入的两倍还多。威尔康现在是世界上最大的医药研究慈善团体，把大量资金分配给缺少资金的英国科学家们。

艾伦·克鲁格（Aaron Klug）是分子生物实验室的主任，他曾是诺贝尔奖获得者，他把布鲁克的猎头行为看作是"一件非常讨厌的事情"。[22] 通过他和瑞斯的努力以及奥格尔维的保佑，沃森让威尔康信托基金 5 年内给线虫计划提供 5 千万英镑的支持，这使得萨尔斯顿留在他的阵营里面。萨尔斯顿和克鲁格一起为威尔康的遗传学顾问小组写了一份简报，简报描述了怎样基于他的线虫计划的"团体精神"建立人类基因组计划，到 1997 年 1 月，按比例增加至 40 兆碱基对，包括研究酵母菌和发展老鼠大脑的 cDNA。

为了推动测序的起步，奥格尔维任命迈克·摩根（Michael Morgan）为威尔康信托基金高级行政官，摩根以前是大学里的生物化学家。以本领域伟大的先驱的名字命名的桑格中心在英国剑桥附近一个叫海斯顿公园的地方建了起来，那里曾是破败的工程实验室所在地。（"它最好好一点"，当萨尔斯顿向他征求意见时，桑格说。）[23] 对于沃森来说，这是一个大成果，对于英国科学来说，这是一个好消息。奥格尔维相信它会带来更广泛的影响，唤醒全世界的基因组学："我们的行动像在过度饱和的溶液里加进一颗水晶。加入其中的每颗水晶都经过我们的充分筛选。"[24]

但这只是沃森努力抨击布鲁克的开始。如同《双螺旋》曾生动地 144 表现的一样，沃森显得有些轻率，与布鲁克会面后，他马上显出不喜欢布鲁克的神情，布鲁克于1992年2月25日写了一封抱怨信给希莉，而且把它复印了一份交给大布什行政部门的高级官员。信里提到，沃森正在干预布鲁克的商业利益，布鲁克评价说沃森自己本身有利益冲突，因为在他担任国家卫生研究院基因组中心的领导的同时，他在几个生物技术和制药公司也拥有股份。希莉此刻很厌烦沃森对她的攻击，于是展开了一场调查。她的办公室告诉《华盛顿邮报》，"希莉博士不会忽视道德问题的，甚至对于一个诺贝尔奖获得者亦是如此。"[25]

所有这些都发生在我开始担任国家卫生研究院基因组委员会主席之时，这个职位使得沃森向《自然》记者抱怨我现在比他更有影响力。委员会的现任成员是国家卫生研究院的大人物也是好人们，包括诺贝尔奖获得者马歇尔·尼伦伯格；心脏、肺和血液研究所的基因临床医学家佛朗西·安德森（French Anderson）；国家医药实验室的基因组数据库的领导戴维·利普曼（David Lipman），还有儿童保健科学主任阿特·列文（Art Levine），像我一样，他的基金申请也被沃森的人类基因组研究办公室，现在叫人类基因组研究国家中心拒绝了。我们的议程是要决定国家卫生研究院的内部科学家们怎样集中精力参与识别疾病基因。1991年12月，我把一份备忘录送到国家卫生研究院主任那里，备忘录里列举了委员会成员，概述了他们对这份内部基因组计划的支持，同时我也保留了对于基因组研究的组成的一些明显的不同意见。"人类疾病基因和显性基因的生物特征的研究不能被人类基因组中心的任务所掩盖，"我写道。我解释说我曾递交给沃森中心的申请是"一个错误"，并且说明了理由：它可能打击院内科学家的士气，使他们怀疑自身是否具备从事高风险研究，设立长远目标和审时度势，当科学研究需要时超越常规的能力。备忘录决定国家卫生研究院内部应该集中研究显性基因，尤其是与人类疾病相关的基因。1992 年 3 月 10 日，委员会给国家卫生研究院主任发了最后的报告，几乎每个主任都签名表示支持。

145　　之后的一天下午，我接到戴维·利普曼的电话。沃森想私下通过利普曼给我一个"基因城"提议。这将是一个场所，可能会远离国家卫生研究院主园区，作为基因组测序工作的一个附属单位，它将完全投入到基因研究。作为最后一张王牌，戴维告诉我，"沃森想让你当基因城的市长。"

　　考虑到沃森以前的行为记录，我想把让我作"基因城的市长"的提议以书面形式提出；只有在那时，我才将它分发给我的委员会成员们。所以，一场长达 10 天的马拉松式讨论和协商开始了。沃森的办公室送来一份 3 页的基因城描述，草拟于 1992 年 3 月 6 日，有个枯燥无味的标题："关于在国家卫生研究院建立一个专业基因组分析的机构的提议。"

　　令我感到惊奇的是，这份备忘录听起来更像是我已经分发给委员会的提议。甚至更奇怪的是，沃森、萨尔斯顿和其他人曾经对EST法的攻击以及那些用来破坏我试图筹集资助的事情好像已被遗忘了。就像沃森写的：

> DNA短序列，即EST法，已经从快速测序cDNA中获得，它们在基因组的分析中有潜在用途。最初的结果已经证明了它们在确定蛋白质同族关系中的用途。但是EST法的分析能力扩大到超越了从DNA序列对比获得的信息。与基因组图谱的联合它们的潜力可以更加充分地实现。一个专门的机构在法国已建立，该机构主要任务是绘制基因图谱和提供发展科学社会和工业的资源。由于科学和竞争双重原因，美国是该建立一个类似的机构的时候了，国家卫生研究院就是一个合理的地方。

在备忘录中提及的法国计划是由人类多态性研究中心（CEPH）的丹尼尔·科恩（Daniel Cohen）领导的，他曾创建法国人类基因组计划（Genethon），这是巴黎附近的一个遗传学中心，该中心得到法国肌肉萎缩症协会组织的长期连续电视节目的经济支持。科恩是理解基因组研究的关键点之一就是在设计好的组织中使用自动操作法的科学家之一，但是他仍然没有为他的伟大成就赢得足够的荣誉。

使用他所谓的"怪物"，科恩正在生成一份整体基因组图谱。所谓怪物是一种新方法中的明星，这一方法是增加和操纵大于正常尺寸的人类遗传物资，叫Mega-YAC（巨大酵母人造染色体）。常规方法只能处理大约长3.5万对碱基的基因密码片段，科恩声称他能用YAC处 [146]

理100万对碱基的片段。科恩正打算揭示21号染色体的图谱,努力在3个月内绘制出人类基因组的25%的图谱。

虽然我们现在知道Mega-YAC有一个根本缺陷即很不稳定,但是法国的表面的成功刺激了沃森。他要求:

> 建立一个全面的研究小组,能完成各方面的工作,发展所需的新技术,提高绘图和测序的速度……作为比较,类似的法国人类基因组计划有152名员工,1992年的预算至少1400万美元。利用本身存在于几个基于EST的活动的协同合作,将不但使国家卫生研究院在完成人类基因组工程中发挥主要作用,而且在联合校内一流的临床和基础研究项目中也发挥主要作用,这将引导生物医药学研究进入一个完全实现潜在可能的领域,这个潜在可能是对有关人类基因组学和人类疾病的基因基础上的理解。

最后的句子尤其令人震惊,它承认了基因组学的商业含义,当然,这要依赖于专利:"这个被提议的机构也可以想象成一个基于基因的工业中心(基因城)的核心,它将包括围在它周围的几个卫星组织,它将致力于基于基因的产品的研究和商业化。"

甚至今天,过了15年后,重读这份备忘录时我还是既生气又悲伤。当我送给沃森一份我的EST文章的预印本时,他就很清楚EST法的价值了,这样的一项建议本来一年前就该提出了。他在公共面前的故作姿态大概受一种恐惧心理的驱使,他害怕我的EST计划将把资金从还停留于一个字母一个字母读取基因的计划中抽走。

但是，这项提议仍存在一个问题：有一位主任不相信它来自沃森，因为文件是写在一张白纸上的。我因为读到的一些书面内容而感[147]到非常奇怪，以至于没有注意到这个问题，的确，考虑到沃森在公共场合对于EST法和专利的态度以及这份备忘录与我曾写的类似程度，我能够理解我的同事的疑惑了。戴维·利普曼再次得到了备忘录，这次，信纸上方印有沃森的抬头，委员会支持它。现在，通过戴维，沃森送来了新的请求，一份几乎使我不知所措的请求：沃森打算为他的年度绩效评价会见希莉；在会议之前，我能使她接受这个提议吗？我说，我一定试试。

当我向希莉概述沃森的计划时，她没有说话。你确定吗？是的，我说。并且给她出示了印有沃森抬头的文件。你和它观点一致吗？当然，我有我的考虑，我承认，但是我信任戴维，委员会的其余成员也都支持这个计划。假如我们都同意，希莉说她两天后若与沃森见面，就表示支持基因城。当我把这一消息告诉戴维时，我们都很兴奋，也很乐观：沃森要提正式建议了，希莉要接受它了，我们的基因组科学将以难以置信的方式启动了。这项计划不可能失败了。

沃森与希莉会面那天，戴维和我在我办公室等着，一起聊起如果我们都在基因城里工作该是多酷多美好啊。事实上，我们都担心；伯娜丁许诺会谈后联系，等待好像永远继续着。当电话最终响起时，我拿起来，希望听到好消息。但是她很生气，说明她被激怒了。我从来没听过她这么不安，而且真的很震惊。沃森提了这个建议了吗？"没有，"她吼道，对沃森和我都感到万分生气。当伯娜丁最终平静下来，我发现了事实的真相。

沃森出席了那次会面，简单礼貌地开始了谈话。他曾在1985年就与希莉有过一次公开的争吵，当时他说到白宫科学技术政策办公室："负责生物的人不是妇女就是个不重要的人物。他们需要把一个妇女放到某个位置。"[26] 他提到的科技政策办公室的生物医药学事务的副主任，就是指伯娜丁·希莉。在这次激动的见面过程中，他开始大声责骂基因专利，然后开始冲着伯娜丁大叫。在此长篇激昂的演说中，基因城一字未提。当沃森的愤怒结束时，国家卫生研究院的一个冲突和解机会也结束了，也把我们作为合作者而不是竞争对手去挑战基因组的机会结束了。因为那次糟糕的会面，和他那二流的管理能力，我相信希莉做出了沃森必须走的决定。瑞克·布鲁克可能是把枪放到桌上的人，但是是沃森而不是希莉扣动了扳机。

沃森在国家卫生研究院的日子指日可数了。他的退出是由迈克·亚斯特（Michael J. Astrue）处理的，他是卫生与人类服务部（HHS）的首席法律顾问。在一次奇怪的巧合中，亚斯特和公共健康服务的首席法律顾问理查德·赖斯伯格（Richard Riseberg）拜访了我的实验室，他们能够理解烦人的国家卫生研究院专利申请背后的科学。（亚斯特与希莉就此事发生了冲突，他认为EST专利没有满足一项发明的法律要求。）我的电话响了，有人找亚斯特。当他的拜访结束时，他告诉我他有重要的电话，让我离开我的办公室一会儿。

大约45分钟后，他终于出现了，他解释说他刚处理了沃森的辞职。1992年4月10日，星期五沃森在指控声中辞职了，他作为生物技术公司股份所有者，与他的政府工作之间呈现了一个实际的或者潜在的利益冲突。但是他一年后告诉英国记者，他因为坦率地说专利是"疯子"而被解雇了，明显他很痛苦。希莉很聪明，沃森说，但是他抱怨说，"她什么也不知道……拥有权力，并在没有知识的情况下运用它很危险。"[27]

如果沃森知道亚斯特的电话是从哪里打来的，他可能会更难受，确信我一定在幕后指使。但是事实上，把我看作亚斯特的帮手都有点勉为其难的，我发现他十分不能令人信服，因为他试图把政治议程插入已经炒得很热的专利问题上来：在一次我出席的HHS会议上，他说，实际上，我们都不会永远当权的，这些专利太强大了不会留给民主党人。

这件事发生后，我在国家卫生研究院的日子也没几天了，因为新的机会在召唤我。在这段时期，拜访我的实验室的一个高级政府官员告诉我："年轻人，你明显做得不错啊。"他没有说我是精通科学之人，所以我问他为什么我的成功如此明显："这是华盛顿，我们通过他们敌人的质量来评价人，年轻人，你有一些最好的敌人。"

直到这时，一条划算的撤退路线已经呈现出来了：我被邀成为一家生物技术公司基因图谱（Genmap）的首席执行官，签约酬金是400万美元，这个数额超过我的想象，比我职业生涯收入的总和都多。但是，由于我怀疑纯理论科学在商业环境下是否能兴旺，我拒绝了这份工作，选择继续留在国家卫生研究院。对我来说，那是我第一次真正感到科学完全比金钱更重要。但是作为那些谈判的一部分，我遇到了牛津合伙人艾伦·沃尔顿（Alan Walton），他是一个具有化学博士学位的投机资本家。我喜欢艾伦，他明白我为什么最后对基因图谱公司不感兴趣，但是他仍然好奇地想知道，如果有的话，是什么会让我离开国家卫生研究院。学术界够危险了，我告诉他我所相信的是令人不满的和不切实际的真相：唯一可能的吸引力就是一个开办我自己的基础科学研究所的机会，这项计划10年内将需要5000万到1亿美元的资金保证。我深信我的发现是十分重要的，而且随着时间推移将更为重要。

艾伦认为我的需求是可能的或切合实际的，至少他没有说他认为不可能。他确实告诉我唯一一家可以考虑承担这样水平的资助的基金：卫生保健投资，由一个有趣的人物华莱士·斯坦博格（Wallace Steinberg）领头，他深信科学正处在解密永恒生命的边缘上 —— 他希望，正像网球的多次来回击打有益身心健康一样，科学界的争论也有益于重大发现的诞生。在强生公司工作后，有关瑞城牙刷的报道给他带来了名誉，这是第一批上市的抑制齿菌斑的牙刷，沃利[1]（Wally）开始了他的创业基金，在马里兰和我在国家卫生研究院的同事佛朗西·安德森（French Anderson）一起开办了两家生物技术公司，曼迪牟恩（MedImmune）和基因治疗公司。艾伦许诺给沃利打电话，但是因为听起来很难成功，我没有多想，又回到了工作中。

在前一年里，1991年，我完成了我的转变，从一个以神经传递素

1.译者注：华莱士的昵称。

受体为基础的生物化学家转变成一个基因组科学家，那年我合著的每篇论文都是与基因组研究相关的。到那时为止，我已经为搜寻大脑基因设定了一个新目标：我想找到至少2000个新基因。这个目标不是随意的。那时，在公共数据库中已知人类基因为2000多，还有什么比我花一年时间就使过去大约15年积累的基因数目总和翻一番更能说明我的方法的威力巨大的？ 1992年，《自然》杂志很热情地发表了我们的论文，题为《2375个人类大脑基因序列确认》。专利之争继续，[150]国家卫生研究院感到有必要对所有2375个基因提出第二次专利申请。我设法从里德·阿德勒那里和技术转让办公室得到了一次让步：我的方法将被放到公共领域内（用行话说，它现在是"法定发明登记"）以便让那些想用EST方法的科学家们不必从政府获得许可。

适合沃利的一个基因

基因"克洛托"是以希腊女神的名字命名的，传说她纺生命之线，因为它能促成长命百岁。日本科学家们在老鼠身上发现这个基因，注意到如果没有克洛托蛋白质，啮齿动物们就会患上动脉硬化症、骨质疏松症、肺气肿和其他常见老年病。同样，重复使用这个基因似乎能延长生命。结果显示基因拼写的改变与长寿和常见老年性疾病包括冠心病和中风有关，这强烈暗示了克洛托可以控制老化。哈里·迪斯（Harry Dietz）和在约翰·霍普金斯（Johns Hopkins）的同事们发现，婴儿体内普遍存在克洛托的一个不十分常见版本的两个拷贝，是65岁以上人们的两倍，于是克洛托控制老化这一点似乎得到了证实。有个基因（微卫星标记1的17号等位基因）的一部分（外显子）的一个变体通常在新生儿体内比老年人更多。也许生来携带这个变体两个拷贝的人会比其他人早死，我不知道沃利是否有这个变体，但是我确实知道我没有。

克洛托基因产物或者克洛托蛋白质隐藏在细胞膜内。当被其他酶分离时，它潜入血液，那里它似乎作为一种防衰老激素发挥作用。这个蛋白质好像刺激了细胞分解有毒有害活性氧化物质的能力，在身体处理胰岛素中发挥了作用。好消息是，以我为例，我也有克洛托基因变体的混合物（分别来自父母），形成所谓的KL_VS等位基因，这个等位基因与患冠心病、中风低风险率以及有可能长寿有关。但是当然，我们都有"好的"和"坏的"基因，而且谁都不知道当环境的影响也考虑在内的话它们的影响是怎样实现的。

在这段时间，我的工作有了一个新的方向，这个方向最终导致151 我向美国总统和整个内阁发表演说。这次演说的起因是一个致命病毒：天花，历史上它已经夺走了数不清的生命，致残的就更多了，它破坏受害者的肾脏或者使他们的皮肤留下脓水疱溃破后的疤痕。仅在18世纪，这种砖型病毒每年就杀害大约50万人；当欧洲人把它带到美洲时，它杀死了一半的土著美洲人，他们缺乏自然的免疫力。直到1967年，这一疾病在40多个国家仍普遍存在，大约有1000多万病例。

最后一个自然感染这一疾病的是一位索马里厨师，他死于1977年10月26日。两年后，世界宣布摆脱了这种疾病的困扰，最后的病毒被安全放置在两个权威地点：佐治亚州亚特兰大的疾病控制中心和俄罗斯莫斯科的病毒预防研究所。在1990年世界卫生大会的致辞发言中，美国卫生与人类服务部部长路易斯·W·沙利文陈述说，技术进步使得3年内完成整个天花基因组的测序成为可能，这是永久消除这一疾病的重要的一步。许多科学家相信消灭天花病毒首选的第一步是确定它完整的DNA序列，这样做是为了保留即将灭绝的一个实体的必要的科学信息。因为我的设施完善设备齐全，我被卫生部长要求领导CDC-NIH的联合计划——天花病毒的测序。我拜访了CDC，遇见了布赖恩·马伊（Brian Mahy）和约瑟夫·埃斯帕斯托（Joseph J. Esposito），前者是滤过性病毒性疾病与立克次体疾病部的主任，后者是梅毒病毒科学家。尽管最大的天花基因组有将近20万对碱基，但是这对测序来说似乎不构成特别的挑战。就在那时，我的小组已经测序了几十万碱基对的人类基因组和数千的EST。

我建议通过提升霰弹枪测序法的应用，我们就一次测序这个病毒基因。没有人喜欢这个主意，理由很充分：霰弹枪测序法是用一个喷雾器装置射击基因组，担心一些微量的病毒可能会通过空气传播出来。早年有一个可怕的案例证明了这些恐惧并非庸人之忧。1978年7月，英国伯明翰医学院解剖系的一个摄影师感染了此病并于一个月后死去。人们认为病毒混进了实验室的空气中并且通过空气流通系统进入了她的暗室，于是她就被感染了。她的病被确诊后，储藏病毒的实验室的领导就自杀了。

也是出于安全考虑，我小组的安东尼·克拉维奇指出我们没有一个计算机算法能拼接整段天花基因组霰弹枪碎片。那时，基因组领域里最好的计算机程序处理1000个DNA片段也有很大的困难，天花病毒的霰弹枪法测序将产生的片段是这个数的3~5倍。

不过，虽然有这些限制，还有一个不直接但较容易的测序方法。约瑟夫已经通过制造一系列限制消化（回想一下限制酶是怎样在独特而特定的位点识别和切割DNA的）分解了天花基因组，从而产生了基因组的小片段。我的小组成员将在每个片段上运用霰弹枪法测序，一次一个片段。一旦我们确定了一个策略，我们就开始测序得病率最高的亚洲主要种族 —— 孟加拉1975，而俄罗斯将测序一个次要的种族，所有的活动都将在世界卫生组织的监督下进行。

按协议上所要求的，我们的计划中涉及了一个国际小组，包括来自中国和俄罗斯的科学家们，以及从我实验室来的专业测序技术师特里·厄特拜赫。一切都进行得很顺利，除了我们的俄罗斯科学家，一个和蔼可亲的爱好喝酒的人。我到实验室经常发现尼古拉（Nickolay）在长椅下睡着了，旁边放着空伏特酒瓶。起初我被告知尽力而为，因为大惊小怪可能会引起一个外交事件。但是他饮酒达到了必须送医院的地步，并且连续三天不醒来。后来他被送回家了。

我们的努力被称为人类首次有意灭绝一个物种（相比较我们无意灭绝的数千物种），有观点认为首次记录它的DNA序列将战胜任何对它采取强行灭绝的异议。那时，我同意灭绝天花物种，因为它已经夺走了无数人的生命，对人类的杀伤力比其他传染性疾病总和还要大（在艾滋病出现之前）。

这项工程激发了最初的关于基因组数据是否该放在公共领域的讨论。在伯娜丁·希莉的办公室里，我与国防部和其他政府部门的官员们碰了面，他们十分关心天花基因组被公开化。有人把它比作公开了原子弹爆炸的设计蓝图，还有人则谈到要在我实验室周围安装倒钩铁丝网防止泄密。

153

让我离开国家卫生研究院去一个商业化实验室的引诱一直存在着。安近公司联系了我，他们每年从生物技术药物净赚10多亿美元，他们正在寻找新路子把他们的盈利再投资。经过与研究部的领导劳伦斯·M·苏泽（Lawrence M. Souza）和首席执行官戈登·宾德（Gordon Binder）的一番谈话后，议题转向了在华盛顿区开办一所新型非营利性研究所，安近小组欣然同意这个主意，尽管我认为像我在文特尔研究所做想做的基本研究一样，他们当然想让我在安近研究所做他们要的商业性研究。当我去加利福尼亚的橡木城拜访安近时，这个话题再次被提出，安近公司将给我7000万美元，承诺10年间在马里兰的罗克维尔建立安近分子生物研究所。我将担任研究所的所长，并被任命为安近的高级副总裁。薪水是我在国家卫生研究院的近3倍，包括在安近的职工优先认股权。我仍然感到不安，但是这次提供的待遇如此慷慨，于是我向他们承诺我会和妻子商量。

令人吃惊的是，艾伦·沃尔顿所提过的冒险资本家沃利·斯坦博格的想法似乎也得到了回应。卫生保健投资有兴趣和我谈谈，而且派来了他们的代表蒂德·布莱尔（Deeda Blair）和哈尔·沃纳（Hal Warner）。蒂德是华盛顿的社交名流，他的工作是帮助斯坦博格从国家卫生研究院挖科学家到他的公司（有丰厚的报酬），哈尔·沃纳是一名博士化学家，他是个务实家。蒂德的魅力在我这不起作用，哈尔3年内好像要提供给我1500万美元，这是一笔典型的生物技术研究启动资金，这正是我已经拒绝的方案。我告诉他们无须进一步讨论了，但是他们坚持说我至少要见一见沃利，他下周就要到这附近的盖瑟斯堡来。我勉强同意见见他。

见面那天，我等了他一会儿，这无疑满足了沃利的头牌雄性的自我定位。然后斯坦博格前呼后拥地走了进来，其中包括蒂德·布莱尔，艾伦·沃尔顿，我在国家卫生研究院的同事佛朗西·安德森，他是基因治疗公司的创办人；另外还有詹姆斯·卡瓦诺夫（James H. Cavanaugh），他是理查德·尼克松总统和杰拉尔德·福特总统的工作人员，也是罗纳德·里根总统的特别顾问。沃利是我们的麦克风控制者，他隆重作了介绍，有点过头，尤其过分夸奖了佛朗西。在他独自评价了卫生保健投资的所有公司后，我们讨论了我所想的：为我自己的基础科学研究所投资，作为交换，我会在有限的时间内 —— 6 个月 —— 提供我的发现给一家能把这些发现发展成新式疗法的新型生物技术公司。

斯坦博格打断了我的陈述，频繁地问问题，然后另外用10分钟重述了哈尔·沃纳已经说过的令人失望的出价。当他结束发言时，我感谢他花时间来看我，说很高兴见到他，然后站起来要离开。为了更清楚地表达我对他的出价的看法，我告诉他我需要赶快去杜勒斯机场飞往洛杉矶。沃利上钩了，他问我为什么，我解释说，我要最后一次去安近公司，与他们讨论他们要在10年内提供我7000万美元建立新的分子生物研究所并且让我当所长的事宜。我详细描述了安近的出价，包括股票、薪水和在安近的地位,告诉了他一切 —— 当然,除了我对安近的疑虑。沃利静静地坐了30秒,然后突然说:"我10年内给你7000万美元,用你自己的模式,包括生物技术公司的股票。"

我能看出他很认真,因为他的合作人看起来好像要晕倒了。佛朗西打破了沉默,他指出这个数是他所能得到的5倍。我的脑子现在在急速运转,当我衡量这个机遇时,沃利专心地注视着我。安近提供了稳定性,但是我为要面对几个新老板和一家医药公司的环境而感到麻烦,他们并不吸引我。斯坦博格似乎许诺给我在研究和生活中的自由。

最后(事实上,不过30秒钟后),我做了决定,并宣布说,"如果你是认真的,我接受你的提议。"我告诉他们,我需要列一个重要条款的清单和时间去理解他们提议的详细内容。我和沃利以及其他去机场的人握手。整个会议只用了15分多钟。后来在安近的会议进行也很顺利,我告诉他们我要给首席执行官戈登·宾德打电话告知我的决定。

两周后,我进入了在马里兰州的贝塞斯达的凯悦宾馆的一个会议室里,只有克莱尔陪同,去签订与斯坦博格的协议。坐在我们前面的是哈尔·沃纳,十几个律师包围着我们,他们与那张条款清单一起等待着我的新生活 —— 作为一所非营利研究所的所长,准备好了让我签名。没有法人代表的我,感到自信心正慢慢溜走。哈尔签署了文件然后递给我一支黑色万宝龙("好的写作工具"),这是那个冒险资本家和生物技术主管的签字笔。我瞥了一眼克莱尔和律师们,然后慢慢地写上我的名字。"我禁不住感觉我正在与魔鬼签一份协议,"我开玩笑说。日期是在1992年6月10日,离我父亲去世整10年,离沃森被迫辞职整 3 个月。

　　对我来说很难离开国家卫生研究院。内部主任欧文·柯宾一直以来都在支持我，当他意识到我没有进行谈判但是却真正辞职了，他很担心。我开了一个实验室会议，告诉我的小组我要个别与每个人谈谈他或她的未来。有些人为有新的机会很兴奋；其余人想到改变感到惊恐。我想让我小组的大多数人跟我走，但是很清楚有些人喜欢或需要为政府工作的安全。只有一个人拒绝了我：马克·达布尼克（Mark Dubnick），他是个糖尿病患者，又是盲人，我觉得他有政府的医疗保险金会过得很富裕。我给马克·亚当斯和安东尼·克拉维奇安排了新研究所选址的工作。

　　我最后的任务也是我最害怕的一件事是通知伯娜丁·希莉我的决定。我深深体会到与她的友谊，并且发现她是一个很有效率的领导。我怀疑许多针对她的攻击更多是出于乏味的、男性占主导地位的国家卫生研究院对于一个相对年轻和有魅力的女性的不信任态度，而不是她的实际能力。尽管我们年龄相近，但是我感到我好像是在告诉国家卫生研究院的母亲，我要离开家了。伯娜丁对我的支持最大，或者说对我是最宽容的。但是她确实需要帮忙，于是问我；在我要离开的消息公之于世之前能不能消失几天？佛朗西·安德森刚刚已经宣布要去南加利福尼亚大学，伯娜丁的批评者们已经利用这件事作为人才流失的证据证明她管理上的失误，声称她的计划导致最优秀的科学家们离开。她不想由此让她在国会上关于国家卫生研究院的预算的陈述受到我离开的消息干扰。我知道怎样避开甚至是最固执的调研记者的最好方式；我要参加安纳波利斯到百慕大的航海竞赛。在最后一小时的会议结束时，我们一起合了影。

　　那时，我的船是一艘中国台湾制造的14米长的护照40，命名为"百慕大快感号"，综合了早年我乘坐凯普岛瑞33漂泊于风暴中的超凡感觉。我决定第二次做得更好些，并且说服克莱尔一同前往——这可不容易，因为她已经明白从安纳波利斯到科德角的一次旅行就是一次考验。我另外的船员包括我的舅舅巴德·赫娄，他的儿子我的 156 表兄罗布，还有一个叫艾伦的年轻人，他来自安纳波利斯快艇俱乐部。我们在强风中径直下到切萨皮克海湾。风起初平息了些，然后风开始转向，直接刮向海湾上方，以至于我们不得不调整风帆，慢慢地向大海中航行。当夜幕降临时，我们郁闷地发现：我们的制冷器不工作了。克莱尔花了相当多时间冷冻了一些适宜定量的食品，尽管我们知道她的食物将至少还能保存两三天，之后情况就会变得很残酷，但是我们不是懦夫。

　　风力开始加强，我们开始再次在浪中穿行，这一次是正确的方向。"百慕大快感"有杆甲板上的桅杆，不同于附着在船龙骨上的桅杆，当她在强风中航行时，船内部也开始转向。我和克莱尔共用的船舱在桅杆的前方，当我们的船在波浪中跌落时，我们会变得像空降一样，头撞到船舱上头，然后摔回到床铺上。当我们跌落在一个巨浪中时，克莱尔发现坐在船头也是严重挑战。因为船头撞进浪谷的力量是巨大的，当克莱尔坐的马桶被折断时，她飞了起来。至今我一想起如果我坐在上面会发生什么时，我的眼睛仍有泪水。

　　我们奋力朝百慕大前进了两天后，我更加郁闷了，因为我看到两艘船从我们后面的地平线出现，然后几小时之内慢慢追上我们，两条船都是轻捷有力的航船，17～20米长。我的堂兄是一个初级保健医师，他必须尽快去百慕大恢复他的实习。我们用完了紧急罐装食物；现在我们人在百慕大，却得支付圣乔治旅馆客房的租金。我不情愿地启动了引擎——退出了我的竞赛——发现我们是第三条进入圣乔治海湾的船。对于没有完成航行我感到懊恼，但是第二天当一场强暴风雨来临时，我的懊恼就消失了。两条即将到来的竞赛船在暗礁上被冲走了，另一条没有了桅杆。总之，超过一半的船都没有完成竞赛旅程。

　　回到干燥的陆地上，我几乎马上就开始打长途电话。希莉的办公室正在准备新闻发布。一些有可能成为新实验室的选址也已经找到。卫生保健投资的人们想按协议工作。克莱尔没有如我所愿，也从国家卫生研究院辞职与我一同离开了，她同意飞回马里兰时看一看选好的实验室基地，对不用乘船返回科德角感到很轻松。我再次去了大海上，而我的生活由此发生了改变，平凡的1100千米旅途结束后，我于7月第四个周末返回了马里兰。希莉的新闻综述将于7月6日出版发行。我只做了几个改动，尤其是加上大写T，我的新家的名字将是基因组学研究所——我的研究所是一只老虎（TIGR），而不是一只老鼠（Igor）[1]。新闻发表宣布："由克雷格·文特尔领先在国家卫生研究院的内部实验室里完成的创新技术已经发展成熟。现在是文特尔博士把他引人注目的发现带出国家卫生研究院的时候了，从思维的伟大领域带到美国的市场，带到私人产业的市场。"

---

1. 译者注：文特尔的新研究所名字为 The Institute for Genomic Research。他把定冠词的第一个字母也大写了，这样它的缩写为 TIGR，而不是 IGR。

连续几天甚至几周内关于我的行动的连篇累牍的新闻报道令我感到奇怪,《华尔街日报》头条新闻:"基因科学家文特尔将离开国家卫生研究院,创办私人的研究所。"就《自然》杂志而言,我是一个"有争议的国家卫生研究院的基因组研究者",而令人愉快的是,它报道了我的新研究所本周以来怎样"受到研究者们的欢迎,他们既欢迎基因组计划准备随之扩大规模,又认为这是具有长期商业潜力的产业"。文章最后一句话来自约翰霍普金斯大学的维克多·马克库斯克(Victor A. McKusick),他将成为我的朋友和顾问。虽然"一开始会有不适感",他说,"但开始的轨道方向是正确的。这就是要使工作完成所做的努力。"[28]《生物技术新闻观察》是华盛顿的政策报纸,它引用了迈克·高兹曼(Michael Gottesman)的话,沃森离开后,高兹曼担任国家卫生研究院人类基因组项目的代理主任,他曾是伯娜丁医学院的同班同学,他赞许这次冒险活动:"长期以来这是人类基因组计划的希望,在某些阶段会有足够明显实际应用,这个生物技术公司将会变得有权益。"[29]

沃利·斯坦伯格与一家签约媒体公司合作,安排我们拜访位于曼哈顿的《纽约时报》的吉娜·柯拉塔(Gina Kolata)。沃利总是很夸张,使我感到好像我是一只奇异的宠物,被它的主人到处炫耀。但是当他发现他不能回答吉娜提出的有关我的科学理念和更广意义的关于我正在做什么的敏锐问题时,他有点泄气了。

7月28日,《纽约时报》星期二的科学版面正体现了吉娜的特色:"生物学家的快速基因测序方法吓跑了同行但是赢得了支持者。"我们再一次经历了逻辑学上常见的巨大跳跃,从为几个基因申请专利到拥有整个基因组专利，正如文章所描述的，研究者们是怎样"害怕人类基因组可能被锁定，由私人投资者拥有 …… 他们害怕这种人类基因组上的抢夺地盘的行为将最大限度地阻止科学进步和免费交换信息"。吉娜描绘了奇怪但是熟悉的科学家们的画面，他们怨恨打破了他们的生活安逸的突破，好像他们是 15 世纪的抄写员，抱怨古滕堡新研制的印刷方法："他通过一条通常不能识别功能的捷径从人类基因上拽出了新基因片段。批评家们说工作的艰难在于计算出一个基因的整个结构，并且测定它在人体内的作用。"[30] 但是她很好地描述了科学问题，而且使我感到轻松的是，她清楚地表明多数有争议的专利不是我的主意而是国家卫生研究院的。

　　沃利的梦想成真了：他在威信颇高的报纸有了自己梦寐以求的专栏空间。当被问到为什么他同意资助 TIGR 时，他回答："因为克雷格用枪抵着我的头。我想要他的技术和那些仅有的他同意的条款。"[31] 当然，那是真正的答案。但是我从这篇文章得知沃利的计划有比做我的赞助人更多的内容：他要成为整个美国生物技术界的救星。"华莱士·斯坦伯格是卫生保健风险投资公司的董事长，负担文特尔博士的经费，他说他突然意识到有一个国际竞赛锁定人类基因组。如果美国人不参与，他说，我们将丧失竞赛权，丧失得到像英国、日本和其他在竞赛中获胜国家的有价值的基因的权利 ……"沃利的引文最好地显示了他的无私和爱国主义情感："我突然对自己说，'上帝啊——如果这件事在美国没有以实际的方式完成，那在美国这就是生物技术的尽头。'"[32] 因此我准备卷起袖子，坚定决心，帮助沃利拯救美国的生物技术工业。

第 7 章
TIGR 问世

告诉你我成功的秘密吧，我的力量完全来自于我的坚忍不拔的 [159]
毅力。

—— 路易斯·巴斯德（Louis Pasteur, 1822 — 1895）

路易斯·巴斯德是科学巨匠之一。他对微生物学和免疫学的进步贡献巨大。他发明了以他名字命名的灭菌法 —— 巴斯德灭菌法。他描述了酿造葡萄酒和啤酒的科学原理。他探索过狂犬病、炭疽热、小鸡霍乱以及蚕病的奥秘并且对疫苗的最初发展也做出过贡献。

然而，与其他的科学家不同之处在于，在建立了一个新学科，驱动了医学的发展并且有一群天才研究者追随他左右后，路易斯·巴斯德想要建立一个基本宗旨为帮助他的研究团队实现他自己的想法的工作环境。

巴斯德研究所是一个非营利的私人机构，它在 1888 年 11 月 14 日举行落成典礼。巴斯德的狂犬病疫苗研制成功之后，得到了公众的捐助，这成为研究所创建时最初的资金来源。现在巴斯德已处于一个理想的环境中了，他可以扩展狂犬病的免疫接种，进行传染病的研究，或者传播他的知识。他在 1895 年的 9 月份去世，送葬队伍在穿过巴黎哀悼的人群后，把他的遗体最终安放在研究所的地穴里。

历史上很少有科学家像巴斯德有那样的自由、机会和特权去创建自己独立的研究所。感谢我对解读基因密码的坚持不懈的追求和好运气，我也有了这样的一个机会，一个为基因组研究的独立研究所。我的动机简单明确：我想扩大基因学的规模，通过揭示我们的遗传秘密来实现表达序列标签（EST）方法的潜在应用，而不用把时间浪费在政府官僚机构的迟缓行动上或者忍受琐碎的科学规则。

就一个独立的非营利的研究所而言，多数人更为熟悉大学、政府或工业实验室。基因组研究所（TIGR）诞生后，引起的争议是可想而知的。毕竟，为什么一个风险投资集团会资助我们这样的一个机构。甚至我从前的老板伯娜丁·希莉也曾提到我的新动作是把我的"明显的发现 …… 推向美国的市场或私有工业"。在 10 多年后的今天，TIGR 仍然常常被归类于一个生物技术公司，而且我们经常受到这类的咨询：怎样购买我们的股票。

TIGR 建立在人类基因组科学（HGS）的旁边，而 HGS 是一个以营利为目的的企业，它资助我们的研究并把我们的发现市场化。我的一位批评者约翰·萨尔斯顿指责我想利用它名利双收："以他的科学工作获得同行的承认和赞誉，同时又迎合了他的商业伙伴的保密需要，从而从中渔利。"[1] 我请求宽恕，因为基于最后一点人性，我犯下了最为可憎的罪行：既拥有蛋糕又想吃掉它。我甚至想过在一开始当 HGS 还是纸上谈兵时，当沃利·斯坦伯格、艾伦·沃尔顿和我还只是它的创始人的时候，我就该远离它。这是艾伦和我希望的安排，也是我们希望保持有效的安排。但是，不久我们就清楚地知道沃利和健康保健投资公司有不同的想法。

现在我已经远远地逃离了国家卫生研究所（NIH）的掌握，我新得到的自由让我兴奋。然而同时我所面对的风险也是巨大的，比如我要承担更大的责任。理论上我可以把TIGR建在任何我愿意的一个地方，尽管我被告知东海岸是最适合的。我对安娜波利斯（Annapolis）情有独钟，那里是"航海之都"，我想我可以把我一生中的两份酷爱结合起来。我在海湾大桥附近的切萨皮克海湾的大码头旁找到了一个理想的地点。在那里我可以在水边工作，在水上生活，甚至午餐休息时都可以驾船航行。

然而，当我把我的憧憬告诉给在洛克维尔（Rockville）的组员时，我的航海－基因学美梦立刻破灭了。这对他们来说简直是噩梦。如果我们最终决定安家在安娜波利斯，多数事物需要重新部署，要不就得 [161] 忍受每天几个小时的交通。父母们面临着要把他们的孩子们从蒙格马利镇（Montgomery）的优秀公立学校转学的麻烦。我很心烦很想不理睬他们的抱怨和怒吼，然而最终我放弃了这个计划，因为我意识到如果我实施了它，TIGR就会总是处于补充优秀员工的麻烦中了。

我的冒险基因

也许我热爱冒险的性格源于深入地编码于我DNA中的某种东西，是它让我倾向于莽撞行事。之所以这样猜测是因为当我面对危险时，产生的兴奋与一种在大脑中发现的名叫多巴胺的神经传递素有关。也许像我这样最喜欢追求兴奋刺激的人拥有不寻常的大量的多巴胺受体，它使人感到愉快。以色列的一个研究小组第一次把追求新奇与多巴胺受体4（DRD4）基因相联系起来。处于11号染色体的DRD4的确看起来像是影响着冒险行为。甚至出生两周的婴儿如果拥有"追求新奇"的DRD4编码变长，也会变得更为活泼和更具探索性。拥有这一编码的是一段有48对碱基的基因，这段基因会重复2～10次，重复越多的人的行为越像一个刚会走路的小孩子：蹬着他的三轮车向墙上撞只是为了体验那种感觉。

有长基因的人比短基因拥有者有更多的性伴侣。前者的受体似乎俘获多巴胺的效率较低，为了弥补这种较低的响应，他们被迫寻求更多的冒险以期得到同样多的多巴胺沉醉。我的基因编码中有4次DRD4片断的重复，这只是平均水平[2]。这说明我并不是一个喜欢追求新奇的人。从我所知道的和理解的来说，我的基因断定我不喜欢冒险。但事实上我喜欢一点小危险，所以除此之外一定还有其他追求兴奋的基因。还有什么更好的例子可以有力地证明宣称存在"人格基因"的说法的荒谬性呢？这么多的基因规划着我们的行为，那些通过人类改变基因从而设计性格的反乌托邦幻想太一厢情愿了。

就在我生平第一次有钱有势去做我真正想做的事情时，我意识到如果我想做一名有效率的领导我就不得不压制我自己的愿望多为别人的福利着想。我很快就把TIGR安家在马里兰州盖瑟斯堡市的克洛珀路的一座工厂里,这家工厂以前是一个陶器厂。作为一个额外的好处,这幢大楼配置有一套完善的空气处理设备,这正是我们的测序仪 [162] 中的激光装置散热所需要的。

现实对我的再次打击发生在我同克莱尔第一次会见"我们的"律师的时候。一如既往,沃利·斯坦博格和健康保健投资公司雇用了华盛顿最大的一家律师事务所,霍金–豪森律师事务所,并签署了意向书,之后我们发现我们被一打律师包围着,一律蓝西服配吊带裤。我们被告知,他们中的一些会代表TIGR和我,另一些代表HGS。我们联合在一起努力执行合同条款,合同不仅管理着资金和知识产权的流动,而且还有TIGR和HGS的运作。但是,那天上午后我就感到不自在,当清楚克莱尔也有同样的不安时,我的感觉更糟糕了,胃里简直翻江倒海一般。不管他们怎么花言巧语,这群西装们是站在沃利和保健投资基金的一边的。没有一个人会为我和TIGR的利益说话。

健康保健投资的哈尔·沃纳向我担保我可以独立雇有一名法律顾问,并且霍金豪森律师事务所为我们介绍了某些独立的律师和稍小的事务所。但当我回到家里时,我给丹福斯(Ted Danforth)打电话,他曾帮助寻找启动TIGR所需的资金,而且一定会加入我的理事会。特德打电话给华盛顿特区的律师事务所高级律师们,并且为我安排约会与他们面谈。他们都听说过我和那7000万美元的基金资助,所以都想赢得我们这个主顾。但很快我就感到厌烦和气馁,他们听起来看起来全都一样。后来我们拜访了阿诺德–波特律师事务所,在那里我们遇到了一个年轻职员史蒂夫·帕克(Steve Parker),他并不像我们先前见到的那些一个模子扣出来的律师一样。我感到，我们之间有一些相同的东西，因为史蒂夫来自缅因州，他的家住在切萨皮克海湾上，从事造船业，他也喜欢航海。

接下来与沃利律师团的遭遇是纯粹戏剧性的，充满尴尬又针锋相对的争吵，还常常令人迷惑。史蒂夫·帕克一直认定我夸大了与霍金－豪森的首次遭遇，可以想象，当我们走进会议室看到的确有12个律师面对着我们时，他是多么的震惊。当他被正式介绍时，霍金－豪森的领队只好与他的同事们协商然后给沃利打电话讨主意。他打电话回来时显得很不高兴，因为沃利责备他不该让这样的事情发生，不过沃利说他们只好忍受这些了。接下来的冲突只是进一步使我确信：由于引进了一个专业的律师事务所，才使得我在谈判桌上恢复了一点平衡。

在刚签署完条款清单后，沃利决定不采取强硬态度处理出现的争执。虽然他是一个街头混混，但他认为自己是一个有尊严的人。我们握手言和不再提起这次争议。但是这都是我造成的：我本应该在有一个确定的合同以后再从NIH辞职，而不是只凭条款清单。我已经失去了我最有力的讨价还价的筹码了，如果我现在不做这笔交易我的事业也就毁了。

情况进一步明显，尽管霍金－豪森律师事务所的律师们自己很乐意同时代理我们和健康保健投资，还有HGS，并且一点也不认为有什么潜在的抵触，却厚颜无耻地争辩说如果阿诺德－波特律师事务所既代理我又代理TIGR是相抵触的，我的代理律师答复说，TIGR和文特尔联系非常紧密。我们研究解决条款和先行条件。甚至就这样商议后，沃利还想要最后发言权，这就意味着，在沃利总部 —— 健康保健投资公司新泽西埃迪逊办事处 —— 装修豪华的会议室里将进行一场面对面的斗争。

我坐在沃利的助手们前，有他的高级合伙人哈尔·沃纳，当然也有蒂德·布莱尔（Deeda Blair），尽管除了主战人员其他人都没说什么话。沃利正在迎合他的听众，但是的确看起来像是要说服我。另一方面，我却有种奇怪的感觉，这种感觉只要我处于关键时刻就会来临，不论在一个激烈的会议上做主题演讲还是在岘港的伤员接收区：我感到我能置身事外超然地观察整个过程，好像一个旁观者而不是当局者。当我发言时我可以倾听我自己并且评价我所说的。

一个遗留的关键问题是，在 TIGR 以科学文献的方式自由发表它所发现的基因数据之前，HGS 可以独自使用这些数据多长时间。虽然我主要关心的是科学，但我的确希望 HGS 可以取得成功。尽管一些科学家鄙视商业化，我只是高兴我的研究结果可以转化为某种有价值的东西，这也意味着它有可能给我们的世界带来一些好处。

在我们面对这个问题之前，沃利在基因专利权的问题上给我的信号是模棱两可的。吉娜·柯拉塔在《纽约时报》撰文把沃利描述为"他有意担负起社会责任，从而投资文特尔博士的科研工作。他说他 164 将会把文特尔揭示出的遗传信息毫无保留地尽快公布，而且他会和其他公司以及 NIH 坦诚合作"。文章还写道，"像其他的生物技术产业一样，斯坦博格先生说，如果专利局否定了基因专利他将会非常高兴。"[3]

但是另外一篇在《华尔街日报》上的文章提出了一个更为现实的估计。沃利曾经对这家报纸说对于人类基因科学，健康保健投资公司还没有一个确定的专利政策："'我们将会假定旧的规则依然适用，也就是说基因的作用应该被视为是可以申请专利的，'他说，'但是我不是一个专利代理人并且这件事是很复杂的。'"它的确是复杂的。

沃利想要这些数据的两年的专营权，然后再将它发表；我表示反对，因为由联邦基金支持的科学家可以保留他们的数据6个月，最近NIH也做出了同样的规定。这只是一个理论期限，至少我没有说明实际上这个规定的执行一团混乱。NIH之所以引入这个规则是因为一些研究小组会把他们的数据保存几年之久才发表。在人类遗传学方面，科学家们尤其残酷，都竭力不让他们的竞争对手得到关键数据。他们关心的不是解开人类患病之谜从而尽快地帮助患者恢复而是作为第一个发现者，他们可以获得名望。为了结束这种滥用公众基金的无耻下流行为，NIH建立了这个半年规则。问题是永远都不会清楚这个半年是从什么时候开始计算的。到底是从数据开始收集之日算起，还是在决定性的实验结束几个月后或几年后？

沃利争辩说：半年时间对于发展一个产品来说是远远不够的，甚至连准备一个完整的寻求必要知识产权所必需的资料的时间都不够。为了迎合他的自负，我说当然他是对的，但是，我接着说，像沃利这样聪明的人，半年的时间就足够找到可行的项目，在这些项目上HGS可以有较多的时间去运作。不管怎样，我的团队将会发现几万个基因，而HGS所能把它们开发成为治疗应用的只是少数而已。

最终我提出了一个三段走的方案：HGS将会有半年的时间选择看起来可能成为治疗方案的基因。这些被选择的基因会再经过半年[165]然后发表。但是如果有任何迹象表明，如果涉及的是像胰岛素和红细胞生成素产品类的有望成为生物技术巨头的基因数据，那么HGS将会有额外的18个月的时间去充分开发它们。剩下的为数众多的基因，TIGR可以根据需要自由发表。在我们的会议上，没有讨论HGS想将我们科研成果申请专利的要求。

我们的谈判即将达成一项协议，这个协议由帕克将其整理成为一份文件，就剩议程的最后一项条款了，我知道它将会被证明是重要的。因为沃利只是HGS的一个代理CEO，很多的事情要取决于新的全权负责这项工作的人的品质。尽管沃利向我保证，在选择CEO方面我有最终的否决权，但是帕克没有把这一个细节记录下来，并且也从来没有把它写进合同书里。这个忽略将会让我付出沉重的代价。

我的实验室有6台自动DNA测序机，曾经是世界上最具规模的测序操作。在TIGR，我向应用生物系统公司提交了20台机器的订单，这也是他们到目前为止接到的最大的订单了。当这些机器到位后，每年TIGR将可以测序数10万个复制品，大约是10亿个DNA编码碱基对，在当时这是一个难以想象的规模，尽管以现在的标准看来平淡无奇。（J·克雷格·文特尔研究所联合科技中心，现在一天就可以完成当时一年的工作量的两倍。）

TIGR最让人满意的一个方面是我可以不用考虑传统实验室必须遵守的很多惯例、程序和规则。当我们的仪器被安装在前陶器厂时，我们决定把连接这些仪器的通风管和电线都暴露在外边。这使得我的实验室有一种超现实的外貌，使我不由得想起巴黎的蓬皮杜中心，这座建筑在20世纪70年代备受非难，因为它把作为服务设施建筑的内脏全安装在建筑的外部，让其作为大厦的外骨骼，这些设施包括套在透明的塑料护套里的红色的升降电梯和扶梯以及色彩缤纷的管线 —— 蓝色的通风管、绿色的水管和黄色的电线。我的DNA解码设备的外观给予我的研究小组灵感就如同巴黎的蓬皮杜给艺术家和建筑师灵感一样。

我可以抛弃任何我讨厌的学术制度。首先也是最重要的，这里不会有终生职位，一个人不可能永久占据一个职位而无需周期性的评估或者合同的更新。终生职位对现在还保留着这种过时的制度的组织下了双重的诅咒。在终生职位环境中混得如鱼得水的二流人才，当他身边的人都是平庸之辈时他最高兴，当某人可能是优秀的而且揭露了这种弊端时，他就会将其排挤出去。在NIH的9年里，我感到单位内部的规则在性质上发生了一个变化，从一个天才可以冒险和茁壮成长的保护性的环境变成了人们可以混日子的地方，科学研究也永远不会活跃，如果它不得不为外部的基金而竞争的话。

我想为TIGR雇佣最好的和最有才能的科学家，而不是为那些与研究所有不同日程的人，或者最为糟糕的，为那些二流的、平庸的、呆板的和缺乏动力的人提供保证。有动力、有想法的人是不需要终生职位的。在我做了这样的决定10多年后，我甚至更强烈地感觉到它是对的，因此我从来也没有遇到优秀人才流失的问题。

另外一个我急于想废除的学术界的怪癖是，认为每个科研工作者必须有他自己的空间和设备，尽管有些空间和设备很少使用。在多数机构中，一个研究员的地位可以由分配给他的空间的平米数或在他实验室里工作的人数来衡量。我在这种游戏中总是胜出，不管在纽约州立大学，在罗斯威尔·帕克癌症研究所还是在NIH，我的实验室不管面积还是人数都是最大、最多的之一。但是在TIGR我想采取一种不同的做法，因为毕竟在这里整个组织的核心是一个巨大的测序和计算设备。每一个科研人员从学生到诺贝尔奖获得者，都会有一个适当大小的办公室或者配置一个工作台大小的小书房，都共享一个世界上装备一流的实验室。如果他（她）需要一个特别的装置的话，我也愿意提供，但是在TIGR，这些增建的装置最终的受益者是整个组织而不是某个人。

后来在TIGR所经历的文化冲突被一个初期外来的新成员比作一只被浸在液体里的老鼠，如同1989年詹姆士·卡梅伦拍的电影《深渊》中显示的戏剧性的"液体呼吸"场景一般。海豹特战队使用这种被惊吓的啮齿动物来示范安全吸入两肺的富氧流体是可行的 —— 尽管古老的本能让我们对这样的想法惊恐不已。（利兰·克拉克在20世纪60年代就显示一只老鼠的确可以浸入到一大杯氧化碳氟化合物液体中存活。）

在我需要招募的关键人物中，有个应聘者是由沃利推荐来的，沃利让我考虑让生物科技产业的老手卢·舒斯特（Lew Shuster）坐行政副主管的位子，这样他就可以监督开支并且帮着安置HGS。我接见了卢·舒斯特并且同意他可以承担这个工作。接踵而来的要求是为舒斯特、他的助手以及健康保健公司访问人员设置办公室。我表示反对，这意味着对TIGR的非营利圣洁性的侵犯，而且如果HGS和我们同居 [167]

在一起，会混淆TIGR的目标。我确信这只是一个暂时的安排，尽管沃利当然想在TIGR安插一个眼线看我们在做些什么。我和舒斯特的关系从他进入他的办公室那天起就变得很尴尬了。

对于行政主管，我认为我找到了最佳的候选人，他是史克必成公司的乔治·波斯特（George Poste），我们在纽约的罗斯威尔癌症研究所做同事时就认识了。我曾和乔治讨论过EST方法和基因学，他是为数不多的真正懂得EST方法和基因学的潜能的人之一。乔治虽然固执但是他是个充满魅力、为人风趣、和蔼可亲的人，我想我可以和他既友好又有建设性地一起工作。

当乔治参观TIGR时，很明显他对有这样的机会感到兴奋。尽管原则上沃利赞同把乔治拉上船的主意，但是在事情真正实行时他又忧心忡忡。他的问题在于我明显不是一个听话的孩子，尽管他用尽浑身解数，我还是守住了我要TIGR去做重大的科学项目而且发表我们的数据的底线。沃利意识到乔治也是一个意志坚强独立自主的人物，有一个就够他受的了。和我见到的很多极度自我中心的人一样，沃利打击我与其说是为了让自己成功还不如说是为了控制我。当然他确信如果完全控制了我，他的成功就唾手可得了。

沃利不止一次见过乔治，但是明显他心里已经有另一个HGS的人选了，即威廉·黑塞尔廷（William Haseltine），他是波士顿的达纳－法贝尔癌症研究所的艾滋病研究者，他曾和沃利一起创办过另一家生物科技公司。最近娶了乔治香水的合作创新者盖尔·希曼（Gale Hayman），黑塞尔廷穿着昂贵时装，浑身透着贵气，他的黑色稀疏的头发也梳成油光可鉴的背头，以期吸引更多公司的注意。一开始黑塞尔廷仅仅被安排为一个顾问，对此我是不反对的，因为看起来计划里没有多少人适合他的层次。在我继续游说乔治的同时，沃利背着我去招揽黑塞尔廷。

到现在TIGR终于准备好做一些科学研究了。我已经用人脑cDNA文库指导了我的初步EST实验。在实验运作的第一年内，我想让TIGR测序源自每一个人体内较大的组织和器官的DNA的EST文库。[168]为了这项工作，我将利用各种NIH赞助的储藏库，这些储藏库存着人体组织和器官，有的是从手术台上来的，有的从捐助者那儿来的，例如，一些捐助者同意一旦他们死亡后就捐出他们的大脑。我们成立了一个伦理审查委员会批准我们的研究草案和伦理准则。

我们已经准备好启动我命名的"人类基因解剖工程"了，它将定义我们的分子解剖学，通过揭示哪个基因形成心脏，哪个基因形成大脑等等。回顾我的EST方法，该方法依赖于信使RNA（mRNA）"编辑"染色体组并且从非编码区筛分译码。不同的组织编码蛋白质的部分是不同的。每个细胞包含相同的遗传密码，但也有大约200个类型的特殊细胞（如人体内脑、肝、肌肉），取决于哪些特定基因是有活性的。利用EST方法，我可以把我们的细胞当作我的超级计算机，从每个组织中提取所有使用的基因谱。

但首先我需要建立一个标准人体组织的DNA文库，这些文库大部分还不存在。收集到组织和器官后，我们将必须从中分离mRNA，并准确地使用它作为cDNA文库的基础。当然我们想要建立高质量的文库，但这就带来一个问题："准确"意味着我们想要cDNA精确地表示mRNA，同样也精确地表示基因。但是首先RNA是正确的吗？

我曾考虑或许可以用从果蝇头部已建立的cDNA最好文库开始，从而展开许多果蝇的神经系统的基因发现，其中包括我曾发现的章鱼胺受体。当我们试图将EST方案应用在这个被认为是最好的文库之一时，我们发现一半的cDNA序列来自于为细胞提供动力的线粒体基因组，而不是来自于细胞核染色体。果蝇的眼中含有线粒体太多以至于它们的RNA污染了一半的文库。用我的随机方法，有一半已选定的复制品将最终来自线粒体，所以我们要发展新方法以确保cDNA文库都来自细胞mRNA。我们还不得不制订新的计算方法来存储、分类并解释EST序列。

从测序仪中出来的数据很快就从涓涓细流变成了一股洪流，同时斯坦博格要推出他的商业计划并且坚持要我陪同他访问一些制药公司，当他向这些公司出售HGS的商业授权时，他要我同时做一些科学介绍。这方面的经历让我对"纯学者"这个称谓有了一个新的认识。在一次制药学会议上我惊奇地发现了埃里克·兰德（Eric Lander），他供职于麻省理工学院联合怀特黑德研究所。埃里克以前是哈佛商学院的经济学教授，在经济学教授之前他是名数学家。埃里克一贯的风格类型是一名引人注目的推荐者，这一点正是我要学习的，即他的商标风格。他是为了宣传他的新公司来的，该公司曾声称发展了一个新方法可以从产妇的血液循环中分离出胎儿细胞，这就使基因研究可以提前到怀孕期就进行。在基因组学商品化的大潮中，在舆论思想界似乎要把这类活动与纯学术的世界远远隔离的时候，兰德和一些人一样也曾向新闻界抱怨过TIGR、EST方法和基因专利。我后来得知当时他也在到处推销自己的生物科技公司。

我还发现，与我和艾伦·沃尔顿（Alan Walton）已制订的计划相反，斯坦博格无意向一些感兴趣的生物科技公司和制药公司出售关于TIGR发现的授权，他想要的是一项对我们发现的整个基因矿藏的专有权。沃利当时已经开始和史克必成公司秘密商谈关于对HGS的知识产权也就是TIGR的数据的专营权事宜。他越来越担心自己的承诺，即给我和TIGR 7000万美元的资助。鉴于当他第一次脱口而出这个报价时他的同事惊愕的表情，我就怀疑健康保健公司当时是否真有这么多钱。虽然它有3亿美元的基金，但现在还不清楚到底有多少钱已经到位。尽管他把自己和他的基金描绘为一名长线投资者，但是他急于敲定一笔大的制药公司的生意，然后把HGS上市，狠赚一笔，表明他想把钱尽快捞回来。

1992年底，弗朗西斯·科林斯被宣布进入NIH接手沃森的工作。弗朗西斯·科林斯是一个虔诚的重生教派基督徒，有一个评论员把他称为"基因组计划的摩西"[4]，科林斯相信科学事实只是"更大的真相"[5]的一瞥。当这份工作摆在他面前时，他很想知道这是否是上帝使然，于是在他决定动身去做他所谓的令人敬畏的冒险前他在一个小礼拜堂做了一下午的祈祷。"只有一个人类基因组计划，"科林斯说，"我没有想到我会作为这项工程的舵手并且把我个人的足迹烙在该工程上。"[6]科林斯和他的25个人的研究小组恰好搬进了我从前为我的内部基因组计划设计的我那珍爱的实验室。我在TIGR有很多有趣的 170 事情，以至于那时我非常高兴把我的实验室留给他。

离开NIH的好处之一很快就变得非常的明显：我和克莱尔两人的收入比我们在NIH的14万美元多出了一倍，那时我们靠着14万美元勉强维持我们的市区的房子、两辆很小的汽车、孩子抚养费、助学贷款和一条14米长的帆船。我现在可以偿还一些债务，还可以加大房子的月供。我在波托马克以不到50万美元的价格买了一套很特别的两卧室玻璃房，它坐落在1.2公顷大的一块偏僻的草地上。它有接近40米长的车道，房子由四根内部的柱子支撑着，给人一种它的玻璃墙在浮动的错觉。我们的卧室正对着一家私人牧场，在牧场上游荡着鹿、浣熊和狐狸。

新房子是让人愉快的，但是很清楚我们的房子和安全都依赖于我们未来科学研究的成功，所以我很少让自己迷失在实验室之外。心肌、肠、脑、血管等等，一系列的人体组织陆续到达TIGR，在这里它们会被处理成mRNA，然后cDNA，最后DNA序列。由此产生的新发现来得非常快，为了应付它们，我们要提高我们的生物信息学和计算方面的能力，购买最快的商用计算机：一个由马斯帕（MasPar）公司制造的新型"大规模并行计算"模式。在未来的一两年内，TIGR将会在顶级杂志上发表8篇文章，其中一篇的内容是我在NIH实验室用EST方法得到的最后一批结果，这些文章有很多是关于人类基因组的研究。《自然》杂志一篇社论承认"很多关于人类基因组的研究可能将比预期的要快"，[7] 但它接着的仍然是一段不合时宜的对测序整个基因组的美德的颂扬。然而在我所有的成功背后，我卷入了一场生存之战，这场战争将成为我现在间接工作的商业环境的经典事例。

第 8 章
基因战争

逆流游泳的人才知道河流的力量。

　　　　　　　　　　——伍德罗·威尔逊（Woodrow Wilson）

　　到1993年底，尽管国家卫生研究院关于基因的第一次专利申请 171
已经过去两年了，基因淘金热的激烈论战仍热火朝天，没有任何缓和
的迹象。现在有一个新人不得不与这个问题作斗争，因为吉姆·沃森
的对手，伯娜丁·希莉，辞去了世界上最强大卫生机构的领导职位。

　　这个职位是一个行政任命，比尔·克林顿当选后，他从加利福
尼亚大学旧金山分校选择了一个分子生物学家哈罗德·瓦尔姆斯
（Harold Varmus），瓦尔姆斯从研究伊丽莎白的诗歌开始了他的学术
生涯，接着又转行研究医学，主要研究反转录酶病毒 —— 从这些病
毒的不同寻常的生命周期到它们可能引起的基因变化。因为他的工
作及对癌症的洞见，他最终与人分享了诺贝尔奖。1993年11月，他成
为第一个领导国家卫生研究院的诺贝尔奖获得者。希莉的行政方式
曾招致一些人的怨恨，有篇文章曾挑刺说希莉的方式"令人回想起乔
治·巴顿将军的管理风格"，[1][2]瓦尔姆斯采用了一种更轻松的风格。
他想使国家卫生研究院的内部研究再次活跃起来，强烈相信促进基础

科学和发现的随意性本质。专利问题虽然仍处于高优先级，但是不像他的前任们，瓦尔姆斯据说是坚定不移地与他们执相反意见，这种态度不久就变得十分明显了。

里德·阿德勒，是一个拥护基因专利的职员，他曾取得进展并已经把它们进行了专利申请，试图明确怎样处理那些讨厌的没有特点的基因片段。1993年底，阿德勒为做了"正确的事"付出了代价，瓦尔姆斯开除了他。《科学》杂志指出有不少专利专家，甚至弗朗西斯·科林斯都已经接受了阿德勒的看法，认为申请基因专利是有利科学发展的。对他的调离，官方这样澄清事实："瓦尔姆斯反对那些专利，但是国家卫生研究院的上层官员们说，瓦尔姆斯把阿德勒调离到一个未详细说明的政策职位上更多的是基于提高技术转移综合办公室运转的考虑。"[3]

我也感到了管理层骚动的影响。斯坦博格那时已经开始协商一笔空前的1.25亿美元的涉及史克必成对于基因组研究所的基因序列数据的专有权的交易。直到我发现这项协议时，我才领会了当初与他的一次谈话的意义。

那时，沃利严加盘问我关于即将发表文章的计划。到目前为止，一些被确认的TIGR数据保密时间已经达6个月了，根据我们的协议，应该可以发表了。但是我觉得与其一点一点在公共领域零碎地发表，不如在完成人类基因解剖计划的最初阶段，发表一篇至少包含一半人类基因的专业文章。沃利向我要一份这项计划的时间表，到出版时，我估计将要花18个月。如果我书面同意这些事项的话，沃利说，我就可能获得一笔1500万美元的奖金，10年内会给基因组研究所带来8500万美元的预算。回想起来，很清楚他需要从我这得到铁定的承诺来终止史克协议。

HGS和史克必成宣布对我的基因数据专有权和HGS的8.6%股份交易，比HGS公司1993年12月2日公开上市要早一些。首次公开上市的价格是每股12美元，不久迅速上升到20美元。但是当沃利宣布黑塞尔廷现在要成为HGS的首席执行长官时，我对这个合作发展的热情很快消失了。我知道他们一直在讨论这件事情，但是我没有意识到沃利对黑塞尔廷有多么认真。我提醒沃利他曾许诺我将在首席执行官的选举中有主要发言权，而且他已经准许我拥有否决权。我优先考虑那些关心企业的人，而我本人继续做科学研究，这就是为什么我认为从制药公司来的重量级人物，比如乔治·波斯特，比一个已经创办了几家生物技术公司的艾滋病研究者来说，更适合这份工作。由此我对黑塞尔廷运用了我的否决权。沃利承认他确实提供给我这个特权，[173]但是加了一句"太糟糕了，你没有以书面形式写下来"。黑塞尔廷明显很精明、圆滑，而且至少对名誉这一点过分积极，他甚至早上3点钟打电话威胁他的竞争对手。但是内心本能告诉我他也不是我要找的合伙人。

从他来的时候起，黑塞尔廷就让大家明白，是他在经营这家公司，他对我的计划不甚感兴趣，他让我感觉到我只是帮他进入通往生物技术巨头的轨道的"火箭助推器"。他的问题当然只是不能指挥基因组研究所的研究而已，因为我曾和沃利达成过这样的协议。变得更糟的事情是，史克公司被我们拥有发表我们的数据的权利所困扰。而且困扰史克的事情同样也困扰着黑塞尔廷。解决方案是显而易见的：从最初，黑塞尔廷想除去基因组研究所，由此除去任何资助它的义务。

黑塞尔廷为自己预订了许多DNA测序仪。当1993年末，他已经建立了一个实验室与基因组研究所抗衡。（"对我而言，没有理由与他竞争，"黑塞尔廷声明，"我已经拥有了他所有的一切。"[4]）因此我被迫把我科学预算中重要的一部分 —— 当然是由HGS提供的 —— 转移给了史蒂夫·帕克和他在阿诺德-波特的法律同事。从我告诉《华盛顿邮报》"这正是科学家所梦想的拥有一项赞助人对他们的想法、梦想和能力的投资。"[5]到现在，真的只有一年吗？

黑塞尔廷不是唯一被我打算在科学文献中发表我的数据和发现的意图所困扰的人。那时，基因组研究所已经与我们在亚特兰大疾控中心的同事们一起完成了天花基因组的测序，假如这个成果意义重大的话，我们当然会详细描写这项工作并在《自然》杂志上发表。高级政府官员警告说不能这么快发表。甚至我离开国家卫生研究院之前，是否把我们的数据归为机密文件的谈话，还经常会引发一场辩论，而且几次升温。直到1991年底，如果我们不及时发表该成果前苏联的同事就会发表他们的天花基因组版本时，争吵最终才以一种超市场利益的形式确定下来。因为我们不能被以前冷战时期的敌人战胜，于是我们在《自然》[6]杂志上发表了基因分析；这篇有重大科学意义的文章为我们又赢得了一块奖章。

大量的有关新闻报道中有一篇《经济学家》的文章，它评价用基因组使天花病毒重现是一宗侏罗纪公园式的成就（"天花病毒赋予

'计算机病毒'以全新的意义"[7]），文章还说，一个字母一个字母地 174
装配DNA在今天的实验室里是一个冗长乏味的过程，我不同意这个
观点。以我对DNA技术的了解，我相信天花病毒在几年内是有可能再
次出现的。我提出这一点，是提请联邦官员们注意不要以为灭绝了天
花病毒就产生一种虚假的安全感。

我认为这些故步自封充其量是天真的，因为有很多剩余天花病毒
源。美国和前苏联已经停止给人们接种这种病的免疫疫苗了，但是没
有人能够确定这种致命的病毒没有被冷藏操作的人们隐藏或遗忘在
自制病毒小瓶中，更不用说病毒残留在那些被埋在永久冻土里的天花
病患者的体内。这种考虑并不牵强：1918年的流行感冒在2005年复
苏了，在找到躺在阿拉斯加永冻土里一个妇女的尸体后才证明了这
一点，她死于1918年11月，估计她是当年5000万死于全国流行的特
型感冒的人之一。除了能从DNA序列中合成它的DNA的天花病毒外，
还有大量其他感染物种 —— 包括我们的近亲 —— 梅毒病毒，都可能
进化并再次感染人类。

因此永久灭绝天花是根本不可能的，宣传误导我们产生可以做到
根除天花的印象。我思维的转变源自1994年初。那年1月份，《华盛顿
邮报》整页描述了我的引言："如果你相信死刑，那么天花就被判受电
刑。"[8] 事实上，我不相信死刑，给编辑写了封信争辩说病毒不应该
被破坏。天花将有段时间在我的生命中继续担当一名角色，从与CIA
讨论到甚至为总统和他的内阁写主题简报。

那时，我的成功开始产生了它自己的问题；我个人的财政突然变

得有趣 —— 这么多以至于它们的细节被刊登在1994年1月3日星期日的《纽约时报》的头版。如果说一个同行吸引了主流媒体的注意力，科学家们感到有一点痛苦和愤恨的话，那么他们最不能原谅的就是当一个对手也挣了钱。像多数人们的努力一样，科学很大程度上是被嫉妒推动的。

那个时候，我们在基因组研究所举办了一个晚会，庆祝我认为在DNA测序工作中的有历史性意义的一块里程碑：在不到一年时间里，我们成功地获得了我们的第10万个序列。更重要的是，我们正在获得更高质量的数据，如果我们要保持在其他竞争对手之前，这是至关重要的，我感觉对手们把太多的重点放在计数序列和基因上。除了HGS，还有因塞特公司，1991年我在《科学》杂志上发表了EST方法后，这是第一家开始应用它的公司。兰德尔·斯科特是该公司的首席科学家，他马上认识到EST方法的合理性，并且把公司全部注意力从药物转移到了EST方法上。因塞特公司和HGS公司基本上都复制了被里德·阿德勒整理的国家卫生研究院的专利申请书，试图为他们找到的每一个EST申请专利。我发现，具有讽刺意味的是，当公司对他们"独一无二的发明"追求知识产权保护时，美国专利局居然能忍受这样的剽窃。

值得赞扬的是，哈德罗·瓦尔姆斯已经决定和每一个人谈有关股份或任何劝服EST专利困境的强硬观点。我有一个"间谍"，他是基因组研究所的职员，曾经在国家卫生研究院工作，不断有瓦尔姆斯办公室的朋友向他报告事情发展。最终，轮到我要求与瓦尔姆斯见面了，他很兴奋因为这正中他意。首先我再次说我反对申请该专利，但是我理解阿德勒的观点，通过快速追求专利，建立EST缺失的专利，除去业界的不确定因素，国家卫生研究院能够做出一次很好的公共服务。争论发展到现在，瓦尔姆斯决定放弃专利，但是事情仍然没那么简单。政府条例规定如果国家卫生研究院不试着申请专利，发明者自己仍能要求这一权利。以一个讽刺结束一切讽刺，正如沃森所警告的，国家卫生研究院可能成就"文特尔专利"。如果国家卫生研究院放弃专利申请，我会接管吗？瓦尔姆斯和其他人渴望知道我的答案。

我已经与马克·亚当斯讨论过怎样处理专利的问题，他被列为发明家。我们不想要专利，也不想从它们身上获利。我们决定我们一定要从这混乱的情形抽身，只要我们把专利权益做一个转移，来自专利的任何技术转让费，都将用于一个我已经支持的美好事业：国家卫生研究院儿童之家，一个让患有癌症的孩子们有住的地方。当我告诉瓦尔姆斯我们的决定，他似乎很奇怪而且慌张，很明显，他对我的期望很低，大概因为他曾经从沃森等人那里获得了对我的描述。如果他知道整个故事，他可能会更震惊：那时，黑塞尔廷和斯坦博格已经提 [176]供给我100万美元让把我把专利转让给HGS——我拒绝了这一请求。见了瓦尔姆斯不到一小时后，当我回到基因组研究所时，我的间谍发回了整个事件的报告。瓦尔姆斯"很吃惊文特尔这样做并不是为了钱"。不幸的是，瓦尔姆斯没有努力与其他人分享他对我的评价。

我当然感到高兴，因为瓦尔姆斯看来明白了我不是由经济利益所驱使，我也感到灰心，因为他很明显不知道国家卫生研究院的规定。没有人能从一项国家卫生研究院的专利中获利，因为按照法律，每年的技术转让费的上限是10万美元。我所知道的是只有一个国家卫生研究院的科学家曾得到过最大数额 [罗伯特·高卢（Robert C. Gallo），由于他对艾滋病测试的研究工作]，这个额外的10万美元也只是使他的薪水和在学术机构中报酬较高的同事持平。我们见面几个星期后，瓦尔姆斯宣布他要撤销国家卫生研究院的专利申请。没有一篇新闻报道提到马克和我决定不再寻求权益，也没有人注意到我们关于把它们转向国家卫生研究院儿童之家的提议。《科学》杂志指出，"国家卫生研究院的决定没有解决无特征的基因片段是否能申请专利的问题。"[9]新闻使HGS和因塞特的股票价格大跌，阿德勒如此关心不确定因素的影响的原因到现在已经相当清楚了。

为了帮助我们分析新的人类基因序列，我们已经发展了一套计算机系统，该系统以生物学伟大发现之一为基础：当进化的过程已发展到可以成功表现一种重要生物学功能的蛋白质的时候，不论对什么物种，大自然母亲都会一次又一次重复使用相同的蛋白质结构。克里斯·菲尔德（Chris Fields）是一名计算机行家，他特别喜欢吃极辣的辣椒，正如科学家们所说，他使用计算机研究基因或蛋白质序列的高度保守性，这一点正是我们开发的EST方法的功能。我们的计算机将采集每个我们测出的新的人类DNA序列（大约300对碱基），而且把一串碱基与当前已知的基因数据库相比较。比如，如果我们发现了它与果蝇中的DNA修补基因很搭配，那么很可能人类复制品就有一个类似的功能。通过使用自动DNA测序得出大量原始数据，然后计算机为新的基因搜寻挖掘这些数据，现在我们能实现EST方法的全部功能。

我们早期的一项成功可以追溯到1993年12月，那时我接到伯特·佛哥斯坦（Bert Vogelstein）的电话，他是巴尔的摩约翰霍普金斯大学结肠癌研究的领头人。基因可以协调细胞分裂，当突变在基因中聚集就会出现癌症，并且导致无法控制的增长。伯特小组发现，这类基因突变，即DNA错配的修补酶，与大约10％的非息肉结肠癌病例有联系，之后他想寻找不健全的DNA修补基因。它本身就是一项重要发现，但是，伯特确定至少还有另一个DNA修补酶可以导致更多的癌症病例，他想知道是否我们已经发现以我们人类基因解剖数据形式出现的任何新的DNA修补酶基因。我认为，事实上，我们已经告诉他我们将重新检查我们的数据。为了帮助研究，他用电子邮件发给我一些没有发表的从酵母菌中分离的错配的修补基因的DNA序列。

我一收到酵母菌的基因序列，就告诉分析复杂生物资料的学科小组开始在基因组研究所数据库彻底搜索一些类似的人类DNA序列。很快，三个新的人类DNA修补基因出现在我的计算机屏幕上。这是一个兴奋的时刻，我马上打电话给伯特。他也很兴奋，想绘出新的人类染色体基因序列图，看看它们是否处在那三个区域，如果在那三个区域，他的研究表明与结肠癌有关联。我们把荧光染料涂在基因上，用它们探测染色体。通过显微镜来看序列在哪里附着，我们能看见它们的确附着在对应确定的结肠癌区域。

现在对伯特和我来说很明显，我们有了一个重要发现，这个发现不仅能改善我们对结肠癌的理解而且能显示我的EST方法的巨大价值。当第一个DNA修补酶发现时，它耗了伯特几年时间，我们通过快速搜查EST数据库，揭示了另外三个。但是，当然这里有一个突出的问题：HGS拥有对所有基因组研究发现成果的商业权。我告诉伯特我将不会让比尔·黑塞尔廷阻挡可能会给癌症患者带来即时利益的一项发现。

我们决定现在必须把黑塞尔廷和 HGS 拉上船以防止这项巨大的
178 进展在未来的经济冲突中陷入困境。伯特得到一家专业制药公司的资
助，所以他知道自己所受的约束，也知道能得到什么。我给黑塞尔廷
打电话解释我们所发现的，并告诉他 HGS 应该立即与在霍普金斯的
伯特小组建立一个协作关系。值得称赞的是，比尔能感觉出这是一个
重要的突破。协议于 1994 年 3 月签署并在新闻界宣布。在一周内，我
们拥有了这个癌变的每一变态新基因全部测序。

由肯尼斯·金斯勒（Kenneth Kinzler）领导的佛哥斯坦小组从结
肠癌患者和对照组成员身上取走 DNA。他们用一个被称为 PCR 的
DNA 扩增技术 [由加利福尼亚同事冲浪爱好者凯利·穆利斯（Kary
Mullis）研发] 将每个患者的对应修补酶的 DNA 制成复制体。然后我
们对患者身上的修补酶进行测序，看突变是否与癌症有联系。所有这
三个基因都与癌症的出现有关。遗传性非息肉结肠癌是人类最常见的
遗传病，几乎占所有结肠癌的 20%。此项研究产生的两篇文章很快就
被大量引用，这标志着 EST 方法可信性的一个转折。最令人满意的是，
DNA 修补基因中的突变与这种疾病之间的联系的发现，将很快导致
新的结肠癌诊断学：基础科学和一些我自己个人的发现现在正在帮助
医生和病患者们。

当我们继续这项不平常的工作时，我突然感到剧烈的疼痛、反胃，
而且也在发烧，我赶紧冲进医院，此时，我自己的结肠在我的生活中
也占了主导地位。起初医生认为我是阑尾破裂和腹膜炎，腹膜炎是一
种潜在的威胁生命的腹膜感染，腹膜是紧贴腹壁的一层膜。医生给我
用了高剂量的抗生素，几天之内我几乎恢复健康了。他们想切除我的

阑尾，但是我拒绝外科手术，因为我的症状与我所知道的阑尾炎症状不相符。在几星期之内，情况又恶化，我再次被注射了大剂量的抗生素，外加一个CAT扫描、钡灌肠剂和X射线，以检查我肚子里到底怎么了。诊断很清晰：我有憩室炎，患这种疾病时在结肠中会出现少量斑点。而出现憩室炎会引起斑点穿孔，细菌进入到腹腔内，从而引起腹膜炎。

我被告知这是一种新型职业病，是由高压引起的。"你压力很大吗？"医生问。是的，我的同事们那些日子每天给我施压。我也被卷入一场为一个新科研方法在科学中建立信誉的战斗中。当然，我与[179]威廉·黑塞尔廷很难相处，他不断地利用我曾帮助开办的公司来挤压我的研究所。那时，我也记得当我要登上一家私人直升机飞往纽约与HGS的一位股东共进午餐时，我几乎要精神失常了，但是一想到只要我还活着，HGS和TIGR之间850万美元的合同就会有效，我就犹豫了。我不想去回忆这些，我告诉医生，我感觉很轻松。但是虽然我的大脑能处理压力，我的身体显然无法承受。

压力，冲动和寻求刺激

已经查明处理压力的能力和寻求刺激的倾向与X染色体上的一个基因有关联，这个基因负责单氨氧化酶（MAO）的调节。这个基因的一种形式尤其与寻求感觉和信使化学物（比如多巴胺和含于血液中的复合氨）的调节有关。因而低水平的单氨氧化酶与不考虑任何后果的寻求直接满足的冲动倾向有关。这个基因的一个不同寻常的变体在一位荷兰人家族中延续了三代男性罪犯，这一记录有力地支持了基因和蓄意犯罪之间的联系。

这个基因编码一种存在于大脑与细胞之间的神经突触上的酶，并且清扫多余的信使化学物。一个常见的基因变体会产生某种不太活跃的酶，这种酶不能有效清除多余的信使化学物，而且这个形式易于在高度敏感人群中出现[10]。同时，这个基因的高度活跃版本似乎对压力有保护效应。扫描一下我的基因组显示我有那种高度活跃形式，从而我是一个反社会行为倾向较低的人。一些人可能认为这难以置信：我曾一度被称为生物学的坏男孩，喜欢恶作剧，甚至残暴无情。但是我怀疑我的那些最苛刻的批评家都不否认我的处理众多压力的能力。

我被警告随时可能发展成腹膜炎，这是致命的，我需要尽快进行外科手术。但是首先我必须不再受感染。因此医生给我用了安灭菌，一种由史克必成公司制造的抗生素，就是这家公司给了我最初的压力。我的生活忙碌地继续着，直到当年年底，当我在摩纳哥一个重要的国际讨论会上发言时，我开始感到自己似乎燃烧起来了，我发烧了。我几乎无法使我的谈话进行下去，因为疼痛使我几乎要崩溃了。我打电话给我的医生，他告诉我吃点安灭菌然后回家。我一到马里兰就去医院把我的大肠切除了。

我认为我身体的康复超乎寻常地快，我同意尝试一种新的疼痛处理办法，通过触发一个泵把少量麻醉药注射进我的脊髓中，以使我感到的疼痛是可承受的。现在在我的腹部有一条15厘米长的切口，可是不久我就能上下楼了，能在医院周围走走了，比较起在越南我看见过的情形，我感到很惊奇。每个人包括我自己在内，都认为我是一个超人。两天后，我想回家，虽然医生认为一周或更长时间后再出院会更好些，但我坚持要回家：医院让我回想起太多在岘港的时光。脊髓泵拆除后，第二天我紧闭嘴巴躺在医院的床上，满脸苍白很虚弱，不再到处走动；最轻微的活动都会引起剧烈疼痛。

当克莱尔来带我回家时，她对我的模样感到震惊，坚持主张我应该待在医院里。但是到现在为止，我已经归心似箭了，最后她以最慢的速度驾车：每一次小颠簸和震动都给我带来一阵疼痛。在接下来的日子里，她几次恐吓要叫救护车把我送回到医院去。但是不久我就回到了工作岗位上。

只要有可能，史克必成和HGS公司现在变得甚至更加关心基因组研究所发表数据的权利。压力似乎与我们人类基因解剖计划的发现成正比例上升。我认为我同意等18个月再发表关于一半人类基因的文章已经安抚了他们，但是很快就证明我犯了一个战略错误：序列数据慢慢地流进公共领域可能会导致他们不安，但是冲击程度远远比不上我在一篇文章中一下子发表几千个序列数据来得猛烈，后者是爆发性的。当我的小组继续分析EST数据并试图在生物学和医药学背景中讨论它们时，史克必成发动了新一轮的论战，他们愿意让我们发表文章但是限制商业竞争者接触到数据。我不明白，如果文献中没有我的大量数据，在达成科学目标上怎么可能具有说服力。当然我希望新药物和试剂由我的研究工作产生，不过我也感到HGS和史克必成想要在他们的专利和大量的研究者之间获得一个安全的空间。

181　　荒谬的是，一连串由TIGR产生的代表着TIGR应该值得庆祝的成就的数据成了问题的根源：HGS对它们一筹莫展。到目前为止，HGS也产生了它自己的序列数据，依据协议，他们必须移交给我们。如果我给他们一个与疾病相关的单个基因，他们就应该知道怎样努力把新发现转换成一项新试剂和新药物。但是在这几个月之内，我已经给了他们数千相关的基因。HGS则抱怨说这些数据使他们觉得"就像从灭火水龙带喝水一样"，我不明白HGS和史克必成为什么想限制别人进入数据库的权利，而他们自己最多只能在十几个基因上开展工作。最终这是个面子问题：他们不想尴尬地看到别人利用他们已放弃了的DNA序列并有所发现。

　　我们最终修改了早期的三层架构法，新方法是从被发现到用来开发基因给HGS两年时间。在新的交易中，超过11000个EST将被存放在基因银行中并且在我们的文章中发表，这些EST代表了7500个基因，而剩余的数据，有10万多个序列，可以在TIGR和HGS的网站上得到，并附加上限制。85％的"一级"数据可以为大学里的所有研究者自由使用。

　　美国政府实验室和一些非营利性研究所签署了一份责任豁免协议。豁免听起来好像不必，但是史克是铁面无情的；制药公司对于诉讼比大多数的组织要小心得多。由于他们的口袋深，诉讼支出达到几十亿。公司相当担心有人会利用TIGR数据开发出能无意引发伤害的诊断学和治疗学。虽然控告TIGR或HGS没有什么价值，但是史克与数据的连接产生了一个法律的靶心可能导致大笔的支出。像许多科学家一样，我认为这个方法过于谨慎且无关紧要，所以研究者们会很高兴签署的（我错了）。对于最后15％的HGS或史克正在积极研究的所谓二级数据而言，科学家们被要求签署一份协议保证HGS有选择是否利用该数据生产商业化产品的许可权。所有的二级数据都会加上日期标记，在半年后二级数据将自动转换成一级。

经过多次讨论后，我把我们的人类基因解剖数据提交给了《自 [182]然》杂志。因为我们的文章比典型的文章长20倍，杂志社计划把它在一个特刊"基因组指南"中发表，它也包括最初粗略绘出人类基因组图谱的文章，在这上面，我们的EST是重要的有效的里程碑。就在所有有关的新闻都兴高采烈的时候，我的投资者们更加不安了。史克的管理人员建议在一个不显眼的地方 —— 一个二流的当地旅馆 —— 举办为期一周的"最高级会议"澄清一些与这次《自然》杂志的发表有关的未决问题。

我和法律顾问史蒂夫·派克以及几个TIGR的科学家一起走进了黑暗、浅褐色的会议室，当我看见在我们面前聚集着史克和HGS各个级别的人物时，我吓了一跳，大约总共有25个，还有超过一打的律师。经过四天的紧张详细的争论后，我终于领会到一个数百万美元的离婚协议是怎样流产的了，因为双方都在谁拥有银相框或者为什么购买房子或者谁将得到毛巾架之类事情上互不让步。在争议中，最后的关键点在于那份二级数据，这份174页的手稿的上面显示什么器官、组织或细胞系是被用来做EST分析的。在"骨"这个类下，是五个子类：骨髓、软骨肉瘤、胎儿骨、骨肉瘤和破骨细胞。破骨细胞会腐蚀骨头，这成为激烈争论的主题。

破骨细胞被认为在骨质疏松症中发挥作用，病症以骨头变软、脆弱为特征，这种病折磨了50％的65岁以上的高加索和亚洲妇女。我们从破骨细胞的cDNA文库中分离出几个新的蛋白酶基因，史克在黑塞尔廷和HGS的支持下坚持排除表格中的以"O"开头的单词，然后用无特征的"骨头"替换它。我们所不知道的是，史克为了发展治疗骨质疏松症的抑制剂已经专心细读了蛋白酶。连续4个小时，我们认真考虑了这根特别的骨头；到了激动的第4天，我们开始互相大声争吵起来了。我希望我的论文能发表出来，更重要的是，我想逃离这些愚蠢行为和苦恼之争，所以我屈服了，然后我离开了。我认为没有一个读者注意到基因组指南中第18页的表格2中的单词"骨头"。但是我注意到了，我的同事们也注意到了。这次妥协没有使我们感到自豪，但是至少我们现在可以继续在《自然》上发表我们的文章了。

争论的那根骨头并不是我们公共关系的最大问题。根据条款，HGS和史克允许研究者们使用我们的数据但是要经过详细审查。《科学》的大字标题是，"HGS打开了它的数据库——为了赚钱"，《自然》宣称："HGS用它的cDNA序列在所有的专利上寻求额外的选择项。"乔治·波斯特是史克的研究主管，他说协议的条款与任何商业赞助者支持大学研究群体提出的条款没什么两样。他争辩说免费进入cDNA数据库应该被认为是一种支持大学科学家的形式，和他们直接从制药公司得到资助一样。连同黑塞尔廷一起，他捍卫了自己咄咄逼人的立场，HGS与寻求进入TIGR数据库权利的商业竞争对手们艰难地讨价还价："我们不仅额外提供了850万美元创建面向学术界的数据库，而且给TIGR的克雷格·文特尔的工作提供了超过一亿美元的资助，我们认为从我们的投资项目带来的结果中获益是我们合理的权利。"[11]

　　记者的注意力暂时由对HGS和史克条款的详细审查转移到了另一场引人注目的论战上，关于与乳腺癌有联系的基因突变问题。有一段时间，人们从几个少有的案例中了解到，乳腺癌是可遗传的，突变的基因从双亲遗传到他们的孩子，遗传所致的患病率占乳腺癌的1%～3%。1990年，加利福尼亚大学伯克利分校玛丽-克莱尔·金（Mary. Claire King）和她的小组经过对乳腺癌家族详细的图谱绘制工作，确定了17号染色体上的一个乳腺癌基因的近似区域，并提出了查明它的基因位置的测序要求。我喜欢玛丽-克莱尔，我觉得她不仅是一个好科学家，而且是一个精神领袖，我很喜欢她以至于当伯娜丁·希莉寻找沃森的替换者时，我推荐了玛丽-克莱尔。当弗朗西斯·科林斯而不是玛丽-克莱尔被选上时，我邀请她加入TIGR的理事会。但是我不得不撤销这一邀请——我必须付出的代价是用大量的DNA序列帮助她发现乳腺癌基因。

　　全世界的许多团队卷入了当时最引人注目的基因的搜索。如果早期搜寻亨廷顿疾病基因是靠得住的话，那么利用传统方法将要花10年左右的时间，所以玛丽-克莱尔对于我们的参与很热情。然后，可以理解，她开始担心起HGS的专利权来了。与斯坦博格和黑塞尔廷经 184 过大量讨论后，我让HGS以书面形式表示，即使TIGR通过测序这个区域发现乳腺癌基因，HGS也不会继续申请乳腺癌基因的专利。协议准备就绪，我们准备开始搜索，只要玛丽-克莱尔送给我第17号染色体病变基因附着的区域的DNA拷贝，搜索就能开始。但是首先她必须与帮助分离拷贝的其中一个科学家弗朗西斯·科林斯协商。

　　当我有段时间没有收到玛丽-克莱尔的信时，我给她打电话问拷贝是否出了什么事。玛丽-克莱尔解释说问题在于弗朗西斯。估计他曾告诉过她，除非她保证，对于任何将要发表的乳腺癌文章，他都要是作者之一（她认为是不适当的），否则，如果她送给我们用来测序的DNA样品他就停止资助她。考虑再三，她不想拿她的资助冒险，宁愿不送给我们DNA拷贝。克莱尔（也在听电话）和我都很气愤，我知道玛丽-克莱尔和弗朗西斯之间关系紧张，但是如果她所述为事实，这就意味着他滥用他的职位摄取科学荣誉。就算事实真是如此，我对于玛丽-克莱尔让步于这种勒索感到非常气愤。我们的挫折感更大，因为这个特别的基因搜索可以影响许多妇女的生活 —— 几年内它就可能对那些处于危险中的人进行测试了。自从HGS放弃了它的知识产权以来，应该没有什么可以阻挡这类应用研究的开展了（我后来从一个风险资本家那里得知，玛丽-克莱尔已经与科林斯接触，希望他投资一家基于乳腺癌基因研究的新的生物技术公司）。

　　几个月后，为了加速该基因的搜索和提出征求建议书，隶属于国家卫生研究院的国家癌症研究所决定，乳腺癌区域测序应该被放在首位。我们再次试图获得DNA，但是再次遭到回绝。我打电话给萨姆·博德（Sam Broder），他是NCI的主管，解释说我们甚至不需要任何资助，只要有DNA就行。虽然他很同情我，但是他说他不能命令研究者们把基因拷贝公开利用。

　　政治再次走到了科学之前。而科林斯一直攻击HGS和TIGR的理由是我们没有使取得的数据更广泛地应用到科学界去，据传闻，他一直阻碍科学界免费使用纳税人的钱获得DNA拷贝，以便他能在科学世界争取荣誉和名望的游戏中拥有一个竞争优势。1994年9月，竞赛的最终赢家是来自北卡罗来纳州的国家环境卫生科学研究所的罗杰·怀斯曼（Roge Riseman）和犹他州大学的马克·斯考尼克（Mark Skolnick）。总共有45名科学家参与了被命名为BRCA1——乳腺癌 185 一号基因的分离。

　　当斯考尼克小组成员为《时代》杂志的摄影师摆好了姿势时，知识产权问题争论再次暴发。斯考尼克已经建立了一家叫作米利亚德遗传学的公司，准备申请专利并为基因做了市场测试，这就导致媒体把它与"文特尔事件"同等对待。但是我认为这一事实在一篇文章的一段引文中表达得最好，引文来自马塞诸塞州总医院的一名研究者，他告诉《自然》杂志说遗传学的一个新时代开始了：工业为正在进行的迅速的高质量的实验提供财力和机会。[12] 毕竟，没有人因为弗朗西斯·科林斯取得了囊肿性纤维化基因、地中海热病的基因、神经纤维瘤病基因以及共济失调毛细血管扩张症基因的专利而一直攻击他。

　　《科学》和《自然》杂志继续发表有关HGS和TIGR以及基因专利的报道，现在把米利亚德也被掺和进来。遍布全球的实验室想使用乳腺癌诊断，但是米利亚德阻止他们用它从事商业性活动。最具讽刺意义的是如果我们收到了拷贝，乳腺癌基因就不会被申请专利，诊断就可以在任意实验室自由进行。

　　到现在，在世界舞台上，还有其他几个主要的测序力量，桑格中心为其中之一。它建立于1993年，作为医学研究理事会、威尔康信托基金和欧洲分析复杂生物资料的学科研究所的合伙企业，它为欧洲大陆上的生物学家提供了又快又简单的方法进入最新测序数据库。

英国比大多数国家有特殊原因使其更认真地对待基因组学。当然，1953 年沃森和克里克对 DNA 双螺旋结构的解释，以及桑格给我们演示了怎样阅读密码，这使得这个国家已经成功发动了 DNA 革命。但是若说到它的科学应用和商业化，这个国家似乎失败了。

面临从基因组学获得商业价值的失败，1994 年秋天在华盛顿威尔康的赞助商们举行了一次秘密会议，会上讨论了基因数据的商业控制。由麦克·摩根，他是威尔康的程序主管，弗朗西斯·科林斯和汤姆·卡斯基（Tom Caskey）带头，后者是贝勒大学的遗传学家，当他不能再获得政府资助时，就离开基础科学研究加入了梅克制药公司，参会者大约 30 人。主要参与者有很多共同之处。威尔康和国家卫生研究院被一个小研究所用不到 1% 的资源竞争出局，而梅克被史克远远地抛在了后面。面对竞争，他们扮演的是破坏者的角色而不是未来胜利者的角色。

《自然》杂志那时正刊登我的人类基因解剖文章，它的一篇同期的社论[13]谈及我是怎样"引起轩然大波的"，但是又总结说："不用去寻找约束文特尔的风格的途径，基因组社团可能有效地找到了仿效他的方法。"尽管沃森和其他人仍威胁要联合抵制《自然》杂志，如果它发表我的文章的话。摩根似乎给会议带来积极的一面，他建议说会议可以调解史克、HGS 和他们的学术批评家们[14]，并且使科学界讨论一个基于 EST 的可能的新基因图谱，这标志官方对它们的重要性的认识。

4小时的会议承载了一个相当不同的和有预见的目标。1994年10月14日是我的生日，《科学》杂志用三页的篇幅写了一篇报道"基因片段摊牌"[15]来向我祝贺。它报道说，与会者十分"生气"和"灰心"，这种学术界的情感在关于基因专利问题时已经加强了。就像《科学》杂志指出，"如果有任何一个机构被选出来扮演一个作法自毙的角色，它就是基因组研究所。"（我在TIGR的同事在回应中抱怨说："他们拿着火把和干草叉跟在我们后面。"）

梅克是史克主要的竞争对手，它渴望打破竞争对手加在EST方法上的锁链，原因不难看清楚：梅克没有国内基因计划，甚至缺少简单的分析复杂生物资料的能力，还可以充当一名有效抵抗基因组学研究的领袖。梅克公司拒绝准许HGS和因塞特使用他们的数据和拷贝。但是HGS宣布它与史克必成达成专项协议后，梅克公司很恼火。如果梅克不是主要的参与者，那么就没有人会是：它付钱给圣路易斯的华盛顿大学的鲍勃·沃特斯顿，让他测序人类EST，并且尽快把它们推到dbEST中，dbEST是当我在国家卫生研究院时为自己的EST序列所做的一个公共数据库。

梅克以为人类谋幸福的姿态对测序市场搅局，沃特斯顿只是太高兴他们观点一致了，甚至几年前他就试图停止EST方法，不让其首先发表。媒体喜欢老一套，描绘的画面既简单又具煽动性：那些为公众 [187]（好家伙）工作的人和那些为公司（坏家伙）工作的人在斗争。

梅克的管理人员在他们的行政会议室里一定笑了很长时间，而且笑得很厉害：为冷酷的商业战略动机做的决定已经成功地打上了试图从贪婪的资本家手里解救世界的烙印。萨尔斯顿总结了主要观点："梅克的举动对于科学是一个伟大贡献，对于免费使用基因组信息的原则是一个胜利。"[16] 他们那伙"好家伙"是威尔康，世界上最大的慈善团体，得到一家制药公司的慷慨资助，并且赋予免税特惠，同时得到一个美国政府组织的颂扬，当 EST 首次履行了它承诺时，这个组织对这一创举表现得缺乏理解。为什么后者会被卷入一场由英国人领导的对一家美国生物技术公司的攻击中，这真使我头晕。它们的指控更令人困惑，因为我们只是创造能被广泛利用的 EST 的小组而已。

我现在正步入一部肥皂剧的中心舞台，我扮演一个就像《科学》杂志上 12 月的一篇文章所说的，作为"基因组研究者们喜欢憎恨的"[17] 恶棍形象。平常主题已经耗尽：我是"刮油脂"和"掠夺土地"的人，有时也有来自一些意想不到的岗位的偶然的恭维："TIGR 和文特尔已经做了一项绝好的工作，他们的数据是高质量的。"埃里克·兰德说。

我喜欢的所有引言都来自瓦尔姆斯："我希望我们曾达成协议让某些人几年以前在公共领域做一个（类似的）数据库。"我也希望他们曾这样做。也许瓦尔姆斯不知道我在国家卫生研究院时就已经开发了 EST 方法，已经游说他们这样做，最后不得不离开国家卫生研究院为这一想法寻求支持。科林斯否认自己"在决定时睡着了，以致没有通过这些提议。"尽管他们曾经错过了这一时机，但是他们现在却要求得到我在华盛顿的研究结果，即使在我没有使用纳税人的钱的情况下。

具有讽刺意义的是那些让我劳心费力的媒体的注意以多种方式

帮助了我的事业。《华尔街邮报》杂志1994年9月28日大字标题为
《计划可能揭发秘密基因研究的内幕》，这引起了更多对我的方法和
思想的注意。数百万资金被投入EST测序工作，这被看成是对我的方
法的干干脆脆的认可。另外，我的目标仍是在期刊上发表我们的工作，
所以当各色"公众"因缺乏智慧含量的分析而丢弃了他们的数据时，
文章的发表是对我的小组最好的礼物。如果类似的序列已经出现在公 188
共领域了，HGS就不能坚持说他们必须为我的数据保密了。

　　但是我仍然必须保持比游戏先行一步。HGS和史克想让我们继
续测序EST，我感到所付出的努力是毫无意义的。因为HGS已经有了
另一套与我们相同的DNA测序中心，并且TIGR已经送了一份手稿给
《自然》杂志概述了符合一半多人类基因的EST。被科学研究所驱动
的我有另外的想法。毕竟，我想让TIGR成为一个独立的非营利性质
的研究所的原因之一是：当新的科学机会刚一出现我就可以去开发它
们并且不受商业组织的战略目标的约束。正如我和史克以及HGS的
糟糕关系所显示的，我只能取得部分成功。现在HGS正在尽它所能关
闭TIGR，这样它每年可以节约大约1000万美元，黑塞尔廷正在试图
因为我的工作而获取最大的荣誉，我感到我要做些新事情的时间已经
来了。我陷在一个注定要不愉快分手的关系里，因为巨大的压力，我
已经切掉了我的一段肠子了，但我还是准备好继续前进了。

第9章
霰弹枪法测序

189　　如果你最终都不能让大家明白你的研究成果，那么你所做的工作就是没有价值的。

——欧文·薛定谔，1933年诺贝尔物理学奖获得者

　　尽管我们现在正以不可思议的速度揭示着人类基因，但是这些成就激发了我更大的胃口，我在考虑一项更为雄心勃勃的计划。现在我想回过头来全面观察整个人类基因组，也就是读取组成我们每个细胞中的所有染色体遗传密码的60亿个碱基对的每一个。尽管我早期的工作说明EST方法是一个可行的方法，但是我一贯的意图是最终测序整个人类基因组。为了这个目标我不得不发展和尝试新的途径。我确信一定有比由全世界的政府基金资助的科学家所信奉的那些方法更好的方法，这些旧的方法正带着中世纪的原始色彩。

　　我的批评者经常抱怨说，测序整个染色体，不论是从耗费的财力还是从付出的艰辛来看，我寻找基因所使用的表现序列标签法都可谓是一种廉价且不够水准的替代品。我能理解他们从哪来的这种想法：由于沮丧的心情，以及对沃森和其他人设法贬低我的方案的方式的回应，我的确曾经说过比较起人类基因组计划的估计30亿美元的报价，

EST法是一个廉价经济的方法。但我也认为EST法并不能承载读取整个遗传密码的浩大工程；在我的第一篇描述它们的文章中我就表明过这一点，文章中我还断定EST法在通往最终解读人类基因组的方法的途中，它将作为决定性的里程碑，显示基因在大面积深不可测的DNA上所处的位置。

从我1986年涉足基因组学和第二年使用第一台自动DNA测序仪开始，我就梦想着有一个这样的工厂，在工厂里一排排的机器在自动解读DNA密码。现在我有了历史上第一台这样的科学设备并且决意要使用它。如若此梦想破灭，做政府支持的基因组计划也不失为理想之途。结果基因组计划就如同在一条长路上缓慢爬行，对我渐渐失去意义。官方把它看作是一宗要耗费大量劳力的事。这个方案的原型是酵母基因组计划，该计划花费了10年左右的时间和艰辛劳动，牵扯了几十个国家的1000多名科学家和技术人员。

每次序列解读，现行技术仅可以提供几百个编码的碱基对，那么我们所面临的挑战是，要设计出如何迅速读取整个编码序列的方法。面对测序数百万的碱基对这样繁重的任务，你如同一个苦行僧侣面对终生的修行苦役。你得学会把DNA打碎成容易处理的较小片段。为了处理它们你可以使用各种方法培育这些DNA片段。只有几千个碱基对的小片段可以简单地移接在标准质体上繁殖；对于有1.8万个碱基对以上的小片段，可以使用一种λ细菌病毒或者噬菌体；对于当时认为极其巨大的大约有3.5万个碱基对的片段，可以使用一种名叫柯斯载体的特殊质体，在早期的基因组学界几乎每个人都使用柯斯载体。这种规程是合理的，但是合理的不总是最快的；有时候倒不如随机安排的好。

　　在他们费时、耗力又花钱的计划中，苦行僧首先会小心地把柯斯载体按照生命之书中发现的正确顺序排列好。这样就得到基于柯斯载体的基因组图谱了。只有在这个作图阶段完成后长老才会给苦行僧钱并祝福他们可以开始一个一个地测序柯斯载体了。在测序之前关键的一步是创建图谱，虽然这可以完成，但要耗费太多的时间。佛瑞德·布拉特纳（Frederick Blattner）花了3年时间研究埃希氏大肠杆菌，才把比人类染色体小1000倍的埃希氏大肠杆菌的染色体 λ 克隆成基因组图谱，然后他才能开始测序。在人类基因组研究方面，为了建立染色体图谱，已经消耗10年多的时间和15亿美元的资金，但即使这样该图谱仍未完成。正如一个生物学家所评论的，"在一个字母一个字母、一个克隆一个克隆地测序人类基因组的漫长过程中，几个优秀人物将耗去他们整个研究生涯。"[1]

191　　纵观这些计划的进展，我坚信有一个更好的方法去完成它。在大规模使用EST方法时，我信任随机，而不是有序。在建立我的早期DNA测序中心过程中，我也了解了DNA序列本身的价值。当时的科学家们处在一种奇怪的状况中，他们好像害怕真正地投身到DNA测序中，腺嘌呤、胸腺嘧啶、鸟嘌呤及胞嘧啶是复杂的，而且一般通用的方法又是单调乏味低效的。大多数基因组的作图阶段看起来实际上都是为了避免测序DNA而设计的。可是EST数据清楚地表明，在只有几百个碱基对的DNA编码中包含了大量信息：它不仅为绘制到基因组的片段提供了一个唯一的标记签名，而且往往可以提供足够的信息查看基因的结构和功能。那为什么不利用这个序列的信息能量呢？为

什么不把单调乏味的克隆绘制和这种手工式的苦行僧方法摈弃
掉呢？

几年前我提议使用霰弹枪法测序天花基因组时，我就想到过一个
替代方案，就是把它的基因组分割为数千段容易测序的DNA片段，然
后通过寻找特定的重复序列，再使用个别片段的序列来重建基因组。
当你把所有的片段铺开，然后选择其中的一个，把它和剩余的进行对
比直到找到相匹配的，对我来说这就像是拼图游戏的第一步。这个过
程不断重复直到拼图被拼接好为止。然而，对于几千到几百万个片段
的基因组拼图，寻找匹配的过程就不得不使用计算机来做了。在研究
天花基因组时，我不得不放弃这种方案，因为我没有必需的计算工具
把这些序列重新组合起来。由于EST方法的进步，比如新的数学算法
的出现，以及1993年3月在西班牙的比尔巴鄂偶然参加的一次会议，
所有这一切不久就都改变了。

我曾经被邀请在一个由圣地亚哥·葛瑞扫利亚（Santiago
Grisolía）组织的会议上做一个报告，他是西班牙遗传学的领头人物，
也是堪萨斯州医学中心大学生物化学系的高级讲师。

我是最后一个做的报告，很多听众看起来被我们的EST方法得到
的最新结果和TIGR的发现，包括克隆癌症基因震惊了。提问的方向
不可避免地转移到基因专利上来，一个天主教神学家对大会说寻求人
类基因专利是不道德的。我问他是否寻求其他物种的基因专利也是不
对的。他说不是，我就等他这句话呢。我告诉他TIGR正好测序了一个 [192]
人类基因，这个人类基因与老鼠的一样，两者对应的是相同的一种蛋

白质。难道寻求老鼠基因不等于寻求人类基因吗？

　　他吓了一跳，同时坚持认为人类基因组不会与任何其他的物种一样。当我旁边和我一对一说话的人们散开后，我面对着一个个子高挑、面容和善、满头银发的戴眼镜的人。谈到我在新闻舆论上的魔鬼形象，他说："我想你被大家认为是个头上长角的人。"这个人是约翰·霍普金斯大学的哈密尔顿·史密斯（Hamilton Smith）。我早就认识他了，他在该领域名气很大并且获得过诺贝尔奖。我一见到这个人就很喜欢他；很明显，他对我和我的科学有自己独特的看法，并没有受到别人影响。

　　海姆（Ham）[1]曾经发现了限制酶，限制酶被比喻成分子剪刀，它可以在精确的位置剪断DNA链。今天，我们发现了数百种限制酶，它们每一个都在一个精确序列把DNA切成薄片。一些限制酶辨认4个碱基对，比如GTAC，那么不管它在序列的什么地方遇到GTAC，它都会把DNA链切开。另外一些限制酶只单独辨认8个碱基对，平均每隔10万个碱基对出现一次特定的8个碱基对。剪切酶成键越多，它对应的位点就越少。海姆的发现有很多应用，如果没有这些发现，分子生物学就不可能发展到今天这样的水平。1972年保罗·伯格（Paul Berg）利用限制酶诱导细菌生成异体蛋白，从而开创了现代生物技术的先河。基于所用酶得到片段的大小，第一个基因组图谱甚至被称为"限制图谱"。现在这些图谱的用处之一是在法庭上对个人进行遗传指纹识别。

---

1. 译者注：海姆（Ham）是哈密尔顿的昵称。

海姆和我跑到一家酒吧里喝酒，很快我就明白这个低调的人想的只是科学研究的乐趣而不是早年成就的光环。海姆啜饮曼哈顿鸡尾酒，而我要了啤酒，他一直盘问我关于测序、序列精确度、自动化技术以及我们发现的基因等情况。我邀请他和我以及一些朋友共进晚餐，他解释说他今晚得出席一个晚宴，在宴会上他将被作为一个诺贝尔奖杯来炫耀，"真他妈的"他接下来说。我们加入到当地一个饭店举行的小型欢乐晚会中，这家饭店有真正的西班牙风格，我们在那里待到凌晨。

晚宴结束后我们返回酒店继续交谈。尽管海姆比我大10多岁，我还是能发现我们在早期教养方面有很多的共同点。我们都喜欢建造建筑物的游戏，都曾被哥哥激励（不幸的是，海姆的哥哥因为精神疾病被送进医院了），都受过医学训练，海姆也曾被征入伍并且就驻扎在 193 圣迭戈。他甚至也和威廉·黑塞尔廷有过口角，因为海姆怀疑他试图阻止竞争对手的论文发表。第二天我邀请他加入TIGR的科学顾问委员会。

第二年，海姆第一次出席了委员会会议，会议期间他举手问道："你把这儿称为基因组研究所。愿意做一个基因组测序吗？"随后他给我们介绍他研究了20多年的流感嗜血杆菌，解释为什么这个细菌比埃希氏大肠杆菌基因组小很多以及一些其他的特性可以让其成为基因组测序的理想候补者。我一直在寻找一个合适的基因对象来试验我的全基因组霰弹枪测序法，而且在我脑海里琢磨过一个想法，即作为一项测试，快速测序埃希氏大肠杆菌并与公共计划竞争（这一计划将花费那些苦行僧们13年的时间去完成）。但是我更喜欢测序流感嗜血杆菌的想法。作为测试霰弹枪测序法计划的对象，流感嗜血杆菌有很多优点，其中包括它有一个与人类DNA相同的成分（G/C碱基对容量）。现在有一个机会去测试生物体的第一个基因组，一个海姆非常熟悉的生物体。

我们的首次合作一开始进展很慢，对此海姆解释说，在生产含有流感嗜血杆菌基因组片段的克隆文库时存在一些问题。只是在几年后，他才坦率说出他的约翰·霍普金斯大学的同事对我们的计划不为所动，由于沃森和其他一些人对我的攻击，他们都用怀疑的眼光看我，而且也害怕他和我们结交会毁掉他的声誉。即使他们中很多人将会把整个研究生涯花费在流感嗜血杆菌上，但是却不能立即明白得到它的整个基因组序列的价值。海姆的一个博士后竟然问他，"我在这里面会得到什么好处？"他们的目光短浅且漠不关心迫使海姆绕开他的小组，就像我几年前为EST方法所做的一样。

不过，海姆认为他可以用嗜血杆菌制作一个文库。尽管当时的计算机只要有1000个序列就会堵死，但是现在我们有一个更好的程序可以重新拼接片段。海姆曾经建立了一些模型去模拟这种拼接，他认为实现2.5万的片段测序是可能的。虽然TIGR小组是充满热情的，但曾经设计过TIGR"汇编"算法的格兰杰·萨顿（Granger Sutton）也不能确定代码是否能承担把所有的测序DNA放回一起成为一个由180万个碱基对组成的完整基因组的任务。正如他拥有安静的性格一样，格兰杰也很谦虚：他的汇编程序事实上刚刚把超过10万个EST序列连接成对应的DNA串，我确定他的算法可以处理流感嗜血杆菌基因组。

在1994夏天，我着手申请一笔NIH的基金资助，提交了一份尝试我们新方法的申请。自然地，因为涉及相关政策我感到忧虑，NIH可能不会支持我们的新提议。海姆和我等不及答复就开始着手尝试新方法了。政府机构的酵母和埃希氏大肠杆菌基因组计划已经获得几年的基金支持了，如果我们使用这种新方法胜过他们，这将会是一个意义深远的里程碑：通过解读这种有200多万碱基对的人类细菌的密码，我们将会是第一个解码一个非寄生有机体基因组的小组。我决定挪用一部分TIGR的预算，大约100万美元，去支持流感嗜血杆菌基因组计划，而不是为一个来自NIH可能的拒绝再等待9个月。这是一次赌博，但是我确信我一定会赢。

4个月后我们得到了2.5万个流感嗜血杆菌的DNA片段的序列，而且格兰杰小组已经行动了。几周之后得到数据看起来是有希望的，从这些碎片中组合出几个非常大的片段。但是许多的小片段还是无法解释，它们是怎样安置在环状染色体上的，这一点还是不很清楚。

这些结果辜负了我们伟大的基因组梦想，我们梦想着所有来自于基因组的DNA复制体都是在埃希氏大肠杆菌中培植而且测序的，然后这些序列在计算机中比较和拼接，直到最后整个染色体跳出来。有很好的生物学原理解释为什么很少有这样的结果。分子生物学中有一个与生俱来的缺陷是，总是依赖于在埃希氏大肠杆菌中培植外来DNA片段。一些DNA明显对埃希氏大肠杆菌是有毒的，那些特别的片段会被细胞机制删除掉。由于在我们的环境中到处都是DNA在传播，包括通过病毒，因此限制酶也被细菌用来保护自己不受外来DNA的侵袭。

　　尽管如此，基因组缺失碎片之谜让我充分意识到基因组图谱会帮助我们排列序列和拼接片段，如同一个完整拼图的照片会帮助我们拼装拼图一样，即使有些片段已丢失。如同过去水手们使用简单粗糙的航海工具去寻找他们的航线一样，多年以来遗传学家们也曾使用各种各样的图谱：例如，他们可以制作一种叫作功能图或连锁图的图谱。在繁殖过程中，亲代生物体中的基因常常 —— 并不总是 —— 被一同遗传给子代。基因在染色体上离得越远，它们被传给下一代的可能越小。通过研究两个基因被一同遗传给下一代的频度，科学家们就可以估计出它们在染色体上的距离并且建立一个连锁图。第一个用这样的方法绘制染色体的人要追溯到 20 世纪初美国动物学家托马斯·亨特·摩根（Thomas Hunt Morgan）关于果蝇的开拓性研究。（基因的单位厘摩就是以他的名字命名的，一厘摩大约有 100 万个碱基对。）一厘摩解析度的图谱长久以来就是遗传学者的梦想。

　　另外一种基因绘图法是寻找给定基因的物理地址：确定它呆在哪一个染色体上，谁是它的邻居，以及近似在染色体的什么地方可以找到它。这就是大家所知的物理图谱。

　　但是我既不想将关联图也不想将物理图作为测序的先决条件，那是那些政府资助的竞争对手们所做的事情。佛瑞德·布拉特纳小组已经花费了 3 年时间去发展一个埃希氏大肠杆菌的 λ 克隆图，最后的结果只是一个传统基因技术的一流表演而已。1.8 万个碱基对的克隆体叠成基因组就好像一块块乐高搭建玩具[1]。但是我不需要去绘制这样的

1. 译者注：Lego 是商标名称，一种垒高拼装玩具，类似于儿童塑料积木。

图谱。如同任何一个玩过拼图游戏的人所知道的，如果你利用了边缘或其他可辨认的特点，那么即使你不知道较大的图像，也可以从底到顶地把拼图搭起来。毕竟，DNA序列自己最终是物理图谱，即所有的碱基对的确切顺序都将被给出。

在没有任何流感嗜血杆菌基因组图谱的情况下，我们发展了几种新的方法把大的片段集合拼接起来重新创造基因组。其中一种叫作PCR（基因扩增仪）的技术，我们用它从基因组里克隆DNA。两种被叫作引物的化学试剂决定了被克隆区域的开始和结尾。我们将使用的引物附于组合片段末端的序列，然后我们在每一个引物的联合体间使用PCR，即依次从每个序列的末端使用一个PCR探针，而在其他的组合末端使用其他的PCR探针。如果基因组里的任何DNA片段增强了，我们就很快地对它测序。这个序列然后会连接和排序这些片段里的两个。通过同时处理多重的复合体，我们可以相对快速地定位绝大多数的基因组。

PCR方法并不能处理每一个缺口，所以我提出了一个新颖的想法，该想法将会改变我们的测序方式尤其是人类基因组的测序方式。[196]我们一旦使用计算机来尽可能地去拼接2.5万个嗜血杆菌基因组的全部片段时，最后得到叫作重叠群（该名来自于连接一词）的较大碎块，该碎块由一套重叠的DNA片段组成。为了把重叠群装配成基因组，我想我们可以从几百个任意λ克隆体的两端比较序列。如果一个λ克隆体的一端与一个重叠群相匹配，另一端与另一个重叠群匹配，那我们自然就知道这两个重叠群的次序和定位了。我们不得不设计一些新的方法去排序λ克隆体的端点，但是这项工作进展得很快。甚至从最初的几对端序列，我们就可以把序列集以正确的顺序连接起来。这种"配对端点"策略就如同知道了分开两个基因拼图特征的碎片的确切数目一样，并且成为全基因组霰弹枪法的关键。我们不久就得到了这个细菌的完整基因组，仅仅缺少了几个序列间断，而且我们有把握认为我们已经发现了制胜的策略。

基因组测序会议很快就要举行了，我想在会上提出我们的结果。尽管我们对自己所取得的成功感到骄傲，而且我也盼望着会议的到来，但我更喜欢在有人打击我们这个重要的划时代工作之前彻底完成我们在洛克维尔的工作。我的关于如何开始测试的离奇想法，走到现在几乎接近取得突破，即历史上第一个非寄生生物的基因组将被测序。现在我们离真正的成功是如此接近，我可不想失去这次机会。

当年 9 月，罗伯特·弗莱施曼（Robert Fleischman）在南卡莱罗纳的希尔顿海德举行的基因组会议上描述了我们的结果的主要部分。我觉得报告赢得了很好的认可，但是当鲍勃·沃特斯顿[1]（Bob Waterston）站起来抨击我们的方法是无效的时我们惊呆了。他认为我们的方法永远不会有效的，最后我们只能得到 11 个片段，这些片段不能以任何次序排列。海姆尤其不安，甚至直到今天提到沃特斯顿在 1994 年的攻击时他还是感到不安。

在我们回到洛克维尔不久，我们就收到了 NIH 关于我们在年初时候提交的嗜血杆菌基金申请的答复，结果意料之中，也是必然的。得

---

1. 译者注：Bob Waterston 即 Robert Waterston。

分很低，甚至连得到基金的分数都不够。评阅人的意见反映了基因组学界的看法：就如同沃特斯顿一样，他们认为我们的计划（已经开始实施了）是不会奏效的，甚至都不值得尝试。令我有一点欣慰的是在NIH的一种（非常罕见的）少数派报告方式的回应中，一小群同行评阅者不同意大多数人的观点，他们认为我们的计划应该被资助。 197

　　我把这份拒绝信钉在我的办公室门上。直到那时，我仍毫不怀疑我们一定会成功。海姆和我决定提出对那些批评的辩驳，并且请求弗朗西斯·科林斯直接支持该项目。我们列举了最新的数据，这些数据显示我们很有可能在很短的时间内得到有史以来的第一个基因组序列。我给弗朗西斯打电话告诉他我们可能的成功，并且向他保证我们的目的并不是阻碍他的NIH计划而只是想简单地想从它那里得到资助。几周后当我们收到NIH基因组中心的支持NIH否决意见的信件时，我们都感到震惊。信件的签名是罗伯特·施特劳斯伯格（Robert Strausberg），当时他是测序基金部的头。当鲍勃后来加入TIGR后，他向我表白他的职位要求他写那份拒绝信，虽然他认为我们会成功的。

　　这非但没有让我们感到气馁，反而激发了我们决心证明批评者们是错误的，没过多久流感嗜血杆菌序列的最后一个缺口也被我们填上了。我们已经成为第一个测序活生物体遗传密码的团队了，同等重要的是我们在完成这项工作中发展出一种新方法"全基因霰弹枪测序法"，凭借着该方法我们可以在电脑中很快（比任何其他的对手快20倍）测序和重构一个完整的基因组，而且不用基因组图谱。我们当然要感谢桑格，但是我们实现的东西与桑格的有非常重要的差异。桑格在他开创性的工作中所测序的病毒是无生命的结构复杂的有机物，为了繁殖病毒需要掠夺其他生物的细胞。为了测序基因组，桑格把这种病毒的基因组用限制酶打碎，所以他的霰弹枪方法不是真正任意的。尽管桑格也用计算机把这些碎片重新拼在一起，但是他的软件如果用来处理我们这么多的数据时，就会堵塞以致停止。

　　虽然桑格的工作是开创性的并且被认为是 DNA 测序的里程碑，但是为了对付活着的物种基因组，他的方法需要扩展和改造。桑格自己对此的尝试因他同事们的本位利害冲突以及计算机的自动化不够而受挫。桑格退休后，他的门徒们开始使用声波降解法，这是一种很好的随机方法，但是当他们转向较大的病毒基因组时，他们仍然把它应用在限制片段的克隆体上。其他人，例如北卡罗莱纳大学的（现在在文特尔研究所）克莱德·哈奇森（Clyde Hutchison）也曾研究过霰弹枪法，但是被手动测序和拼接那些随机的 DNA 碎片问题弄得灰心丧气，这一问题的难度随着基因组的增大而成倍增加。

　　简言之，桑格的方法对于遗传学的重要性就如同 17 — 18 世纪发明的车轮或第一个蒸汽机车对于汽车工业的重要性一样。桑格的方法提前了基因组学时代的来临，就像车轮和蒸汽机车提前了汽车时代的来临一样。为了大规模开辟基因组学，我的小组使用了多种技术的集合，包括基因组任意覆盖、配对端排序策略、数学与新计算工具的结合以及以填充任何缺口的实用主义的新方法。更为重要的是我们的诸多方法的成功结合是在一个工厂环境的背景下进行的，那里所有参与测序的科学家通过制作最好的文库和采用最聪明的算法来表达他们开拓自然新领域本能，而不是立桩固守个别的基因组片段。这就是为什么在庆祝流感嗜血杆菌测序的集会上大家无拘束地传递着香槟的原因。这标志着我们的工作第一次成熟地展示了霰弹枪法可以被用来解读整个基因组。这同样也标志着可以读取、比较和理解一个生命物种的DNA新纪元的开始。

我们将会在英国第一次向同行和对手们展示我们的成功，在那里，嗜血杆菌基因组计划的主要合作者，牛津大学的理查德·莫克森（Richard Moxon）将会组织一个为期四天的会议。莫克森曾经在约翰·霍普金斯大学工作过好多年，他把海姆·史密斯当作他的良师益友，而且他自己也曾对TIGR的进展"完全的目瞪口呆"。即使在基因组拼接还有一些边缘毛糙或者不完全时，他还是坚信这个计划最终一定会成功。这次集会是由威尔康信托基金的高级职员约翰·斯蒂芬森（John Stephenson）资助的。

威尔康的官僚迈克·摩根在他的同事眼里是一个彪形大汉，很明显他相信了沃森的台词认为我是科学界的害群之马也是桑格中心的巨大威胁。他看起来很不高兴我将成为威尔康信托基金会议上的万众瞩目的人气明星，因为我将揭幕人类历史上第一个基因组。尽管会议 [199] 定在发表论文之前召开，但我被建议带上基因序列光盘以便摩根和其他人可以证实它的存在。威尔康信托基金的一名职员估计我会因商业保密需要所束缚，于是他就自作聪明地宣称我不会出现，或者就算我出现我也不会把序列带来，或者就算我带来了数据也不会让任何人看。

海姆和我因此决定增加我们的赌注。那时克莱德·哈奇森已经认识到一种生殖支原体将会是另一个吸引人的基因测序候选者，因为它是生命有机体中基因组最小的一个。海姆知道凭着我们的新方法和工具组我们可以很快地测序这个基因组，于是他非常高兴地在我的办公室里给克莱德打电话邀请他参加几个月后的英国的会议 …… 还有 …… 嗯，顺便问一句，他是否愿意在会议之前测序那些支原体的基因组呢？克莱德以他不动声色的幽默答复说那将会是有趣的，他接受了这个提议。[克莱德后来评论说："如果你当时不出现的话，我们可能会在 2000 年前完成它（支原体测序）。"] 我们向能源部的评审组提交了一份申请，其中包含了我们曾给 NIH 和弗朗西斯·柯林斯提供的同样数据，能源部快速提供了一笔基金来支持我们测序生殖支原体和他它帮我们选的另外几种生物的基因组。

尽管当时我已经完成了第一例基因组的测序，我还是选择了推迟把我们的胜利公布于众。我要的不单单是 DNA 序列，我想做历史上的首次基因组分析，从而决定序列所能告诉我们的关于一个物种的信息，然后写一篇关键的科学论文，这个论文将会在该领域建立标准。理解遗传密码和特定基因不是一个简单的过程，以前从来没有在这么大的规模上完全为一个非寄生生物体做类似工作。我们有 180 万的 A 们、C 们、T 们和 G 们需要分析和用文字、字母表达出来，为做这些，我们需要新的软件、新的算法和新的方案。

我们最感兴趣的是寻找有机体基因，大块的基因物质（通常大约900 个碱基对，相当于 300 个氨基酸）为蛋白质提供实际的蓝图。它们被称为开放阅读框，包含遗传密码的扩展，遗传密码描述了所有的氨基酸怎样构成一个单独的蛋白质。细菌没有插入子（无意义 DNA）打破基因和其他复杂脆弱的东西，所以我们可以寻找基因组中所有开放阅读框，然后通过在公共数据库中拉网查找相似的基因序列确定这些序列编码对应于什么蛋白质。因为大自然母亲是保守的，我们再一次认为，如果一种蛋白质比如说在埃希氏大肠杆菌中起某种作用，那么它在流感嗜血杆菌中也起同样作用。但是后者包含大约2000个基因，这种方式需要时间。因为公共数据库资源的有限，每10个基因只有6个可以适用这个方式。剩下的为不能和任何已知的蛋白质或基因相匹配的被归类于未知功能的新基因。我们然后建立了一个巨大代谢图，里面有所有经过鉴定的基因和它们可能的路径，代谢图还显示了一个基因怎样"告诉"其他部分以使这个细菌可以从事它的日常活动。这是一项令人激动的工作，因为我们可以在它每天的代谢图中填充更多关于这种生物怎样运行的细节，而我还想得到更多。

虽然我们已是第一批看到基本生命所必需的全套完整基因的人，但是讲述这个生物体的故事却令人失望地不完整。如果我们能把基因序列的每一个缺口都填上，我们就会揭示这个物种的进化以及更多秘密。但是海姆和我不得不承认这些目标超过了我们当前的分析或理解能力，我们将不得不在日后再发动这场战役。我决定把我们的结果整理成文章投向《科学》杂志。我打电话给一个叫芭芭拉·贾斯妮（Barbara Jasny）的编辑，告诉她我们的工作，很明显她和其他一些编辑都非常兴奋。我也谈妥了封面，假定这篇文章可以通过同行评定。

经过40次的修改才把稿件定下来；我们知道这篇文章将具有历史意义，所以我坚持要尽力将它做到几近完美。文章的作者排名是个很棘手的难题，对于大生物学来说一篇文章关系到一个从分子生物学家到数学家到程序员到测序技师的小军团，排名问题就更难了。两个位置在文章作者中是真正有价值的，第一作者和压尾作者，而执笔人则属这两个位置之一。当你年轻时，最好的组合是你是第一作者而且是执笔人。作为压尾作者和执笔人，这表明这篇文章是你的实验室的成果，你是对文章内容负责的主要人员，并且是由一名年轻人对这项工作做出主要贡献。在反复推敲了众多的作者的排序后，罗伯特·弗莱施曼（Rob Fleishman）作为第一作者，因为没有其他人比我和海姆贡献更大了。曾热情参与了这项巨大成就的工作每个人，都非常高兴地在这篇重要的文章中被列为作者。我把它投到《科学》杂志去由我的同行们评审，这是出版之前的最后一道障碍了。

201　我对反馈回来的评审意见非常高兴，通常这些意见总是一些匆匆的挑剔，但是这次是恭维的话，一些甚至是我曾见过最让我飘飘然的评语。作为对那些我们感到可以加强文章的意见的回应，我们做了一些修改，然后把它送回《科学》杂志，文章被安排在 1995 年 6 月发表，当然，在此几周前关于我们成功的小道消息就已流传开了。结果我被邀请在 5 月 24 日华盛顿举行的美国微生物学会年会上做主席讲演，我接受了邀请，条件是海姆将和我一起登台。

因为《科学》杂志是企业单位，它们靠订阅和广告赚钱，像《科学》和《自然》这样的一流刊物会努力防止它们的文章在发表前泄漏以保证他们实质上的影响力。文章是被"保密"的，新闻记者写作和报道未经正式发表的结果是会受到惩罚的，他们将会被禁止从事将来的出版前新闻发布工作。而在文章发表前，如果科学家们在会议上打破禁令公开讨论文章的内容并泄露到新闻界，也同样可能导致文章被拒绝或失去梦寐以求的封面待遇。这个行规对杂志有利但是却与学术公开自由交流的基本原则背道而驰，而该原则被认为是科学的基础。

海姆和我实在不想失去这次把历史上第一个非寄生基因组介绍给近万名微生物学家的机会（有1900多人出席这次会议），而且这些人是最能理解我们已完成的工作的人。《科学》最初持反对态度，但是规则的确允许科学家介绍他们的工作，只要没有新闻采访牵扯其中。

那天傍晚，海姆和我西装革履地到达了会场后，我环顾着宽阔的大厅以及它近万的座位。当我连接好我的计算机并在巨大的屏幕上测试我的幻灯片时，我开始感到了紧张。不仅仅是因为会议的规模令人畏惧，而且因为我将要向微生物学家中的精英们介绍我的第一篇微生物学文章。我也害怕经常被问及的专利问题以及公共基因组团体的同行对我的敌视。但是我提醒自己，只要我准备足够充分，我就会顶住压力决不气馁。如同以往一样，我又有了那种特别的超身物外的感觉，我可以置身事外地评价我刚刚所说的，就像我在观众席上听讲一样。

当协会主席，来自圣路易斯华盛顿大学的戴维·施莱辛格（David Schlesinger）宣布这次事件是"历史事件"的时候，我感到了真正的压力。海姆用他一贯亲切的方式介绍了我。当我的电脑激活后，我开 [202] 始自信而清楚地讲演起来。我描述了我们怎样从嗜血杆菌基因组中构造DNA文库，以及把DNA粉碎为特定大小的碎片的重要性：当两三万个碎片从数百万个片段中随机挑选出来时，它们可以在统计意义上代表基因组中的全部DNA。我阐明了我们怎样发展测序配对端点方法，测出每个片段的两端以便拼接DNA。我论述了我们怎样使用从EST发展的新算法和大型并行计算机来拼接2.5万个随机序列以形成大的重叠群来覆盖基因组的绝大部分，然后从这些重叠群端点去配对序列并且补上几个剩下的缺口。这样就完成了把基因组的180万个碱基对在电脑中以正确的顺序重新创建。我们已经把生物学的模拟版本转化到了电脑的数字世界里了。

尽管我有了第一个活物种的基因组，但是有意思的事才刚开始。我叙述了我们曾怎样使用这个基因组去探究该细菌的生活规律，以及它是怎样导致脑膜炎和其他传染病的。作为这一重大事件的补充说明，事实上我们已经测序了第二个基因组来确信我们的方法有效，它是生殖支原体，已知的最小的基因组。当我的演讲结束时，全场观众一致起立给我长时间的诚挚的鼓掌。我几乎被掌声淹没了，因为它是这样地突如其来，让我意想不到，我之前从来没有在科学会议上看到过这样的自发行为。

《科学》杂志对我的讲演担忧是有道理的；这次会议引发了文章发表之前的雪崩似的新闻报道。《科学》杂志自己对此报道使用了《文特尔两次赢得了测序竞赛》的标题，并且引用科林斯对此的评价，称它为"不同寻常的里程碑"。[2] 就像《时代》杂志所说的"由于他的方法被认为是不可靠的，政府拒绝支持他的工作，但是文特尔使用私人资金打败了联邦资金支持的科学家们，结果这些竞争对手们承认他的工作是意义重大的里程碑"。[3] 尼古拉斯·韦德（Nicholas Wade）在《纽约时报》撰文写道："仿佛为了证明嗜血杆菌测序不是侥幸成功的一样，在他的讲演快结束时，文特尔从他的帽子中变出了另一只兔子，即第二个非寄生生物体的基因序列。"[4] 第一个NIH支持的埃希氏大肠杆菌基因组计划的头佛瑞德·布拉特纳称它为"历史上的惊人时刻"。这句评语是最让我满足的了，因为我曾钦佩他的工作，现在我也钦佩他的仁慈宽厚了。韦德还说，"文特尔博士的成就预示着他在科学界站稳了脚跟，之前他长期与之格格不入，因为他喜欢走基因 [203] 测序的捷径，而其他专家们认为这是行不通的。"

不管是对我还是对海姆还是对我们团队的其他人，那都是一段美妙的时光。我们都知道能走到现在我们忍受了多大的苦难，包括NIH的政策和公共基因组团体的冷淡和敌视。当时我们的成功确实使得一些学者对我先前使他们反感的言行采取了既往不咎的态度，比起雨点一样落在我们头上的来自于我们的EST测序"合作者"的责骂，他们对我的反对简直是小儿科。在胜利欢呼的背后，我与HGS和黑塞尔廷已经很糟的关系更加恶化了。

当初黑塞尔廷和史克必成不同意我发表我们的EST数据，这已经使得基因组界的一些人对我既怨恨又厌恶，所以这次对于嗜血杆菌的全基因组测序的结果，我决定以不同的方法行事。我好容易找到了HGS和TIGR所定的协议中的漏洞，我意识到我可以利用一个事实：他们只强调了单独的EST序列而从未预先考虑过整个基因组的拼接。

我的目的是防止他们再次干预发表。回想到HGS有6个月的时间（从TIGR开始转让数据的那一刻起）选择基因作商业发展之用。在此之后，剩下的数据可以被发表。为了把嗜血杆菌的计时器发动起来，我开始在重新拼接之前把原始的数据向HGS传递。4个多月以来，2.5万个细菌序列被灌入HGS的电脑中，这与其说引起他们的好奇还不如说导致了迷惑。随着我们把序列拼合在一起成为基因组时，我们所做的事情的重要性就显而易见了，他们的态度从迷惑转化成公然的敌意了。

部分原因是当 HGS 的竞争者已经开始以越来越快的速度粗制滥造人类 EST 时,黑塞尔廷却懊丧地发现我们正在测序一个小小的细菌。"我要揍你一顿,"他在一次 TIGR 的董事会议上咆哮道,但是当史克意识到嗜血杆菌的基因序列的商业价值以及它可以帮助发展新的疫苗和抗生素时,他很快就改变了方向。现在关于数据开放的老生常谈的争吵真正开始了。

黑塞尔廷开始要求商业化计时应该从 HGS 收到完整的基因组序列后再开始。接下来当然他要援引那个条款要求再保持基因组保密时限 18 个月,因为它是一个单一的序列。我最不想要看到的是 HGS 为基因组申请专利延长我们发表数据时限并且让我们在测序第一个基因组的竞赛中被他人争先。这个特殊的战役不是关于金钱而是关于控制权。黑塞尔廷意识到如果我的团队在历史上第一次完成基因组测序,就会发生换挡,我和 TIGR 明显没有了 HGS 也能生存下来。黑塞尔廷威胁要向法庭申请禁令阻止基因组数据发表并且雇佣律师开始操作了。

我知道妥协对于 TIGR 和我的事业都是毁灭性的,甚至当我每天都面临新的备忘录和传唤。我投入了更多的时间和金钱给阿诺-德波特律师事务所的史蒂夫·派克律师团,派克自己现在也把一半的时间花在我的办公室里,或者与我或 HGS 的代理人的电话讨论上。黑塞尔廷押上了更大的赌注,他甚至带来了华盛顿大律师,该律师刚从美国总统律师的位置上退下来。现在黑塞尔廷不仅打算申请一个关于基因组的专利,还要申请一个禁止令。但是 HGS 很快就清楚如果想要赢得一个禁止令,它就不得不向法庭说明我们的数据发表怎样损害了它的

商业利益 —— 这对一家对微生物毫无兴趣的公司来说是一个棘手的提议。

通过那位前总统的律师，HGS找到了一个最终的折中案：如果我在给《科学》杂志寄出论文之前把完整的基因组序列提交给HGS，他们就会做出让步。感到我已赢得了发表的权利，所以我同意了，在我提交论文时，我把那些数据传给了HGS。然而我并不曾指望罗伯特·缪尔曼（Robert Millman）的动作有什么积极作用，他是一个专利律师，他曾在埃里克·兰德（Eric Lander）帮助建立的一家生物技术公司工作过。缪尔曼外形奇特，红头发扎成马尾巴，留着胡子，衣着极不协调。他对于专利法的游刃有余，相当于黑客对于计算机网络，他还有分子生物学的背景。在他的帮助下，HGS设法在我的论文发表之前申请了一个专利，尽管费用不菲。这份申请书长达1200页，其中含有嗜血杆菌基因组的180万个碱基对。就像在HGS数千专利申请变成现实一样，缪尔曼在离开HGS成为塞雷拉专利律师后还会继续这类专利申请，专利申请的真正价值就是让专利律师自己挣钱。这种极具侵犯性的专利策略的唯一可见社会效应就是它在科学界引起的令人难以置信的愤慨。

那篇嗜血杆菌基因组论文1995年7月28在《科学》[5]杂志上发表了，加上我和海姆两个资深作者一共包括40位作者。它被作为封面文章，在中间插页上给出了一个详细的基因图谱，在该生物体的环状DNA分子上我们标以不同的颜色杠：绿色对应的基因涉及能量代谢，黄色表示拷贝和修补DNA等等。大约有一半没有颜色，因为它们所扮演的角色还没有搞清楚。论文不仅描述了基因组中有什么，而

且更为重要的是描述缺了什么。我们已经解码了Rd实验室株，它对
人并不传染，并且发现它缺乏一个与传染性有关的完整基因盒（集）。
我们发现它的一些代谢路径是不完整的，特别是与细胞能量生产发
生联系的"三羧酸循环"，它缺少1/2的酶。从而这个物种为了成长需
要高浓度的氨基酸谷氨酸盐。在看到这些细节后，斯坦福的一个杰出
的生物化学家说我们很明显搞砸了，因为大家都知道每一个细胞都有
一个完整的三羧酸循环。事实上由于对这种微生物测序的开创性工作，
我们现在知道，从没有三羧酸循环的细胞到完全依赖三羧酸循环产生
能量的细胞，每一种组合都是可能的。

　　我们在《科学》杂志同一期上发表的第二篇文章[6]描述了嗜血
杆菌是怎样通过相互交换它们的DNA来加速它们的进化，就像给它
的基因组安装软件升级一样。海姆在一个存有9对碱基的独特序列中
发现了这种机制的关键，该序列有1465个复制体散布在基因中心的
遗传密码上。细菌表面的分子黏附在这个序列上并把DNA传输进细
胞中。它几乎没有什么变化，表明对该细菌来说允许序列改变而又不
招致危害是非常重要的。很明显在这种软件更新机制中的变化比软件
自身要小得多；就好像在细菌的生存中起重要作用的是新软件的数量
而不是质量。

　　牛津大学的理查德·莫克森小组取得一项最令人兴奋的发现。经
过对一种可以帮助合成脂单糖的细菌表面分子的酶的基因编码的研
究，他们发现为什么我们的身体与细菌对抗时感到很困难。后来，莫
克森回忆怎样"在几个星期的实践中德里克·胡德和我在脂多糖组织
的过程中识别超过20个新奇的（迄今为止未被认定的）基因，在这样

短的时间内取得的进展比我们和其他的科学家曾在几年内取得的
都多"。

他的团队发现当基因被DNA聚合酶复制到子代细胞中时，一段 [206]
DNA重复序列出现在出错基因的前端。聚合酶在这些重复部分打滑，
当我们看过基因组后，我们发现它们与一些负责产生细胞表皮分子的
基因有联系。对于细菌来说，不断改变它的细胞表皮抗原是一个聪明
的方法，这样新的品种就可以总是比我们身体的免疫防御技高一筹，
在呼吸道工作中我们可以看到一个这样的过程：当身体战胜了熟悉的
品种时，一个嗜血杆菌新的版本又占据了原有的空间。我们现在知道
相似的机制已经成为许多人类病菌的遗传密码的一部分，这也是我们
为什么在与传染病的战争中老处于下风的原因之一，我们所能做的就
是最好能跑在细菌进化之前。

那时，理查德已经发现，这个工作有政治维度。他参加的4月23
日到26日在多半豪斯酒店召开的会议对他是一个凯旋式。一个与会
者评论说："克雷格蹦到讲台上描述流感嗜血杆菌基因组怎样被拼
接 —— 影响是直接的、惊人的 —— 大家都明白微生物学正在发生变
化，当然它的确在发生变化。"我不仅出席做了讲演（对我来说全程
参加一个4天的会议是不寻常的）而且我也随身带来了嗜血杆菌和支
原体基因组序列的光盘。在会议上这些科学家们几个小时地凝视着我
们的数据。"对了，"一个与会者说道，"这就是这种生物的本质。"[7]
但是摩根自己并没有露面，看起来他并不清楚这次会议的重要性，即
使它是由威尔康信托基金主办的。理查德很失望，因为他认为这次会
议是同类会议里最成功的（威尔康称它们是科学会议的前沿），可是

除了约翰·斯蒂芬森之外，没有信托基金的高级代表参加。约翰·斯蒂芬森曾帮助组织该会议，但是被后来的情况震惊了。在这次会议记录里，一份报告总结说我们的处理方法是基因组学发展的方向，这也是以后信托基金决定在桑格研究所发展细菌基因组测序计划的一个重要的原因。

就在TIGR缺钱用的时候，没完没了的可能向我们招手。理查德想要从威尔康申请一项基金。以便他在牛津的实验室可以与TIGR合作处理主要引起儿童脑膜炎的脑膜炎双球菌基因组。他与我和摩根的会见是令人尴尬的，这位威尔康基因组的大鳄竟然没有读过那篇《科学》上的论文。但是考虑到脑膜炎导致的痛苦、死亡和致残，威尔康传染免疫部还是把它推荐为最高优先级别的计划。信托基金的批准一般要办理一个正式手续。但是这次有点技术性问题，由于美国官方未认可TIGR为非营利性质，他们担心慈善款项可能最终让HGS受益。摩根否决了脑膜炎提议，理由是可能导致与英国慈善委员会的法律问题。我甚至已经开始对这个细菌进行测序，但是不得不就此打住。

嗜血杆菌的论文不久就成为在生物学领域引用率最高的文章。一个斯坦福大学的教授露西·夏皮罗（Lucy Shapiro）描述她的团队怎样熬了整整一夜钻研这篇文章的细节，为第一次看到一个物种的完整基因内容而激动不已。数百个庆贺的电子邮件源源而至，表达了诸如"现在我完全理解了基因组学是什么了"或"这是基因组时代的真正开始"这样的感概。弗瑞德·桑格（Fred[1] Sanger）甚至寄给我一个关

1.译者注：Fred是Frederick的昵称。

于嗜血杆菌基因组发表的可爱的手写纸条，说他一直都认为我的方法是可行的，只是一直没有机会测试它，因为他的同事们都想要测他们自己的那一份DNA片段。

　亲爱的文特尔博士：

　　非常感谢你给我的关于你们在流感嗜血杆菌美妙工作的文章。当然它是令人印象深刻的，我非常高兴看到霰弹枪测序法能在这样大的范围内适用。我一直对这种方法很热心，但是一个主要的问题是我的同事们不喜欢它。因为他们都想要测他们自己的那一份DNA片段，这样这些片段就可能以他们各自的名字命名。现在有了自动操作，我想这不是个问题了。由于你的工作它一定会取得很大的进展。

　衷心表示祝愿

　　　　　　　　你的诚挚的

　　　　　　　　弗瑞德·桑格

评论这篇论文的文章不断地出现。我们的工作被宣传成为"对21世纪的医药学有巨大潜力的壮举"。尼古拉斯·韦德在《纽约时报》上大发诗意[8]："生命是个谜，无法形容，深不可测，而且看起来可能从来不为精确描叙所感动。然而现在第一次，一个非寄生生物被它的完全基因组蓝图的化学成分所定义。"他引用了哈佛的乔治·切奇（George Church）的话，来自基因组学一个重要知识分子的声音："这真是个精彩的故事，因为他们使每个人都在等待直到所有事情做好。"甚至吉姆·沃森也宣称这是"一个自然科学的伟大时刻"。我想知道沃森有没有把《科学》上的那篇文章读完？当他在文章结尾断言我们的"文章描述的方法有助于测序人类基因组"并且在杂志随文附上的一则新闻报道[9]里着重引用了我类似的一句话"流感嗜血杆菌基因组测序的成功已经在世界范围内为人类基因组测序下了新的赌注"时。

在嗜血杆菌论文出现不久，我们如约在《科学》上发表了生殖支原体的最小基因组[10]。在一篇评论里，测序酵母的国际基因组的领导者安德鲁·高弗由（Andre Goffeau）提醒读者，数年来他们怎样认为第一个被完整测序的基因组应该是埃希氏大肠杆菌[11]，"但是让大家吃惊的是"一个圈外人赢得了竞赛，而且他现在开始测序第二个基因组了。他继续说："测序生殖支原体的工作最让人印象深刻的是它的效率，这证明了 TIGR 测序和信息学设备的威力。"克莱德·哈奇森（Clyde Hutchison）在 1995 年 1 月已经把生殖支原体 DNA 交给我们，在当年的 8 月 11 日我们就把稿件寄了出去。

有了第二份全套非寄生生物基因组，我们就可以发展一项新的学科即比较基因组学。《科学家》报道了一些对该发展的反应[12]，能源部的戴维·史密斯（David Smith）说："我开始阅读支原体文章部分，比较那些基因组，突然我心头一亮——哇，这将会成为影响很大的一个生物学的新领域。"尽管他们曾支持过我们的努力，但他们只是想与我们的成果达成协议。就像 NIH 基因组研究所的副主任伊尔克·约旦（Elke Jordan）（他先是沃森的手下后来是柯林斯手下）所说："我认为我们迈出了微生物基因组的第一步，以后更大更复杂的基因组比如酵母、秀丽隐杆线虫和果蝇的基因组测序也变得可能——我们将会传递一些经验给他们。"在《科学家》的文章中，海姆做了一个完美的总结："在全国几乎所有人的怀疑下，克雷格创造了这一切。看起来所有人都盼望着他失败丢脸，但是他所实现的比任何人想象的都要多都要快。"而我还只是刚刚起步。

经过一年的斗争，1995年9月我最终把TIGR的EST工作成功发表了，一同发表的还有《自然》特刊上的一份长达377页的基因组指南[13]。在我为获得承认而进行的战斗出现转折点之前一个月，《自然》杂志的编辑约翰·麦道克斯（John Maddox）写了一份不寻常的评论[14]，文中讨论了利用我的EST数据的"令人厌恶"的形势。文章以一次令人难忘的电话交谈开头："'如果你出版了文特尔的垃圾文章，'几个月前有一个与众不同的声音在电话里说道，'我保证再没有什么美国基因组界的成员会向你投任何稿件。'"麦道克斯继续写道："说话的人，他自己会承认，是美国的一个最著名的遗传学者。"一位《自然》杂志的编辑后来告诉我那个声音是吉姆·沃森的，当然是他了。

麦道克斯不但总是对头条新闻在行，而且对于科学他也有很好的鉴赏力，尽管面临威胁他还是决定要发表那篇文章："有几个很好的理由（而不是冒险蛮干）让我决定出版这些资料。主要是这篇论文所描述的内容是极具科学内在价值，这一点在基因组指南被分类时就可以看到。这个伟业的规模也是不寻常的。文特尔的团队将会统一发表全部长度的EST，现在已经排序了大约500万个碱基对，或者说人类基因组的0.15%……有5.5万个EST对应可靠的基因，其中只有1万个已登录在公共数据库中。"

科学界和新闻界都为我们的成就喝彩，他们在头版用大标题称我们的工作扣响了人类基因组竞赛的发令枪。比如《基因先锋公开了他的数据库》[15]《新指南是第一个人类自己的图谱》[16]《基因组的快速进展被报道》[17]《科学家们瞥见了基因的分工》[18]《宏大的人类基因计划的研究细节进展》[19]等。如同有人所评论的那样,这份指南标志着我们朝着获知是什么使我们进化为人的道路上迈出了重要一步[20]。《自然》杂志的生物科学编辑尼古拉斯·舒特(Nicholas Short)对《纽约时报》说,如何使用这些数据"曾被过分地歪曲,现在是'确实相当自由'的"。我上了《商务周刊》的封面[21]而且《人物》杂志也刊登了我的照片[22]。《美国新闻与世界报道》指出,尽管我的批评者又找茬又嘲弄,但是,"克雷格·文特尔笑到了最后。"[23]

我在头两个基因组上的成功带来了崇拜者、合作者和金钱。美国能源部科学办公室现在拨给我们资金去测序一些其他微生物。经过很多次讨论后,我们选择了一个不寻常的典型生物列为我们的第三个基因组计划对象。它是被称之为詹氏甲烷球菌的一种微生物,生活在矿物质丰富的热流体里,这些热流体是从地球的内部由海底称作热液喷口的地方像烟一样涌出来的。这种生物于1982年被伍兹霍尔海洋研究所的深海潜艇"埃尔文号"在沸水中发现,沸水位于据墨西哥的卡波圣卢卡斯160千米的2.7千米深的太平洋底,在那里有这样的一个"白烟囱"。就像在地球上发现了一个小外星人一样:这种生物非常奇怪而且生命力极强以至于它可以在其他的星球上生存。

在大海这样的深度,压强超过了245个大气压(24824 kPa)。白烟囱的中心温度超过了329℃(752华氏度),而周围的水温仅仅2℃(35.6华氏度)。詹氏甲烷球菌就舒适地呆在其中某个85℃(185华氏度）的水中。詹氏甲烷球菌依靠矿物质而不是有机物质生存，它以二氧化碳作为碳的来源，以氢作为能量，代谢附产物为甲烷。

根据伊利诺伊大学厄巴纳分校的卡尔·伍斯（Carl Woese）的观点，詹氏甲烷球菌是生命物质第三大分支的一员。我非常喜欢卡尔，我发现他是个伟大的思想家。他曾提出，所有的生命形式可以分为三个普遍类型：真核生物，例如人类和酵母 —— 这类生物的细胞内有一个名叫细胞核的隔间，控制中心就位于隔间中；细菌；太古细菌 —— 作为微生物它也有和其他物种的共同之处，但还是有一些区别，它们没有容纳基因组的细胞核。传统上细菌和太古细菌被整个儿看作是一个独立王国，称为原核生物，卡尔因为试图把它们分成不同类别而受到指责和嘲弄。

卡尔受到这样多的非难，这些非难比我受到的更具人身攻击性，他变得有点消极避世，不过他还是同意了和我合作。随着詹氏甲烷球菌基因组测序的进展，卡尔变得越来越兴奋，这一点我当然能理解，只要考虑到他在这个结果上寄予了多大希望。他迫不及待地要对那些碎片数据下手，我力劝他等到我们把整个染色体拼装起来再说。幸运的是他并不需要等很长时间。仅仅几个基因表示了高温生物的特色，所以我们都很好奇是以什么来区分它们。在这种生物所能容忍的温度下，多数蛋白质结构会变性（破裂），这样的过程常常发生在50℃～60℃，所以我期盼看到为了对付高温而通过进化发生本质变化的蛋白质。我特别期望的一个变化是大量的胱氨酸。胱氨酸可以通过与别的胱氨酸结成结实的化学键来把一个蛋白质复杂的三维结构锁定到位。但是我们惊奇地发现整个氨基酸成分并没有明显的不同。我们发现与别的物种非常相似的一种甲烷球菌蛋白质只有几个具体的地方小有差异，这些并不足以说明它的耐高温性。那些推动进化的自由转变显然只能微调蛋白质的结构以防止它被高温变性。但是这些相似性并不意味着这些细菌在其他方面是我们熟悉的。这种生物仅44％的蛋白质与我们之前确定的相似，这也是我们研究的第一个太古细菌。这种生物的一些基因，包括与基本能量代谢有关的基因类似于那些生命细菌分支。但是，与此明显相反的是，许多与染色体克隆即信息处理有关的基因和基因重复与包括人类和酵母在内的真核生物相匹配得很好。这对伍斯的理论是一个极好的证明。

就在关于甲烷球菌的论文即将在《科学》上发表时，NASA（美国太空航空总署）发表了一些关于火星微生物生命的实验性证据。这激发了媒体的兴趣，我们在华盛顿的全国新闻俱乐部举行了挤得满满的记者招待会。卡尔·伍斯生病不能旅行，而他又是焦点人物，所以我安排他出席电视会议，另外，我也想表达对探险队的敬意，他们最先发现这种生物并在实验室培植它，所以我把探险队的领导霍尔格·詹纳斯（Holger Jannasch）从伍兹霍尔海洋研究所请了过来，这个细菌曾以他的名字命名，同时还有"埃尔文"号的驾驶员杜德列·福斯特（Dudley Foster）。能源部派出了副部长。TIGR基因组，包括我和海姆，以及《科学》杂志的编辑发布团坐在记者和照相机前谈论我们论文的发表。[24]

美国所有主要报纸的头版都有我们基因组的研究，世界上其他大多数报纸也是这样。《今日美国》说："微生物被证实是生命的第三大分支"[25]；《基督教科学箴言报》的大标题是"物种的进化，不同于任何其他生命的微生物"[26];《经济学人》刊定为"了不起的人",[27]而《大众机械》则宣布"地球上的外星生命"[28],这个话题同样受到《圣荷西信使报》的追捧,他们的标题是"来自科幻小说的东西"[29]。我和我母亲早先的一次谈话让我感受到了一个主题在不断出现:当我解释我们的发现证明了生命的第三大分支是真实存在的,她问我是否它是动物、植物或者是矿物。我感到沮丧于是放弃了对她解释,但是就在发布会那天晚上,美国全国广播公司(NBC)新闻主播汤姆·布洛克(Tom Brokaw)也提出了同样的问题。《华盛顿邮报》重回到这个问题上:"不是动物不是植物也不是细菌。不要再考虑火星生物——真正的争议来自于地球上另一种生命形式的遗传密码。"[30]

我们现在有了历史上前三个发表的基因组,而且还是三个生命分支中的两个分支的第一个基因组。(第一个真核生物——酿酒酵母基因组测序在我们发表甲烷球菌基因组之前宣布完成,但是最终在《自然》上发表是在我们的论文出现后。)在幕后我们的EST工作在快速地继续着:我们已经与巴西科学家合作去推进关于血吸虫病的研究,血吸虫病又叫毕哈裂体吸虫病,它是由寄生扁形虫引起的慢性病,在发展中国家较多发生。我们也研究了基因在神经细胞中发生改变的作用,揭示了与老年痴呆症有关的基因,而且就像我在1991年最初的EST论文中预言的一样,我也使用EST方法绘制人类基因组的基因图谱。

我的兴趣从来也没有与设法找到加速人类基因组测序的方法这一目标过多背离。几亿到几十亿美元被NIH用来绘制基因组从而使测序可以最终认真地展开。如同埃希氏大肠杆菌的测序一样,绘图意味着把人类基因组片段打成大小更易操作的（10 万个碱基对）复制体，它被称为细菌人造染色体或者 BAC。（丹尼尔·科恩把酵母序列变得越来越大，被称为巨大酵母人造染色体，这一壮举遇到了一些问题，因为这些碎片会破裂和重新排列。）全世界的基因组界那时正在把所有的 BAC 以正确的顺序排列并开始对其测序。我相信如果他们坚持使用 BAC 的话，那么通过从几十万 BAC 复制体的每个端点测序遗传密码的 500～600 个碱基对，从而建立一个大数据库，就像我们曾对 λ 复制体和嗜血杆菌基因组所做的一样，他们最终就可以节省数年时间和大量金钱。当任何团队随意选择了一个 BAC 复制体并且测序所有的 10 万个碱基对后，第二步就将是简单地把序列与那个 BAC 端点数据库做比较。任何重叠都会被很快发现，然后工作重点就可以放在测序最小重叠的复制体上了，从而一个图谱和序列就可以同时得到了。海姆相当喜欢这个想法，于是我们把它进一步完善。李·胡德（Lee Hood）听到我讨论我们的方案也变成了一个热心的支持者，我们三个最后在《自然》上发表了这个方法。正如 EST 方法那样，BAC 端点测序法已成为标准方法。

终于，我们的科学方法开始变得受人尊敬了，甚至我们的批评者头脑也清楚了。在南卡莱罗纳的希尔顿海德举行的一个讨论会上，威尔康信托基金会的高级官员约翰·斯蒂芬森谈到仅仅两年前，"每个人都怀疑克雷格·文特尔是否能做出他宣称要做的东西"，现在微生物基因组学界"一夜之间就变了"。国家过敏及传染病研究所的安妮·金斯伯格（Anne Ginsberg）回应了这个观点，她谈到嗜血杆菌基因组怎样带来科研的全新面貌。

随着资金从NIH和DOE流入了TIGR，基因组数据快速地流出来。甲烷球菌之后是幽门螺杆菌，全球有一半的人感染这种细菌，这种细菌呆在人的胃里，与胃炎、胃溃疡和胃癌有关系。然后是第二个太古细菌——发光太古生球菌，紧接着是博氏殊螺旋体菌，它被叫作螺旋原虫，是莱姆病（Lyme disease）的病原体，莱姆病是在美国最常见的扁虱传染病。（螺旋原虫名字的由来一方面是它的螺旋外形，另一方面是由于它能在组织中螺旋钻行。）不久我们测序了第一个疟疾染色体[31]，而且测序了第二个螺旋原虫，它会导致梅毒。

我们红了，这门科学也红了，我们正在吸引更多的钱来支持我们的工作。尽管这些钱蜂拥而至，但是对于施展我的抱负来说还是远远不够。TIGR有一点仍然让大多数的科学家和基金机构深恶痛绝，即 215 我们与HGS和比尔·黑塞尔廷的联系。有观点认为资助TIGR就会让黑塞尔廷和HGS受益，对此我深表同情却无能为力。我还是有一种被无休止的法律论战拘绊的不自由感觉，因为HGS继续盲目地试图为从我的研究所涌出的大量数据申请专利，也不管他们用不用得到这些数据。这真是疯狂，我一定得付出点什么了。

第 10 章
机构脱离

如果有谁像我一样沉醉于自己的研究领域那他就是受到了恶毒的诅咒。

—— 查尔斯·达尔文

216   事情的结束实际上两年前就开始了，那是 1995 年 7 月 25 日星期三的早上。当电话通知我沃利·斯坦博格已经在睡眠中死于明显的心脏病发作时，我还在家里，电话上的声音既紧张又有听天由命的沉着，他年仅 61 岁。我不太相信地接受了这个消息，当我回忆起 13 年前一个类似的电话，我母亲告诉我父亲的生命是怎样以相同的方式结束的时候，我也感到一阵疼痛。尽管沃利和我经常发生冲突，就像我和我父亲一样，我还是有点想他。当许多其他人似乎跟我作对时，沃利一直支持我的工作。

沃利的一生充满传奇色彩。他住在新泽西的一座豪华公寓里，沉溺于奢侈的娱乐和无止境的网球和跳舞。比起大多数人来，沃利更想长生不老，我确信他自信会比大多数人更长寿，他相信他拥有的各种卫生保健公司给了他长寿的保障。即使他的动机是纯获利性的，他也比大多数分子生物学家更明白基因组的潜力。

沃利的早逝增强了我从越南经历获得的教训：生命必须活得充分，沃利已经尽力做了他所能做的。他的死提醒了我，我多么想从我自己的生命中得到更多，而不是无休止地与我假想的投资者们作斗争。从第一天开始，我与HGS的关系就预示它不可能完成我想合作冒险的梦想，我梦想基础科学的发现可以迅速地进入临床应用。事实上，HGS所追求的全都是贪婪和权利，而不是健康。我知道沃利的死标志[217]着TIGR和HGS关系的结束，因为这一紧张关系能维系至今很大程度上是他想和我以及我的研究继续保持联系。随着他的逝去，所有这些问题就留给黑塞尔廷了，而他想取消这两个联系。

我反复无常的心脏

我携带高风险版本的与心脏病有关的不同基因，特别是GNB3，它与高血压、肥胖、胰岛素抵抗和一种心脏扩大症有关，以及MMP3，它则和心脏病发作有关。

GNB3有一个自然变异，有段时间我们已经知道它与高血压有联系，尤其是对于那些左心室肥大的人，这是一种能威胁生命的心肌增厚的疾病。基因变异也影响患者对频繁使用的高血压药物治疗的反应，比如，对利尿剂氢氯噻嗪（HCTZ）的反应。动物和实验室细胞研究已经证实了为什么这个基因GNB3是有害的：它增加了G蛋白质的活性，该蛋白是细胞中的一个信使系统，将会导致脂细胞的增加。此项发现引导德国研究者们得出一个结论：继承了基因的这两个复制品的人们，各来自父母中的一方，有得肥胖症的高风险，肥胖本身对于许多常见疾病就是一个风险因素。

　　MMP3为基质金属蛋白酶（MMP），它在生物体的发展和伤口愈合过程中起重要的作用。这个酶家族在上皮组织中发挥作用，尤其是处理物质进出身体和保护器官的组织。基质金属蛋白酶是一种消化酶，通常执行类似推土机的工作，为建造新的器官结构或修补旧的器官结构清扫道路。在基质金属蛋白酶中的一个位置上的字母特性被叫做基质-1，它影响一种酶的产生速度，这种酶使组成动脉血管壁的细胞外基质退化。以这种方式，MMP3蛋白质起着调节血管弹性和厚度的作用。像我这样的人如果再有该基因的低表达版本，则有点更倾向于得动脉硬化症。动脉的窄化与动脉血管壁内斑的积累有联系。

公平地说，黑塞尔廷和公司有不同的目标，源于他把患者看成是未来的消费者而公司则看作是税收的来源。只要一项研究对新的治疗有帮助，它就是可以接受的，但是当企业利用某项工作制造泡沫希望或者误导患者的话，它就变得令人讨厌。尽管我知道基因组学革命将要为医学的未来奠定基础，但是我也感觉到，总体上，它的短期潜力被生物技术工业过分吹嘘了。

我的不安在沃利去世前几个星期已经触及我的底线了，那时我与我的几个委托人、沃利和一些他的顾问在TIGR举办了一次会议。议程的首项是我决定卖掉我在HGS的还没有给TIGR基金会的股份。我知道这将被认为是对沃利的商业投机表示没有信心的否决票，可以理解沃利非常生气并且自己购买了它。这不仅仅只是反对HGS，也是对他没有信心。他喜欢成为富翁，我认为他也想让我变得富裕。为什么我要卖掉在未来它会值很多钱的HGS的股份？

但是我看不到未来，因为我与HGS的关系被目前的问题搞得阴影重重。这次会议在发表第一篇微生物基因组文章的战争中举行，它标志着HGS和TIGR的关系进入了一个新的低谷。我向沃利解释我是怎样不得不忍受黑塞尔廷怪异行为，它已经疏远了学术社团这么多人。因为黑塞尔廷，我现在必须卖掉股份继续朝前走。我使沃利心烦意乱，但是我知道如果他处在我的位置，他也会做同样的事。不幸的是，那是他活着时我最后一次见到他。

沃利一定中意《纽约时报》为他设的三个专栏的讣告[1]，这个讣告出现在《科学》杂志上发表嗜血杆菌基因组文章的第二天。讣告纪念了他的成就，从瑞城牙刷到他创办的生物技术公司，当提到我时，讣告宣称："赌注看起来已经有了回报。文特尔博士现在已经译解了第一套活着的有机体的完整的基因。"沃利一定也喜欢他的葬礼。过度奢华是那天的主题，我感到好像我漫步在一部电影的最后场景里，这部电影不仅有《了不起的盖茨比》里的镜头还有《教父》里的镜头。

有黑塞尔廷在，沃利在墓穴中也没法安生，现在没有了沃利合理的监督，黑塞尔廷开始发挥他的新权利了。我曾告诉黑塞尔廷现在是HGS和TIGR脱离关系的时候了，即使HGS仍有5000万美元要付给我们 —— 我直接把这一消息通过律师送过去。但是黑塞尔廷不想解散我们的关系，不管我们的关系变得多紧张，它是HGS与史克必成（SKB）协议的不可缺少的一部分。HGS将不会同意分裂，因为如果

²¹⁹ 它失去了TIGR，它将偿还史克必成数以千万计美元。

测量心跳

许多因素，包括基因和环境，都可以促成不规则心跳和其他可能导致心脏病突发猝死的疾病，这种疾病每年影响30万个美国人。为此值得看一看我的基因组，因为如果我发现一些疾病风险，现有药物确实提供我一个补救机会——用β-受体阻滞药修补它，用其他药物调节心脏节奏，或者甚至植入自动除颤器。

用新策略测量整个人类基因组，确定促成复杂疾病的基因变异，丹·阿金（Dan Arking）和他在约翰·霍普金斯大学的同事们，以及来自德国慕尼黑和美国弗莱明翰心脏研究（Framingham Heart Study）的科学家们一道发现了一个基因，它可以引起一些人们异常的心脏节奏，从而导致心脏病突发猝死。

这个基因被称为NOS1AP［一氧化氮合酶1（神经元）接头蛋白］，它被传统的基因搜索方法遗漏了，看起来它影响了所谓的QT区间长度。QT区间测量时间段，当两个底部心室抽吸时，QT区间使心脏从心室的跳动恢复过来。相对应心跳的"咕咚"声的"咕"部分，一个单独的QT区间时间长度应该保持不变。

但是有证据显示，拥有一个异乎寻常的长或短的QT区间对于突发心脏病猝死症来说是一个危险因素。区间长度可通过心电图测量，它是从心脏泵室的电刺激到重新刺激至下一次心跳的时间长度。但是在多于1/3的案例中，突发心脏病猝死是第一次也是最后一次标志心电图异常，它表明有些地方出错了。

研究显示，在与QT区间有关联的编码中一个特别的单字母拼写错了（SNP）。那个SNP被发现存在于NOS1AP基因中，这个基因创造了一种蛋白质，它是一种酶的调节器（神经性一氧化氮合酶），人们曾研究它在神经细胞中的功能，但从来没有想到它有对心脏的作用。接着，研究小组还发现，NOS1AP基因是在人的左心室起作用，在恰当的时间和地点，它在QT区间中发生异常的功能。

进一步研究显示大约60%的欧洲血统的人们可能携带NOS1AP基因中的至少一个SNP复制品。一个人如果有这一变体的两个复制品，他会有一个短QT区间；如果有另一变体的两个复制品则意味着有较长的QT区间。我有一个与QT区间中的最小变体相符合的混合物。它保障了QT区间的稳定工作，但是一如既往，这个特别的SNP仍然不是故事的全部，它也为1.5%的QT区间差异负责。

我决定求助于乔治·波斯特，那时他是SKB的研究主管，他直接 [220] 负责HGS和SKB的关系。我们经常在SKB的科学咨询委员会上见面，我是其中的一个成员，很明显乔治和SKB的管理人员已经对TIGR和HGS之间的问题感到苦恼。SKB的主要兴趣是有权进入TIGR的数据库，不管是人类的还是微生物的，这些数据对发展抗生素有用。因此，乔治和我策划了一个方案。如果乔治从HGS得到了一个数据使用的

重要特许权，乔治就会放弃HGS欠他的几千万美元，乔治不得不使用
这些数据来探测疾病基因和其他诊断法，这个特许权是SKB目前没
有的。乔治答应如果他和SKB被赋予那些权利，他就会同意HGS和
TIGR拆离。黑塞尔廷似乎接受了这个计划，在与HGS的负责人讨论
后，我被告知如果我愿意放弃未来6年内HGS所有欠TIGR的钱，那
么HGS就终止我们的协议，给我们自由。

我这么久以来所渴望的自由现在终于在我的掌握之中了。我的批
评家们咬住不放说我是怎样只为钱而做研究的。他们说反了：我只对
可以让我自由从事我的研究的钱感兴趣。来自HGS的资助有太多意
想不到的附加条件：它有太多限制，并且正破坏我的名誉。可是，为
了给TIGR追求一个独立的发展空间我抛弃了HGS欠我们的千百万
美元，TIGR董事会会支持我这一决定吗？我打电话给几位重要成员，
他们每个人都紧张——很紧张。TIGR仅仅有刚能维持一年的钱。事
实上，我也很担心。因为我的决定关系到一百多位为我工作的科学家
和同事。我有许多个不眠之夜。

但是我的建议有一个乐观的逻辑。我们与HGS的联系曾阻挡了
来自政府部门的公共资助，因为评审的科学家不想给TIGR任何钱，
他们认为TIGR会给HGS带来益处。我们也被拒绝免税待遇，这对一
个研究所来说是至关重要的。我的希望是一旦与HGS切断联系，研究
资金就跟上来了；与国内税收服务讨论过后，我们好像也会准予免税
待遇。我已经把大约3000万美元的HGS的股份放进了TIGR的捐赈
基金里了。但是只有TIGR处于免税的非营利性的地位，它才能收到
全额，而不是一半。我召集了一个特殊董事局会议，让他们关于此事

投票表决，尽管有严重的忧虑，但是成员们都清楚他们要支持我，给 221
我的研究所和我下赌注。这是一个大赌注，一个能成就我的事业和机
构的赌注，同时也是一个能毁灭它们的赌注。如果资助资金和免税待
遇不能成功，TIGR将被迫关闭，我们都将流落街头。我意识到我需要
更多的时间思考一下我生命中最大的决定之一。我需要逃离，我有最
好的机会挑战一次重要的海上航行，这次航行将测试我跨越大西洋的
能力。

　　自从我航行去了百慕大并且返回来以后，我开始渴望一艘更大更
快的船，能与海洋的极限威力一比高低的船。当我开始卖我的HGS股
份时，我同时开始张罗那心目中的最好的海上航行帆船。这么多年来，
我一直关注航海杂志，基于我本人的经验，我开始绘制一艘17～22
米长的单桅帆船，可以让我独自一人航行，相对又轻又快，而且用
水压载保持稳定。我开始与安纳波利斯游艇设计者罗布·拉德（Rob
Ladd）合作，他专攻轻型巡航船，我们提出制造一艘22米的船——
规格是能够单独航行——有水压载和一个小操舵室，看起来似乎兼
顾了生活空间、性能、式样和成本。现在我所需要的是一个设计师给
我估计一下我的梦想要花费多少钱。经过多次研究后，我约见了哈
狄·贝利（Howdy Bailey）。我和一位22米长的钢铸北海拖捞船——
这艘船是我当年通过TIGR买来做航海研究的——的船长一起飞到位
于弗吉尼亚州诺福克市的贝利的码头，这位船长也是一名对按我设计
的方案装配的船感兴趣的安纳波利斯游艇经纪人。我们审核图纸，然
后观光游览了贝利的码头。我们讨论了铝，讨论了焊接，讨论了建造
时间（得要两年）。最后是费用：大约250万美元。我几乎要晕了，然
后告诉贝利我需要再考虑一段时间。

那时，我的这个梦想还有个竞争目标。在《游艇比赛》杂志上，我一直关注我所见过的最漂亮的一艘游艇，它在一个接一个的广告里现身。在去诺福克市看望贝利的飞机上，我看到最近一期刊物上有这艘极好的28米长的游艇——现在在佛罗里达州的罗德岱堡——刚刚打折：这艘造型优美的单桅帆船卖150万美元。她有55吨多的排水量，因为单独在龙骨上就有25吨的铅锤，她是由吉曼·弗莱斯（Frers, German）设计的，他是阿根廷海军设计师，他的船以牢固的船体著称，包括一些美国的奖杯船。第二天我飞到佛罗里达看了看。

当我看见这艘低干舷的游艇有着光滑的蓝色船体，柚木甲板，低切甲板室时，我对她一见钟情。当我顺着升降扶梯进入到温暖的樱桃木的船舱时，我是真的被打动了。整艘船处处生辉，包括船首推进器、水力绞车、发电机、海水淡化器等等，与我正在设计的简单又难以置信的昂贵的游艇完全不同，这艘船有一个令任何海员都垂涎三尺的天然美。经纪人描述了3年前她怎样在威斯康星州的帕尔默约翰逊码头制造而成，她是为加里·康莫尔（Gary Comer）制造的，康莫尔是前奥林匹克明星级海员和"天际"的创始人，天际是邮购和网络专业制衣商，以保守风格的衣服著称。康莫尔用她环游了全球，壮举完成后，就把船抬价出售。我当天决定出价最多不超过125万美元。几天后，这个出价接受了，我知道我生命中的一个重要的新篇章即将开始了。

这艘船被称为"骚乱号"，我认为对于这样一个尤物选择这个名字太奇怪了，当康莫尔表示想为他的新动力游艇保留这个名字时，我松了一口气。我花了挺长时间去想一个新名字，这名字将会把神奇的

力量加在我身上，使我在水上能够只靠风力就能前进。我决定使用
"魔法师"这个名字，以此对应似乎与魔法一样神秘的科学——至少
对于普通人而言是这样的——表示致意；它还包含了我儿子的中间
名字（艾姆利斯，一个威尔士名字，为了纪念梅林[1]），对应科学和魔法
之间深层次的连接——天文学的源头是占星学，化学的源头是炼金
术，等等。

　　我与"魔法师"在一起的第一年，它并没有充分发挥我所希望的
魅力。她的大部分系统都失灵了；为了使船能安全返回佛罗里达，它
们很明显曾被加固过。你要想使事情井然有序你就得付出大量时间和
忍受大量不便。当我把每一处都修好后，我也就了解了船的每一个角
落和每一条裂缝。那时，我已经航海去过了新英格兰，然后往南去了
加勒比海，但是我感到这样一艘大游艇不应该晚上泊在海港里，白天
出来航海。它有综合潜力，而且已经成功地进行了一次周游世界。我 223
想继续让它跨洋航行，我需要一个好的借口把研究先放一放。然后我
就看见一张大洋比赛的通知，比赛由纽约游艇俱乐部赞助。

　　这次比赛安排在1997年5月17日，历经4800千米，从纽约到英
格兰的法尔茅斯，穿越狂风暴雨的北大西洋。这次挑战既恐怖又令
我兴奋，但是比赛的最小尺寸是29米，而魔法师只有28米。我观察
了几种扩大船体的不同方法，直到注意到比赛规则上写着长度要求
包括所有的突出，当然也包括船首斜桅，等等。理查德·冯·杜恩霍
夫（Richard Von Doenhoff）是比赛的协作者，他是一个历史学家，担

1.译者注：传说中梅林是一位精深的魔法师。

任官方测量员，他在安纳波利斯从旗杆顶端到船头围栏测量了"魔法师"，旗杆是从船尾板延伸出来的。"魔法师"整长29米，如果参加分级障碍赛，是不占优势的。尽管这无关紧要，因为我要的是能参加比赛，不管怎么说，我对于战胜45～75米长的船不抱任何幻想，更何况这些船上的船员都是经验丰富的。

《华盛顿邮报》登了一篇关于我这次参赛的报道，我开始收到来信，志愿船员都来自"当地"[2]，来自那些对我所作所为感到佩服并想加入我的队伍的人们。在他们当中有一位叫戴维·基尔南（David Kiernan），他是在威廉&康纳公司（Williams & Connolly）工作的一名华盛顿律师，曾经也是一名医学博士。一名从前的外科医生的加入可能是有价值的，我安排了一顿晚餐与戴维会面，晚餐结束后，我知道我和他在一起的话可以在海上存活数周。现在我有一支11人组成的队伍，包括我70多岁的舅舅，巴德·赫娄。

多亏了我曾经为了TIGR与可能的企业合伙人讨论过，才使我能够找到买大三角帆所需的2万美元。那时，已经买了一个DNA序列企业的安玛西亚（Amersham）公司知道我与HGS的关系遇到了麻烦。我很高兴与安玛西亚的新首席执行官罗恩·朗（Ron Long）见面，他渴望我们能联合起来利用微生物基因组开发新的抗生素，因为对于传统药物的抗药性正在剧增，所以这是一件迫在眉睫的事情。罗恩同意给我付航海的费用——如果给他加上胡子和尖帽子他就活脱是一个魔法师的形象——条件是我得携带一面大旗帜宣称是安玛西亚的资助。

　　比赛庆祝活动开始于喝酒和宴会，在纽约的游艇俱乐部和水边码头举行。一些业主们雇用了精锐的船员充当他们海上游艇的船长，我惊奇地得知他们当中有些人自己甚至不参加比赛，只是坐飞机去英 [224] 格兰参加那里举行的比赛结束后的宴会。20个参赛者中只有一个是业主当船长，是条45米长的船，除了"魔法师"，最小的船长33米，是艘英国船，船长是洛宾·诺克斯-约翰斯顿爵士（Sir Robin Knox-Johnston），他是独自环游世界的人中最年轻的。我曾读过他的书，很钦佩他的作为，但是在他那些令人鼓舞的壮举之后我发现他有点自大。他告诉我们他会怎样取胜，因为他比我们其余的人都更了解海洋。毕竟这是他第20次穿越大西洋。

　　当我们这次障碍等级公布出来时，我很悲伤地发现"魔法师"在舰队中间，和它在一组的船比它长10～17米。我甚至必须牺牲时间为洛宾爵士让道。尽管很气馁，我仍然提醒自己，我要去冒险（并不是说我已放弃获胜）。洛宾爵士宣称为了避免最糟糕的天气他要从低纬度穿越大西洋，选择他确信最好的风向。我对这一点感到疑惑，我已经做过广泛的研究，我的资料告诉我尽可能朝北走，进入飓风。也许洛宾爵士知道一些我所不知道的。

　　但是我也有一些技术供我自由使用。这次比赛将要检测一种新的安全装置，要求所有的船只每隔6小时通过卫星电话自动报告他们的位置。我们为"魔法师"编写了一套电脑程序，以便我们能获取最新的关于每艘船的速度和位置的信息，然后结合他们的等级计算得知他们是怎样做的。

比赛就在纽约港外开始，天气沉闷，但是风很好。然后第一场暴风雨来了，一场大西洋的正北风把海水刮到7米高。我发现把"魔法师"当作一个巨大冲浪板一样去掌舵，我就能以21哩/小时的速度从不断增长的海浪上冲下。

我们每20分钟就更换一次划手，从而保持足够集中的注意力以避免出错，在这种情况下出错会造成巨大的悲剧。我们在大风里航行了很远，在一段可怕的几分钟内，我们发现船边有一道裂口，大三角帆落到水里，任由大浪摆布。还有许多令人毛骨悚然的事故。德鲁·唐纳德（Drew Donald），一名安纳波利斯修帆工，正当我们以18哩/小时的速度冲击海浪时，坐绳系吊板升上主桅杆进行修理，这样我们就不用把帆降下来，船也就不会慢下来了。我崭新的大三角帆被撕得粉碎。在飓风中我们使用了备用的大三角帆（类似一面美国大旗帜），大三帆角片裹在直径0.7米的主绞盘鼓上，并且以高速托拽起来，速度之快以至于把绳子的护层都紧贴到绞盘鼓上，发出了可怕的噪声。三次不同的飓风推送我们驶过了最初的3200千米，在这段旅程中，我们超过了一些船，而其他的船由于暴风雨退出了。我们必须节省最后每一滴水，我的一名船员，TIGR的测序技师谢丽尔（我们唯一的女性船员）提议和她丈夫一同淋浴，尽管其他船员都取笑她。

剩下的1600千米是英格兰附近的低速区。风径直从大不列颠岛吹出，我们由顺风变成了逆风行驶。"魔法师"开始赚回她的分级不利了，因为她可以比多数大游艇逆风航行得快些。到最后，持续的逆风强迫最初的1/3舰队退出比赛。当我们最终于下午1点前越过英国南部海面上的终点线时，比赛开始后的15天零几个小时，"魔法师"

的索具被毁了，我们都已筋疲力尽。我知道我们赢了，但是那时我们都太累了，只有抛锚和睡觉的力气了。3天后，洛宾·诺克斯－约翰斯顿爵士的萨菲尔号游艇开进了海港，她是最后宣布退赛的船之一。她可不是被设计来多次穿越七八级逆风的。几个小时后，洛宾·诺克斯－约翰斯顿爵士向我走来并生硬地向我祝贺，然后转过脸去对庆典会理都不理。根据当地媒体所述，我们的胜利被认为是不同寻常的。

　　我们胜利后的日子因为其他原因而值得纪念。一顿特殊的午餐在"胜利"号的特等船舱举行，它是霍雷肖·纳尔逊（Horatio Nelson）的旗舰，纳尔逊是英国最伟大的海军英雄。1805年他死在船上，在特拉法加（Trafalgar）取得了对法国和西班牙舰队决定性的胜利期间，他被法国船"可畏"号上一名狙击兵的子弹射中。战后，胜利号和被保存在一桶白兰地酒中的纳尔逊的尸体一起被拖进直布罗陀。鉴于它是我们回家路途的一部分，也出于我们对这段航海史传奇的尊敬我们决定去直布罗陀，不料却遭遇了比斯坎湾附近更可怕的海浪，大浪比"魔法师"高出3倍。当海浪在我们的头上破碎时，它看起来淹没了我们足有一个世纪。当我们进入海峡时，非洲就近在我们的右舷上，西班牙在左舷上。我试图想象全球卫星定位系统和发动机发明之前的那些日子里，纳尔逊是怎样穿过海峡进行战斗的。当我们进入直布罗陀 [226] 时，"暗礁"的历史重要性和军事重要性就显而易见了。我感到比我许久以来所度过的生活都要有活力，好像我可以接受整个世界——包括HGS。

　　我回到TIGR后，我向董事会宣布我要终止与HGS的关系。董事会成员们本能地通过了一项无异议的决议支持我。在《纽约时报》上，尼古拉斯·舒特（Nicholas Wade）报道说，"基因组测序中临时夫妇间的一次期待已久的分离 …… 发生在星期五"。[3]《华盛顿邮报》对这对临时夫妇的主体感兴趣，把我描述成一个从"冲浪运动的游荡者转变成的生物化学家，宁愿要卡其工装而不要西装领带，宁愿在波巴马可河自己朴素的家中工作"，而把黑塞尔廷描叙成一个52岁的生物物理学家，"打扮得无可挑剔就像刚从《GQ》[1]杂志上走下来一样。每天都有司机把他从他乔治城的豪宅里接出来。"[4]

尽管有私人司机，黑塞尔廷也没有到TIGR我的办公室里签署正式的终止协议。我们现在是自由的，虽然我们没有经济资助，我们的数据是我们自己的，我能独立决定怎样处理这些数据。我首先的决定是把我收集到的基因密码的每一个最新的字母输入基因银行公共数据库里。它是目前最大的单笔存款，包含相当于4000万对碱基的数据，包括11个物种的2万个新细菌基因的序列。几个社论给予了回应。一个题为"无私的3800万美元"，以一个满意的结尾结束："为了服务科学和人类，放弃几千万美元不是每天看得见的，是值得高度赞扬的。"[5]根据这个新数据，全世界的科学家们开始改变他们的实验。根据戴维·利普曼，国家卫生研究所国家生物技术信息中心的主任[6]的观点："这是这些年来我们最好的新闻。"斯坦福大学生物学家露西·夏皮罗说，"它允许我们了解被细菌利用来产生毒性的基因。"[7]但是我需要的不仅仅是赞扬。现在我有了自由，我必须为我140名职员找到足够的资助。那意味着如果TIGR要幸存，就要选择新的资金来源。

1.译者注：一家男性时尚杂志。

第 11 章
测序人类

如果你正向一座没有被征服的山峰攀登时，你看见另一队登山者 227 们在一条平行小路径向上攀缘，你会说什么？在做科学研究时，你可以建议一起工作 —— 合作看起来比竞争更具有创造力 —— 但是在 DNA 这件事上，看起来绝无可能。

—— 莫里斯·威尔金斯（Maurice Wilkins），

《双螺旋的第三人》[1]

在我的研究所开始自己运营以后，我的前途不可估量。现在我离开了黑塞尔廷和 HGS，各种公司排着队参与到与 TIGR 意味深长的讨论中。为了发展脑膜炎疫苗，喀戎博公司想让我的小组着手处理儿童脑膜炎主要起因脑膜炎双球菌的基因组。关于收费，我同意 TIGR 将共同承担风险和收益，如果疫苗起作用的话 TIGR 也分享技术使用费（令人满意的是，不是一个而是两个疫苗将继续进入试验）。康宁公司、贝克顿狄金森公司、安玛西亚公司和应用生物系统公司也加入进来。

航海比赛后我回到 TIGR，发现应用生物系统公司的斯蒂夫·隆巴迪（Steve Lombardiof）已经打了好几次电话了。当我最终给他回电话时，史蒂夫还是一贯的非常自我中心，而且更加严重。基因组秋季会议即将在希尔顿海德召开，届时他和迈克·亨克皮勒想带上托尼·怀特（Tony White）一起来见我。怀特是伯金艾尔莫的新任领导，伯金艾尔莫现在是应用生物系统的母公司。我说，好啊，但是我并不热情：自从 ABI 被伯金艾尔莫购买以后，我就没有听到过什么关于怀特的好话。史蒂夫本人已经说过他和迈克就要辞职了。那时我发现自己越来越多地被安玛西亚的罗恩·朗所吸引，他想提供 3000 万美元开始一项开发新抗生素的联合项目。

228 直到 9 月，在凯悦举行的关于人类基因组测序的会议开始前，我都没有再考虑过史蒂夫的电话。凯悦豪华的舞厅被大圆桌点缀着，我们讨论了人类基因组的状况后（坦白地说，它是令人同情的，人类基因组的完成最早也还得十几年）。大会将提供晚餐。史蒂夫跑过来兴奋地告诉我怀特在海港中他的船上，一会儿他将要加入讨论。我第一个想法是这真是件烦人的事。

应用生物系统团队坐在一张单独的桌子旁，当我走近他们时，只有一个人我不认识：一个又矮又圆的人，穿着马球衬衣，很懒散，没有穿袜子，手上拿着一个高脚杯，坐在那儿像一只典型的肥猫。我猜他就是托尼·怀特，因为我看到除了迈克外每个人都对他们当中的这个大人物毕恭毕敬，这个大人物是古巴裔美国人，他说话懒洋洋地带着南方口音。我突然想转身离开，但是那时已被人看见了。那个拍马屁的人跳起来第一个把我介绍给托尼。我礼貌性地打了声招呼，然后开始着手会议上的重要工作，确保 TIGR 在人类基因组计划中将能扮演一个重要的角色。

我的腰围和糖尿病

在西方，作为日益肥胖的结果，成人糖尿病现在正处于流行阶段。尽管人们扩大的腰围和逐渐缩小的活动是主要因素，另一个原因则是遗传学。关于我自己要冒的风险，我的基因组有什么可说的吗？分析显示我确实要担心一些事情。两个基因——ENPP 1和CAPN 10——与糖尿病的易发性有关联，而结果显示我有前者的变体，叫作K 121 Q，它与2型糖尿病和心脏病的早期发作有关联。在CAPN 10中，我缺少一个变体，该变体由单字母拼写错误识别——SNP——它与墨西哥裔美国人和芬兰人易得的2型糖尿病有关联。但是我们对于基因影响的理解还远不够清楚，仍待探查的是由这两个基因产生的显然的矛盾是怎样影响我的2型糖尿病的。基因不是全部原因，因为活动和肥胖在成人糖尿病的发展中发挥了巨大作用。到目前为止，我还没有患任何一种可能有严重并发症的疾病，如失明、阳痿和截肢。

而当时，国家卫生研究院已经宣称它要资助测试中心的人类基因组测序计划，我确定TIGR要申请资助。由于基因组界有些人打心里反感我，所以我任命马克·亚当斯为基金的主要申报人。当TIGR和马克走了好运，即成为测试中心的一员时，我很高兴，但是就像我现在所预期的一样，基金只是象征，不论有多热情的科学评论，也不管我们是否已经测试完成了一个活生物种的第一基因组。弗朗西斯·科林斯只是想资助他的那些可疑的常客——华盛顿大学、麻省理工和贝 [229]

勒医学院 —— 其余的只是政治、欺骗和装饰门面。

1997年12月，在贝塞斯达召开了由重要科学家们参与的关于这项计划的会议，科林斯在会上面临的挑战已经是显而易见了。华盛顿大学的梅纳德·奥尔森是一名基因组纯化论者，他估计正确地完成这项工作，每对碱基可能要花20美元，关于解读基因序列真正的费用的要求和反诉产生了许多讽刺言语。然后是恐惧的声浪，估计宣称测序能便宜地完成可能会导致国会削减资金。尽管我没有出席这次会议，但是我前一年在百慕大召开的第一次"国际策略会议"——我喜欢称之为"撒谎者俱乐部"——上我已经看见过了这些欺骗和谎言。他们之间如此激烈地争吵，以致其中一个与会者说它是"人类基因组计划的最低潮"。[2]

我曾追踪过马克的计划的发展，很明显，国家卫生研究院基因组研究院常规的途径缓慢、痛苦而且昂贵。它先为每个BAC克隆体创建文库，然后从中测序几千个克隆体时每个制图实验室都遇到相同的问题和惊人之事。为了闭合每一个序列的小缺口，大多数缺口由无意义的重复序列组成，这样需要重复建立1/3的基因组，所以费用增加了10倍。试点研究结束后，这项计划需要给几个中心更多的钱来进行人类基因组测序。马克和我很清楚我们的目的是大幅度地扩大规模，我们想竞争成为主要中心之一。但是每次与国家卫生研究院的基因组协会的官员，尤其是与简·彼得森和弗朗西斯·科林斯讨论我们的方式时，他们都对它反应冷淡。

我与托尼·怀特简单会面后的一个月左右，史蒂夫·隆巴迪又打

来了电话。当他告诉我伯金艾尔莫正在打算提供3亿美元测序人类基 230
因组时，他的语气不怀好意。我是怎么想的呢？假如我知道当前的技
术状况，我只是用"你们这些家伙是疯了"的话打发了他。如果他们
认真对待这个问题，我想，那为什么让卖机器和试剂的人和我联系？
的确，那是迈克·亨克皮勒的工作，而不是销售主管的工作。

年底我又回到了在希尔顿海德的相同的宾馆，我和克林顿总统以
及其他2000人一起参加新年复兴周末活动。在我们能进入新年除夕
晚餐之前，克莱尔和我被拽出了安全线，并且有人问是否有人给我们
打电话通知关于座位的安排。令我们惊奇和高兴的是，我们发现自己
坐在克林顿一家旁边。我喜欢他们在旁边，发现他们对我们的工作很
感兴趣。第一夫人就像一块海绵，渴望吸收我所说的关于基因组的
故事。

那个周末，多数会议都是简短的谈话然后是讨论。一次这样的
会议后，3亿美元的伯金艾尔莫计划再次浮出水面，这次是通过马
克·罗杰斯，它是此项计划新任的业务发展行政副主管。他告诉我托
尼·怀特正寻求一条把伯金艾尔莫改变成一个更具动力、更有远见的
公司的途径。他们想用他们正在创制的一种新仪器来测序人类基因组，
它可能使用我的方法吗？我提出更多的问题来回答他，因为他们的计
划似乎模棱两可。但那时，他告诉我他们正在建立一个高级别的科学
顾问委员会，并且同意付给我5万美元作为顾问报酬——这是一个
不同寻常提议，因为ABI一向以节俭著称。如果他们是认真的，我告
诉他应该送给我一封略述商议条款的信。

　　回到马里兰，我再次打起精神将一份申请送给国家卫生研究院，并且打电话给隆巴迪，让他看看需要多久我才能测试 ABI 的一个新机器，以便我能把它们包括在我的基金申请中。史蒂夫再次给了我 3 亿美元的方案。我感兴趣吗？我请他告诉我有关新技术的事，然后我将让他知道我的答复。几天后，迈克·亨克皮勒通知我看他的新机器，但仍只是一个电路试验板原型。顺便提一下，他补充说，他们对于谈到我用霰弹枪法测序人类基因组很认真，但是我不能和任何人讨论他们的提议，除了几个我最近合作人，比如马克·亚当斯或者哈密尔顿·史密斯。

231　　我决定立刻与马克飞去看他们有什么以及在做什么。那时，马克和我无法对付国家卫生研究院。马克想给他们想要的：基于 BAC 方法的序列图谱。因为我想给国家卫生研究院一些更好的东西，这个 ABI 新机器可能是给我们设的一个陷阱。我觉得我不必告诉马克关于 3 亿美元的计划，因为我不相信它是真的。但是我确实做了几个草草的简单的计算，算出了新设备将要为单独的中心传送什么，才能处理整个基因组信息。

　　马克和我于 1998 年 2 月到达福斯特城，那些日子我感到一阵思乡之情。回想起我乘坐我的 6.5 米长的普通船从红杉市沿海湾航行和在小狼尖附近测试我的水上飞艇。应用生物系统集团的一系列一两层的仓库型建筑物，刚好坐落在圣马特奥海湾大桥之前，在一段与旧金山海湾相连的沙路尽头。我们被引进一个会议室，里面摆放着便宜的桌子和塑料椅子，房间用灰色和紫色的 ABI 颜色装饰。白色书写板表明这个房间是用来自由讨论的，而不是用来销售演示的。迈克·亨克皮勒的高大形象出现在一队工程师和站在我们前面的软件师们之中，他开始略述这一挑战。

    当时，ABI用它的棱镜377型测序仪几乎控制了DNA测序仪的市场。而所谓的"自动化"DNA测序仪远不是像机器人和自动化有那些耀眼的光芒。每台测序仪必须用3个人照管，从而任何一次重要的规模扩大将需要数千位技术员来操作机器。人们照管它们的时间必须分割成从每天12小时到12分钟。涉及的化学试剂也是昂贵的，将必须按比例缩减10~100倍才合算。如果数以千万计的DNA短序列被组合回基因组中，那么数据也必须是高质量的。简而言之，如果可能的话，我们必须克服的障碍看起来是巨大的。

    一旦我们开始了参观，它们看起来更具实感。我们看见的不是一台原型机器，而是一些原型零件，每个零件都在一个独立的工作区域接受测试。首先是毛细管阵列，一套毛发一般的光纤，大约45厘米长，按照大小尺寸，把DNA分子分离开。这些光纤要取代测序凝胶，后者不仅既耗时又昂贵（必须有人先混合化学品，然后把液体凝胶体浇到被垫片隔开的大玻璃盘子之间），这是一个薄弱环节，因为凝胶体从来都不是均匀的，这就破坏了数据的质量。有人给我们展示了成功工作的毛细管阵列的样品结构分布。它是一个令人鼓舞的开端，因为它²³²一下解决了许多问题。在隔壁房间，一个小组正在开发一个自动装货设备，以便让试验室技术员不需要手动把DNA样品装到每个凝胶体里。我们漫步到一个实验室，在那里新的试剂正被开发和检测。在另一栋大楼里，一个小组正在编写新的软件，可以管理机器，又可以加工处理数据。这些给我们留下了深刻印象。

把这一切拼在一起，你可能刚好得到一个真正的自动化DNA测序仪。把鳞次栉比的测序仪应用到人类基因组工作中，那么你就不需要数千名工人也能提高工作质量。当我们边走边看，边听边问问题时，我把这些都记在心里并且进行了一些计算。我认为在思维空间装配部件和分析复杂系统方面，我比大多数人做得更好些，我开始确信如果他们能兑现所有他们正在展示的 —— 最好还有他们所暗示的 —— 那么这就是我为了在人类基因组上放手一搏所期待的技术突破。

回到会议室，迈克问我有什么想法。我走到白板前，开始仔细审核可行性。我知道我想要的答案：一个能在两三年内，只花费联邦计划的10％的费用，就能测序整个人类基因组的团队。但是这个数字将支持我的直觉吗？当我结束时，我想它是可行的，但只是刚刚行。马克·亚当斯总是采取保守观点，他仍然认为这不可能。我总是认真听取马克的意见，因为我将依赖他的帮助在TIGR做事。当他怀疑我的关于机器是否真的会产生我所声称的大量序列时，我更仔细地检查了我的计算，并且发现了一个10倍的错误。一旦流程固定下来，这个错误的纠正将使我们的DNA测序降低10倍成本。马克立即说它是不容易的，但是它是可能的。正如亚里斯多德所说，一个不可能性相对于一个不足以使人相信的可能性而言，总是更容易取信于人一些。

我希望我可以说我的误算是故意的，这样我就能声称它是一个共同心理学和会议室操纵高招。但是，即使它只是一个简单的计算错误，它也使会议室里的科学家们为接纳一个革命性的想法做好了准备，这个想法就是一个小组在几年时间内就能处理整个人类基因组。如果我一开始就把真正的数字摆出来，大家就会有一个下意识的反应"没

门！"事实是，它现在比最初的那个小10倍，这样就使得目标看起来 233
似乎是可以达到的了。由于机器、软件、化学和酶的逐步改善，这个
当时的疯狂的主意现在就是合乎情理的了（可能的了）。迈克提醒我，
如果我认为它可行，他们就准备以共计3亿美元的资金来资助这项
计划。

马克和我飞回马里兰，仔细考虑我们的选择。但真相是，我心里
早已经决定了：我想大胆试一下。那是一个保守的说法。这项新技术
正好提供给我想要的释放基因组的那种方式——又快又有闯劲的战
斗。再也没有比这更好的方式加速人类医学和科学了，但是也有许多
问题需要考虑。尽管提及要开办一家新公司，但我想在TIGR里实施
这个计划。并不是每个人都确信它是可行的。为了取得支持，我与海
姆商讨了一下，他没有给我任何让我放心的话。短暂的激动过后，我
的科学直觉告诉我他认为这项计划不可行，然后他加了一句，"但
是如果你要去尝试，那么我要和你一起。"我把这个想法告诉克莱尔，
她很明确地告诉她认为我已经失去理智了。

接下来的几个星期里，我们与迈克以及ABI的其他人进行了更多
的讨论，这个主意再次显得有点疯狂。用他们的钱和新机器测序人类
基因组的想法，再次显得不成熟。我与黑塞尔廷和HGS的关系破裂后，
我决定确定所有的细节，但是有一些事情还是那样难以琢磨让人感到
泄气。有一个细节我记得很清楚。甚至在我离开福斯特城之前，我就
已经告诉迈克，对于我的参与，有一个先决的不可谈判的条款：如果
我要测序人类基因组，那么我就必须能够开放数据，能够发表一篇基
于分析的主要论文。迈克说他不认为这是一个问题。

我被要求为伯金艾尔莫管理层做一次关于这项计划的陈述，他们正在亚利桑那州举办一场关于公司的未来的讨论。在我们第一次见面时，我对托尼·怀特没有什么印象，这次也没有改变我的感觉。我完成了关于基因组学的总结，和怎样让一个团队使用新的ABI测序器就可以处理人类基因组的陈述。托尼·怀特就气势汹汹地开始指挥提问环节了，"我将怎样通过测序基因组挣钱？"他未加思索地脱口而出。我没有过多考虑，告诉他，我的任务是完成测序发表数据。反应必然就像我和HGS的从前的不愉快的日子里HGS所做的那样："如果你要用我的钱测序人类基因组，然后免费把它公开，那样你最好有一个要怎样挣钱的计划。"我认为这不会变得更糟了——直到托尼·怀特宣称他把TIGR看作是他的新企业取得商业成功的一个威胁。我一定看起来非常震惊，由于迈克·亨克皮勒的介入，怀特最终放弃了原主张。

尽管计划的基本想法并不疯狂，但是我离开了亚利桑那州，因为我怀疑我的心智是否健全竟然打算要和怀特等人掺和在一起。一个失望的人野蛮地挥动着球棒，希望击出一个本垒打，这样的人好像不是理想的合作者。即使我击出了本垒打，我完全有意这样做，他们能意识到吗？我内心的声音在尖叫，"快跑，离他们越远越好。"但是基因组的引诱如此强烈，以至于我不能不理睬这个机会。

几天后电话来了：会议一切顺利；伯金艾尔莫准备前进；托尼·怀特准备建立一个新公司。他们会资助我在TIGR实现我的计划吗？在那一点上，怀特非常坚定："不。我正在做生意挣钱，而不是把它奉送给大家。"如果我想测序基因组，并且允许数据的免费访问，我最好提出一个商业模式把我的科学慷慨转变成财政常识——在他们一年一度的佛罗里达召开的董事会之前。为了帮助我做这件事，伯金艾尔莫指派彼得·巴瑞特（Peter Barrett）来TIGR拜访我，让他来研究解决我加入新公司的条款，以及最重要的业务计划，从而确保3亿美元投资的回报。彼得·巴瑞特是高级副总裁，曾经在公司做过20多年。

我开始与关系密切的朋友们和同事谈论是否我们能提出一个开放数据的策略，该策略可以让伯金艾尔莫和科学界都高兴。我的设想是，我的数据将基本上是这几年来唯一真正来自人类基因组的数据：政府引导的竞争正在艰难缓慢地前进。

1995年12月，埃里克·兰德曾预言说人类基因组测序将在2002～2003年间被完成，"或迟或早两年。"到1998年春天，只有3%的人类基因组测序完成[3]，1996年为了支持又快又省的测序方法而成立的NHGRI的六个示范中心，没有一个达到了他们承诺的测试速度，包括TIGR也没有。因为这个方法具有不可扩展性。我们那时 235 还处在15年来人类基因组计划的中途，各小组只是刚刚开始大规模的测序。一些计划的顾问们已经私下表示忧虑，科林斯并不是十分认真对待基因组，因为被指定用于今后10年中测序的资金不到他的基因组研究所的资金的一半。当时《科学》杂志上的一篇长文章以斯坦福基因组中心的副主任理查德·梅尔斯的一段引文结束，"我们许多人都在经历着这个磨难。"

在那种背景下，对于我来说，似乎我做的任何事都能帮助推动基因科学发展。我从理查德·D·克劳斯勒（Richard D. Klausner）和阿里斯提德斯·帕特诺斯那里得到了令人鼓舞的反馈，前者是国家癌症研究所主任，它是国家卫生研究院最大的研究所，后者是一名能源部高级官员，也是 TIGR 长期的支援者和资助者。两人都赞同我提出的每隔 3 个月将基因银行数据更新的主意。为了说服伯金艾尔莫的领导层和确认我的论据，当我被引荐给伯金艾尔莫公司的董事局领导们时，我寻求了戴维·考克斯（David Cox）的帮助，他是斯坦福大学基因组中心的领导，这个中心也是由科林斯资助的。

较之托尼·怀特，董事局是令人愉快的一群人。许多人私下告诉我如果他们花钱所完成的是比公众提前得到的人类基因组序列，那么他们就相信每股有几美分的风险是值得的。董事局赞成开办基因组公司，我将担任领导。我害怕接下来的冷静的财政盘问，我就走出来了，我感到这项计划比我长期以来所有的都好。这段温暖模糊的激情不会持续太久，因为当我私下与托尼·怀特见面时，他实际上说，他没有买进或者理解这个科学废物：他需要一个胜者，而且"很明显你就是一个赢家"。至少我们还有一个共同点：我们都不喜欢输。

几天的协商后，我们确定了一份条款清单：我将领导一个由伯金艾尔莫出资的新的独立公司，它生产的人类基因组序列将被发表，一旦测序完成，这些数据将不受专利权限制。新公司给我 10% 的股份。我将保留 TIGR 科学办公室主任的职位，很明显，如果我要暂时离开TIGR，我想用我一半的股份来使它的基金增值，以便有一天我能回去做我余生想做的研究。怀特不想让我私自拥有少量股份（它被当作一套有用的"黄金手铐"），但是由我本人决定我是否想放弃它（我放弃了）。

现在剩下的事就是把这个条款清单转变成一份最终的雇佣协议。我雇用了一个被强烈推荐的纽约律师代表我起草最后的协议，我们有怀特和伯金艾尔莫公司其他高级雇员的雇佣协议的复印本给我作参考。我将成为新公司的总裁，也是伯金艾尔莫的高级副总裁，后一个职位与迈克·亨克皮勒地位相当。最终我将收到5%的公司股份，TIGR有另外的5%。尽管我现在是伯金艾尔莫的三人最高层之一，但是协议以他们的标准来看也还是审慎的；我吃惊地发现有一架价值2500万美元的飞机供托尼·怀特私人使用，而通常这架飞机也就是为他和他妻子往返于康涅狄格和南卡罗莱纳州服务的，他们在南卡罗莱纳州有一套度假别墅。

怀特和他的律师回来时带着的协议有如此多的繁重条款，以至于很难明白他们的主旨是什么。我很熟悉马里兰雇佣合约的条款，而且我决定作为一个没有合同的"随意"雇员可能都会更好一些：虽然我在任何时候都可能由于任何原因被解雇，至少我还有有限的法律权利为我的结局斗争。那时，甚至我那位铁石心肠见多识广的纽约律师也变得愤怒了，说他们"是他所遇到的最可耻的一些王八蛋"。他提供给我一份简单的职业建议："趁你还能抽身的时候赶快离开这些家伙们吧！"显而易见的是尽管在条款单中怀特同意成立一个独立的公司，但是他实际上想使它成为伯金艾尔莫的分公司。

我向克莱尔寻求意见，尽管我和她还没有怎么谈论过这些事。她很愤怒；我怎么能这么笨呢？在经历了与HGS的所有事情后，我怎么还想到做这样的事？对我来说，答案显而易见：基因组是生物学最好的奖品。我从来不善于找出是什么使她生气，但是我认为她会明白是什么驱使我这样去做。我提醒她我已经认识迈克·亨克皮勒15年了，并且我感到他是个正直的人，不会让托尼·怀特不履行承诺阻止我发表数据的。

她没有平息怒气，她说，她感到我在远离她，实际上我们开始了职业层面上的一个临时分居。但是我还有一个炸弹要扔给她：在我离开TIGR期间，她愿意接管代理总裁的职位3年吗？虽然她很勉强，而且很清楚被这个挑战吓坏了，但我感到她还是唯一一个在那职位上我能信任的人。

为了保证测序基因组有最好的成功机会，我想从TIGR带走一批我精选出来的人，包括海姆、马克·亚当斯、托尼·克拉维奇和格兰杰·萨顿（他明智地问我："我能考虑一下吗？"）我恳请任何一个在微生物基因组工作中发挥作用的人，那时他们已经成为TIGR的顶梁柱，能够留下来确保TIGR的连续性。我也清楚地表明，总有一天我还会回到TIGR的，我正在建立基金来确保我们的未来。我聚集了所有员工，告诉了他们我的决定，我被当时的感情所击垮，几近崩溃。

我经常被指控在TIGR发展狂热追随者，如果那是指我曾经劝我的小组成员不要老盯着工资本，让他们相信自己的使命，让他们勇于承担一次科学圣战的话，那么我承认我的罪行。但是现在，当我正开始一场新的更大的圣战，独自测序人类基因组时，我没有带走所有的人。克莱尔不是唯一感到被抛弃的，我相信我理解其中包含的复杂感情。但是我仍然不能理解的是，被抛弃的感情是怎样转变成敌意的，敌意来自我一些最亲密的朋友们和同事们以及我曾雇用过、鼓励过和支持过的人们。

我突然关心的是，要找到做人类测序工作的地方，并且雇用一个小组，建立基础设施。没办法为我们所作的工作保密，因为伯金艾尔莫作为一个在纽约股票交易所公开上市的公司，它有义务向公众公开宣布任何有关他们企业的实际信息。3亿美元测序人类基因组的工作肯定也在这个范围。

以怎样的方式将我们艰巨的计划公之于众有相当多的争论。一些人想通过新闻播出，但是我更喜欢先和基因组界中关键人物联系，看我们是否能够在一项工作上达成真正的合作。在与伯金艾尔莫的董事会成员阿诺德·列文（Arnold J. Levine），以及阿里斯提德斯·帕特诺斯和理查德·克劳斯勒，另外还有洛克菲勒大学校长，耶鲁大学的卡罗琳·斯雷曼经过多方讨论后，我对此表示谨慎地乐观，认为这将是值得一试的。我也需要一个最高科学咨询委员会给计划提出建议。阿诺德·列文同意参与，曾经因为与他人共同发现了断裂基因而获得诺贝尔奖的理查德·罗伯茨（Richard Roberts）也同意参与，以及现代医学遗传学之父，约翰霍普金斯大学的维克多·马克库斯克，分子生物学的先驱诺顿·金德尔和卓越的宾夕法尼亚大学的生物伦理学家阿瑟（阿特）·卡普兰（Arthur Caplan）也都同意参与。我还认为与吉[238]姆·沃森接触可能是有益的，可能导致与公共计划的协同合作。咨询委员会的一个成员想给他打电话，当他确实打了电话后，沃森明显显得很奇怪。我们的计划依赖于一项新的技术，沃森似乎对此并不知情。要不是两周前他在国会议员们面前作证说，目前没有见到什么新的东西出现，人类基因组不得不用现存的技术测序，他原本是会给我们做顾问的。我被告知，沃森最后还说到，"我愿意假装这个电话从没发生过，以便当你们宣告你们的成功时，我可以表现出和其他人一样的惊奇。"（当然，这确实是他所做的事，而且他还告诉萨尔斯顿他想知道为什么我没有自己打电话告诉他我的计划。[4]）

　　他的反应真有些令人困惑，因为几周前当海姆·史密斯被邀参加与沃森相同的国会简介时，我们曾试图告诉沃森我们的工作。海姆甚至和我讨论过他是否应该出现：比起向人们妥协，即不能公开讨论他所知道的所有新 ABI 机器的事来说，不出现可能更安全些。但是我们还是决定海姆应该出席，以便他能有机会就将会发生的事给沃森一个暗示。当他们坐在桌子周围时，海姆提到一项可以利用的新技术可以改变测序前景。沃森抬头随意地问道："你的意思是毛细管之类的东西？"然后沃森挥手否认："每个人都知道它不起作用。"正如后来海姆指出的，"我对沃森最尊敬，但是有时候他只是不可救药地错了。"

　　海姆认为沃森知道他所提到的新技术是什么，但事实上沃森正好听说安玛西亚购买了一家公司制造的毛细管机器，结果该机器存在严重的问题。考虑到 ABI 在此领域的建树，沃森明显不认为它生产的新技术有更加坚实的前景。海姆被沃森的反应刺痛了，决定不做回应。即使在我们离宣布成立还有几周时，我后来从理查德·罗伯茨处得知，沃森很生气，因为海姆没有坚持讲清楚。

　　尽管美国证券交易委员会不赞成我们要做的，但是我仍感到，在我们上市之前，我们至少应该和哈罗德·瓦尔姆斯以及弗朗西斯·科林斯讨论一下我们的计划，哈罗德是国家卫生研究院的现任领导。先与瓦尔姆斯讨论最有意义，希望他是通情达理的，可以由此帮助说服科林斯。迈克·亨克皮勒陪我去了国家卫生研究院的一号楼，那里看起来就像是一栋规模宏大的南部大厦，包括庞大的圆形车道、柱子和气派的楼梯可以通到国家卫生研究院所长办公室。不像当年我爬上楼梯去见伯娜丁·希莉的时候，现在大楼似乎呈现出不同的感觉，一种冷漠的官僚感。

瓦尔姆斯热情地跟我们打了招呼。除了一辆自行车有点生气外，他的办公室很刻板，那辆自行车可能在他上班的路上骑。没有中间人或支持者在场，所以我们能够坦诚地讨论一下。我认为会面进行顺利，而且瓦尔姆斯似乎不仅能接受我们所做的，而且他还想提建设性的意见。我计划首先做一个测试实验，当我告诉他我正考虑果蝇时，他问道，另一种线虫类蠕虫怎样？那年的12月，秀丽隐杆线虫基因组的粗略草图已经被萨尔斯顿、沃特斯顿以及他们的同事们绘制完成了。瓦尔姆斯问，如果实验性奏效的话，然后呢？我回答，我认为我们能继续做人类基因组，而且为了提高效率，公共计划可以集中去做老鼠的基因组，通过对比基因组学从中获得巨大利益。（就遗传密码而言，人类的与大鼠的是相当的。）

瓦尔姆斯以冷淡、逻辑、科学的方式回应了这个想法，就像我们以同样的方式提出这样的建议一样，没有任何领域、政治或情感成分在里面。他明白把人类和老鼠放在一起将会使我们的努力更有价值——由于我们的基因和老鼠的大多数的基因相同，我们就可以在老鼠身上做实验来描绘出这个基因是起什么作用的。只有一个真正的问题，那就是我们最熟悉的数据的可用性。迈克和我解释说，我们将发表数据，创建一个高端的拥有巨大附加价值的像列克西斯南科西斯那样的一个数据库，列克西斯南科西斯是以合法的新闻作为基础，重新包装公共信息并以善意的方式呈现，而且配有快速搜索功能的一个数据库。我们喜欢把我们的冒险想象成与出售实验室反应物的商业活动一样，比如酶：虽然你可以自己制作并纯化它们，但是从一个专门研究它们的公司购买则方便而迅速。像新英格兰生物实验室这样的公司开始向科学界出售限制酶时，很少有人对此表示不满。（事实上，理查德·罗伯茨1992年搬进了英格兰生物实验室帮助制造限制酶，并做基础研究 —— 对于我想做的，这是一个好的先例。）瓦尔姆斯说他认为这是一个合理的意见，同意保持开放态度。我们握了握手，说再见之前，我告诉他，在做出任何公开宣言之前，我们也会和科林斯讨论这个问题。

同一天，我们在杜勒斯机场去旧金山的通道上遇到了弗朗西斯·科林斯。我没有告诉他我带迈克·亨克皮勒一同前来了，不然在几个目标明确的电话的帮助下，他肯定能猜到我们为什么必须要见到他，和他讨论什么极端重要的问题。我想让他知道我们的计划，但是我不想让他有玩弄政治手段的机会，由于他的玩弄政治已经结束了一个与能源部的潜在的重要协作。

到那时为止，与能源部就测序进行合作的尝试 —— 已经达成一项谅解协议 —— 已经死亡并被掩埋了。能源部的基本原理很简单：被物理学家控制的大型计划最近正在驾驭科学，粒子加速器和反应堆等大型实验占据了资源的大部分。数十亿美元的基因组计划适合这个有着显赫成绩记录和巨大雄心壮志的部门。

　　但是，在1998年12月3日举办的会议上，瓦尔姆斯、英国威尔康基金会的摩根以及科林斯警告航空航天研究公司的代表马文·弗莱泽（Marvin Frazier），把它的资金借给文特尔领导的测序小组将破坏国家卫生研究院与能源部的合作，并且将能源部视为末等投资者[5]。正如摩根所指出的，能源部将被其他的公共计划的实验室所排斥，一个参与者陈述说，"它严重地冒犯了每一个人。如果这是一个希望带来和平的尝试，那么它就不是经过三思后的好尝试。它一出现就是无效的。"阿里[1]记得，备忘录是怎样"激烈地被粉碎"的。

　　那次经历当然没有为我与科林斯的相遇设定一个令人鼓舞的先例。迈克和我通过了安检，乘坐一部自动滑梯到达了终点，发现弗朗西斯正在美国第一流的候机室的一个商务间里等候着。当我们与哈罗德·瓦尔姆斯在正式环境下非正式见面时，对立就已经存在了。科林斯和他的高级职员在一起，包括副主任马克·古耶（Mark Guyer）。他惊奇地看见我已经带来了迈克·亨克皮勒，这使我建议的测序速度更加实际。科林斯以不赞成的口吻称他为"克雷格的神秘客人"。[6]

　　迈克和我尝试着用平静和建设性语调进行讨论，就像我们当初和哈罗德·瓦尔姆斯讨论一样，但是正如我既害怕又预料的一样，科林斯在用情绪抵制而不是用头脑理解。对他而言，建议一个私人支持的计划去测序人类，而政府计划集中在老鼠身上完全是一种侮辱。尽管这是最有效的推进科学向前发展的方式，但是科林斯一点也不想合作，即使是比我们相互竞争更能尽快给人类带来利益的合作。对我们来说，

241

1.译者注：阿里斯提德斯的昵称。

分享基因组计划的领导权是"过于早了"。科林斯主要关心的是从人类基因组得到荣誉，带着这样的印象，我离开了。对迈克而言，见面并不是太糟。后来，当他坐飞机去旧金山坐在科林斯旁边时，他同意出售给国家卫生研究院新机器，所以公共计划能与我竞争。

我们不进行新闻发布，我们决定把故事写好直接提供给一名记者，我们认为他能找个地方做点正义的事。《纽约时报》的尼古拉斯·韦德和《华盛顿邮报》的瑞克·韦斯（Rick Weiss）都写了许多关于基因组学的详细故事，他们对于所涉及的政治都很机敏，他们将会好好解释，我们的计划不是绕过国家卫生研究院而是与之合作的。最终我们提出了一个计划：我们将于 1998 年 3 月 11 日星期一的早上股市开盘前发布一则新闻，而尼古拉斯·韦德的文章将在前一天的《纽约时报》[7] 杂志的前页出现 —— 也就是我与瓦尔姆斯和科林斯见面后两天。文章写着："在基因测序中的一位先驱和一家私人公司正联合力量，目的是在 3 年内译解人类的整个 DNA 基因组，或比联邦政府计划的更快更便宜。"

虽然韦德的文章对于公共基因组那些好斗的人来说是一次红牌警告，科林斯和瓦尔姆斯都告诉韦德，我们的计划如果成功，将可以使预期目标早日达到。很明显，瓦尔姆斯也似乎影响了科林斯，因为韦德报道说："科林斯博士说他计划把他的项目和新公司主动结合起来。政府将通过关注大量解译人类 DNA 序列的计划来调节测序比如老鼠和其他动物的基因组 …… 瓦尔姆斯和科林斯博士都表示，他们有信心说服国会接受这个工作中心的改变，并表明，测序老鼠和其他动物基因组已经成为人类基因组计划必要的一部分。"[8] 当韦德描述我是怎样希望与国家卫生研究院密切合作，而不是"表面的姿态"时，似乎协作精神这次确实加强了。

　　记者的毛病当然是，他们喜欢添加暗示，曲解本意，韦德也没有 [242] 例外。他在文中指出，我们的工作"在某种程度上，使得政府原计划2005年前花30亿美元测序基因组的计划显得太过累赘"，而且国会可能要问，如果新公司将要首先完成的话，为什么它还继续投资公共的基因计划呢。[9] 尽管最后记者不吝褒词地大加称赞，但是这种文特尔不会在这次投资中失败的暗示一定会激怒我的强大敌人。

　　新闻稿见报的第二天，韦德充满活力地又回到这个主题上，他指出，我已经从政府手里"迅速拿到"人类基因组的历史性目标[10]，并且认为我"接管人类基因组计划是不寻常的大胆冒险行为"。到现在，约翰·萨尔斯顿和麦克·摩根也已经开始惊慌了，他们担心新闻稿的见报将破坏他们自己的加速基因组测序的计划，[11]（"我们将不再是世界上最大的基因组中心，"萨尔斯顿说，"这是令人不安的。"）

　　5月11日，星期一，我参加了国家卫生研究院的一个新闻发布会，与会者还有迈克·亨克皮勒、哈罗德·瓦尔姆斯、弗朗西斯·科林斯和阿里斯提德斯·帕特诺斯。萨尔斯顿评论说，这是"一连串奇异的联合舞台剧表演的第一集"，[12] 这个评估是很精确的。那天，弗朗西斯采用了一个挑衅的新路线：未来12～18个月内，政府目前的路线将保持不变，到那时为止，形势将会比较清楚，这项计划是否应该做一些改变来容纳我。科林斯也改变了策略，对霰弹枪测序法提出了质疑："几年前，政府也曾考虑过使用文特尔将使用的方法，但是后来完全把它拒绝了，这种方法还存在问题。"[13] 他预言，我可能产生的任何人类基因组序列都好像是"自由散落的，比联邦计划所产生的序列漏洞更多更大。"

　　我的老对手比尔·黑塞尔廷在纽约时报上使用了一段引文，这段话是对沃森和科林斯微妙而隐蔽的攻击，简直是往公共计划的伤口上撒了把盐："不论是在能源部还是在国家卫生研究院，组织和管理都存在严重的问题，在有关的高级科学家中间存在内部纠纷。"[14] 其他媒体报道只是给联邦资助的测序计划增加了不适，黑塞尔廷再次披露说，文特尔给人类基因组计划投掷了一颗炸弹，"这不等于有人要突然要把你脚下的30亿美元的垫子抽走吗？你一定大为震惊"。[15] 华盛顿邮报头版头条称我们为"以打败政府的基因图谱为目的的私人公司"。[16]

　　一年一度的分子生物学和基因组学会议将要在冷泉港的沃森的家庭赛马场举行。所有最近的媒体信息都对公共计划不利，尤其因为几天前《科学》杂志披露，没有任何一个由科林斯资助的基因组中心接近了它们的目标[17]。当他们都聚集在冷泉港时，有人描叙说这些大人物"表示出不同的震惊、气愤和失望"。[18] 根据詹姆斯·史瑞夫（James Shreeve）在他的《基因组战争》[19] 这本书里所描述的，兰德和其他人都被这些嘲弄气坏了，以至于他们劝说科林斯和我竞争，而不是合作。

　　虽然我担心合作会发生变故，但仍然很乐观我们将为合作找到一些中间立场。迈克和我已经安排好星期二早上见一次公共基因组中心

243

的头头们，以及来自能源部和国家卫生研究院基因组计划的官员们，地点选在冷泉港校园会议室里。我们发现自己在一栋新大楼里，这栋楼是用制药公司和其他公司捐赠的钱盖的。普林顿会议室刚好在沃森私人办公室外面。这间办公室装饰着华丽的橡木制面板，还有大大的窗户，宽敞明亮，不像在ABI我们一起研究计划的那个旧而实用的房间。参与会议的40来人中，只有坐在U形桌子边的几个人——我们没有几个朋友——在我们出现时和我们打招呼。浏览一遍我们周围的脸庞，我们感到我们已走进一个葬礼队伍和行私刑的暴民之间。他们毫不掩饰他们的强烈郁闷。

我对这项科学研究做了一个总的概括，包括加速的时间尺度——2001年结束，比公共计划提前4年——和为什么我认为我们的方法可行。我解释说我们会在处理人类基因组之前用一个模型有机体做演习。我论述了在TIGR开发的计算能力，它可以把霰弹枪测序法所得序列再拼回到一起。我引用了一个方程式——兰德-沃特曼（Lander-Waterman）模型来支持我们的方法。这时，一个红头发的很眼熟的家伙发出了一声大叫，"但是，克雷格，你已经完全误用了兰德-沃特曼模型，我当然知道了，我就是兰德。"我描述了我们将怎样频繁地发表数据，假如我们是人类基因数据的原始来源，当它完成时，我们计划发表一篇有关整个基因组的论文。但是当我建议，他们应该 [244]集中研究老鼠来补充这个计划时，会场气氛变得对我十分不利，以至于我不确定是否有人继续在听。（与会者之一回忆说，"我真想他妈的扇他一嘴巴。"[20]）

当迈克开始描述可以使一切成为可能的新式ABI机器的细节时，

我有了一个想法。我邀请杰拉尔德·M·罗宾（Gerald M. Rubin）到走廊聊一会，他是伯克利的加利福尼亚大学果蝇基因组计划的领导，并且示意弗朗西斯·科林斯也加入我们的谈话。似乎没有人注意到我们溜出了房间。我以前不认识长满胡须天真可爱的格里[1]，除了听说他是他那个领域里最聪明的科学家之一。我直入主题告诉他们，瓦尔姆斯认为，作为试点项目，我应该测序一种蠕虫来调试我的方法，但是我想做果蝇研究。格里愿意帮助我测序果蝇基因组吗？几年后，罗宾回忆说，"我不知道我是否该抽他一顿或是别的什么，但是我马上说，'太好了，任何想帮助完成果蝇研究的人都是我的朋友，只要你将把所有的数据放进基因银行。'"[21] 因为期待他的回答，所以我许诺基因组一被测序和分析，我们就发表它。格里的肯定答复令人喜悦，并且他解释说如果他拒绝我，让我改为测序蠕虫，那么辛苦研究果蝇遗传学的"飞行团队"将会一枪毙了他。他还说，他希望弗朗西斯不会切断他的资助，以便他能完成补充工作。这个请求是明智的，因为弗朗西斯那时看起来有点苍白。他温顺地说，这可能是切实可行的，但是他必须搞清楚格里想的是什么。格里和我热情地握手。我发动了我科学生涯中最好的合作项目之一——如果不是唯一的话。我们三个人走回房间，在迈克完成了他的陈述后，我们告知大家测试项目将是什么。沃特斯顿和兰德问了几个问题，但是大部分问题充满敌意。就像一个深涉其间的人回忆的"每个人都像无头鸡一样乱跑"。[22] "吉姆正在连呼犯规，弗朗西斯中风了。"还有人"低声咕哝格里正与魔鬼合作这样的话"。[23]

---

1. 译者注：杰拉尔德的昵称。

迈克和我一离开，沃森就加入了人群，沃森拒绝和我们待在相同的房间，他被那个老鼠提议激怒了。正如他所说的，"保守地说，这种提议方式非常无礼。"[24] 沃森已经明显地把我比作希特勒（"克雷格想拥有人类基因组，就像希特勒想拥有世界"[25]），而且，那天早饭 [245] 时，他叫出弗朗西斯，问他是要成为温斯顿·丘吉尔还是内维尔·张伯伦[26]；后来在与格里·罗宾的谈话中，他说："我知道果蝇要变成波兰了。"[27] 我被安排在冷泉港会议上发表一篇主要演说，但是就算没听懂沃森所说的话的意思，这天受的刁难和恶意也已经足够了，所以我离开会场去了罗克维尔。

那天晚上，我的对手们开始出现内讧。较小的测序实验室的成员们被踢出随后的紧急会议，会议实际上由沃特斯顿和兰德一类经营基因组的人所主持。正是埃里克为公共计划出了大力，才使得他们和我们在同一时间得到序列草图，虽然它存在许多不足，被像梅纳德·奥尔森这样的纯化论者们所诅咒的。在科林斯看来，尽管他发现与我合作是非常不愉快的，但是他至少表面上好像认真地采取了我的提议，或者他顾虑国会将因为他拒绝一份公私合作关系而攻击他，因为这份合作可以节省纳税人数以亿计美元。

并不是每个在公共计划中的人都被激怒了。萨尔斯顿评论那天晚上，他怎样在座谈会部分参与者们脸上看到了微笑，这些人没有涉足大规模的测序，当他们看见基因组实验室的成员们面无表情地挤在角落里……他们对这些高额资助的人类序列小团队的尴尬处境多少有些幸灾乐祸。[28]

　　刚刚从会议回来之后不久，我就收到了来自戴维·考克斯的一个电话，他是斯坦福大学基因组中心的副主任。他说他将不能加入我的咨询委员会，他解释说，我刚离开后，弗朗西斯让戴维·考克斯陪他沿巴哥敦路散步，这条路穿过冷泉港校园的松树林和石头墙。这条路对于任何一个想私下谈话的科学家来说都是一个好的选择。

　　詹姆斯·史瑞夫在他的书中有趣地描述了他们之间发生了什么。

　　　　"没有把你纳入基因组计划中我很难过，"科林斯说。他的潜台词很清楚。如果考克斯接受文特尔的提议，那么他的实验室从国家卫生研究院得到的资助将会停止。"为什么必须只能选择其一？"考克斯问……科林斯摇了摇头，愁眉苦脸地笑了笑，好像对不可能的理想世界表示遗憾，但是将不会再有缓和的余地。"如果你加入克雷格的董事会，"科林斯耐心地清晰地把每个音节都拼出来，"那么这个计划中将不会有人再想与你合作了。你必须做出选择。"[29]

246

　　两年之内，柯林斯切断了对考克斯实验室的资助，戴维最终离开了斯坦福，组建了泊尔根（Perlgen），绘制人类基因组序列中的变异图谱。我打算与公共计划一起研究人类基因组的梦想延续了一周多。我又单兵独战了，而且急切地想开始研究工作。

　　到那时，经过几番讨论后，我们为自己设计了一个标志，一个会跳舞的小人，他的四肢形成了一个双螺旋体。并且我们有了一个名字：塞雷拉（Celera），选这个名字，是因为它来自拉丁文"迅捷"

（与"加速"有相同的词源）到目前为止，这是一大堆包括拜奥传克（Biotrek）和史翠根（Sxigen）这样沉闷的选项在内的所有名单中最好的名字了（它确实比我们的对手们给我们的绰号好多了，对手们称这个公司是文特尔-亨克皮勒计划（Venter-Hunkapiller Proposal）——经常缩写为文特尔-皮勒（Venterpiller）或文提皮德（VentiPede）。

塞雷拉需要来自各个学科的人们做霰弹枪测序研究工作。这个工作开始于从人类细胞（血液或者精子）中提取DNA。把这种DNA转变成既易处理又易测序的片段 —— 产生所谓的基因组测序文库 —— 这是关键的一步。在整个基因组霰弹测序工作中，这个文库的形成，用声波或其他方法把DNA分裂成片段，然后把剪切力应用到大的DNA分子和染色体中。用简单的文库程序，可以把已成片段的DNA根据大小分开。然后我们采用已知大小的一片 —— 比如2000对碱基（2000基或2kb）—— 把它插入一个"克隆载体"，它是一套细菌基因，允许DNA片段在大肠杆菌中成长。把所有的片段重复这一过程，所得到的基因组文库将拥有人类基因组所有的部分，表现在数百万个2kb片段中。倘若片段由数百万完整的基因组制成，由于染色体被任意破坏，许多片段包含了DNA重叠部分。然后，从这样一个完整的基因组文库中任意选择DNA复制品，测序它们就比较容易了，并且通过计算机匹配重叠部分，再次把一份整段基因组拼合在一起。像弹钢琴一样，[247]基本的操作步骤很简单，但是只有伟大的表演者才能做好。我需要世界上最好的一批人以前所未有的规模来完成这项工作。

一个是海姆·史密斯，他有一双珍贵的手，能比任何我认识的人更好地处理和操作DNA分子。海姆从第一天就和我在一起，也想建构将改善测序效率的克隆载体。马克·亚当斯是我的梦之队的另一名成员。没有人比他更擅长把复杂技术应用到更快的工作中，我也能暗中相信他的判断力，让他雇用一些高级人才来与他一起工作。马克有诀窍找到最好的下手，也可以把最好的行家搞到手。我请马克承担建造塞雷拉的 DNA 测序中心。我们以前已经建造了三个，但是我们现在计划的规模要超越这个领域内大多数科学家们的想象。

我们需要更多的自动仪器提高 DNA 测序过程中的所有步骤，从 TIGR 测序中心我挖来了珍妮·高科因，1987 年在国家卫生研究院时，她就一直跟我在一起工作，我们一起见证了第一台 DNA 测序仪的工作。我一直很钦佩她的技能和奉献精神，我知道我能完全信赖她。

我仍然有许多担忧。事实上，我还没有看见过一台新机器正式运行，那时它们甚至还不存在。但是甚至当不可避免的最初的麻烦出现时，我还认为我们将会受益于 ABI 的工程小组，可以向他们求助。更让我担心的是，怎样处理我们产生的一连串基因组数据。在处理过程中我们做的每一步计算和整个人类基因组的拼装都得到相同的结论：我们必须要建立一台功率最大的计算机 —— 也许是地球上最大的一台。我组建了一个以安娜·戴斯莱特·梅斯（Anne Deslattes Mays）为中心的小组应对这次挑战，她是我在 TIGR 的软件工程师头目。在这个小组中，还有安东尼·克拉维奇，早年在国家卫生研究院时他就曾经和我一起工作过，他在引进新计算程序方面发挥了重要作用，他使得涓涓细流的数据变成小溪，然后汇成河流。

我们的需求很快引起了计算机工业的兴趣和注意。不久一些主流公司的销售服务就铺天盖地而来，他们有太阳、硅图、IBM、惠普和康柏，康柏已经收购了 α 芯片的制造者数字公司，这样他们就可以得到最强大的计算机芯片（这是安娜所喜欢的）。他们每个公司都努力使我们相信，他们的计算机是唯一能做这项工作的，因为他们都想提供装配人类基因组的那台计算机。当其他的计算机生产商因为缺乏硬 [248] 件或是性能不佳而退出时，康柏和IBM开始在这个领域胜出。

但是我知道得越多，就越难做出决定。我们访问了在加利福尼亚的康柏公司（前身为数字公司实验室），在那里我们发现已经被合并搅得士气低落的小组所做的工作仍然令人印象深刻。我们拜访了IBM在纽约的研究实验室，那里他们正在为能源部升级世界上最大的计算机而创建ASCII计算机，它用来模拟原子核爆炸。我对IBM在做什么以及它的高层管理小组很感兴趣，尤其是尼古拉斯·多诺弗里奥（Nicholas M. Donofrio）。我们与IBM公司会面常常是10～20人的一大帮，不论是个别零件的紧急替换还是我们的整体需求，不论是个电脑还是IBM数据库，他们都提供了最好的服务，而不会将事情搅混。我必须与他们协商一笔价值50万～100万美元的电脑交易，并且需要一个系统可以工作得既好又快，而且可以运行还在编译中的复杂计算机代码。

为了弄清楚计算机制造商的要求和反诉，我决定用TIGR常规测序的汇编程序做一个实验。利用太阳公司的电脑，我们运行一种简单的（相对于人类的）基因组，比如流感嗜血杆菌，它需要几天完成编程。以此推断，编程30亿人类基因组碱基对将需要花几年时间。我们不同的请战者们能否拿出更有效的硬件呢？

只有康柏和IBM同意接受挑战。首次运行康柏的 α 芯片时，开始需要几天时间，后来需要19个小时，最后只需9个小时。IBM能够处理的最好纪录是36小时。我的程序员想用 α 芯片而检试结果毫无疑问支持他们的决定。IBM知道它做得不够好，问我要想拿到合同，他们需要做什么。我坦率地告诉他们，IBM将必须提供免费系统，包括使它运行的开发小组。当IBM正在慎重考虑我的答复时，我开始明白我的答复并不十分理想：如果系统是免费的，意味着我不能对它发挥任何影响，我就很难在它们表现很差时扣留付款。我意识到我必须为我真正想要的花一笔钱，为我在从来没有人做过的领域有最好的成功²⁴⁹机会而花一笔钱。康柏的执行总裁飞来与我见面，承诺保证竭尽全力确保我们的工作取得成功。他想让他的计算机成为可以执行生物学和医学史上迄今为止最大功率的计算机。

几天后，我签署了康柏的合同，并打电话给首席执行官告诉他，我接受了他的建议。半小时后，我正打算给在IBM的尼克打电话告诉他我的决定，这时他反而给我来了电话。他刚见过IBM的首席执行官卢·格斯特纳（Lou Gerstner），他授权尼克免费提供整个系统。我回答说早半小时我可能对它感兴趣，但是我刚刚签署了与康柏的合同。尼克祝我好运，并说一旦康柏电脑不能用了，他们会等着再合作。但是我甚至不能让他的建议进入我的头脑，因为我不能允许失败：因为这项计划没有第二次机会。

我得知康柏创建我们设想的大规模系统的家伙是他们的顶尖高手马歇尔·彼得森（Marshall Peterson），他那时在瑞典为埃里克森（Erickson）工作。彼得森在越南曾经当过三任直升机飞行员，并且被击落过几次，因此得了一个绰号"疯狗"。我马上喜欢上了他，并且立刻提供给他一份工作，他接受了。超型计算机硬件现在已经工作了，但是我们只能用它运行我们以前的软件，效率上不去。格兰杰·萨顿已经创建了目前唯一完整的全基因组汇编程序，他知道它在理论上是可行的，但是TIGR汇编软件不能简单地被推断可以适应人类基因组。新征募一个小组来写一个新版本软件成为下一步重要工作。

　　我们必须从头开始，因此格兰杰结识了帮助编译下一代软件的人：尤金·梅尔斯，他是个有点类似理查德·基尔[1]的独特人物，吉恩[2]相信当开始阅读基因组时，片段大小是无关紧要的。1997年5月，梅尔斯和医学遗传学者詹姆斯·韦伯（James L. Weber）一起发表了一篇文章，描述了整个人类基因组是怎样应用全基因组霰弹枪测序法进行拼接，这种方法引起了公共人类基因组计划的通常批评。鉴于此，更多是由于他的杰出编程能力，我钦佩吉恩，以前曾经尝试过把他从亚利桑那州大学吸引过来，但没有成功。这一次，我可以依赖我们正打算做的工作的声望作为诱饵；格兰杰也告诉我，塞雷拉宣布成立后，吉恩曾打电话给他询问是否有机会和我们一起"玩玩"。这是一个令人激动的机会，不久我就与吉恩开始了关于组装人类基因组实际需要些什么的讨论。我告诉他我已经阅读过他的关于全基因组霰弹枪测序[250]法拼接的论文，并且留下了深刻印象，但是我又提到，如果他想让我们用他的方法，他就必须成为我们小组的一员。当我同意，如果他在一周之内出来开始工作，我就付给他相当于他在大学里的薪水时，事

---

1. 译者注：20世纪70年代后期和80年代初好莱坞最为引人注目的青年演员之一，主要作品《漂亮女人》。
2. 译者注：尤金的昵称。

情似乎解决了。坦白说，我觉得我给他的薪水太低，这个问题留到第二天再说吧，结果他也清楚地感到薪水确实低了，所以最终我们把薪水增至3倍。翌日，他再次打电话来：朋友们和同事们都谈到有关职工优先认股权的问题；具体事宜是什么，他能从中得到一些吗？是的，我回答，尽管我还没有决定数额是多少。

当他最终来到的时候，吉恩很快开始意识到工程的绝对规模。大体上，为了确保整个30亿字母长度的人类基因组的完全覆盖，这些软件将必须能够处理3000万个片段。这将是拼图游戏的祖宗，我们不久组合了一支最好的小组来开发必需的程序。这个小组不仅是由两个最好的数学家和计算机科学家吉恩·梅尔斯和格兰杰·萨顿领导，而且我有安娜·戴斯莱特·梅斯来把他们的数学转变成软件。现在我们所需要的就是测序基因组的设备了。

我们已经开始行动了，我们打算在TIGR院里的一个空间保存200台我们预定的新的测序机，并且得到伯金艾尔莫的许可，把新大楼1800平方米的地面改装以应付重要需求。随着时间推移，出现了建筑延迟，我们都深信TIGR的场地将不能胜任这个任务了，我们开始寻找另外的处所。甚至那时，我还不知道一年之内，我们会占满两栋大楼，每一栋都比以前计划的TIGR的空间大5倍。新地址离TIGR只1.6千米之遥，我们首先租赁了一层，保留了第二层的选择权。罗伯特·汤普森（Robert Thomson）从伯金艾尔莫来给了我大楼的终生使用权，并且为公司改装了这些建筑。他态度热诚，在一次难忘的员工全体会议上大胆宣言："总有一天，我要告诉我的孙子们我是这里的一部分。"

我们工作启动时已经占用了整个大楼的现有空间，但是很快情况就变得明显了：我们再一次低估了我们的需求，我们将至少需要第二栋大楼的一部分作为我们的计算机中心。我喜欢计划的建设阶段，这将变成最大的一项计划。有许多值得纪念的里程碑。当我们联系当地的电力公司宾州电力时，他们的现有资源显然不够，他们需要投入一台新的变压器和架设新线路以供应足够的电力给我们的计算机和测序机器。

我们在大楼的第四层开始了创建工作，在那里细菌将被培植来产生人类DNA复制品，而且将安装好几百台PCR（DNA扩增）机器和产生DNA的自动机械，这些DNA是为测序机器准备的。一个稍小的测序实验室也在第四层建立，所以一旦主要的实验室在三层已准备就绪我们就可以开始运作。为了比测序先行一步，我们把两个未完成的实验室放在了地下室。一旦自动机械和测序仪到达我们的装卸码头，它们就被打包装进这些又小又黑的房间了。

到1998年8月，一切开始成形了。我们在地下室开了一家自助餐厅。我们在临时实验室里测试新的自动机械。我们有许多会议室，由于我没有时间航海，我用水域给每一个会议室命名。马克·亚当斯做了一项伟大的工作，并组建了一支小组研究新草案和创办标准操作程序（SOP），复杂而详细的文件能帮助确定整个实验室的质量控制和一致性——这是那些明显令人厌烦的关键问题之一。公共基因组的人们假定测序任何基因组的努力对于一个单独实验室来说太庞大了。就像前面提到的，酵母菌基因组只不过是流感嗜血杆菌大小的3倍，却需要1000名苦行僧在全世界的实验室里劳苦工作几乎10年。这个方法的问题在于，虽然有几个中心的工作质量很高，但许多其他的中心只有平均质量或甚至更糟。第一个发表的酵母菌染色体序列必须要重做，加强管理让每个不同的实验室努力以自己的方式读出密码，成功的程度不同导致获得的数据不一致。在这个系统中，最重要的是序列的数量而不是质量。

　　这个领域里伟大的先驱已经让我们看到，它不必非得以这种方式去测序。1977年福雷德里克·桑格和他的同事们测出了第一个病毒噬菌体 φ-174 的基因组序列，当时被评价是既精确又有价值。桑格用限制酶把病毒基因组切分成小片段，这些小片段被分配到不同的实验室人员手中，他们每个人负责多次测序他们的那一部分，以确保质量。当我们25年后再次测序这一病毒基因组，我们在5000个碱基对的DNA密码中，只发现三处不同。

　　亨利·福特明白了分工工作中的效率差异，许多汽车同时在一个工厂被各个独立的小组建造，所以最终的结果依赖于每个小组的质量；因此，他的流水线作业，就是十几个不同小组同力协作建造一辆汽车，专门化和标准化决定了整个质量。在塞雷拉，我们必须接受流水线思想，在整个过程中，逐渐创造大量工序改变并获得进步，最终大幅削减测序的时间和费用。流感嗜血杆菌计划已经缩短了测序微生物基因组的时间，从10年缩短至4个月。那时，从2.5万个DNA单独片段中重塑其序列显得是一项很重要的工作，要求整个TIGR工程24小时工作。而现在是人类基因组，我们将面对至少2600万个序列，相当于100个流感嗜血杆菌基因组计划。

　　与基因组测序有关的三门主要花费是人力、反应物和设备。每台
30多万美元的3700测序仪的费用可以按数百万个测序过程分期偿还，
从而，每个序列阅读耗资10~15美分，整个读完一个片段耗资1~2美
元。减少人员配置的办法是在更多的DNA处理步骤上采用自动方法，
马克·亚当斯仔细重新检查了可利用的自动机械。一种用来吸取少量
但精确度要求高的吸液管依赖于一次性使用的塑料尖端，为防止污染
下一个样本，每一次操作，塑料尖端都要被换掉。这个系统使用在小
规模测序上，但是在塞雷拉，我们所面临的是仅一次性塑料尖端每天
就要消耗1.4万美元，真是难以置信——两年间接近于1000万美元。
然而，我们发现一家不引人注意的公司开发了一种机械吸液管，有自
洁式金属尖端。我们检查每个步骤的每个细节，以这种审慎理财方式，
我们推进速度并且节约成本。

　　另外一个例子包括被海姆·史密斯小组采用的一项改革，前20
年，分子生物学家们曾依赖于"蓝白选择"，这是一种简单的染色测
试，用一种白颜色指出一个细菌群体是否包含一个人类DNA复制品。
因为我们需要至少2600万个复制品，所以，如果我们用传统方法，就 [253]
必须要以两倍的费用克隆5000多万个复制品。海姆自信能建造一个
新的克隆载体，它将有100%的效率，并且可以马上启动。

　　我们正在做一项伟大的工作，但是，因为我们仍然缺乏DNA测序
器，就像亨利·福特试图完善他的流水线而没有任何工具一样。基于
ABI的承诺，第一台机器的发货也许得几个月后，我曾设置了一个大
胆的进度表，包括在不到一年时间里——截至1999年6月份，测序
整个果蝇基因组。现在我的宏伟计划还没有机会开始就即将崩溃了。

　　每天，我都要检查迈克·亨克皮勒的小组有关每个形状、大小和每个层面的问题。他们无法做到这么快传输所有部件，无法使机器的产量上升，无法既保证机器操作的可靠性又保证供货连贯性，无法在机器快速启动时控制自动机械手，这些只是他们愿意告诉我们的一些问题；这些问题我们自己还会发现数百种之多。

　　在这个困难的启动阶段，最终与众不同的是，我引领了前沿。我的小组信任我，而且我也信任他们。在这个特别的环境里，我们发现我们自己已经把我的能干的人转变成了非凡的人。

（左上）文特尔一家，一个典型的美国家庭，1948年去加利福尼亚的大洋海滩游玩。（妈妈伊丽莎白；我，2岁；爸爸约翰；哥哥加里）

（右上）我，3岁，在加利福尼亚州密尔布的海湾之外的庄园家中，离旧金山飞机场不远

（正上）我，5岁，在幼儿园班里的照片（前排从左第二个）

（右）7岁的我正快乐地享受生活

八年级的成绩单，显示了前一年我拒绝参加拼写测试（一些家长在看他们的孩子类似的成绩单时，也许可能找到一些希望）

米尔中学游泳队，1963年（我，前排左数第四个）

1964年，米尔高中毕业照。多亏得到了D而不是F，我才能毕业

坚强版的我，1967年，准备去越南前，在弗吉尼亚的沼泽地里的反叛乱学校

（左下图）越南岘港的中国海滩；我和一条有毒的海蛇，当我冲浪游泳时，它撞到我的腿上

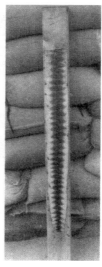

（右图）用注射针头钉到板子上的海蛇皮，已经在一个燃料库外晒干了。这个纪念物现在挂在我办公室的墙上

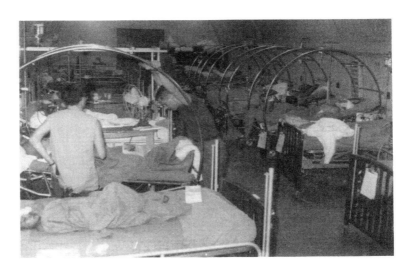

（上图）在越南岘港一个半圆拱形活动医院有可以绕圆形架子旋转的床的特护病房里，我度过了在那里的前 6 个月。这张照片显示了我们所治疗的患者的多样性，从枪伤和烧伤的孩子到朝鲜人再到战俘

（下图）1968 年，在岘港外的一所孤儿院治疗患者。皮肤感染是常见的

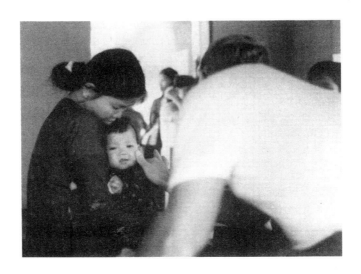

（右图）1968年11月，在瑞士日内瓦结婚当天。从岘港去澳大利亚悉尼休假途中，我遇到了新西兰的芭芭拉·瑞伊

（下图）我作为一名加利福尼亚大学圣迭戈分校大专院校转校学生之后不久，在圣迭戈造船厂，定造我的6.8米长的帆船和平号

（右图）从使命湾到太平洋，独自驾驶PAIX航行

1976年，从加利福尼亚圣迭戈分校毕业获得了博士学位后，我和我的良师益友——内森·卡普兰以及芭芭拉合影

在纽约的布法罗，和儿子克里斯多夫·艾姆利斯·瑞伊·文特尔一起享受下午时光，他出生在1977年暴风雪结束时

一个寒假在塔霍湖附近的落叶湖畔，我和克里斯多夫、芭芭拉，以及圣玛蒂尔学院的良师益友布鲁斯·卡麦隆和他的妻子帕特·卡麦隆

（上图）我早期的布法罗医学院实验小组，我们集中研究肾上腺素受体隔离

（下图）1980年，在布法罗医学院的一栋老房子里，作为单身父亲的我庆祝克里斯多夫3岁
生日

驾驶6.5米长的霍比猫航行至加拿大海滩，这对我的工作是一次重要的逃离

（左图）我的第二次婚礼，1981年10月在马塞诸塞州的森特威尔与我以前的研究生克莱尔·M·弗雷泽结婚

（下图）1982年6月10日我父亲在睡眠中死于突发心脏病之前不久，打完一天高尔夫以后

我在国家卫生研究所的前基因组学实验室小组成员，从受体生物化学转为分子生物学后

（右图）我的天狼星号卡普多瑞帆船，总长11.5米，从安娜波利斯到百慕大航行途中，在百慕大经历了一次大飓风之后

（左图）在国家卫生研究所我的实验室里，《华盛顿邮报》报道说吉姆·沃森已经在参议院听证会宣布猴子都可以用我的EST方法发现基因之后，为了试图激励我的小组成员的士气，克莱尔勇敢地穿上猴子的外衣嘲笑沃森

1997年5月，从纽约去英国的法尔茅斯的海洋竞赛刚开始时，在弗莱斯为我设计的28米长的单桅帆船魔法师号的船舵上（劳力士摄）

1997年在英国法尔茅斯接受纽约游艇俱乐部会长鲍勃·基姆斯颁发的跨大西洋竞赛当代分工奖。上一次这个奖项颁发给一个美国人是在1905年，是一条纵帆船大西洋号的船长

　　2001年2月17日，果蝇基因组测序小组领导成员（我、杰拉尔德［格里］·罗宾、吉恩·梅尔斯、苏珊·E·塞尔尼克和马克·亚当斯）在美国科学促进会会议上，接受2000纽柯布克利夫兰奖颁奖。《科学》也强调果蝇基因组测序为2000年中"年度突破"

　　与阿里·帕特诺斯和弗朗西斯·科林斯在白宫会面，宣布人类基因组测序之前，我第一次看见《时代》杂志的封面（马提·卡茨（Marty Katz）摄）

（上图）2000年6月26日
人类基因组在白宫东厅发布会

（右图）我的陈述结束后，
得到总统克林顿的祝贺

与阿里·帕
特诺斯、弗朗西
斯·科林斯和白
宫科学顾问尼
尔·莱恩一起回
答白宫记者们问
题（马提·卡茨
摄）

（上图）塞雷拉基因组小组的高层，白宫宣言结束后在华盛顿希尔顿大酒店的绿厅：马克·亚当斯、诺贝尔奖获得者海姆·史密斯、吉恩·梅尔斯和我（马提·卡茨摄）

（下图）吉恩·梅尔斯、马克·亚当斯和我在华盛顿希尔顿酒店召开的记者招待会上，等候拥挤的人们的提问（马提·卡茨摄）

（上图）华盛顿希尔顿大酒店举行的人类基因组记者招待会上，对于几百名科学家来说，这要不同寻常地高度集中注意力（马提·卡茨摄）

（左图）《科学》特写了我的小组对人类基因组的描述。看见这个封面我情绪仍然很激动。[《科学》卷291，5507号，（2001年2月16日）得到美国科学促进会允许重印]

在旧金山与兄弟姐妹一起庆祝我们的妈妈80岁生日：基斯、苏珊、加里

33米的魔法师2号在加拉帕戈斯群岛上的《怒海争锋》场景

驾驶魔法师2号探险途中，在哥斯达黎加的可可斯岛屿附近平静的海面上

我和未婚妻希瑟·科瓦斯基

第 12 章
疯狂的杂志和破坏性的生意人

> 人，一个人在选择他的敌人时要特别仔细。
>
> —— 奥斯卡·王尔德，《道利·格雷的肖像》

> 只有圣洁的头脑才能为了一个实验结果监视隔壁实验室与他们竞赛的某些人，并且丝毫不会心烦意乱。
>
> —— 詹姆斯·沃森，《倾情DNA：基因，基因组和社会》

第一手确凿的证据表明，在我声明我要以空前的速度测序人类 254 基因组后不久，我就进一步冒犯了基因组科学领域的体制。一旦公共资助的科学家们决定他们不想再和我或我的小组有任何关系，TIGR 申请政府资助就被拒绝，并且现存资金马上被弗朗西斯·科林斯提取。事后，不可避免地，我与公共计划同时启动的携手共建人类基因组计划的尝试注定要告吹了。

在美国，国家卫生研究院控制了基因组研究资助的流向。几个月以来，我们起草和完善了研究资金的申请，然后将它递交给国家卫生研究院，十几个在这个特殊领域有见识的科学家对它进行了"同行评审"。但是当然，在一个新出现的学科领域，现有的专业知识可能很少，甚至在一个已确定的领域亦是如此，某位领先人物可能太忙而无法审阅这些资助申请或者尽职尽责地研究它们。专家们于是建立团队——研究部来决定它们的命运——可以说当时那些美国生物医学研究的资助申请就是这样在贝塞斯达破旧的旅馆里被这些人决定命运的。那里同行评审们对申请给定一个优先分数，界于1.0（最好）和5.0（不可资助）之间。分数决定钱的流向，事实上，分数高于1.5就意味申请被否定。

255

对于一项资助计划，失败的所有原因在于，十几个评审中有一个或更多人不喜欢该领域、该研究者、该制度或者该方法。一位评审可能钦佩拟定资金申请的科学家并且尊重他的研究，但是在一个激烈竞争的领域里，阻碍对手获得资助可能会增加自己的实验室得到资助的机会。类似的，它也会导致一种新方法难以有效展开，这个新方法在评审人自己的实验室，轻易被判为"不起作用"而一笔勾销。成功地毁掉一个竞争对手的资助申请不需要彻底的敌意和刻薄的话语，仅仅使用冷淡的态度或只提供微弱的称赞就可以了。

马克·亚当斯和我递交的关于测序人类DNA的申请的失败当然是命中注定的。我们的分数大于1.5，如果我们的计划只是普通冒险的一部分，我们的建议不久就能复活——注定要胎死腹中，没有第二次机会的原因是，它花了9个月时间完成资助评审程序，所以即使你有突破性想法重新递交，也会拖延1～2年，这样你就肯定不会处于一个领先的地位了。

发生在我身上所不同的是，我能找到替代的支持者，感谢我与伯金艾尔莫的新协商，更重要的是，我的新赞助者们保护我的计划不受同行评审的保守主义的影响。在这个过程中，有一个基本的令人左右为难的循环难题：一个人必须游说他的同行支持新科学并且支持"好"科学（也就是起作用的科学）。但是，无论在哪里，新思想被关注，也不可能知道它们是否确实组成了"好"科学，直到实验完成。任何人使用未被测试的方法，新颖的观点，以及独特的见解都相当于遭遇一场战争。以我为例，我正倡议一种新方法，它不能保证人类基因组这样规模的研究的成功，即使它能保证，也会在测序中留下许多小漏洞，这两方面，我都已经公开承认了。

有些谣言不胫而走，我已经听说过一些高层人物，比如弗朗西斯·科林斯、埃里克·兰德、鲍勃·沃特斯顿、约翰·萨尔斯顿以及他的老板在威尔康信托公司已经讨论了怎样否定我的计划。他们最初在关于是否加速和改变他们自己的策略或者坚持他们现有的计划上有分歧。美国基因公共阵营担心，如果国会确定公共计划是浪费金钱，[256] 他们将会失去一切。威尔康公司重申了它对现有计划的承诺。沃森说，为使公共计划进行下去，从而获得国家卫生研究院的支持，这是"至关重要的，至少在心理上是"。[1]

问题是他们对于我的工作的多数分析并不是发生在贝塞斯达的关着的门后面，而是在国家媒体上，在新闻报纸上，电视上和主要的科学期刊上。随着时间推移，攻击变得更猛烈了。塞雷拉生产的是"基因组草图"或是"瑞士奶酪"、"导读"形式的人类基因组。

那年6月，一个国会小组委员会召开了一次有关我的计划将怎样影响联邦资助计划的听证会。科林斯已经到了，像我一样穿着运动夹克和长裤打着领带，我们匹配的服装正好象征了"我们是怎样将在各个方面成为合作者的。"[2] 华盛顿大学的梅纳德·奥尔森抱怨说，他所知道的关于我的计划都来自于新闻发布会。尽管如此，尽管奥尔森有自己的不良记录 —— 他的实验室酵母菌假染色体实际上已经延搁了基因组的工作 —— 他还是自信地预言塞雷拉的方法存在"悲惨的问题"，他警告说，我最终将在人类基因组中产生 10 万个"严重漏洞"。[3] 在我的演说中，我提醒每个人，测序基因组不是一场竞赛，而是理解和治疗疾病的研究。对公共计划的臧否应该由它怎样主动工作决定，而不是由它与我们怎样竞争决定的。甚至连我的诽谤者也承认我赢得了这轮特殊的公共辩论。就像萨尔斯顿后来承认的，我以我的完整的可信性脱颖而出，而奥尔森的批评只能算是酸葡萄心理作祟。

也许在这场与公共计划相争中，最让我低落的时刻是在 1998 年 6 月，那天《今日美国》的科学记者蒂姆·富兰德（Tim Friend）采访了弗朗西斯·科林斯后，引用了他的最后的话。他们的谈话结束了，但是科林斯显然灵机一动，想了一个更诡异的说法描述我们在塞雷拉辛苦工作的最终结果。最初，他认为我们最后将拥有基因组的《读者文摘》版本。科林斯把蒂姆·富兰德叫回来，问他是否愿使用"疯狂的杂志版本"来形容我的基因组。你确定吗？是的，科林斯向富兰德保证。后来，当科林斯因为这句评论受到攻击时，他否认了他曾经说过的话，使用了千百年来政治家惯用的"射杀信使"的传统手段。

最让我灰心的是被该领域的一些偶像们开展游击战，当众嘲笑和诽谤，这可能会挫败我的小组和支持者们的士气。我最担心的是舆论

界将托尼·怀特塑造的委琐形象对他本人造成的负面影响，他确实很 [257]
在意媒体的注意力，但令他不满意的是，这些注意不是直指他。怀特
已经雇用了一位新闻刀笔试图获得更多的注意，并且悲痛地抱怨在塞
雷拉墙上挂着的新闻复印件，尽是些关于他的暴发户党羽克雷格·文
特尔的特写。

　　怀特不仅继续显示出对塞雷拉商业计划缺乏理解，而且怨恨所有
的那些专栏。虽然他已经接受了我的一个先决条件，即我有权利发表
我的数据和把测序公之于世，但是他经常试图违背协议。他对旧式的
基因组学商业秘密和专利策略保留一份热爱。在与HGS打了这么多
交道后，我已精确地知道怀特思想的根源在哪里，在我的演说中，我
仍然拿它来开玩笑：一个生物技术企业的口头禅"一个基因，一种蛋
白质，一笔10亿美元的进账"。因为实际上，有几份人类基因价值数
十亿，人们就普遍认为有数百或数千个同样能产生利润的基因。逻辑
既简单又天真。生物技术公司（HGS）和因塞特在人类基因专利方面
占领先地位，但是今天它们的股票交易低于它们的现金价值，尽管它
们是广泛的人类基因专利证券组合。现在大多数人都明白了我一直
都坚信的事：人类基因专利收益通常低于研究它们所耗的成本。在
23000个左右的人类基因中，为商人或患者产生了真正的价值的不
到12个。

　　与托尼·怀特的冲突从第一天起就很激烈，而且只会变得更糟。
不论我什么时候拜访洛克维尔，他总是对着职员大叫或者表现粗鲁来
恫吓他们。事实上，托尼并未遭遇什么困难处境，因为他似乎从艾波
拉（Applera）股份公司日复一日的业务中解脱出来了，该公司现在拥

有塞雷拉和应用生物系统公司。托尼已经购买了（用公司的钱）一架
3千万的喷气式飞机（他把旧的那架给了亨克皮勒，而后者很少使用
它），并且一个月左右去洛克维尔一次，我感觉他把他大部分时间花
在飞行于他不同的住处间（他正在亚特兰大建造了一所新住处）。托
尼让艾波拉首席财政长官送给他一份每日备忘录，根据当天的股票价
格计算他的净值，并且他一周至少打一次电话抱怨价格太低。然而塞
雷拉是一家新运作的公司，是一项长期投资计划，他却不能比季度报
告和股票估价看得远一点。

258

基因不是故事的全部

检查我的DNA，并且与其他生物，例如我的狗"影
子"或一只果蝇的DNA作比较，你会发现一个强烈的提
示：曾经被当成无意义的垃圾的大片区域，容纳着一个至
今未被认识的"遗传语法"，使我们的基因语言变得比以
前所认为的更加复杂。进化力量尽力保留重要的DNA序
列，同时允许次要的序列发生改变，这说明为什么所有哺
乳动物种群的基因是类似的。在《科学》杂志上，日内瓦
医学院的斯蒂利亚诺斯·安东（Stylianos Antonarakis），马
里兰基因组研究所的艾文·科克尼斯和他们的同事们把我
的DNA与狗的以及像大象和小袋鼠那样关系甚远的物种
的DNA进行了比较，显示大部分原以为是"垃圾"的片段
几乎是相同的。总之，哺乳动物3%基因组序列不能编码
蛋白质，但仍然被精密地保存下来，由此一定是有意义的。
曾经被称为垃圾的这些区域已经重命名为"保存的非基因

序列"或者缩写为CNG，标记它们不是常规基因。另外一项来自一个国际小组的研究，它由威尔康信托基金桑格研究所以及布罗德研究所（Broad Institute）的研究员们所共同指导，他们发现的补充证据显示，这些区域发挥了重要作用。尽管CNG不是易变的，它们可能仍然携带着可能对人类有害的变异，从而引起多因子疾病。但是我们仍然无法理解它们的影响。

也许它们包含蛋白质的结合位点，蛋白质调节基因怎样轻松被开启，并且蛋白质附着于所谓的转录因子（比如前面提到的我的一个类似猿的因子）上，转录因子在中基因组中大约有1800个。也许它们是不确定的外显子，即我们还未曾识别的部分基因。也许它们帮助保留基因组的结构完整，确保解码的细胞机构的正确形态，从而可以正确地诠释编码，或代表了一些其他有待确定的功能单位。比如，由一个染色体的额外副本引起的唐氏综合征的一些症状可能与附加CNG的出现有关。

怀特会经常回到他最喜欢的主题上——我能再次向他解释我把人类基因组序列公布出去，并且仍然能使塞雷拉挣钱吗？——甚至当他感到太尴尬而不好重复这个问题时，他会打电话来托词一个老朋友正问他相同的问题。他当然知道答案，但是不知道怎样对它做到确信无疑。我得再次解释未经处理的基因组序列对于科学家、生物技术公司、制药公司或者公众是没什么价值的。托尼发现理解人类遗传密码是胡乱排列的30亿个字母，只是无数A、C、G和T串，对于无能力识别解码蛋白质的微小片段的人来说是毫无价值的。

　　至于弗朗西斯·科林斯和他的朋友们，可以把他们的公共基因组工作描述成"纯粹的"和无专利的而从不被质疑，它产生的大多数数据未被分析理解和讨论就放进基因银行 —— DNA序列公共储藏库里。真正有价值的是用来讨论它意味着什么的遗传密码复杂分析。为了精确地完成这个任务，塞雷拉正在为致力于做这项工作的世界最高级的计算机建造新型软件工具。测序人类基因组后，我们将测序老鼠基因组，提供一个重要的工具 —— 比较基因组学 —— 区别真正重要的部分，所谓的进化保守区，在两个基因组中都有，并决定它们的功能。我们也会在基因组中寻找拼写错误（单字母的核苷酸多态性或者缩写思尼普斯，SNP），它和疾病、药物副作用或支配治疗效果的风险都有关系。

　　所以我们卖的究竟是什么呢？托尼经常探问它的答案。我说，我们正努力提出基因组世界的视窗软件的类似物，尽管我开玩笑说我不是新闻界称呼的"基因组的比尔·盖茨"。我喜欢的另一种方式是我们想成为"生物学的彭博咨询"：我们想卖信息使用权，这些信息被采集、整理和组织在一个综合、容易使用的数据库中。我们想把前沿分子生物学与重量级的计算结合起来，为我们付过钱的顾客显示生物学的逻辑。托尼从来不喜欢这个答案。

　　来自伯金艾尔莫成为塞雷拉的业务总监的彼得·巴瑞特懂得数据库商业模式。他是一个精明的（他取得了化学博士学位）和蔼可亲的家伙，并且尽力在20年间在伯金艾尔莫股份公司立住脚并取得成功。由于他在管理方面极其不信任其他人，而且不太合群，他可能不是帮助塞雷拉的最好人选。据说，甚至在我们测序第一个字母之前，他就已把110％的努力投入到了构建事业并帮助我们收入了数百万。

我坚定地相信，正如我现如今仍在做的，数据库业务是一种切实可行的模式，使塞雷拉成为一家盈利的公司，我认为我完全能实现我做的交易。彼得确实对专利问题保持敏感，相信生物技术和制药公司的真言。我努力辩护称我们的序列没有申请专利的观念，除非它们对于新的诊断学或制药学的发展有明显的价值，就在这时，塞雷拉的专利律师罗伯特·缪尔曼背着我向怀特抱怨。与我的愿望相抵触，缪尔曼想为每一个序列申请专利，对我们已有的序列用法律术语进行地毯式轰炸。

缪尔曼的行为对我来说并不奇怪：毕竟，1995年，他已经与比尔·黑斯特林（Bill Haseltine）一起研究了一份文件的起草，该文件旨在防止第一批基因组——流感嗜血杆菌的发表。现在他正处于他认为的专利乐园里——或者，正如他所指出的，一个"专利律师的春梦"。[4] 他想掌控基因的远见也激发了威廉·索奇（William B. Sawch）的想象，后者是艾波拉公司首席法律顾问，他鼓励缪尔曼越过我这一级，缪尔曼开始向托尼·怀特汇报。他抱怨说，我正把钱扔出窗外，因为不论是果蝇、人类或老鼠都没有让他们申请专利。至于一个序列里是否包含一个基因，可以用计算机生成猜测，缪尔曼想对已付过钱的顾客设置专利权，更不用说我们的竞争者们了。

斗争一路进行到艾波拉董事会，在那里，我不得不声明只有当价值清晰时我们才申请专利。我必须为我和我的小组的诚实作斗争，因为我们已经许诺使人类基因组能够公开使用。有时我感到我几乎顶不住这种压力了。那时，我已经有些了解比尔·克林顿了，而且被他有效处理巨大的工作压力、媒体压力和政治对手的方式所激励。对你的攻击者来说，不让他们看见你的畏缩和不安，可能比咆哮着回击他们更好（尽管后者可能十分让你满意）。

尽管有这些阻碍，塞雷拉的士气不仅高涨，而且强烈。每个拜访我们的人都会评价它。人们高兴、兴奋和活跃，我以前从来没有经历过。我们喜欢人们在塞雷拉参观，尤其是我，因为我为我的小组所创造的一切感到非常自豪，塞雷拉就像一座科学的亚瑟王宫殿一般。新的思想、新的方法和新的技术马上得到鼓励，并付诸实践。那里的每个人都知道他或她正为整个事业做着贡献，我们正在创造历史。

我对每个区域的专业小组有基本相同的指示：完成不可能完成的任务。我也强调如果任一小组失败了，整个过程就会失败，因为在霰弹枪测序法中，每一步都依赖于前一步的成功。我的每一个武士们培养他们自己快乐的男人和女人的亚文化群。为了庆祝他们研究出基因组学新的运算法则和计算方法，以吉恩·梅尔斯和格兰杰·萨顿为首的小组培养了一批真正的黑客文化，由高辛烷浓咖啡制造商、福斯足球和乒乓桌组成。梅尔斯甚至称他的追随者们是"黑客团队"。每个星期一，一场战斗就开始了，当黑客们头戴塑料海盗钢盔帽，身配塑料枪，射击泡沫球，偶然也在球里填充豆蔻香料，他们对生物信息学团队发动战争，这个团队用塑料弩作为他们武器。在战斗中，瓦格纳的"女武神之骑"经常在音箱中轰鸣。海姆·史密斯小组有一对年轻、有魅力的技术员，他们帮助拼接复制品文库，我喜欢称他们为海姆的后宫。我们没有一张圆形桌，但是我们在地下室确实有一个极好的自助餐厅，大厨师保罗给我们做好吃的食物。自助餐厅成为中心集会点，几乎每个人每天都在那里吃饭、集合和自由讨论。不论何时我感到情绪低落，只要用我自己的眼睛看见我们所建造的，而且和塞雷拉小组成员谈谈话，我就总是能重新恢复活力和能力继续战斗下去。

我们现在住在我们的两栋9000平方米的大楼里，它包括四个楼层和一个地下室。在1号楼的第一层是行政办公室、我的办公室和那些高级科学家们的办公室；第二层安置了蛋白质学设备；第三层将专用于ABI 3700 DNA测序机的使用和测序技术员的小卧室；顶层是处理DNA的地方。

基因组工作将在顶层与海姆·史密斯和他的小组一起开始运作，他们将通过在喷雾器中使用剪力建构序列文库——通过一个小喷嘴喷洒DNA溶液，轻轻地把染色体中DNA分裂成更小的片段。适当地通过喷雾器后，然后通过凝胶剂，所得到的DNA片段就可以根据大小被分类。海姆可以分离2000、1万和5万个碱基对长度的片段。然后 262 DNA的随机片段将被插入质粒载体，它能使DNA片段插入大肠杆菌中并复制数百万次。以这种方式，我们想创造数以千万计的片段来制造三个不同的文库：一个2000个碱基对、一个1万个碱基对和一个5万个碱基对长度的文库。

文库然后被传送下大厅到细菌设备处，那里每个文库都将被"镀金"。细菌被稀释以至于当最终的细菌稀粥被涂抹在一个琼脂生长盘里时（一种蜡质物质，包含有培养细菌重要的营养），每个细菌都和它的邻居分离开一毫米。当细菌细胞一次一次分离时，包含有一个单独的人类DNA片段的大肠杆菌菌落群将在每一个点上生长，一天以后就变得更明显了。

不久前，为了制造更多的DNA，科学家们利用无菌牙签把细菌从这样的群落转到一个生长管里。在一间我们称为采集室的房间里，我们用大型自动机械替换了牙签和技术员，这种自动机械使用一种十分精确的附有摄像机的机械设备来研究群落。如果细菌太近了，自动机械就忽略它们，因为不同的群落可能混合起来。但是如果显示屏清楚地显示单个群落，那么自动机械设备就用一根金属探针刺它，并把它珍贵的DNA物质转移到一个生长盘（一个塑料盘，含有384个包含有生长介质的小孔），在这里，细菌将繁殖数百万次。探针每次都自动清理，一天之内，我们的四个自动机械可以加工处理10万多个复制品。它们被人们着迷地观察并且将成为拜访的摄制组最喜欢的事物。

把人类DNA从细菌中析出来是其中比较困难的一步。DNA本身在质粒中生长，质粒与细菌染色体分离。在一个典型的分子生物学实验室中，一名好的技术员每天可以做一百个质粒处理工作。为了处理从采集室涌出的复制品，我们将需要1000个技术员。

生长盘有384个孔位，孔位大约深3.8厘米，很窄，它产生一些特殊的问题。早期测试显示，孔底没有足够的氧气，这就限制了细菌在那里生长。我的小组以一种巧妙的方式解决了这个问题，把不锈钢球（霰弹子弹大小）放进孔里。大量盘子被放在一个圆形平台上，然

后慢慢旋转放在不同高度的一系列磁铁，磁力使钢球上升、落下穿过 263
细菌介质。通过这种方式混合孔内所有物质，于是我们获得了一致生
长的细菌。

同时我们的化学小组设计了一种新方法很快打开细菌细胞，释放
包含有人类DNA的质粒。通过把盘子置入一个离心分离机中，我们就
可以把细菌的残留物和它们的DNA甩到孔底，把质粒和它里面的珍
贵的人类DNA物质留在溶液里。质粒DNA然后被一种新方法迅速纯
化，这种方法为我们处理加工的每个生长盘节省1美元以上。

下一步是把四种颜色染料附着到遗传密码的四种碱基上。我们可
以用分子生物学的DNA扩大工具，即聚合酶连锁反应机来做到这一
点，它能在复制DNA的同时添加染料。在塞雷拉，我们有300台聚合
酶连锁反应机同时工作。现在，阅读部分DNA的工作终于准备就绪。

大约有520个384孔生长盘包含有纯化的并起反应的DNA，它
们穿行于3700 DNA测序机，机器将阅读出遗传密码的碱基对顺序。
在测序机内部，DNA在一个很细的毛细管中被分成一个一个的分子，
当DNA到达毛细管的终端，激光束激活被附加的染料，激活的染料然
后被一个小电视摄像机探察到，数据被送进电脑。生物信息分子DNA
从生物学模拟信号转化成一个数字编码，这是关键的一步。它的四种
化学碱基被转化成四种颜色，然后，四种颜色转化成一系列代表四种
基因碱基的1和0。从头到尾阅读每个DNA片段给出500～600个字
母的译码。

我们有一个有效的程序。现在我们必须重复它2600万次，然后再次把序列放到一起。

这一连串的步骤将是测序人类基因组和未来我把这种方法进一步应用到环境中的关键。我已经知道，自从开发出表达序列标签法以来，配有新计算机分析的DNA自动化是理解我们的基因组的关键。当我1987年与珍妮·高科因一起开始使用最初的DNA测序机器时，我们都逐渐精通了在四种颜色的输出图像中观看样式的本领。要把这些样式与数千的序列搭配就已超越了人类的认识能力，更不用说数百万了。但是计算机相对于人类大脑来说，只是最初的样式搜寻者。我们总是被所谓的计算机硬件、软件和必须提供的方法推到极限边缘，现在我们正尝试着抵达前人没去过的地方。

塞雷拉的第二栋楼将处理这场空前的计算之战。地下室专门用来驱动这次可怕的任务，在那里安装了数吨的铅酸蓄电池来为地面上的计算机系统提供稳定而连续的电力供应。第一批硬件到来之前，机房就花费了我们500多万美元，这些钱仅仅提供了空调、消防系统和安全措施。安全措施是在我们的保险承运人的坚持之下安装的。因为房间没有外墙，我们要防止被勒德小组[1]爆炸（在数据中心是常发生的事），而且必须通过安全防卫才能进入，我们还使用了一个掌纹阅读机。

我的团队中有一些人变得有点多疑，因为我们都频繁收到邮件和

---

1. 译者注：勒德分子指认为技术对社会产生的损害要多于益处的人，他们有些极端组织会破坏实验室。

电话威胁。联邦调查局间或来访提醒我，我被认为是尤那邦摩[1]恐怖分子最可能的目标，并指示邮件收发室要用一个金属探测器（我家里也有一个）检查我的信件和邮包。马歇尔·彼得森坚持认为我们应该清理附近的树丛（保安担心那里可能变成狙击兵的巢穴），而且我们把行政办公室搬到了高一点的楼层。网络安全更危险，因为我们每天面临黑客的攻击，有一个世界级的小组夜以继日地防范他们。

使用了康柏的 α 芯片，塞雷拉的计算机可以达到约 1.2 teraflops（每秒万亿次浮点运算），相当于每秒 1.2 万亿次运算。计算机也有 4千兆随机存取储存器和大约 10 万亿或 100 万千兆硬盘存储空间。彼得森的小组将会为他们所建造的和他们完成任务时的速度感到十分自豪，这是当时计算机世界空前的成就。

1999 年，我们的计算机被康柏工程师评价为世界第三大计算机，最大的民用计算机（今天，它连前几百名都进不去，现在甚至个人电脑也能装配 64 千兆的随机存取储存器）。纵观这一切，这是一个《星际旅行》风格的控制室，这里巨大的荧屏和十几个稍微小型的电脑显示器追踪着 CPU 使用情况、电脑室的温度、谁在用该设备、美国有线电视新闻网、天气、网络状态、300 个 ABI 3700 DNA 测序机、电力网、每个订户使用数据库的程度以及塞雷拉的股票价格，后者是为了托 [265]尼·怀特的利益。

因为董事会和托尼同意的生意计划在第一年不包括顾客因素，或

---

1. 译者注：尤那邦摩声称与环保激进派和其他人一道坚决反对工业化以及科技所带来的结果。他们将袭击目标锁定在大学教授、公司行政官以及电脑商等群体。

者直到我们成功测序出人类基因组时我们才会有顾客上门，我们的老板所真正明白的唯一的成功指数就是股票价格。最初，价格在每股15美元左右，这意味着公司大概值3亿美元，大约相当于投资成本。但是当这个价格持续时，托尼变得越来越痛苦，威胁说要卖掉或关闭塞雷拉。伯金艾尔莫董事会同意成立塞雷拉的那一天，并相信自己可以为人类做一些伟大的事情的那个伟大的日子已经成为了遥远的记忆。

彼得·巴瑞特和我拜访了主要的制药公司，并且毫不奇怪地发现，从基因组学角度来看，最有远见的制药公司是对我们所能提供的数据库最感兴趣的。订阅我们的数据库意味着5年期间每年要花500万到900万美元。公司使用数据库从事药物发展不用再给塞雷拉技术使用费（与怀特进行了一场内部斗争后，才有了这样一份妥协）。安近是第一个签约的。

制药公司都有关心的专业秘密。一些人担心有间谍栖息在外面的树上，可以拍摄我办公室的电脑显示器。我们也受制于电脑安全问题，它可能出现在我们工作的某个环节：每个公司都担心它的竞争者 —— 甚至塞雷拉小组自己 —— 将监视它怎样应用我们的基因组数据。当然，大多数公司想阻挡或限制人类基因组数据公开化，否认他们的竞争者们有权进入序列。这给塞雷拉与科学和生意团体本来的紧张的关系火上浇油。

塞雷拉程序是根据几年来我们将成为人类基因组数据的主要源头的假想设计的。鉴于此，我们被允许在网上3个月发表一次我们的数据的协定，尽管事实是，伯金艾尔莫董事会、托尼·怀特、彼得·巴瑞特和制药公司都憎恨那项条款。当科林斯和威尔康信托基金宣布不能和我们合作，他们要竞争并且快速形成一个基因组的"粗略草图"时，我马上被阻挡不让发表我曾许诺的数据。考虑到所有这些发展因素，我没有反对这个变更，因为我愿意等待一次性发表整个人类基因组的机会，用一项戏剧性的公告和一份独特的科学论文一次性发表。

266

虽然公共计划有他们自己的多项变更，却不肯放过利用塞雷拉数据发表计划的改变而大做文章，说这证明了我们不能被信任，我们有可耻的意图。比如梅纳德·奥尔森就说："很明显，一种可能是从一开始就存在，塞雷拉的竞赛计划就是一个典型的'偷梁换柱'的诡计。在这种情况下，公司的策略是一方面承诺使用免费，一方面无限制地拖延数据发表来暗中破坏公共计划的支持，由此为售卖序列中的获利垄断设置买场。"[5]

现实更直接。如果塞雷拉要存活并繁荣昌盛，改变是个关键。在这一点上，我最大的挑战是我所能容忍的制药公司提出的各项条款。换句话说，我必须能够既满足他们对秘密的着迷，又仍然能够向世界发表人类基因组序列。我与科学团队合作，提出我们最好的判断：我们什么时候可以做第一次的分析以及可以向科学期刊递交一篇论文。为了鼓励制药公司订阅数据库，我同意在杂志上我们暂不发表更重要的数据，但是我们可以自由发表任何可以为科学家们所利用、合适的序列数据。其中一家主要的公司坚持要对我发表的每个在公共数据库中还没有出现过的外显子编码序列实行财政处罚。

　　所有步骤现在都处在适当位置了。因为各种制药公司要花数百万看我们的数据和分析结果，所以钱滚滚流入了塞雷拉。我的科学小组现在可以出版和发行数据了。就像当初 EST 序列在 TIGR 和 HGS 发生的事一样，我的竞争者们在公共计划中试图破坏我的计划越多，他们就越能帮助我实现目标。我们有设备、想法和策略。只有一个障碍需要我们克服了，这就是如何让自动机械、测序机和人们高效和谐地开展测序人类基因组的工作。

第 13 章
向前飞

遗传的基本方面最后应该是格外简单的，这个信念支撑着我们的希望，即毕竟自然可能是完全可接近的。她被过分宣传的神秘莫测再一次被发现是由于我们的无知而引起的错觉。这是令人鼓舞的，因为如果我们生存的世界像我们的一些朋友要我们相信的那样复杂，我们可能会相当失望，因为生物学将永远也不能成为一门精确科学。

—— 托马斯·亨特·摩根，《遗传的本质》

很多人问我，为什么在这个星球的所有生物中我选择了果蝇，就好像也有很多人问我为什么不直接测序人类基因组。事实是我需要一个测试平台；我需要进行概念验证。在我花费近一亿美元用我未经试验的方法测序人类基因组之前，我需要某些安心尺度。而每个生物学家都知道，在这个小飞虫上开展的研究曾扩大了生物学尤其是遗传学的阵地。

果蝇的品种包括醋蝇、酒蝇、油渣蝇、葡萄蝇还有水果蝇等总共大约2600个品种。但是任何科学家一听到果蝇这个词就立刻想到其中一种，即黑腹果蝇。因为它的繁殖既容易又快，这种空中飞的小东西对进化生物学家而言是一种理想的模型生物。他们用它来认识从受精到长成成虫的过程中的奇迹。在生物学家们提出的诸多真知灼见中，果蝇研究曾帮助人们揭示同源基因的作用，后者是控制所有生物基本形体的基因。

268　任何一名遗传学的学生都对美国遗传学之父托马斯·亨特·摩根的果蝇研究耳熟能详。1910 年，他在一群野生红眼果蝇中发现一只白眼的雄性变种。他把这只白色眼睛的果蝇和一只红色眼睛的雌性交配，发现它们的后代都是红眼睛的：该特征是隐性的，我们现在知道，果蝇要长成白眼，需要来自父母各自基因的复制体都为白眼。当摩根继续在这些变种间进行杂交时，他发现只有雄性表现出了白眼睛的特征，于是他推论该基因可能是在性染色体上（Y 染色体）。他和他的学生在一家企业里又研究了几千只果蝇的这种遗传特征，时至今日这些研究还在世界上很多的分子生物实验室里进行着。有人估计全世界有超过 5000 人在研究这种小昆虫。

我第一次直接感受到这一研究的价值是在我用果蝇基因的 cDNA 文库做关于肾上腺素受体研究的时候，研究揭示了果蝇中的等价物——章鱼胺受体，解释了果蝇和人类的神经体系的共同进化遗传。当我正试图理解人类大脑 cDNA 文库时，最具启发作用的发现，来自于计算机匹配果蝇基因时，我们非常熟悉的果蝇基因暗示了相似的人类基因的可能功能。

果蝇基因组测序计划是在 1991 年发起的，当时加州大学伯克利分校的格里·鲁宾和卡内基研究所的艾伦·斯普雷丁认定开展果蝇基因组计划的时机已经成熟。那是在 1998 年的 5 月份，当时伯克利果蝇基因组计划已经进行了NIH基金资助三年中的头一年，并且已经完成了25％的测序，我在那次声名狼藉的冷泉港会议上提出了这个建议，鲁宾承认说"它是太好了以致无法拒绝"。然而出于同样的原因，我的策略却是危险的：我们的每一个基因字母都会被全世界接近一万名果蝇科学家拿去研究，并且格里的高质量的基因组数据会被人用来作为一个标准去衡量我们自己是否确有任何过人之处。最初的计划要求在6个月内完成果蝇基因组测序，即在1999年的4月，以便我们准备好对人类基因组发起进攻。我很难想象再有什么更为理想和公开的方法去证明我们的新策略是奏效的了。我安慰自己：如果我们失败了，至少是很快地在果蝇这个项目上失败的，这比拖到人类基因组时失败还是要好点。但是事实是任何失败都会是生物学最为壮观的灾难。现在格 269 里也已经把他的名声拴在了这条线上，我们所有塞雷拉的人员都不会让他倒下的。在该项计划后期，我要马克·亚当斯领导这一计划，因为格里在伯克利有一个一流的团队，所以合作进行得很顺利。

　　如同我们在所有的基因组计划中所做的一样，我们开始认真考虑我们要测序的DNA。如同人类一样，果蝇在遗传等级上是各式各样的。如果一个族群的遗传变异超过2％，并且我们有50个不同的个体作为一个样本群，重组将会是困难的。第一步工作是，格里去繁殖尽可能多的果蝇从而给我们一个果蝇DNA的同质集合。但是单凭这不足以保证遗传纯度：如果我们从整个果蝇身上萃取DNA，我们还是会有一个大规模的来自于食物和消化道中细菌的污染。格里选择从果蝇胚胎中分离DNA以避免这些问题。但是即使是从胚胎里来的细胞也不得不被剖开分离出细胞核，在细胞核里有我们想要的DNA，这样我们就可以避免线粒体动力包中的DNA的污染，后者处于细胞核外。结果就是一瓶装有果蝇DNA的稀薄溶液。

一旦海姆的小组在1998年夏天收到纯果蝇DNA，他们就开始构建DNA片段文库。对海姆自己而言没有什么事情比剪断和结合DNA更让他喜欢的了，他把助听器调低，这样什么都不能把他从工作台旁拉开了。文库本来应该启动一个工业风格的测序操作，但是我们周围全是镩凿斧锯的声音。和一群建筑工人一起，很明显我们还在和主要的问题作斗争，其中包括调试测序机、自动机械和其他的装置，我们打算用几个月而不是几年的时间白手起家建设一个测序工厂。

直到1998年12月8日，在人们大吹大擂和如释重负的叹气声中第一台3700型DNA测序机才到达塞雷拉。一旦卸去包装条，我们就把它放置在地下室的一个无窗的房间中，这里将会是它的临时住所，然后我们尽可能快地开始了测试运行。当它开始工作后，我们得到了质量非常高的DNA序列数据，但是那些最初的仪器是非常不稳定的。一些刚到就彻底坏了。那些工作的仪器也是不断地出问题，常常是每天都有问题。控制自动机械臂的软件也有一个大漏洞，有时这个机械臂会高速飞过这个装置，砸进墙里使测序机停下来直到一个修理组来把它装好。一些机器的激光束飘移不定。我们用锡箔和透明胶带防止过热，过热导致的蒸发使得测序机上的黄色的字母G都褪色了。

虽然现在机器已经如期安装了，但是起先有将近90％的不能使用。ABI的维修小组人数太少根本不能应付和阻止情况的恶化。有一段时间我们甚至就没有一台测序机可以正常工作。我曾对迈克·亨克皮勒信心十足，但是当他开始把失败归罪于我的小组、施工工程的尘土、不同楼层间的微小的温度变化、月相等原因时，我对他的信任动摇了。我们中一些人已经因为这个压力变得非常沮丧。

坏掉的3700测序机被放置在餐厅里等着运回ABI，它待在那里静静地看着这场危机，最后我们终于不用在这间测序机停尸房里吃饭了。我的挫折感很快就让新的恐慌所代替，我每天都需要一定数量的能用的装置，确切地说就是230台3700测序机。对于7000万的标价，ABI必须或者给我们提供230台全时工作的仪器，或者提供460台半时工作的仪器。迈克也将不得不把进行培训的技师增加一倍，从而一旦有机器出故障就可以得到尽快修理。

但是迈克对不增加报酬的任何工作都不感兴趣。现在他又有了另一个顾客，公众基因组，他们已经开始购买几百台仪器甚至都不加测试。虽然塞雷拉的未来依赖于这些机器，但是迈克看起来并没有意识到ABI的未来也全靠它们。随着争论的升级，这个事件预示着将会是对阿普莱拉董事会和托尼·怀特的胆量的第一次真正考验。在一次ABI工程师和我的塞雷拉设备管理人员的高级会议上，不可避免地提出了最后的摊牌。

在我们引证了这令人难以置信的失败率——该定量表示两次故障和修理之间的平均时间后，迈克又一次试图归罪于我的小组，但是这一次甚至他自己的工程师也不认同了。最后托尼·怀特站出来说："我不关心成功的必要条件是什么或者我们不得不枪毙谁。"这是他唯一的一次为我挺身而出。他命令迈克尽快提供新的装置，即使他不得不从别的购买者那里挪用，即使还不确定这样做的代价有多高。

　　他还要求迈克提供超过20个人的修理团队尽快保证这些仪器的正常工作状态，并且找出这些问题的根本原因。这个说起来容易做起来就难了，因为缺乏培训人员。埃里克·兰德已经把他最好的两个工程师拐跑了，一开始据迈克所说这也是我们的过错。他转向马克·亚当斯说道，"你该在别人下手之前就雇用他们。"这句评论使我对他的尊敬降到了一个低点上。事实上，因为我们的协议条款我是不能雇用ABI的人员的，但是兰德和其他的公共基因组的科学家却可以自由招募他们，不久这个公司最好的工程师都去为我们的对手工作了。在会议结束后我仍然感到压力重重，但是也看到了一线希望，这种状况正在好转。

　　事情也的确如此，尽管进展缓慢。我们所进的机器总量从230台升至300台，这样当有20%～25%的机器出了问题时，我们还有200台或等量的能力去达到我们的目的。技师们的出色工作已经把修理率稳定地提高了，而且损坏时间也缩短了。福斯特市的工程师们努力处理更基本的问题。在整个事件中我都坚持一个想法：我们所做的一定要成功。有一千个理由我们会失败，但是对我来说失败是绝不可能让我接受的。

　　4月8日，我们开始认真地测序果蝇基因组，我们本来计划在此时间前后完成工作。虽然我知道怀特想让我出局，但是我还是尽力和他合作以达到我的目的。压力和担忧当然也伴随着我回到家里，但是我最好的红颜知己也是我最不能和她分享我的问题的人。对我一头扎进塞雷拉而且看起来又在重复TIGR/HGS的错误，克莱尔已经明确地表示了她的蔑视。到了7月份我开始感到格外的情绪低落，这种感觉我以前只在越南经历过一次。

因为生产线流程还没有建立和运行，所以我必须经受一项惩罚性的苦役——把这些基因组片段重新装配起来，寻找重叠并且不要让重复搞得心烦意乱。吉恩·梅尔斯搞出一个算法，该算法使用了我的霰弹枪测序法一个关键原理：测序所有复制产物的两端。因为海姆已经制作了三个精确长度的复制体，我们已知道两端的序列的精确的距离。像以前一样，这个"配对策略"会给我们提供一个很好的组织方法把我们的基因组再组合起来。

但是既然每一个端点已经被分别测序，为了让这个拼接工序发挥作用，我们必须仔细地进行计数以保证我们能够把每一对端点序列再结合起来：如果我们一百次中有一次不能把一个序列与它的恰当配对者相结合，这次操作就是失败。一个避免此类事件发生的方法是使用条码和阅读器来跟踪过程的每一步。但是在开始时测序机缺乏这种必[272]要的软件和装置，所以我们当时不得不手工操作直到条码能够被使用。对于一个老式的测序实验室这不会构成障碍，但是对于塞雷拉这样一个不到20个人的小团队来说，每天处理的最高流量为20万个复制体。我能想象到会有一些错误发生，比如以错误的方法读取一个384孔培养盘，于是使用软件去发现迹象分明的错误方式，然后纠正它。当然还是会有一些小错误的，但是这也证明了我们小组的技术和奉献精神，我们可以处理我们发现的错误。

尽管有这么多问题，我们还是成功地在4个月里制作了315.6万个高质量序列片段，大约有17.6亿个碱基对，处于151万个DNA复制体两端之间。现在轮到由吉恩·梅尔斯和他的团队还有我们的计算机去把所有的碎片整理成果蝇染色体。测序准确度随着碎片的伸长而降低。对于果蝇来说序列平均为551个碱基对，平均精确度为99.5%。如果我们有两个序列包含有500对碱基，其中50%相互重叠，那么我们大多数会通过滑动两个序列直到碱基对相互吻合的方法来寻找交叠点。这是苦行僧们的方法，但是对于霰弹枪测序，世界上还没有足够多的苦行僧们来完成这项工作。

对于流感嗜血杆菌而言，我们有2.6万个序列。把它们每一个都和所有的其他的相比较一次，就是2.6万平方次，也就是67.6亿次，相当于100万个苦行僧工作一年（一个苦行僧一年手工工作量比较数）。而有315.6万序列片段的果蝇基因组将需要99000亿或9.9万亿次比较。人类和老鼠有2600万的序列片段，大约需要比较680万亿次。这也许可以解释为什么大多数的科学家对这种方法成功的概率表示怀疑。

尽管梅尔斯发誓不能失败，但是他也有这样的疑问。到现在他整天工作，看起来惨兮兮的而且筋疲力尽。他的婚姻面临危机，他开始和当时一个让我们很头痛的新闻记者兼作家名叫詹姆斯·史瑞夫（James Shreeve）的人走得很近。为了让吉恩散散心，我带他去了加勒比海放松，驾驶魔法师号出海。但是大部分时间他都趴在笔记本电脑上，在明亮的阳光下他黑色的眉毛纠结在黑眼睛上。半年中，尽管承受着难以想象的压力，吉恩和他的小组还是编写了一个50多万行的计算机编码的新的拼接程序。

如果序列数据是百分之百的准确而且也没有重复的DNA,那么基因组拼接就会是一个相对简单的任务了。但事实上,基因组充满着各种类型、各种长度和频率的重复DNA。就像在一个拼图上,一个巨大的伸展开的蓝色天空一样。由少于500个碱基对组成的较短的重复片段是相对容易处理的:它们比一个单独的序列片段要短,所以它周围唯一的序列使我们可以描绘出它们在什么地方。但是较长的重复就具有挑战性了。我们处理这种情况的方法是我们前面提到的配对操作,测序每一个复制体的两端并且复制不同的长度从而提供最大的重叠。

被吉恩的团队编译成50万行的计算机编码的程序使用了阶段式方法,它以最安全的步骤开始,例如简单地把两个序列重叠,然后逐步推进更为复杂的操作,例如使用配合对把重叠序列岛连接起来。这就像拼接一个复杂的拼图时先把碎片组成小的岛屿然后组成较大的岛屿,接下来再重复这个过程 —— 只是我们的拼图有2700万片碎片。这些片段一定得是高质量的序列,这是一个关键:想象一下试着做一个拼图游戏,而其中一些碎片的图案和颜色是模糊不清的。对于长程的基因组序列的排列,数据读取的大部分必须在配位对中。如果所有的数据仍然由手工追踪,我们会很放心地发现我们在配位对中已经有了超过70%的序列数据:电脑建模者曾对我们说有一点失误短缺都意味着胖胖蛋先生将永远都不能再被复原[1]。

现在我们可以使用塞雷拉组装器来处理序列数据了:第一步,把数据裁剪成最高的精度;第二步,“筛子”会把来自于质粒体或埃希

---

1. 译者注:Humpty Dumpty,胖胖蛋先生,喻指又矮又胖的人,出自《鹅妈妈童谣》:蛋头人坐高墙,蛋头人摔地上,国王的千军万马,也难将他复原样!

氏大肠杆菌的DNA污染序列剔除掉，只要有10个碱基对的污染序列就会阻碍任何的拼装匹配；第三步，"筛子"检查每一个碎片是否与已知的果蝇基因组重复序列相配，这多亏格里·鲁宾的辛苦工作，部分交叠的重复区域被记录下来；第四步，"交叠者"把每一个片段都和其他的片段进行比较，这是一个处理大量数据的过程，我们已经在粉碎公众基因组的线虫解码中成功地测试过了，看看是否重叠者可以正确地拼装它们［我们向公众基金支持的线虫基因组科学家们（沃特斯顿和萨斯顿）提过几次要求，让他们给出他们用来重构基因组的序列数据，但是都被拒绝了］。我们的计算机每秒进行3200万次对比，至少可以找到40个碱基对相匹配，差别小于6%。当两个片段交叠时它们被拼装到一个大的片段里，即重叠群（相邻片段）。

　　理想情况下，应该是可以把基因组重装在一起的。但是我们不得不一再清理DNA密码中的扭结和重叠，这意味着，一个单独的DNA片段可以与几个不同的碎片交叠，从而导致错误的连接。为了简化这个难题，我们只保持唯一连接的碎片，我们称之为"单连群"。处理这些操作的软件被称为"叠连群"，事实上就是把我们不确定的DNA剔除只保留单连群，也就是片段中正确的组件。实际上这一步不仅给我们提供了空间来改变我们关于怎样把片段组装在一起的想法，而且也把问题的复杂程度充分降低了，我们从315.8万个片段拣出5.4万个单连群，每个单连群包含两个或更多的片段，将原片段总量压缩到1/48。2.12亿个交叠被减少到了310万个，在操作规模上减小到1/68。这样拼图里的碎片就被逐步系统地安放到位了。

　　在这点上，我们可以使用从相同的复制体中配对序列的知识，使用搭脚手架方法。所有可能的有相互确定的配位对的单连群被连接到脚手架上，把大标度序列安插到所有这些小编码片段上。在一次演讲中我把这一方式比喻为搭建小炉匠玩具，它由一大把可以插在木头节点（小球或小盘）上面小洞里的小棍组成，这样就可以建成一个较大的结构。在我们这里节点代表了单连群。知道了配对序列处于2000、1万或5万个碱基对长的复制体的端点，它们就可以被连接起来。

使用格里·鲁宾的序列作为参照，该序列占据了1/5的果蝇基因组，对这种方法进行测试的结果仅仅产生了500个缺口。当8月份测试我们的数据时，我们最后的小片段总数有80多万个。这么多的数据要处理意味着我们的工序做得很不好，与我们所期待的相反，它已失败了。几天后这种惊慌的感觉更为强烈了，可能的错误列表也增长了。肾上腺素被传运到了2号楼的顶层被戏称为静海[1]的房间里，这间 275 房间对我来说简直就是一个疯狂的参照，它的名称是相对我曾以地球上的海洋来命名主楼里的会议室而得的。在寻找解决办法的至少两周时间内，这间屋子一点也不宁静，大家走马灯似的在屋里兜圈子。

最后这个问题被亚瑟·德奇尔（Arthur L. Delcher）解决了，他曾研究过重叠问题。在15万行编码的第678行，他发现了细微的错误，稍微忽略一下意味着把一个意义重大的匹配项扔掉了。当它被修正安装好，并且电脑也运行结束后已经是9月7日了，这时我们的134个基因脚手架，完整地覆盖了果蝇的工作（彩色的）基因组。我们都感到狂喜和宽慰，是向全世界宣布我们的成功的时候了。

1.译者注：静海，月球上的一块区域，曾经是美国"阿波罗"11号载人宇宙飞船降落的地方。

　　我几年前建立的基因组测序大会提供了一个绝佳的机会。我料想会有破纪录的参会人数，大家都热切地想看到我们是否可以履行我们的诺言。我认为马克·亚当斯、吉恩·梅尔斯和格里·鲁宾应该在会议上分别描述我们的成就：测序、拼接和科学影响。最后由于情况需要，我不得不把会议地址从希尔顿海德酒店转移到迈阿密的更大的枫丹白露（Fontainebleau）酒店。来自各大制药公司和生物技术公司的代表、世界各地的基因组科学家以及大量的分析家、记者和其他来自投资界的人士都出席了。我们的竞争对手因塞特公司已经花很多钱准备了一场送别晚会和一套室内视频，这些工作使代表们确信这次会议将是人类基因组最重要的一页。我们所有人都聚集在大舞厅中，这也是会议举办地的一个传统，这个舞厅呈巨大的衣架形，装饰以中性颜色和枝形吊灯。

　　原本估计容纳2000人，但是随着人群的增大，很快就没有可以立足的地方了。作为会议开幕式的一部分，格里、马克和吉恩在1999年9月17日就最新的果蝇基因组成就做了报告。一段简短的介绍后，格里·鲁宾宣布与会者将要听到他曾参与的最好的合作成就。会场气氛变得活跃起来。观众意识到如果我们没有什么激动人心的事情要宣布，他是不会说这样热心的话的。

　　当马克·亚当斯开始描述我们在塞雷拉的工厂风格的运作和我们建立的基因组测序新方案时，会场里鸦雀无声，这是我们早就料到的。马克的描述颇为嘲弄 —— 他没有提及任何拼接的基因组讲演就戛然而止。然后吉恩开始向观众介绍了从背景到全基因组霰弹枪法序列拼接、嗜血杆菌成就和我们的基因组拼接的主要步骤，最后结束时，用计算机生动形象地模拟了一个基因组是怎样被重新拼装在一起的。随着预定时间的流逝，很多观众可能开始认为我们的报告将会全部都是幻灯片而没有数据。但是随着吉恩的一声坏笑，他最终亮出底牌提醒观众可能会有兴趣看到真实的数据而不仅仅是模拟。

当吉恩·梅尔斯把果蝇基因组序列公布于众时，那些数据不可能有比这次提交的更清楚和引人注目了。他知道仅我们自己的序列数据是不够的，所以为了更好地衡量可靠性，他以格里曾用旧式的方法辛辛苦苦拼接在一起的序列作对照比较：它们是一致的。他把我们的拼接与过去10年来所有已知的知识映射到果蝇基因组特定区域的标记相比较。在几千个里面只有6个不相符合，在逐个检查后我们确定：塞雷拉是正确的，错误的是其他实验室早期使用旧方法的造成的误差。呵，另外，顺便提一下，我们已经开始测序人类DNA了，看起来它只是重复我们所做的，而且比我们在处理果蝇时遇到的问题要少。

热烈诚挚的掌声持续了很长时间。在演讲结束后的休息时间里，观众群里嗡嗡的低声谈话声显示我们已经得到了公认。一个新闻记者看到一位公共基因组的科学家摇着他的头评论说："这帮傻瓜真的开始干了。"[1] 我们让会议完全重新活跃起来了。

还有两宗我们都很熟悉的主要的工作。第一项工作是怎样发表这些数据。虽然我们和格里·鲁宾有谅解备忘录在先，但是我的业务团队对于把如此珍贵的果蝇基因组序列上传到基因银行还是感到不高兴。他们提出了一个建议：把这个果蝇基因组序列放在由国家生物技术信息中心运作的单独的数据库里，每个人都可以使用该数据库，但是要同意不得将其以商业目的再出售。来自欧洲生物信息学研究所的迈克·阿希伯纳（Michael Ashburner）是个烟不离手并容易激动的人，他对于怎样把这些序列贴在一个专门的服务器里并加上一个保护协议感到不满，认为塞雷拉"已经欺骗了我们"[2]，（在他给鲁宾的一份邮件中，标题为：塞雷拉他妈的到底在干什么？[3]）科林斯也不满，但是更为重要的是格里·鲁宾也是这样。最后只有让缪尔曼和怀特这些人沮丧了，我把数据发到了基因银行。

277　　　第二项工作是虽然我们已经有了果蝇的基因组序列，但是每一基因到底意味着什么？如果我们要在杂志上发表它们，我们就不得不进一步去分析它，就像我们在4年前处理嗜血杆菌那样。注释和描述果蝇基因组将花费我们整整一年的时间，我可不认为我们有一年的时间，因为我们的注意力不得不集中在人类基因组上。与格里和马克讨论后，我们想到了一个解决此问题的新方法，该方法将涉及果蝇科学界，是个令人兴奋的科学事件并且可以推进事情的快速发展。我们决定召开"注解大会"，邀请全世界顶级的科学家到洛克维尔来分析果蝇基因组，这一活动为期一周或10天。然后我们写出结果并发表一系列有关基因组的论文。

　　　每个人都喜欢这个主意。格里开始邀请主要的团队来参加这一盛举，同时塞雷拉的生物信息小组找出大会所需的电脑和软件以期让他们的这次旅行更有价值。我们同意塞雷拉将会支付差旅和招待费。我们祈求这样的科学研究方式的激情会获得成功。在将要参加这一活动的人中有些是我最苛刻的批评者，我希望他们的故作姿态不要把这次活动毁了。

1999年的11月，大约来了40名果蝇科学家，甚至我的批评者也发现我们的提议太诱人了很难忽略。第一次会议有点挫折，因为人们的热切期望面临着一个现实：在几天时间里要分析1亿个遗传密码的碱基对，软件不够。当这些来访的科学家休息以后，我的团队连夜开发软件工具以满足我们先前没有想到的需求。到第三天融合开始了，就像其中一个人和我说的，这些新的工具使科学家可以"在几个小时内做出超过他们一生的令人兴奋的科学发现"。

由于纯粹的科学发现的刺激让每个人都极度兴奋，会议变得更加有趣了。我们正在提供对一个新世界的第一次观察，划时代的一瞥大大地超过了每一个人的想象。讨论我们想要的和理解所有这一切的意义的时间很快就不够了。马克举办了一个晚宴，但是它没能持续多长时间，因为每个人都很快地又溜回了实验室。午餐和晚餐很快就都在满是果蝇数据的电脑屏幕前解决。长期寻找的受体家族基因第一次被发现，同时还有令人吃惊的大分量的人类疾病基因的果蝇匹配物。每一次发现都伴随着相互击掌、口哨和惊叹声。令人惊讶的是，一对情 278 侣竟然找到时间订了婚。

但是还有一个至关重要的问题横在面前：会议只发现了1.3万个基因而不是他们预想的2万个。因为一个像线虫那样简单的蠕虫都有大约2万个基因，而且有很多人已经充分讨论过了，果蝇一定有更多，因为它有神经系统和10倍多的细胞。有一个简单的办法可以检查我们的计算有没有错误：我们可以用已知的2500个果蝇基因来查看我们的序列会出现多少。斯坦福大学的迈克·切瑞（Michael Cherry）充分分析报告后说，他发现了除去6个基因以外的全部基因。少许讨论后，这6个基因也作为人工误差而剔除了。所有的果蝇基因都被已解释并且也都正确，这使我们信心大增。数千名科学家一头扎在果蝇研究里数10年才寻找出来的2500个已知的基因，现在只需做一次性的研究，而且现在所有的13600个基因都存在他们面前的电脑里。11天后我们已经找到了足够进行初始分析的基因组了。

　　值得纪念的时刻随着不可避免的照相而降临，这是最后一番拍背压肩了。迈克·阿希伯纳蹲在地上让我踩在他的背上以便我可以出现在照片上，这是他已经承认我们所做的一切的一种报偿方式，当时他满脸怀疑。一个小巧的果蝇科学家甚至想出一个标题："站在巨人的肩上"。"让我们信任值得信任的人吧，"他后来写道[4]，"塞雷拉为这次大型集会真是竭尽所能了。"我的对手们尽管试图把我们向公众数据库上传果蝇数据中的小故障说成是我们对承诺的失言，但是还是被迫承认这次集会对"果蝇研究界意义巨大"[5]。体验过这场科学涅槃后的人们友好地分手了。

　　我们决定发表三篇主要的论文：一篇为整个基因组，马克将会是第一作者；一篇以拼接为主要内容，由吉恩作为第一作者；一篇以和蠕虫、酵母和人类基因组相比较作主要内容，由格里作第一作者。最终这些文章在2000年2月投向《科学》杂志，并在2000年3月24日[6]的特刊上发表，这离我与格里·鲁宾在冷泉港讨论时还不到一年。在发表前，格里安排我在匹兹堡举行的果蝇年会上做主题演讲，由数百个顶级的果蝇科学家出席该年会。我的团队把我们在《科学》发表的文章复印了好多份，同时也把我们全部的果蝇基因组序列拷贝到光盘里，给每一个观众座位发了一套。当我们一开始宣布我们的合作时，屋子里很多人都闹懵了，但是格里热情地介绍我之后，他向大家保证我已经履行了我所做的所有的承诺，而且是一个令人愉快的合作者。我报告的内容为那次集会所做的早期发现以及光盘里面资料的摘要。当我的讲演被报以长时间的起立喝彩时，我感到了和5年前一样的惊奇和高兴，那时我与海姆第一次把嗜血杆菌基因组带到了一个微生物高级会议上。接下来果蝇基因组的文章也成为史上引用率最高的文章之一。

就在全世界数千个果蝇研究者为我的数据感到震惊时，我的批评者们很快开始了进攻。约翰·萨斯顿攻击说我们的基因组是有缺陷的，是失败的，即使这些数据比他耗费长达10年之久对那个蠕虫苦苦测序得到的数据更为完整和准确，即使他的工作草案已经在《科学》上发表但还要4年才能完成。萨斯顿的同事梅纳德·奥尔森（Maynard Olson）把我们的果蝇基因组序列称为塞雷拉留给公共基因组计划的一团乱麻。事实上格里·鲁宾的团队很快在不到两年时间里就把剩下的缺口补上了，而且发表和比较分析了完成的基因组。这些数据证实，在整个基因组上我们每1万个碱基对平均有一到两个错误，工作（彩色的）基因组每5万个碱基对有不到一个错误。然而在重复序列部分，数据很清楚地显示甚至更好的程序也会有一个巨大的影响。

尽管大家都在为果蝇计划喝彩，但是整个1999年的夏天，托尼·怀特所忍受的压力达到了极限。怀特现在被关于我的新闻报道困惑住了。每次他来访时都不得不经过我办公室旁边的一条走廊，走廊墙上的镜框里是关于塞雷拉辉煌业绩的文章。我们曾放大了《今日美国》的周末杂志封面，在上面我身穿蓝格子衬衣盘腿而坐，标题是

《这些特立独行的人会开启他们各自时代的最伟大科学发现吗？》[7]哥白尼、伽利略、牛顿和爱因斯坦的大名漂浮在我周围，但是没有怀特的影子。

每天他的新闻人都会打电话问他是否会出席看起来无休止最后却在塞雷拉结束的采访。当第二年她设法把他弄到了《福布斯》杂志的封面上他才满意 —— 也只是一会儿，他是因为把伯金艾尔莫公司只有15亿市场覆盖率发展成ABI和塞雷拉加起来有240亿的市场份额而登上《福布斯》的[8]。（"托尼·怀特已经把无能的伯金艾尔莫转换为高科技的基因猎手了。"）

托尼也对我的社交活动十分着迷。大约每周我都会做一次报告 —— 其中一部分是被邀请的 —— 因为世界想要知道我们正在做的事情。他甚至向伯金艾尔莫董事会，现在更名为PE公司，抱怨我的旅行和演讲打破了公司的规矩。当我正在我科德角的房子里享受我为期两周的在职休假时，托尼和他的CFO、丹尼斯·温格（Dennis Winger）以及阿普莱拉的法律总顾问威廉·索奇（William Sawch）一起飞到了塞雷拉会见我的关键雇员以确认我的领导能力是可靠的。换句话说，他们想要找到足够的借口开除我。当每一个人都说如果我离开，那么他（或她）也会离开，怀特吓坏了。这虽然导致了很大的恐慌，但是也使我的团队比以往更加团结了。我应该庆贺我的每一次胜利，每一次就像是最后一次一样。

当我们发表了我们的果蝇基因组序列 —— 史上与此有关的最大的数据 —— 我、吉恩、海姆和马克私下里举行了一次烧烤晚会，因为我们知道我们已经在托尼·怀特那里挺过了足够的时间，已经验证了我们的科学。我们已经证明全基因组霰弹枪测序法用在大的基因组上是可行的。我们现在知道也可以用全基因组霰弹枪测序法进行人类基因组测序了。就算托尼·怀特明天拔掉我们的机器插销，我们也知道我们已经有了关键的技术。我真想离开塞雷拉和他所代表的世界，但因为我还想要测试人类基因组，所以我不得不妥协。我讨好托尼·怀特，让他觉得自己很重要，以便我能挺过更长的时间以进行这项工作并完成我已着手的事业。

第 14 章
第一份人类基因组

一般来说，一想到被抢先报道的前景，第一反应就是既绝望又希望，希望你的对手"某人"死去。你可能会考虑要放弃，但是这可能会让你没有任何明确的东西显示这几年的辛劳结果……所以很难不考虑重新尝试用你的对手相同的方法去和他竞争。虽然你现在落后，但是只要稍微比他聪明点你就可能赶上他。然后你的对手可能会彻底气疯了。

——詹姆斯·沃森，《倾情 DNA：基因、基因组和社会》

281　在我们开始测序首例人类基因组很久以前，甚至在确信我们将能够做这件事很久之前，我们就开玩笑地猜测谁的 DNA 将特别荣幸能从头到尾被第一个阅读。谁将拥有科学好奇心、自信心和安全平静的头脑愿意测序他或她的基因组？尤其当大多数人被遗传决定论者们吓唬得认为这将揭露他们所有的生物秘密时，谁将有足够的理解力理解遗传和环境之间深奥的相互作用从而愿意看到自己个人的遗传程序发表在网上？

技术问题同样也包括在内，很多问题归纳一下就是，比起微生物使用的初级的无性生殖，性是怎样引入人类更多的遗传多样性的？当谈到测序细菌基因组，我们选择了参照复制品 —— 所有这些都是相同的，正如称呼所表明的 —— 将提供一套同种DNA样本。因为我们使用高度纯系株的果蝇基因组确保我们拥有的DNA尽可能排除变异。但是当谈到人类基因组时，就有许多遗传变异，像地球上的人们一 [282] 样多。

因为人类DNA的结构是双螺旋状，有两条互补链，我们测序哪条DNA链无关紧要。但是这里存在一个人类复杂化的问题。人类23条染色体中的每一条都是成对存在的：23条来自我们的母亲，包括X染色体，23条来自父亲，或者包括一条X染色体代表女儿，或者包括一条Y染色体代表儿子（因此女性有两条X染色体，而男性有一条X，一条Y）。

首先一个问题是，测序对象该选择男性还是女性。男性有个优点，他既有X染色体也有Y染色体，但是缺点是X和Y染色体只有一半的DNA，而其他22对染色体却拥有所有的DNA；如果我们选择一位女性，那么将有两个X染色体而没有Y染色体。如果我们只研究一个人，我们应该选择一个普通人作为实验对象还是总统克林顿呢？那个人的责任和风险是什么？这个人会同意吗？

早些时候，清楚的是，当技术准备甫定，要测定人类基因组变异的程度，将毫不怀疑地要付出巨大的努力，选择谁做样本真的不是那么重要。无论如何，如果可以在遗传测试中找到与疾病有关的序列差异的科学利益和商业利益，那么对我们来说获得尽可能多的遗传多样性是有意义的。这就意味着我们应尽可能从几个人那里测序公共

DNA，并且创建一套一致的基因组序列，这个序列不代表任何个体，而是人类总体的融合，一份参照基因组。

吉恩·梅尔斯和他的小组做了几个计算，看在这个公共 DNA 序列中，我们可以使用多少实验对象而不致引进太多的变异，以至于它将危及我们使用现有的算法和计算机拼接参照基因组的能力。如果我们允许实际覆盖一个人的基因组来帮助组装的话，那么 5 个或者 6 个人就是极限了。我们决定我们将尽力从男女双方得到一份混合的 DNA，并且包括一些种族多样性。

在 TIGR，塞雷拉成立之前，海姆·史密斯就发愁怎样创立最好的人类基因序列文库，这并不只是因为他没有足够研究人类 DNA 的经验。海姆和我有过几次讨论，讨论怎样取得人类 DNA，包括获得商业来源。但是为了生成文库，而且为了完全确定我们知道它们里面包含什么，海姆必须从头开始。

人类取样也意味着漫长的事先知情同意程序，这甚至将阻止我们在 6 个月建造塞雷拉的期间开始进程。由于海姆和我渴望前进，下一步很明显：当开始寻找人类 DNA 捐献者时，我们感到地球上再也没有比我们更知情的人了——我们对于测试他们的基因组并公布出来的可能的风险有深刻的理解。海姆和我都不认同过分简单的基因决定论概念——认为我们仅是我们的基因所创造的"我们"，而且我们生活的轨道能从我们的遗传密码精确地预测到。同时我们都拥有一个对我们自己的基因组本能的好奇心。在我们心中，从来都不认为我们会承担任何医学风险，除了可能对我们的心理的影响：我们可以预料来自

我们的诽谤者们的政治攻击，如果他们知道了我们采用了我们自己的
DNA。

　　一旦我们同意使用这个方案，我们每个人都决定我们要为文库提
供一个丰富而容易产生的DNA来源：以精液的形式（我们不久就开玩
笑说谁将需要较大的试管）。最后我们确定使用标准50毫升的无菌
试管并且冷冻其中的精液。虽然海姆能轻易地把他的样本直接带入实
验室而不让他的技术员知道试管的来龙去脉，但是我们仍然认为如果
我带着冷冻的试管溜进实验室并移交给他们，还是有些不宜。借助联
邦快递装有冷冻试剂的盒子几乎每天从应用生物系统公司送到TIGR，
于是我拿一个装有干冰的已打开的联邦快递盒子，装入我的样本，然
后把它交给实验室，这样实验室大多数人以为样本来自于迈克·亨克
皮勒或者托尼·怀特。这种诡计必须重复好几次因为最初的实验要消
耗大量DNA。

　　一旦塞雷拉崛起并开始运转，额外DNA测序的问题就变得和我
们当初害怕的一样复杂了。律师们介入其中，什么应该做，什么可以
做，他们提供互相矛盾的意见。为了监视样本的整个测试过程，我拜
访了国家癌症研究所前任主任萨姆·博德，他现在是塞雷拉的首席医
学官员，他建立了一个由外来专家组成的一流委员会。开始时，我通
知萨姆我们已经有了两个DNA样本，这些样本已经被海姆转变成了
TIGR的文库，并且它们被用来做所有最初的测序以此启动塞雷拉程 [284]
序。我向萨姆透露海姆和我都是捐献者，并解释说其他人应该包括女
性和保持尽可能多的人种和地域多样性。我让萨姆决定他是否应该通
知委员会，我们已经进入对两个人类捐献者的序列的解读工程；他认

为最好不要通知，不过还是制定了一个与海姆和我曾做的不冲突的程序。

眼睛显示了它

　　阅读任何大众化的遗传学叙述，你会经常看见这些文字：DNA决定一切，从感情到疾病到智商（不论那是什么）到眼睛颜色。在教室里，全世界的孩子们都被告知，褐色眼睛是显性的——也就是说，父母之一方，如果遗传给你一个对应具有显性特征的基因，你将也会拥有这个特征。由此，如果一个父亲有褐色的眼睛，那么他的孩子可能也有，而双亲都是蓝色眼睛的话，几乎总是会有蓝色眼睛的孩子。

　　让我们假设你还没有遇见我或是没研究过这本书的外封套，你已经决定通过研究我的遗传密码来找到我的眼睛颜色——就像租用玛丽二世女王豪华游轮穿过哈德逊河一样[1]。我的密码的其中一卷，15号染色体，是一个好的开始之处。在那里你会发现一个叫作OAC2的基因，它是褐色眼睛和蓝色眼睛主要的决定因素。基因在专门的黑色素细胞中活动，后者产生黑色的色素，负责眼睛的颜色。我眼睛颜色的生理基础像任何其他人一样，被黑色素细胞的分布和内容所支配，尽管过程比通常认为的要复杂得多[1]。

　　根据一项600多人的正常有色人种的研究表明，眼睛

1.译者注：比喻杀鸡用牛刀。

的颜色不太可能是基于蓝色或灰色这种特殊基因的精确遗传拼写。（在一个变体中，非蓝/灰色为字母A/T或T/T，在另一个变体中，为字母A/G或G/G，或者是两个变体的结合）。根据这些数据，我的基因组显示，我更有可能有蓝色或灰色眼睛，而不是拥有科学家们所称的"非蓝/灰色"变体，我有两个变体——一个是C/C和A/A，第二个是G/G和A/A，而且我确实是蓝眼睛。然而我的基因组告诉我一个直截了当的结论，眼睛颜色实际上是依赖于几个基因的，尽管不是很常见，但是两个蓝眼睛的父母是可以生出褐色眼睛的孩子的。并且，尽管蓝色和褐色眼睛在高加索人中是显性的，我们也有灰色/绿色/淡褐色和间于它们之间的色度。简单和过分简单化的教科书对于眼睛颜色的遗传学描述没有做出符合自然的公正评判。

委员会表达了两点主要顾虑。第一，如果那个捐献了他们的DNA[285]的人被识别出来的话，而且如果他们基因组中的任何疾病基因被识别出来，他们就要冒可能失去他们的死亡保险和/或者人寿保险的风险。类似的，如果他们有与各种不良社会特性或病态人格有关的突变，那么一旦他们的身份随着他们的遗传密码显示出来，它就能引发这些对应的问题。我们最终确立的政策是，由于责任和保护我们的捐献者的需要，塞雷拉将不再公开他们的身份。然而，如果捐献者们希望的话，委员会承认他们自己有权决定是否公开他们是捐献者。

第二点顾虑是关于测序不同种族背景的基因组。我就"种族问题"只与委员会会面了一次，因为真正的担心是数据可能被一些人用来替种族主义辩护。对我而言，测序 5 个白人男性的基因组来代表人类根本就是错误的。尤其是在遗传层面上，我们看起来都是相同的。当委员会听说这些争论时，很快就差异性达成一致。我们想征集大约 20 个可能的捐献者并就此在《华盛顿邮报》上、塞雷拉公司以及应用生物系统公司周围做了相应广告，那么至少有两个记者提供了他们的 DNA 就不足为奇了，其中一个还写了一篇有关塞雷拉捐献 DNA 过程的文章[2]。

包括海姆和我在内的每个捐献者都要求听一节关于承担风险和事先知情程序的课，并且签订必需的协议。当博德提供给我们一份他与顾问委员会一同起草的同意文件时，我开玩笑说我们不想从任何有能力把 30 页的复杂法律文件通读下来仍然有能力射精的人那里得到 DNA，因为他必须是一个律师。

每个捐献者会因为他或她的样本得到 100 美元的报酬，对于女性来说，样本是血液，从胳膊上抽取，男人既要提供精液还得提供血液（尽管有几个拒绝提供精液）。（当这个过程被描述给一位知名的公众人物时，她讥讽道，"这场景真是无懈可击：男人获得高潮可以得到报酬，女人却要被一根针刺一下。"）我们对获得的每一份样本，分配给它的捐献者一个代号，只有博德有密码。

我们试图为每一个捐献者培养细胞株并产生序列文库，接着进行测试序列。那 5 个最后人选由我的高级职员来选择，其中包括博德，286 以匿名的信息为基础，其中包括代码、性别和自认的种族以及既能提供永久细胞株又能提供好的序列数据的高质量的文库：这些人是海姆、我，以及三名自称的非洲裔美国人、中国人和女性西班牙人。我仍然不知道任何女性的身份。尽管几名捐献者，包括记者在内，后来公开了他们的身份，但是不重新测序他们的另一份样本，就没办法在他们和测序的DNA之间建立连接。我们最终发表的序列是五个捐献者的合成物，我们的基因组序列甚至可以组装成一个合成物的事实证明了地球上的人类在DNA层面上的相似性。

在使用谁的基因组做测序这一点上，政府计划甚至面临着更大的麻烦。科林斯和他的同事们吹嘘他们已经混合了15～20个个体的DNA，这样最终的基因组序列将来自数个匿名者。数年后，众多的DNA BAC文库已经从博士后、实验室捐献者等人捐献的样本中产生了，但是这些捐赠者当时都没有考虑过一些棘手的问题，比如伦理问题和知情同意问题。如果一个或更多的捐献者自我识别并拒绝自己的基因密码被公众使用的话，所有的文库就都要被摈弃，这使得公共计划随时面临挫折和风险。然后几乎所有的公共基因组最终都仅来自一个或两个捐献者（这样有利于长时间地保守秘密）。

果蝇基因组最后的片段被测序后，我就把塞雷拉的设备转移到对人类基因组发动全面攻击的战役上了。当时——1999年9月8日的早上——我们的技术小组和ABI员工的所有的努力已将测序机的故障率，从曾经高达90％降至10％。这就意味着我们仍然有至少30台价值30万美元的测序机每天都需要修理，但是即使是故障率如此之高，我们还有足够的能力在300台能运转的机器上用不到一年的时间测序人类基因组。

　　但是那时，我们还有压力：公共计划宣布它已经测序了大约1/4的基因组。在另一次重大修订策略后，我的对手们宣布他们将只制作基因组的一个粗略版本并且到第二年春天完成这个"第一草图"，毫无疑问会伴随有一个媒体狂欢活动了。我们在塞雷拉所做的和已改变的公共计划所做的重要差异可归结为标准和策略：全基因组霰弹式技术对比于传统的分级测序法。我知道我们已经有了获胜的策略，政府投资的实验室即使用相同的或甚至更大的测序能力，也不能和我们竞争，除非他们放弃他们的标准，改变他们的计划而采用我们的。

　　在开始我们的工作的前一年，1998年9月，公共计划的线路图已经改变：他们要在2003年前即在塞雷拉能够完成工作前做一个基因组草图，2003年是沃森联合发现双螺旋第50周年纪念。取代在10年间发表高质量数据的原始计划，他们现在正努力尽可能快地把未分析的序列倾倒进公共数据库中。我的自称的竞争对手——幸存下来的5个基因组中心，他们给自己起了一个绰号G5（这个团队是以G18开始的）——相信自己通过这样做，他们会阻挡我对基因组申请专利，而且他们也会为首批完成人类基因组而获得荣誉。我为他们思想的愚蠢和不成熟感到困惑。当我的许多批评者们正着迷于塞雷拉数据的发表时，公共投资的实验室正不在意地把序列倾注到公共数据库中，制药公司正快乐地每夜下载这些序列，所以他们能在它们上面申请专利。因此，反对人类基因组申请专利的人们制定的这个天真的政策肯定起了相反作用：基因专利申请得又早又快，几乎所有的专利都是基于政府数据，而不是塞雷拉的。

　　多亏了在公共关系方面的文过饰非的精彩工作，降低公共计划的标准并没有遭遇过许多批评和分析。似乎没有人充分意识到公共计划通过改变它的目标，即将有效地高精确地完成一个染色体一个染色体的努力的目标，改变为测序人类基因组的一幅又快又脏的"粗略草图"，有关"质量第一"的最初真言就到此为止了；认为基因组草图将削弱正确地完成工作的动机的担忧也到此为止了。这使得我们在塞雷拉所承担的工作呈现出彻底性和综合性。

关于塞雷拉的核心仪器3700型的测序仪的负面报道很多，斯图尔特的小组曾在《科学》杂志上发表了一篇对该仪器的评论[3]，声称它作为较短的序列片段的专用仪器——"阅读"——它没有提供什么优势（"在资金投资方面，没有马上增加生产力"）。这篇评论引发了ABI和塞雷拉公司股票价格的下跌。具有讽刺意味的是，我决定使用3700型测序仪后，对仪器的评价判断基本上被政府资助的小组忽视了，他们在购买这些昂贵的设备之前，没有做通常要求他们做的令人讨厌的评估和分析，并且我们的那些保守派竞争对手也在争相尽快购买相对而言未经测试的3700型测序仪。塞雷拉创办后的那年，ABI报道了10亿的销售额。威尔康信托基金在3700型测序仪上花了比塞雷拉更多的钱，以便它的桑格研究所可以测序25%~30%的人类基因组。同时，麻省理工学院借钱给埃里克·兰德购买比政府准备资助的更多的仪器，借钱的前提是他从弗朗西斯·科林斯那里得到了资助（资助一年的金额为4000多万）的基金管理费，这使他有了公共计划里最大的经营运作。

多亏了G5的策略的改变，我的老板们站着就挣到更多的钱。亨克皮勒和怀特高兴地给公共计划提供产品，现在公共计划打算买价值数百万美元的3700型测序仪和试剂，怀特们就像军火商发动一场战争以便他们可以把武器卖给交战双方。当我的小组注意到我们的企业"伙伴"以较快的速度装备我们的对手们时，不免士气低落，我不得不努力使他们精神振奋起来，这真令人丧气。

用相同的仪器来阅读遗传密码意味着 —— 除了政府资助计划的非同小可的10倍多的金钱和人力资源 —— 塞雷拉和公共计划之间胜负取决于我们各自的科学策略。用得最多的词测序意味着遗传密码的字母真正地以适当的顺序组装；没有人会认为只是通过往桌子上扔几张碎片就能组装一个拼图玩具。然而，因为政府资助的实验室正在做数千个微型基因组计划，通过一次一个地测序BAC复制体，他们不得不处理数千个小型的拼图，但是我们只要做一个大的就可以了。我从来不曾想象，他们会想要拼接他们所有的拼图碎片 —— BAC复制体或者染色体。我正在为我的科学的完整性下赌注，希望它能占据上风；也为我的程序员们、我的方法和我的高功能的计算机下赌注，希望它们把如此庞大的公共计划淘汰出局。

用霰弹枪序列拼接一个DNA序列，只要求很少的序列覆盖范围。
289　比如，1倍或单一的含有10万碱基对的BAC复制品，这意味着你已经生成了10万碱基对的DNA序列。但是这并不意味着你已经一次性测序了复制品的每一个字母。潜在的困难是这些被随意生成的DNA片段（比如，如果你把一张报纸撕成50块碎纸，把50张这样撕成的碎纸混合放在一个盒子里，然后随意抽出50张碎片，那么你肯定不可能最终拼成一份完整的报纸）。把这些任意片段再放回到一起，就像统计方法所预料的，你会发现1倍的覆盖范围实际上仅代表了66%的复制品的DNA序列。(一些部分将被复制;其他的将会丢失)。3倍的覆盖范围被要求覆盖96%的序列。用政府计划的序列聚合法,它将用8倍到9倍的覆盖范围安排和确定片段重构一个BAC复制品。我们曾认为我们也会需要那么多。但是我们的果蝇试验成功后,我知道我们能够只利用很少片段就可以获得比99.6%以上的人类染色体覆盖范围。多亏了我们的末端配对技术,我们在每一个复制品终端测序DNA,复制品有2000、1万或5万个碱基对,只要5倍覆盖范围就可以得到正确顺序和确定方向的序列。

与塞雷拉的竞争也使得我们的对手们把他们的努力相对集中。当公共计划瓜分基因组开始时,一些实验室极具领土观念,并且打赌说他们具备了测序人类染色体和部分染色体的能力,而当时他们甚至根本没有钱、设备和能力去做这些事。到1998年9月,整个基因组已被预订瓜分,但不是每个当初下单的人都能够很快绘制出图谱,并进行高效率的测序。总的来说,因为BAC复制品图谱的有限供应,公共计划正处于崩溃的危险中,尽管它比塞雷拉整体测序能力要强得多。

可以理解,埃里克·兰德对这个状态很不高兴,1998年10月,他提议放弃瓜分基因组的协议,改为从一个覆盖着整个基因组的文库中随意选择的序列复制品。这个建议意味着不再看重公共计划的脆弱的共识。然而,那年12月,他接受了妥协:萨尔斯顿和沃特斯顿将确保为公共计划提供足量的对应复制体。到1999年3月,得到了"激动的"副总统艾尔·戈尔的支持,该协会宣布,到2000年春天,它将生产至少90%的人类基因组序列,以"工作草图"的形式完成,"比预期的早很多。"[4] 加速的公共计划中除了占支配地位的四个主要实验 290

室，他们作为次要的参加者们心理是压抑和不平衡的，因为科林斯甚至冷静地提出逐步淘汰进度不理想的中心，"他们的领导更沮丧。"[5] 俄克拉何马州的布鲁斯·罗是一位早期的DNA测序者（结果证明，他还是在新闻界一些丰富多彩的引文的始作俑者），更简单点说，他是 "被国家卫生研究所用K-Y凝胶对待的家伙。"[6]

虽然兰德已经清楚地明白，不采用我的方法，政府项目的努力将不能组装一份人类基因组序列，他相当确认我们的方法更好或者甚至更有用，在公开地攻击它的同时，他开始私下采用它，更糟的是，科林斯和其他人试图使用纳税人的钱秘密资助塞雷拉的一位商业竞争者，加利福尼亚的帕洛·阿尔托的因塞特基因组学。在这项秘密交易中，因塞特将提供配对的DNA序列以帮助政府资助的实验室与我们竞争，具体就是他们在SNP协会的帮助下搜寻并提供单字母的核苷酸多态性（SNPs, or snips）。他们的秘密协议得到了威尔康信托基金和一些药物公司的支持。它不仅推进政府计划拼装它的基因组数据的速度，而且意外收获一个副产品SNP，有效地成倍增加了协会中对制药公司有用的数据，所以他们使用相关数据不需要与塞雷拉交涉。通过SNP研究联盟，科林斯也能否认"他"（国家卫生研究所）正资助因塞特并帮助它与塞雷拉竞争。科林斯使用SNP研究联盟的另一个基本理由是他们无须发表数据（该协会不受制于政府/威尔康信托基金的规则）。这样他们既可以否认他们正使用我们的配对技术，又确保塞雷拉不能从这些数据中获益。该协会的一名成员，格兰素威尔康的艾伦·罗斯对这些手段感到愤怒，他告诉了我科林斯正在做什么。科林斯曾大言不惭："我们不认为世界上的研究者们没有免费和开放的数据库这一事实是正当的，这种情况甚至连一天都不应该存在。[7] "

但是他和兰德实际上正为数百万的序列保密着呢（序列至今还从来没有发表呢，除了已组装的部分）。

《今日美国》的蒂姆·富兰德最终曝光了因塞特方案，写了一篇以《联邦政府可能曾试图因基因图谱徇私枉法》为标题的报道[8]。科 291 林斯生气了，他的政策主任可能发誓要痛打富兰德一顿[9]。但是问题的关键仍然是，纳税人的资金已经通过第三方从塞雷拉的主要竞争者手里购买了一类数据，如果他们严肃对待协作，这些数据是我原打算免费给他们的。

直到现在，阅读基因组对抗赛已经抓住了许多人的想象，公共感觉谁将会赢对于双方来说成为一件重要的事。政府支持的实验室想给政治家留下他们仍然值得资助的印象。而塞雷拉，我们这家上市公司，依赖于它的投资者的支持。在高峰期间，当塞雷拉或政府资助的公司发表公告时，每月有500篇左右的新闻报道出现，有时候甚至有数千篇。

为了与媒体交涉，科林斯有一个新闻小组，而瓦尔姆斯有他自己的人，每个政府资助的实验室都有一个或更多的新闻界主管。然而，媒体一次次围绕着一个主题：克雷格·文特尔是受压迫者，是与既成体制的集体力量竞争的一个独行侠和圈外人。在他的领导下，塞雷拉正在与官方的人类基因组计划竞争，而官方计划耗资30亿~50亿，这项由政府支持的国际协作，主要中心在英国、法国、德国、日本和美国。

烦闷的科林斯和他的同事们会抱怨他们是怎样被我的"巨大公共关系优势打败的"。[10] 我打的是由一台"公共关系机器"[12] 安排的"聪明的新闻之战[11]"，当然公共关系机器是"润滑良好的"[13]。科林斯抱怨那些描述基因组比赛的不体面的文章，在这些文章里他蹲在他的摩托车上，而我站在我的快艇的舵上。（"什么傻话！"[14]）萨尔斯顿则抱怨"试图使记者报道显然被忽略了的公共计划的更加复杂的分析将是一次艰苦的历程"。[15] 我的"好顾问"已经使用了"残忍无情的操纵"[16] 和"塞雷拉公共关系的深层次的不懈的力量"[17] 来影响世界媒体。然而，在那一天访问结束时，萨尔斯顿自己也承认，公共计划"在公共关系方面做得很差"[18]。

前面提到的公共计划对于关于我的大量文章的意见的批发商的牢骚在塞雷拉是一个恒久不变的笑料，因为我的"私人部队"实际上是一个名叫希瑟·科瓦斯基（Heather Kowalski）的年轻女士，她离开了她在乔治华盛顿大学的新闻发布官的工作，于1999年11月来帮助塞雷拉处理媒体不断的要求。虽然她没有其他应聘者那么多经验，但是她的态度我真的很喜欢。媒体的要求如此不通情理，尤其当我旅游时，她变成了一个长期的旅游伙伴和顾问，她工作如此努力，因此她的成功是应得的。

希瑟知道结交媒体只有一种方式：诚实而坦诚，加强他们的信任。通过采取这个简单的方法，她能够应付甚至最笨拙的记者。希瑟有一个不同寻常的常识，这证明是有帮助的，不仅能帮助我应付问题还帮助我对付近期的攻击和反击。不像一些由我的对手们部署的新闻发布官队伍，她没有训斥记者们，即使他们没有追随塞雷拉路线。最重要的是，她是直率的，当她认为我正在说或做一些愚蠢的事或被误导（经常发生）时她不会不告诉我。而其他人害怕这么直接地告诉我坏消息，所以他们开始依赖她。

尽管公共监督在增加，工作仍在继续，人类DNA的30亿字母的测序工作进行得甚至比给果蝇测序还要好。我们现在每24小时制作5000万到1亿的DNA碱基对，序列完全是高质量的。新的软件现在已完成，条码阅读系统在起作用，这使成对的序列行踪变得有规律。一个巨大的未知数仍然是，对于将近10倍于果蝇的数据，拼接程序如何理想地工作。

如果我们愿意，我们也可以利用政府计划每天发表在公共数据库基因银行中的数据。像其他的纳税人一样，毕竟我们曾资助了这项工作。制药公司每夜下载数据，因塞特公开使用基因银行来创建一个他们用来和我们竞争的数据库。弗朗西斯·科林斯没有对这些完全的商业应用抱怨什么，并且还利用这些更进一步为他的联邦政府计划的价值做辩护。但当我宣称我们将与纳税人资助的计划进行一次实质性的合作，把它的数据引进到我们的拼接中时，引起了强烈的抗议浪潮。G5曾讨论过他们是否能够对塞雷拉保留数据，即使如他们的所言正是由他们提供免费序列给大家。甚至还有人说我们是科学骗子，比如 [293] 当萨尔斯顿告诉BBC说塞雷拉工作是一项"欺骗性工作"[19]。

为了充分利用基因银行的数据，我要求吉恩·梅尔斯和他的小组提供我们用来组装基因组的第二版软件。为了纪念他为编译软件而消耗的咖啡数量，我们称此软件为"宏大"。我们曾为果蝇基因组准备了一个类似的备用计划，建立在格里·罗宾和他的同事们几年间获得的测绘数据基础之上。我们从来不用它，但是对于公私联合果蝇基因组计划它是一块安全毯；它使我们安心，我们正在制作一套有品质的序列。最终，塞雷拉的目标以及对它的股东和数据库捐款人的承诺是要产生一份高质量的人类基因组序列，可以用来推动新的药品和疾病治疗的发展。我们的工作设想是，有更多的序列数据，就有更好的基因组拼接。我们的目标是提供最好的最完整的人类基因组版本帮助科学发现、疾病基因发现和新疗法的发现。癌症患者或其他疾病不关心谁测序了基因组，他们只是想要一个治愈或对他们疾病的治疗的新希望。

　　这一实用主义备用计划再一次让我们小组感到棘手，梅尔斯感到烦躁，因为它必须依赖于质量不断变化的公共数据，而我们在室内制作的是一致的高质量的数据。当我们拼接我们的基因组时，来自公共计划的数据仍然不能被认为是完整的基因组，只是提供了拼组起来的覆盖范围，有些地方的数据过多而有些地方偏少。还有其他一些与贴错标签和嵌合BAC（混合序列）有关的问题。公共计划在今后的6年里将主要处理这些问题，但是低质量的数据会干扰我们的策略并降低我们拼接的质量，[20] 在我们测序老鼠的基因组之前，仍有一些未知因素。

　　当哗众取宠之事仍在继续的时候，新闻界的战斗变得越来越疲惫了。到目前为止，G5会议已经被就像其中一个与会者说的"幼稚的小圈子的态度"玷污了，在会议上我通常是被诽谤对象。然后，一天，一个新的休战机会来了，托尼·怀特给我打电话说他和迈克·亨克皮勒正与埃里克·兰德谈话（到现在他是他们的第一个顾客），而且埃里克对我是否想再次合作的意向感兴趣。

乍看起来，如果我能有权使用他们在基因银行的数据，公共计划 [294] 从合作中获取了比我更多的利益。我怀疑在这些讨论中，优先考虑的不是人类基因组，而是埃里克·兰德以及他怎样能获得一个优势。在公共计划中，埃里克的同僚们也怀疑，但是埃里克相信合作是唯一可以避免我在结束基因组的竞赛中明确地宣称我是获胜者的方式。

尽管我有这些不安，我仍决定尝试另一次合作。我的科学顾问委员会也热衷于这项提议，因为公共计划的任何失败都可能引发各种连锁反应，包括减少对国家卫生研究院的资助。迈克和我正要去波士顿参加一个会议，顺便同意去见兰德，他的基地设在剑桥附近的怀特黑德研究院。我们在波士顿的一家宾馆的私人房间里会面。兰德希望这次碰面保密。

我告诉他像我与格里·罗宾以及那个果蝇团队那样的充分合作也许是不现实的，因为存在着许多敌意，但是我仍然敞开了合作的计划，在合作中，我们将交换数据，以一篇共有论文的形式或两篇同步论文的形式发表基因组分析。埃里克曾经涉及许多生物技术公司的诞生，他清楚地明白我们的数据库业务。我将提供给任意科学家一份密码DVD，只要他不以任何途径或形式出售，他可以自己使用。尽管我愿意所有我们的序列数据免费供科学界使用，但是我们不希望对手的数据库公司比如因塞特下载并且转售塞雷拉的数据，就像他们正在利用联邦的数据那样。

对埃里克来说唯一很重要的问题似乎是他要成为塞雷拉基因组
出版文献的合著者，不论是否有一两篇论文，因为我们正计划使用他
和其他人在基因银行发表的数据。我们将对我们使用的任何数据加以
适当的说明，这是学术规则。不过我指出如果这样的话我应该是任何
一篇出自联邦资助计划的论文的作者，因为这几年以来，我已经把大
量的人类数据储存在了基因银行，现在它正被公共基因计划使用。基
于同一原因，任何成功的人类基因搜寻者也是这样。

我们同意不久再次对话，埃里克强调即使我们确实达成协议，他
也只代表他自己说话，并且不确定他是否能让其他的公共实验室坐下
295　来谈谈。我怀疑谈话将漫无边际，但是我仍希望这些谈话可能至少使
报界稍微冷静、平和下来。当我向我的高级小组汇报时，他们甚至更
加不知所措。毕竟有过那么多的攻击和诽谤，他们都想"踢联邦资助
实验室的屁股"，对我来说现在屈服"只是错误"。

1999 年 10 月 7 日，我收到理查·罗伯茨给我的 3 页纸的备忘录，
他是我的科学顾问委员会的主席，备忘录的大部分是由埃里克·兰德
送给理查的一份文件草稿组成。文件概括了出现在我们早期谈话中的
各个要点，当提到由塞雷拉数据和公共数据创造的序列数据时，埃里
克理解得很清楚："正如克雷格所描述，塞雷拉的业务计划是由它增
值的数据库来吸引顾客，而不是对难以获得的序列数据的排外的访问
权。一个重要问题是，塞雷拉想防止竞争者利用塞雷拉的数据快速生
成类似的增值数据库来与其竞争；这就是为什么要推迟 12 个月把联
合分析数据储存到基因银行的原因。"[21]

整个11月，我们与兰德进行了几轮讨论，他甚至参加了一个塞雷拉的科学顾问委员会会议，该会1999年10月10日在马里兰的威河大院里召开，在那里，一年前克林顿总统曾尝试发展以色列人和巴勒斯坦人之间的和平进程。与兰德的电话会议结束后，塞雷拉高级科学职员和董事会感到，在塞雷拉可以忍受的条件下，我们与联邦基因组计划的合作已经取得了真正的进步。但是我们不久得知，正如他曾经警告过的，兰德在这几轮讨论中仅代表了一个人 —— 他自己。

1999年11月12日，埃里克决定告诉弗朗西斯·科林斯关于合作提议的事。埃里克说他得将已经达成的协议作一个概述，并且还说"关于可接受的协议精神，有足够的共同点认为我们能够做，而且有合适的时间让他们 [克雷格、阿诺德（列文），可能是迈克和托尼·怀特] 和我们（你、哈罗德、我和任何另一个重要的人）讨论"。然而直到后来，他才感到了麻烦。当进行到参加双方的核心讨论的关键问题时，埃里克被科林斯挤出了会议，并且被强势的诽谤塞雷拉者所替代 —— 萨尔斯顿、沃特斯顿和来自威尔康信托基金会董事会的马丁·鲍布洛（Martin Bobrow）。科林斯一定会和瓦尔姆斯一起出席的。我已经和联邦政府中的几个人物之一 —— 能源部的阿里·帕特诺斯，[296]建立了良好关系，但是他没有被邀请。托尼·怀特坚持要去，亨克皮勒也是，因为科林斯等人现在是他们的主要客户，并且在过去的几周内，他曾经把他们十亿分之一的编码字母和完整的22号染色体储存进基因银行，相当于2％的基因组。我感觉我们正接近一场第一顺序的灾难；这对阿里来说也是显而易见的。

在准备会谈的过程中，科林斯准备了一份文件，在里面他替换了一些曾经在与兰德的讨论中协商过的条款。文件被贴上了"共享原则"的标签，尽管它们只是被小组成员分享。我们同意在杜勒斯机场附近的一家旅馆会面，那儿曾见证过，我早先和弗朗西斯和谐相处的期望的落空，我知道我现在的情况注定要比以前更糟糕，但是12月29日，我还是勉强去了杜勒斯。

科林斯和鲍布洛以通常的政治辞令开始，毛遂自荐说自己是圣人，每晚把未加工的数据存入基因银行，而我们是罪人，因为我们最终要帮助一些药物公司，这些药物公司想保护他们投资的上亿美元，想把这些数据转化成药物专利。当讨论最后转到联合型数据库和一个可能的合著文献时，那些"分享原则"很快被证明什么也不是了。问题是我们的批评家们既不明白商业现实，也没有开放心态去探究原因、进行讨论或准备妥协。他们要我们在数据、方法和我们工作的荣誉方面做出让步；但他们却没有回报地做出任何让步。沃特斯顿宣称塞雷拉数据应该马上被利用，他不关心因塞特或任何其他公司是否会用这些数据来与塞雷拉竞争。在托尼·怀特的对于最后一项建议爆发性的回应渐渐平息后，很明显会议结束了，但是对它的反响几年之内都能感受到。

尽管科林斯的团队不愿意协商或妥协，但是他们现在能有本钱说他们与我们有着共同的兄弟情谊和真正的合作精神了，因为托尼·怀特以极其无礼又不切实际的要求做出了回应（怀特的确坚持说，合并的数据库3~5年间不能被其他人使用，但是这项要求的提出是由于对公共计划方面不妥协的失望，它是给任何想责备塞雷拉并想迫使协商崩溃的人的一份礼物）。

当科林斯团队坚持说数据必须公开、免费和无限制地为商业利用时，他们也因为想到我们将利用他们的数据与他们竞争而深深地感到失望和苦恼。詹姆斯·史瑞夫把我们比作20世纪50年代的科幻B 级电影里的怪物，"可以吸收发射到它们两翼的火箭炮和导弹的能量，借助试图摧毁它们的人的力量变得更强大。"[22]甚至就在杜勒斯会议破裂时，科林斯还偷偷走到我这里再一次要求关于塞雷拉文献的合著者地位。

政府或威尔康信托基金会成员随后总结了他们关于塞雷拉地位的观点，将4页纸的陈述交给我，日期是2000年2月28日，其中包括一个最后通牒（在第3页底部），说除非他们到3月6日收到一次回应，否则对于一起工作的讨论，他们将认为是在我这方面没有更进一步的兴趣。备忘录送到我办公室的时候，我正在国外，我的助手林恩·郝兰德（Lynn Holland）通知科林斯我有两个星期的行程，等我回来时我会回复的。威尔康信托基金现在依赖于一个未成熟的策略把更多的压力加到我的身上。3月5日，星期天，信托基金会发表了2月28日那封信的复印件，上面标着"机密"送给了《洛杉矶时报》。科林斯否认与消息泄漏有任何联系。那时，他正受到自己的管理部门的批评，因为这次事件给国家卫生研究院资助的增加投下了阴影。正如公共计划的一位成员承认的，"对于国家卫生研究院来说，卷入这次泄漏事件就是场政治灾难。"[23]

威尔康信托基金会桑格中心的蒂姆·哈伯德（Tim Hubbard）把一份备忘录传给萨尔斯顿、摩根和其他人，日期是 3 月 5 日，上面解释了为什么泄漏了文件：

塞雷拉官员们做了多次声明，关于他们可敬的意图，已经被广泛报道了。从这和其他发表的文件（《财富》杂志）看，他们的态度实际上是愤世嫉俗的，焦点在获得最大限度的货币利益，不考虑对于世界范围医学研究的影响。鉴于人类基因组的唯一性，显而易见的是，他们希望尽可能地锁定，而不考虑对于学术和商业研究和发展的抑制效应。

塞雷拉做果蝇试验成功后，这是不是一种酸葡萄现象呢？备忘录敏锐地问，当然不是："塞雷拉团队做了未经证实，而且过分夸大了的声明。"

298　　科林斯和他的团队经常提供给《洛杉矶时报》的两名记者保罗·雅各布（Paul Jacobs）和彼德·高斯林（Peter G. Gosselin）一些内部情报。这次他们相当关注威尔康泄漏事件，把信转化成一篇头版故事，一篇达1348字的头版故事[24]。他们引用了托尼·怀特的话，这是一次背信行为，它破坏了本来注定会有的更进一步的关于联合计划的讨论："把那封信送给新闻界是卑鄙的。"当我第二天被要求对此进行评论时，我也持相同的观点，证实了备忘录的发表充其量是片面的，而且同时，最坏的问题是它的时间是不恰当的，以至于我没有机会在最后期限之前做出回应。

第二天，《华盛顿邮报》报道说："如果信件的发表确实意味着给塞雷拉施压，它不起作用……塞雷拉的计划非常好，通过把这些数据和那些被公共资助研究者们产生的数据合并，公司今年有希望发表一份完整的人类基因序列，比人类基因组计划设置的最后期限早3年。

那意味着，是塞雷拉能获得现代科学最伟大成就的荣誉，而不是耗费了这么多年生活在基因组计划上的学术研究者们获得。"[25] 那天我反复重申我的立场，塞雷拉仍然对合作感兴趣，并且研究院的信"明显说错了"我们在知识产权保护上的立场。

在几天之内，格里·罗宾也表示了对我们的支持，他告诉《纽约时报》说，国家卫生研究院的官员们可能会把我们推到太为难的境地："我认为一家上市公司的领导层无法负担放弃他们所拥有的一切"，塞雷拉和我"完全遵守信件和他们协议的精神"。当提到果蝇基因组时，格里说他对让塞雷拉发表数据的压力表示疑惑，因为它已经发表了比任何其他的竞争者多得多的数据。[26] 一名记者评论说："被认为是人类最高尚的事业之一的人类基因组计划，越来越像一场泥浆摔跤比赛。"[27] 随着争论的升级，约翰·萨尔斯顿最终也明白了事实："许多人控告我揭发隐私、妒忌、保护我的地盘…… 我已经进入了政治世界。"[28] 他承认，泄漏事件是一场灾难。

几天后，科林斯和摩根透露，他们仍然另有一个锦囊妙计，当然最后也是引火烧身。到此时，多亏了牛市，或者说多亏了22号染色体的成功揭示，塞雷拉股票正在飙升猛涨。通过克林顿总统和托尼·布莱尔首相各自的科学顾问尼尔·莱恩（Neal Lane）和鲍勃·梅爵士（Bob May）（现在是牛津的梅勋爵），摩根努力游说让两位国家首脑做一项有关人类基因知识产权的联合声明。经过全面编辑和多次延期后，在沉闷的新闻时间段，白宫决定先召开记者招待会，科林斯和莱恩也参加了。由于担心塞雷拉可能会宣布它的首次草图，这次声明也被用来平息英国的恐惧，白宫给他们的笑容比给公共计划的都多。在 ²⁹⁹

国家科技奖颁奖晚会上，克林顿总统说：

> 这次协议郑重宣布，这本写有所有人类生命的生命之
> 书是属于全人类的每一位成员所共有的。人类基因组计划
> 得到了美国和英国的资助，要求它的拨款受益人测出他们
> 发现的序列，并在24小时内可以被公共使用。我强烈要求
> 其他国家、科学家和股份公司接受这项政策，尊敬它的精
> 神。我们必须确保人类基因组研究的利益不是用美元而是
> 用人类生活的改善来衡量。

鲍勃爵士认为它是"一项原则的温和陈述"，它"可能倾斜了道
德景观"，并且通过阐明专利和所有权问题，它将"应该是加强而不
是削弱市场"。莱恩同意它只是重申了现存的政策，"没有人挥舞旗号，
没有人说这可能是一个你需要改变政策的信号，没有人说你处在错误
的方向，或者向你施加压力。"

但是白宫发言人约瑟夫（乔）·洛克哈特（Joseph[Joe]Lockhart）
给新闻界留下的印象却不是这样。当他那天早上向记者做简报时，他
建议总统应该计划限制基因专利；这些建议是在CBS广播新闻采访
中和一群挤进洛克哈特办公室的不带相机的记者面前提出的。这被看
作是对生物技术界尤其是塞雷拉的一次沉重打击。

那时，当股市正处于"非理性繁荣"高峰期时，突然出现了暴跌，
300 白宫很快采取行动试图把这个毁灭性的妖怪再放回到瓶子里。不同寻
常地，莱恩发现自己被要求在午饭时间做一个介绍。他仍然忽略了市

场里的大屠杀，在詹姆斯·布莱迪简明新闻发布办公室，他说："我想完全清楚地说，这个声明与任何正在进行的公共与私人部分之间的讨论没有任何关系。"[29]和他一起的是弗朗西斯·科林斯，他抓住机会告诉新闻界公共计划是怎样提前并且按预算进行的。对于现在事态的发展，他似乎有些幸灾乐祸，并透露了不同的信息："我认为这是一个相当有意义的一天，我很高兴在这一天来到这里，在这里，关于有权进入人类基因组序列的重要原则 —— 作为人类，我们共同分享的遗产 —— 得到了自由世界的领导层的支持。"[30]

在记者招待会上，"与塞雷拉的人发生争吵"的话题被提出，而且一个记者问声明的目的是否是"鼓励文特尔和塞雷拉回到谈判中，并且让他们简洁陈述一个关于他们将分享他们的信息的正式协议"，莱恩回答说联合声明"适用于每个人"，科林斯重复了类似的真言："不仅仅是被提到的专利问题，也是马上发表数据的问题。"

当另一个记者指出"股票今天正在迅速下跌"，莱恩回答，他"没有看见任何理由"可以把股票暴跌和已做的声明联系起来。"我们的理解是塞雷拉赞成这个声明，"他补充说，但是几分钟后，他又承认："我不清楚他们是否被提前被告知声明要说什么。"那天他最后说了一些稍稍安慰股东的话："我们想使人们的生活更好，这个声明给出的原则我们认为也是为了这个目的。"

莱恩和克林斯的安抚没起多大作用，股市第二天继续下跌。在两天时间里，据估计生物技术的股票总资缩水近5000亿美元，塞雷拉缩水了近60亿美元，时至今日，鲍勃爵士先生仍坚持称声明"说了些明智的话"，而股市反应的方式是"反常的……它正在寻找调整借口。"尼尔·莱恩引用了市场反应作为一个例子说明："一个相对小的事情，当它出现在白宫时，也能有巨大的反响。"

《华尔街日报》的一位编辑打电话问我成为美国经济最强大的人物之一有什么感受。"更穷了"就是我的答案。我正要成为第一名生物技术亿万富翁时，我的股票暴跌了，开始几个小时就直线下跌3亿美元。由于忙于基因组而没有充分使用魔法师号帆船，一年前我卖掉了它，但是现在我正在法国南部协商买一艘漂亮的47米长的纵帆船，盼望着我不久将能再次航海。我甚至把桅杆重新刷了漆。这条船要求有12名船员，它要花我大约1500万美元，加上每年维护费200万或300万美元。这条纵帆船的德国主人了解股票市场，当我告诉他我认为我可能再也购买不起它的时候，他表现得很通情达理。取消了合同，我失去了3万美元预付款。

虽然我失去了我从来不曾拥有或指望的钞票，将用来发展新疗法研究的数千亿美元一夜之间化为乌有。信任我和我的眼力的投资者们同样遭遇了这个结局。这也附带有法律结果：一位股东通过一家律师事务所提出了诉讼请求，这家事务所专门从事某家公司的股票价格暴跌时进行的集体诉讼。它的论据大致是，政府因为我们与科林斯等人失败的谈判而惩罚塞雷拉，塞雷拉没有发布这些决定性的正与政府协商中的信息。这正是律师们所拥有的奇怪的类似思想：我们正因为没有提到从来都没有发生过的合作而被指控。

数百亿美元从股市流失，白宫的压力很大。克林顿总统在发表声明之后的一天，他给予了纠正，解释说，这个声明的目的不是要对基因的专利性或是生物技术工业造成影响。由于出现了纰漏，克林顿和摩根成功地给白宫带来了尴尬。在股市崩溃、信件泄露给《洛杉矶时报》后，总统命令尼尔·莱恩结束基因组战争。"搞定它……使这些家伙们在一起工作。"[31]

莱恩曾经对基因组冲突大为震惊，他高兴地答应把信息传递给科林斯。第一个明显的影响是对塞雷拉的攻击降低，约翰·萨尔斯顿称它为一个"笼头"，"塞雷拉成功地使弗朗西斯保持沉默，这对公司来说是很有价值的。"[32]对我而言，它是特别的一天，对科学界来说，它是悲伤的一天，在这一天，要求美国总统介入来停止无休止的污蔑中伤。然而，我从与政府的接触中学到了一个教训，那就是只有傻瓜才会疏远和离开政治。我很担心科林斯会耍花招利用白宫留下一个印象，那就是，政府和威尔康信托基金会是唯一卷入测序人类基因组的两个当事人，不管他们是不是第一个完成的。科林斯在玫瑰园到处散布得到了总统和英国首相的支持，这次宣传将比我只有一个女性的公关队伍所做的一切事情的总和还要多。

当时，似乎是我得到了总统的关注。1998年3月，在千年祈福第二夜，我不仅与克林顿一家共进晚餐，而且克莱尔和我还拜访了他们在白宫的私人住处。当时我们喝健怡可乐、葡萄酒和啤酒一直到凌晨，我们讨论每件事，从斯蒂芬·霍金的演说到总统怎样整理床铺过快（希拉里相信被子应该透透气），甚至有一个提问时间，在此期间，希拉里解释说，考虑到科林斯的职位是一个联邦官员，她感到他已经错误地混淆了科学和宗教。

但是基因组竞赛进入最后一轮时，发表国情咨文演说集会上，是科林斯与第一夫人同座，而我似乎已经失宠了。当千年祈福第八夜降临时，他们建议我谈谈基因组，但是，兰德参加了我们的威河会议两天后，是他而不是我走上台去讲演。

1999年10月在白宫，兰德作了《信息学遇到基因组学》的讲演[33]，按照惯例讲述了数据怎样不得不被公开的情况。（"很明显，有关人类基因组的信息必须免费为全世界的每个人所利用。"）克林顿尤其被兰德的陈述所打动，兰德称，从遗传学角度讲，所有人类99.9%以上都是相似的，克林顿就想到"所有的种族流血冲突……就是为了这千分之一的区别。"[34]

"克雷格现在是不受欢迎的人，"我的助手的熟人如此告诉她，传话人曾经在白宫工作过。我们花了一些时间寻找出现这些流言的原因。事情追溯到一个月前，在迈阿密海滩召开的第11次基因组测序和分析会议中，我们举行了一个特殊的全体会议，讨论有关DNA技术的应用。来自应用生物系统的一些人推荐要请来自联邦调查局的一位女性讨论法医DNA测序，这是一个销路好的市场。全体会议之前，我与她见了面，并且吃惊地听她描述了一年前，为了进一步调查当时所谓总统与莫尼卡·莱温斯基的桃色事件，她是怎样在白宫从总统那里获得了一个DNA样本的。

当我在会议上介绍她时，我笨拙地参考了莱温斯基事件，那时，这件事已经公开化一年了[35]。——我提醒与会者，大多数人曾经参加过的前一次会议上我们遇到的蹊跷：总统要做一个基调讲演，但是就在要开讲最后一分钟前，他取消了，他还曾经为此而道歉。现在我知道原因了，我解释说，他当时与我们下面的演说者有一个约会。如果事情当时就这么结束了，那么我怀疑白宫也就不会关心这件事了，但是联邦调查局的特工不仅以评论莫尼卡门丑闻开始她的演示，而且继续用幻灯片显示了那条臭名昭著的蓝色裙子，这是一条圈住了世界上三个最著名的DNA样本的裙子。她讨论了她能从每个斑点获得多少DNA，以及每个斑点包含大量的精子。她继续描述1998年8月3日从总统那里获得血样，然后用他的血液和她从蓝裙子上分离出来的样本上做了DNA分析。她演示一张张幻灯片，证明血液样本和样本K39中的DNA相匹配，解释说，在白种人中，这种随机匹配的几率是7.87万亿分之一。她最后一张幻灯片是显微镜视野下的总统的精子。

一个现任联邦调查局的特工对这件有激烈争议的案件了解得这么详细，说我很震惊那是保守说法。当有人把这一切报告给白宫时，我扮演的角色是怎样被定位的还不清楚。但是，我最终发现过分保守的员工们已经决定抵制我，并且因为联邦调查局的特工的应用演示而责备我。我不想成为蝴蝶效应的受害者，一只昆虫扇动翅膀——联邦调查局的特工——引起一场巨大的风暴，这个风暴以代表科林斯和政府计划的单方总统公告的形式出现。但是我能看见乌云正在聚集。

5月4号，我在家接到来自能源部的一个朋友阿里·帕特诺斯的电话，这电话本身并没有什么异常，因为我们经常通话，通常都是在每个周日。但是那晚他随意提到的事确实让我思考了一下，他邀请我去他的市区住宅喝一杯，还说，弗朗西斯·科林斯可能会进去坐一坐。弗朗西斯住在相同复杂的市区住宅里，几乎从阿里家穿越了整条街。

考虑到我已经完成的工作，我勉强可以理解了。塞雷拉测序计划做得
304　不能再好了，终点在望了。塞雷拉将首先测序出基因组，它比政府计
划的工作质量更高。除此之外，我上次虽然与弗朗西斯有过温馨的交
谈，但最终却以集体诉讼和损失数亿美元而告终。

后来弗朗西斯在对我们的见面的描述中说道，假如和事佬的角色
就是决定结束敌意，掩埋战斧，并且提供给我橄榄枝的话，那么是他
先摆出了这个重要而高尚的姿态。["我找了一个文特尔和我共同的
朋友（阿里·帕特诺斯），要求他安排一个秘密会面。"[36]]但是这个
主意事实上是阿里出的，正如他回忆的，"说服文特尔参加秘密会面
比说服弗朗西斯给我带来的麻烦少得多。弗朗西斯推诿了几个月，宣
称他需要从国家卫生研究所老板那里得到安全许可。"

我由此明白阿里不是因总统所下的"让这些家伙在一起工作"的
命令所驱使，而是他意识到我们都被我们各自的环境、同事和顾问
们从现实绝缘了，因此，想要让和解从注定失败的阴影中走出来，就
必须从一个正式会议的紧张的氛围中跳出来。（正如阿里自己所说的，
"他们需要从这些茧壳中抽身出来，并且被带到他们能做回自己的环
境中。"）那时，我推测阿里已经打过电话，因为科林斯和政府资助的
实验室人员都关心塞雷拉将做一个先发制人的声明，声明我们已经在
他们修补与白宫的关系之前完成了基因组测序。

当然他们有权不满。能源和环境众议院小组委员会呼吁举行人类
基因组测序计划听证会，并且邀请我在4月6日听证会发言。有我的
小组的鼓励，我采取了一个坦白、率直的方法。我仔细解释了一个被

测序的基因组和从BAC复制品中得到的序列之间的差异。在前者中，遗传密码的碱基对顺序在整个基因组是已知的（塞雷拉工作状态），而后者当中，大多数序列都没有组装或排序（公共基因组工作状态）。希瑟和我认为听证会提供了最好的机会宣布我们的进程。我们发表了一篇新闻稿——《塞雷拉基因组学完成一份人类的基因组测序阶段》——为了将关键信息传递给政府基因组人员，所以他们知道我们离大型发布非常地近了，它将在拼接过程结束后的任何时间举行。科 [305] 林斯抱怨说新闻界误解了我们的意思，但是我们不是虚张声势吓唬人，我知道他也知道这个。同样，我知道拥有总统对我们所做的事的支持，将会抬高我们的成就而不会造成学术争论，并且确保它在历史课本中的位置。

阿里让我放心，他会确保他、科林斯和我在他家里进行的讨论绝对是非正式的，并且我可以否认任何一次曾经发生过的严肃谈话。由于来自阿里的强大压力以及我个人的感觉驱使，我需要做一些白宫希望做的事，我同意一天晚上顺便去拜访一下阿里。

阿里住在一栋典型的三层楼的市区住房里，地下室有一个娱乐室/家庭娱乐室，弗朗西斯已经在那里等着了。阿里开始不停给我俩啤酒，气氛很紧张。谈话慢慢地以当前的琐事开始，好像真的只是一次偶遇。几杯下肚之后，谈论转向了更严肃的问题，考虑一个由白宫或至少涉及总统的可能的联合声明。关于在《科学》杂志上联合发表或同时发表文章的事也被提及。谁都没有对任何一方做出承诺，不过我们都承诺对我们的交谈保密。又喝了几杯后，弗朗西斯和我一起离开了，开玩笑说可能会有一个摄影师蹲在树丛中。当他走向他的家时，我进了我的车，然后开车回家了。

我告诉了克莱尔发生的事，她的反应很坦率：你参加这样的谈话简直是神经错乱了。但是尽管如此，会晤仍然继续，不止克莱尔一个人表示不赞成会晤。希瑟已经成为我重要的顾问和朋友，她也很生气，以至于朝我大叫，或者干脆拒绝谈论此事。但是我继续谈，就像在我们以前的谈论一样，我也感到科林斯现在除了与我站到同一立场，别无选择。

尽管科林斯还没有和威尔康信托基金会或华盛顿的兰德谈论这个计划，我们给自己订了一个简单的目标：当塞雷拉完成它首次人类基因组拼接时，在白宫与克林顿总统做一项联合声明。那时，政府将对它自己的计划做一次进度报告，我们将宣布我们会一起工作，在《科学》杂志上联合发表文章。事情进程已经到了联系《科学》杂志的编辑唐纳德·肯尼迪的地步，看他怎样处理最终的文章，当然，塞雷拉要求设法限制它的商业竞争者下载和转售它的数据。如果我们在欧洲，这原本不是个问题，因为在那里，新法律已经制定，允许有独特数据库的版权。美国国会仍然在激烈争论这个问题，丝毫看不见解决的希望。肯尼迪鼓励我们所有人与他合作，他因为《科学》杂志将发表这个历史性的成就而感到兴奋。

保密不久变得甚至更重要了，因为白宫不希望被抢风头。我需要我的高级小组成员进入讨论，当然，他们不高兴我正放弃我们的优势，放弃使我们的攻击者难堪的机会，以及放弃单独拿奖的机会。希瑟仍然很生气，认为我已经失去了我的理智。海姆和吉恩看起来极不自在，仍然对公共计划深表怀疑，考虑到我们曾忍受的一切，他们的反应不足为奇。他们和我一样，十分关心与政府人类基因组计划的公共关系战争将掠走我们的时间，我们想要并且需要时间来分类整理我们的数据以检查它们的质量，并且分析它们的意义。而具有讽刺意味的是，我们现在需要更多的时间来处理公共数据的混合质量。

我的同事们不是唯一对折中方案反应冷淡的人；我也被其他人指责，有时候甚至是严厉指责。在拉荷亚与斯克里普斯研究所（Scripps Research Institute）的领导人理查德·勒纳（Richard Lerner）的一次晚宴中，基因组竞赛的最后阶段出现了。当我告诉他，我至少打算与政府计划发表联合声明，勒纳大发雷霆。他把它比作奥运会中的马拉松比赛，只有在终点线才能停下等候下一个运动员出现，然后才可以手拉手，一起穿越。他的观点是需要让国家卫生研究院和政府为他们的傲慢吃一次教训，如果我仁慈一点，那么我将会使数千人失望，他们是我反抗政府对科学社团所犯的所有错误的力量源泉。

白宫要求我提供一个时间，问我觉得什么时候我们能完成第一次拼接，我与吉恩·梅尔斯和生物信息学小组一起计算出计算机将花多长时间才能把序列拼装在一起。我给了他们一个估算，还告诉他们，我所提出的时间有一个较大的缓冲，他们反过来通知我定的特别的日子不能用，而指定了比我定的早几个星期的一天，这让小组更惊慌。在阿里家的地下室进行的讨论继续着（每次弗朗西斯和我出现时，他妻子和孩子很不乐意地被赶出去）。6月26日被确定下来。有了最后期限，这激励我的小组更加辛苦地工作，尽管他们一直在全力以赴。[307] 有一个真正的危险是，在结束之前我们可能会失去动力。

在我与弗朗西斯和阿里的谈话中，我们消耗了几盘比萨饼和啤酒就决定由克林顿总统主持这次事件，托尼·布莱尔将通过视频直播连接从伦敦参加。首先，总统先讲话，接着是布莱尔，然后是科林斯，最后是我。我们每个人都有大约10分钟的陈述时间，我们同意提前共同分享文本。虽然我很高兴这个安排，但是对于要说什么以及怎样描述我的小组在塞雷拉的工作，我们仍然小心翼翼。克林顿和布莱尔最后一次就此事公开发表言论时，塞雷拉股票每股下跌了100多美元。如果那样的事再次发生，那么同意这些讨论的代价将是失去我的工作。

会议前一周，"高级行政官员"通知新闻界说科林斯和我将就基因组测序工作的完成发表声明，总统克林顿可能参与[37]。《华尔街日报》称，"白宫的一项联合声明发出了一个强有力的象征信号，政府和私营部门可以在重要项目上合作，行政官员补充说，达成一条协议，即在仪式上共用一个讲台，是数周协商的结果。"[38]文章继续指出，"联合仪式将与其他谈话一致，目的在于协调各小组的发现的科学出版，也许到了秋天，尽管不能确保会达成这样一个协议。"

随着日子一天天临近，压力在增加，但是到那时为止，整个进程是无法停止的。一旦我同意平局，那么在敌意再次突然爆发之前，我们想在白宫尽快宣布它。我每天都接到从阿里或尼尔·莱恩那里打来的电话，他们问我拼接是否已完成了。拼接还没完成，但是我向他们保证，它不久就会完成，并且几乎每小时都要核对计算的进程。我们正在用康柏的"血刃"[1]芯片，它正与大量数据作斗争。由于电脑死机，

---

1. 译者注：在计算机领域，血刃指一种最新的、因而也并非完美的技术。使用者为了它的新，就要拿稳定性来冒险。

巨型计算机需要重新启动许多次。为了检查拼接过程每个阶段的进程，吉恩和他的小组根本不能入睡。分段算法的一个优势在于继续进行下一步之前，我们可以评估每一步的成功。这也极大地帮助我们缓解了心理压力，因为我们知道我们正在取得真正的进步。

最初的拼接在公告发布几周前完成了，但是拼接是建立在所谓的 308 划分方法论基础之上的，而不是整个基因组之上。实质上，基因组通过把数据串拼接成数百个小一点的块状来完成，这些小块被分配到基因组中合适的地方，用公共图谱数据，而不是一次性决定整个序列。但是公共数据没有包含整个基因组，我们仍希望完成整个基因组。在声明之前一两天时，拼接程序"宏大"看起来似乎它要真正实现基因组了。

显而易见我们确实在第一次拼接人类基因组中获得了成功，我把注意力转向了我在白宫的发言。我知道总统、首相和科林斯正在使用职业的演讲撰稿人，但是毕竟我投入了这项工程，我想写下我想要发表的每一个字。我被告知将会有广泛的新闻报道（保守陈述），而且我们的评论将会在全世界几个频道上实况转播，包括CNN和BBC。当我们被告知这将是历史上的第一次，一个重要的科学进步从白宫被宣布出来时，我感觉更有压力了，我发现自己在作斗争，不知道该说什么以及该怎么说。同时，我收到了总统克林顿的发言草稿，既大方又激励人心，我开始感觉更加不适应这项任务了。第二天，科林斯发言稿的复印本到了，我必须承认，给我留下了深刻印象。现在我正开始后悔没有用一个演讲撰稿人。每晚，我都坚持熬到很晚，有时候只能写几个句子或者一段话。为了要我在白宫东厅的电视现场直播上发言的复印本，白宫正给我施压，电话变得更疯狂迫切。这时我收到了托尼·布莱尔的演说词复印本，我的血液开始沸腾。这份讲稿由他的首席科学家鲍勃·梅爵士起草，党派性很强，我怀疑威尔康信托基金会对他的讲稿有重要的影响。

我很不安，以至于给阿里打了一个电话，告诉他如果布莱尔发表这样的演说，我将抵制白宫的颁奖典礼，举办我自己的记者招待会。阿里试图使我平静，并许诺马上给尼尔·莱恩打电话，他告诉我不要轻举妄动 —— 事实上，不要做任何事或给任何人打电话直到我从他那里或尼尔那里得到回复。尼尔最后打来了电话，他想和我一起讨论布莱尔的演说，一行一行，以澄清对我冒犯之处。当我结束时，他清楚地明白我的处境，并且同情我，但是他说，他能做的很少。"我能改变任何你想在科林斯的演说中想改的东西，甚至总统的，但是你让我改变一个外国元首的主要国际演说，我不能那样做。"

我记起了科林斯和我在地下室讨论中的搪塞，当时他告诉我，对兰德在他之前做的事，他不能为他的同事辩护。科林斯还说，他与最后那封信在《洛杉矶时报》的发表没有关系，他已经批评了威尔康信托基金会。如果曾经有人欺骗我，那么就是对他的耻辱；如果欺骗第二次发生，那么是对我的耻辱。我不想让它再一次发生在白宫的电视现场直播中。我很坚定：如果布莱尔的演说还是那个样子，我就不会露面。尼尔请求我等一等，至少给他尝试改变它的时间。

作为一个乐观主义者，我不停地继续做我的文本，并且坐在我家办公室的电脑前直到午夜后，电话铃响了。这是尼尔·莱恩安慰的声音，他向我保证，每个人都收到了我的信息，托尼·布莱尔的演说词将会被重写。我能先看副本吗？他保证演说词会改变，并且我将会满意。现在我同意参与吗？我向来知道尼尔是可敬而率直的，所以我接受了他的话。谈话很快转到我的演说上，我向他承诺副本早上6点前送到，电话里我详细告诉了他我想说什么。尼尔似乎很满意。我们下一次见面将会在白宫那天早上。我们要向世界揭示人类之书。

第 15 章
白宫，2000 年 6 月 26 日

310 　　在人类历史（还有动物）的长河中，那些学会合作和随机应变的
人（或动物）最流行。

——查尔斯·达尔文

　　在一定的时间跨度内，某种重复劳动可能是唯一达到目的的途
径。没有两个人会确切地走相同的路，如果你有钱并且想行动得快
一点的话，那么把你所有的努力都放在一个人的直觉上是不合逻
辑的。

——詹姆斯·沃森，《倾情DNA：基因、基因组和社会》

　　我演讲前一天晚上无法入睡，不是一个而是两个国家的首脑将要
揭开生物界最伟大的协同事业的结果。即将到来的庆功会被誉为历史
上最著名的智力活动[1]。尽管我曾威胁要抵制这次重大声明，但是我
现在认为这一天也许是我生命中最重要的一天。与尼尔·莱恩进行谈
话之后，我继续加工我的发言稿，这改一个字，那删一个句子，或移
动段落。一次又一次，我打电话给希瑟或给其他朋友发电子邮件寻求
反馈意见，一直要持续到深夜。我必须把演说稿加工到正合适的程度。

那天早上6点，正如我所承诺的，我把我发言稿的文本文件用电子邮件发给白宫。我洗了个热水澡，然后穿上一套黑蓝色西装，打了根红色领带。在华盛顿闷热的天气里，漫长的一天开始了。克莱尔和我从波托马克的家里被一个司机接上汽车，然后开25分钟的车到白宫。由于我太专心于基因组计划，我们的婚姻已经处于极度紧张状态 [311] 之中，在路上我们没有过多地说话。我再一次阅读、重读我的演说稿。

到达白宫后，我们很快通过安全检查处，然后被带去见弗朗西斯、他的妻子和尼尔·莱恩。不久，整洁、衣冠楚楚的阿里·帕特诺斯到了，白宫摄影师给我们照了相。几张阿里、弗朗西斯·科林斯和我各拿着一本《时代》杂志的特写。弗朗西斯和我在杂志封面上肩并肩，但是我高兴地看到我稍微有点靠前。为了让我们都出现在照片上而做的努力比为这项不朽的科学任务的完成做的都多，因为我们在背后曾发生了许多争吵。

《时代》杂志几乎从一开始就跟踪报道了基因组故事，主要感谢科普作家迪克·汤普森（她现在在日内瓦的世界卫生组织工作）。白宫、弗朗西斯、阿里和我都同意让《时代》杂志独家报道这次白宫盛会的协商的故事。这涉及了与所有重要的竞赛者们的秘密会见以及夜间摄影，其中主要的一张是午夜后，在国家卫生研究院的纳彻礼堂拍摄的。在白宫盛会之前，《时代》杂志通知我，我已经被编辑选为封面人物，而且他们也承受着来自白宫高级官员的压力，也包括来自弗朗西斯的。杂志向我保证这是"我的封面"，如果我不高兴，他们也不会改变他们的计划。第二天，科林斯打电话恳求我说，只让我们其中一位出现在封面上将会引起误解，我勉强同意了。当我告诉迪克·汤普森时，他问我是否真的确定了，我说我要表现得大度些，而且这样做是正确的。

伟大的日子到了，我感到高兴，所有的竞争对抗都被大家抛到脑后了，因为今天大家要成为具有历史意义成就的一部分。在白宫，弗朗西斯和他的妻子殷勤地欢迎我们，气氛令人激动，大家怀着无限的期待，当总统克林顿进来向我们四人打招呼时，他显得十分乐观。后来，他把我拽到一边告诉我，我们有一个共同的好朋友，托马斯·施耐德（Thomas J. Schneider）的妻子辛西娅（Cynthia），她是驻荷兰的外交大使，也是我所做的事业的狂热仰慕者，并且她努力使其引起总统的注意。当克林顿自己后来写弗朗西斯和我之间的碰面时，写道："克雷格是一个老朋友，我已经尽力把他们拉到一起。"[2] 当总统、弗朗西斯和我一起从大厅走进白宫东厅时，乐队响起了《向元首致敬》的音乐，我们走进去，大家长时间地起立鼓掌。我坐在总统席的右边，弗朗西斯坐在左边。在大厅后面的讲台上，是一排排鳞次栉比的电视摄影工作人员。两个大型等离子屏幕连接唐宁街和英国首相托尼·布莱尔。在伦敦，唐宁街10号的观众正在为白宫里盛况和他们的冷清之间鲜明的对比而咯咯地笑，布莱尔一动不动地独自站在摄像机前的一个讲坛上。

我四处张望，注意到观众包括总统内阁成员、参议院议员、国会成员，来自英国、日本、德国和法国的大使以及基因组社团的大人物和高级成员，其中包括吉姆·沃森，穿着白西装，和我的顾问委员会成员诺顿·金德尔和理查德·罗伯茨一起坐在前排。克莱尔和弗朗西斯的妻子以及我的塞雷拉小组坐在一起，包括海姆·史密斯、格兰杰·萨顿、马克·亚当斯、希瑟·科瓦斯基，还有穿一身很帅的衣服的吉恩·梅尔斯。也许在那个热情洋溢的团队里，唯一愁眉苦脸的就是穿着考究的托尼·怀特了，尽管在大西洋彼岸，约翰·萨尔斯顿奉承他：质疑公共计划已经完成了不可思议的90%的进程，隐喻这件事情在精神上的不诚实[3]：“我们只是把我们所做的放在了一起，用一种过得去的方式包装了起来，并且声称已经做了……是的，我们认为只是一堆赝品。”[4] 但是甚至是他也感到，在那个伟大的日子，根本感觉不到政治派别的存在。

当总统开始他的演说，把这个伟大的基因组事业比作我们已经成就的一幅宏大的人类图时，我感到自豪和得意。

> 几乎两个世纪之前，在这个大厅，这层楼，托马斯·杰斐逊和一个可以信任的助手传播了一张壮丽的地图——一张杰斐逊曾长时间祈祷，在他的有生之年会看到的地图。那个助手就是梅里韦瑟·刘易斯，地图是他勇敢地探险美国边境，一直到太平洋的产物。这张地图确定了轮廓线，永远地扩大了我们的大陆以及我们想象的边界。

我笑了，如果总统知道刘易斯可能是我的远房亲戚，不知道他会怎么想。但是我的微笑不久就消失了，因为我再次发现自己回想起了越南那段时光，那时到现在我已经走了很远，我感到很激动。在我的发言中，我要谈到我在给国家服役的那段时间给了我如此巨大的动力和决心。我开始担心我会失态，当谈论我战争期间的经历时，我常有这一倾向。

总统从梅里韦瑟·刘易斯转到了遗传测绘。

> 今天，世界正把我们聚到东厅，看一幅甚至有更重大
> 意义的图。我们在这里庆祝第一份完整人类基因组测试的
> 完成。毫无疑问，这是人类创造的最重要、最神奇的图。

六个国家的一千位研究者绘出了这张非凡的图，总统称赞了他们，
当然也包括克里克和沃森，以及即将来临的发现双螺旋50周年纪念，
然后，总统向上帝致敬。说基因组的成功完成

> 不仅仅是一大科学和理性的划时代的成功。毕竟，当
> 伽利略发现了他可以利用数学和机械工具理解天体的运动
> 时，他感到，用一位著名研究者的话说，"他已经学会了
> 上帝创造宇宙的语言。"今天，我们正在学习上帝创造生
> 命的语言。我将会为上帝最神圣最庄严的礼物的复杂、美
> 丽和奇妙而感到更多的敬畏。

宗教色彩是熟悉的：弗朗西斯一直与总统的演讲撰稿人合作[5]。
这让我的遐想暂停了一会儿。我意识到在美国，这样的对上帝的赞美
是一个政治需求，但是它减损了我所有辛勤的劳动，也有损于基因组
科学家的劳动，把他们在理性追求生命的秘密中取得的巨大进步与一
个特别的信仰系统联系起来。

像总统一样，我确实相信，科学详述并且显示了世界的奇迹，但
是对我而言，作为一个源自40亿年的进化过程的可以自我复制的化

学成品的想法比一个宇宙钟表匠捻捻手指把我组装到一起的想法更令人敬畏。当这些异教徒想法过去后，总统也回到了现实中，他提醒我们这项工作真正意义是什么 —— 并不是反映上帝的想法而是显示 314 疾病的遗传根源，比如阿尔茨海默病、帕金森症、糖尿病和癌症。

然后，不可避免要提到很多我这几年所进行的斗争。总统提到了"是结实健康的竞争把我们引到了今天"，以及公共计划和私人公司"为了世界上每个角落的研究者的利益"现在怎样决心同时发表他们的基因组数据。在这一点上，我变得十分紧张，因为我知道现在轮到托尼·布莱尔向新闻界发表演说了。虽然我已经赢得了一些妥协，知道他会改变他的演说词，不会发表抨击塞雷拉的言辞，但我仍然不能确切知道他要说什么。

首相的脸在等离子屏幕上显得很大。一段家常问候以及通常的演说八股之后，他把我单列出来，我很高兴并且放心，"我也想提到塞雷拉和克雷格·文特尔的富有想象力的工作，他以最好的科学竞争精神加速了今天的成就。"那时我不明白，但是布莱尔的演说在英国引发了可以理解的愤怒，因为他没有说到另外一个人：他怎么能只提到塞雷拉而不提桑格？

公共事业的火炬传递给了弗朗西斯·科林斯（毫无疑问，这引起了埃里克·兰德的愤怒），他以一段感人的事情开始，前一天他刚参加完他嫂子的葬礼。她死于乳腺癌，她死得太快了，还没来得及从已取得的新知识中获利。弗朗西斯把阅读基因组的行为看作是一种崇拜活动[6]。他描述说，"当意识到我们第一次一瞥我们自己的以前只有上帝才知道的生命之书时，既令我感觉自己的卑微，又令我感到惊叹。"然后，他对我和塞雷拉的工作大大地赞扬了一番。"我祝贺他以及他的小组在塞雷拉所做的工作，塞雷拉使用一种优雅而创新的策略，这是对公共计划采取的方法的一种补充。比较两者将会学到更多东西。我很高兴今天我们谈论的唯一的竞赛是人类的竞赛。"

总的来说，弗朗西斯给了我一个好的介绍，把我描述成一个"从来不满足于现状，总是寻求新技术，当旧方法不能用时，发明新方法"的人，而且还是一个"能说会道、具有挑衅性、从来不满足"的独立者，我已经为"基因组学领域创造了巨大贡献"。就像他说的话一样令人喜悦，在这一点上，我不禁感到有些遗憾。如果从一开始，他今天的态度就代表了政府领导的工作的话，那么基因组的工作原本可以多么不同啊！

现在轮到我了。当白宫的一名工作人员给讲桌后面加了一个台阶使我比讲台略高时，我开始了一段谦虚的评论说我比前两位演说者个子矮点，然后开始说了我这几个星期以来所酝酿的所有的话。

总统先生、首相先生、内阁成员、尊敬的国会成员、大使们和高贵的客人们：今天是2000年6月26日，在人类10万年的记录上标志了一个历史起点。我们今天要首次宣布，我们人类可以阅读它的遗传密码的化学字母了。今天中午12点半，在与公共基因组计划开的一个联合记者招待会上，塞雷拉基因组学公司将宣布使用全基因组霰弹枪式测序法首次拼接了人类遗传密码。9个月前，在1999年

9月8日，离白宫2.8千米处，由我、哈密尔顿·史密斯、马克·亚当斯、尤金·梅尔斯和格兰杰·萨顿领导的一小队科学家开始测序人类基因组DNA，我们使用一种新的方法，该方法首先由实质上相同的小组在5年前基因组研究所时使用。

这个方法已经用于五个人的样本遗传密码。我们已经测序了三个女性和两个男性的基因组，他们确定自己分别是西班牙人、亚洲人、高加索人及非洲裔美国人。我们取这个样本不是用一种排除法，而是出于对美国多样性的尊重，也说明了种族的概念没有遗传或科学基础。在这五个塞雷拉基因组中，没有办法区分种族。社会和医学把我们所有人当作一个人类总体，作为个体，我们都是独一无二的，人口统计不适用了。

我想要感谢和祝贺弗朗西斯·科林斯以及我们在美国、欧洲和亚洲的公共基因组公司的同事们，因为他们在绘出人类基因组工作草图中付出了巨大努力。我也想以个人名义感谢弗朗西斯，感谢他在与我努力达成基因组界合作过程中的直率的行为，并且把我们集体的注意力转向了这个有历史意义的时刻，这个时刻可能对人类未来造成巨大影响。我还想感谢总统，因为他致力于公私合作，而且是他使这一天变成更具历史意义的一天。很明显，没有世界上成千上万的科学家们的努力，我们的成就也不会成为可能，他们走在我们前面，在最基本层面追求对生命的更好理解。科学的美在于所有重要的发现都是建立在其他人的发现之上的。我不断得到前辈们工作的激励，他们来自浩如烟海

316

的各个学科，共同合作才使这项伟大工程得以完成。在这里，我特别想感谢来自能源部的查尔斯·德利斯和来自冷泉港的吉姆·沃森，因为他们俩的梦想，帮助启动了基因组计划。如果没有美国政府和基础研究的持续投资，人类基因蓝图也不可能完成。我赞扬过去几年内总统的努力和国会的工作，他们大幅度增加了资金，为基础科学的发动机增加了燃料。

同时，我们不能忽视美国私人范围的研究投资。如果没有 PE 应用生物系统公司投资于发展塞雷拉和自动 DNA 测序机上面的 10 多亿美元，就没有今天的成功，塞雷拉和公共计划都用这些测序机来测序基因组。另一方面，一些投资来自于科学的公共投资资源。

33 年前，作为一个年轻人在越南的医疗队服役时，我直接感受到我们的生命是多么的脆弱。那些经历激发了我对我们体内无数的细胞是怎样互相作用从而创造和维持生命的研究的兴趣。当我直接目击了一些人经受了他们身体遭受的破坏性的伤残而活下来，而另一些人放弃了对非致命外伤的治疗而死去之后，我意识到人的精神至少和我们的生理机能一样重要。我们清楚人类的总数比我们基因的总数多得多，就好像我们的社会比我们个人的总数大得多一样。在我们的基因里，我们的生理机能建立在复杂、表面上有无数相互作用的基础之上；就像在社会的环境里，我们的文化建立在我们的互相作用之中一样。在解读 20 多个物种的 DNA 密码时，从病毒到细菌到植物再到昆虫，现在是人类，我的同事和我最好的一个发现是在进化过程中，我们都与遗传密码的共性有联系。当生命简化到它的最本质之处，我们发现我们与地球上的每个物种都有许多共同的基因，我们并非如此地与众不同。你可能会惊奇地发现你的序列比90%蛋白质相同的其他动物的序列大一些。我相信我们提供给世界的基本知识将对人类环境、疾病的治疗以及生物连续性中我们对于我们的处境的看法有深远的影响。基因组序列描绘了科学和医学的一个新起点，它对每一种疾病有潜在影响。拿癌症来说，在美国每天几乎有2000人死于癌症。你们今天早上已经听到的科林斯博士和我所描述的基因组工作和将要开展的研究都是被这个信息所催化，鉴于此，在我们有生之年，癌症死亡数目有可能减少到零。新的治疗方法的发展需要在基础研究上继续加大公共投资，也需要生物技术和制药公司把新发现转化为新药物。

然而，和你们许多人一样，我也关心有一些人想利用这个新知识，作为歧视的基础。今天早上，《CNN时代》的一项民意调查显示46%参加测试的美国人相信人类基因组计划将会带来负面效应。为了更高的科学文化水平和我们共同遗产的明智应用，我们必须联合起来一起工作。

从我过去几年里与总统的私人谈话和他今天早上的讲演中了解到，遗传歧视已经成为他最关心的有关基因组进化的影响的问题之一。而那些把社会决策建立在遗传还原论的基础之上的人们将最终被科学打败，为了使从基因组发现获得的医学利益最大化，最关键的是建立一套保护我们不受遗传歧视影响的新法律。

　　有人曾对我说测序人类基因组将有损人性，因为把生命的奥秘暴露无遗。诗人们也争论说基因组测序把世界简化成杀菌与还原，这将剥夺他们的灵感。殊不知事实恰恰相反，组成我们的遗传密码的无生命的化学物质是多么复杂和奇妙，它们将引发人类精神不可估量地升华，这应该可以使诗人和哲学家们感动数千年。

　　总统感谢我，因为我的"那些不同寻常的陈述"，以及"当我们把这一切都完成时，我们将能活到150岁，那时，年轻人仍然能相爱，老年人仍将可以争吵一些50年前就该解决的事 —— 我们有时候都将做愚蠢的事，我们都将看见高贵的人类难以置信的能力。这是伟大的一天。"[7] 它确实是。

　　东厅发布会一结束，我就在白宫记者室为大型记者招待会作了简单介绍，然后移址华盛顿的希尔顿大酒店。每个基因组小组都有自己的休息室可以休息，提前做好准备。到此时，气氛变得欢快起来，塞雷拉团队的每个人都飘飘然，仿佛在云端上 —— 几乎每个人，确实是几乎每个人。希瑟把我拽到一边，告诉我托尼·怀特很不高兴；实际上，他正在狂怒，而且倔强地板着脸。在白宫门口，我们没有遇见他。他没有被邀发表关于他怎样签了支票投资给塞雷拉的演说。的确，他甚至没有机会面见总统，虽然我本可以代表他游说一下门路，但这是他的新闻人的工作；无论如何，谁要和总统谈话对白宫来说是一件重要的事，托尼花了大量时间恶意攻击克林顿并没有给他带来任何帮助。当科林斯和我召开记者招待会时，对于怀特来说，事情变得更糟了。当记者问我们问题时，一个《60分钟》节目的电视摄制组正给我们拍摄，他们在倒着走。他们中的三个人撞上托尼，把他撞倒在地，[319] 然后被他绊倒。当他笨拙地站起来，你几乎可以看见烟从他耳朵里冒出来。

这次记者招待会不像以前或后来开的任何一次，是在舞厅举行的，包括近600人和难以置信得多的电视摄像机和摄影师。闪光灯不停地照亮我们的脸。吉恩·梅尔斯和马克·亚当斯与我在台上和政府资助的科学家们一起答记者问，他们两位应该得到这样的荣耀。令大家惊奇的是，我们语调保持积极、合作和诚恳。我们都是一个欢乐的基因组大家庭。但是，当然我们脑海深处仍有一个疑问：当我们回到实验室时，停战能维持吗？当我们回到现实生活，在科学杂志上详细描写并出版我们的成就，宽宏大量和合作的精神还能获胜吗？

第 16 章
出版和被诅咒

一个科学家应该没有愿望，没有感情——仅仅有一颗石头心。

——查尔斯·达尔文

320　　与我们对手的停战实际上没有维持很久。我们最大的目标是发表我们所做的每一个细节，向我们的同僚们和我们的批评者们显示我们测出的无比壮观的人类基因组。最重要的是，首次详细阅读了人类之书后，我们想向世界展示我们对它的分析结果。所有这些都是为权威的杂志《科学》而计划的。

　　但是，当然，到目前为止，敌意这么强烈，这么深，以至于这简直是痴心妄想。白宫发布会的这几周内，公共计划正在镜头后面用一连串煽动性的文章到处游说反对我们的文章发表。一篇送到《科学》的文章宣称："你们已经把自己一份骄傲的杂志降到了星期日增刊报纸的水平了，竟然接受一篇伪科学文章的广告的付费发表。"[1] 一封电子邮件在研究者们当中传阅，号召他们联合抵制《科学》杂志。尽管我们努力使我们的数据对科学社团免费使用，但是他们的动机又一次指向数据发表。

虽然我明白关于出版的论点甚至原则，但是我相信一定存在对塞雷拉和我的积怨，因为我们抢走了其他人一心要拿的荣誉。在塞雷拉，对我和我的小组的约束真的很轻；对数据的唯一真正的约束来自塞雷拉股东们，他们已经拿出了数百万美元，当然想确保他们的投资没有因为让塞雷拉的竞争者们使用数据而贬值。

我们正与《科学》的编辑堂·肯尼迪和他的小组一起起草一份最[321]好形式的协议，这份协议将允许研究者们免费、公开和无限制地使用塞雷拉人类基因组序列，而同时，限制商业公司重新包装和开发利用它们。但是我的批评者们想阻挡我们出版数据，除非一点限制也没有。令我惊奇的是，他们争论说如果我们的商业竞争者们不能使用我们的数据，科学界也就不能使用。我感到好笑的是，这个滑稽的哲学得到了那个弗朗西斯·科林斯的赞同，他写了一首动人的民歌，歌颂基因组应该属于每个人。

堂·肯尼迪不断地向我反映这些非难。具有讽刺意味的是，做这项游说工作做得最多的是埃里克·兰德或者叫"埃里克·诽谤"[1]，我的小组这样称呼他。他曾开创过很多公司，他现在做生物技术产业的顾问工作，有这些经历埃里克肯定知道真相，在我们与公共计划在杜勒斯进行的那次悲伤的会议前，他甚至就同意了我们现在提供给《科学》杂志的相同条款。埃里克很清楚地意识到塞雷拉不能让其他公司免费下载它的数据，这样会削减塞雷拉自己的繁荣的数据库业务。虽然这样，2000年11月，兰德还是说服瓦尔姆斯和其他麻省理工黑手

1.译者注：兰德（Lander）和诽谤（Slander）在英语中只差一个字母。

党人(有人这样称呼他们),在力劝肯尼迪不要发表塞雷拉的文章的信上签了名。虽然兰德和科林斯尽他们所能在幕后阻止文章的发表,堂·肯尼迪还是坚持要发。同时,唐和我收到了数据发表协议的高层支持,包括来自国家科学院院长布鲁斯·艾伯特(Bruce Alberts)和既是诺贝尔奖获得者,又是帕萨迪纳加州理工学院的校长的戴维·巴尔的摩的支持。

作为最后一招棋,兰德和科林斯威胁说,如果不拒绝我的文章,那么他们就不在《科学》杂志上发表他们自己的基因组文章,而是把文章投向了它的对手《自然》。也许他们已经忘记了沃森是怎样告诉《自然》杂志,当他1994年阻止我发表我的人类基因组说明性文章时,美国基因组科学家没有一个会再在《自然》上发文章了。这件事再次说明,为了正当目的,可以不择手段。

我们与堂·肯尼迪和《科学》杂志达成了协议,任何想要一个完整副本的科学家们不仅可以进入免费网站搜索大量人类基因组序列配对的数据,而且我们提供给他们一个序列的DVD。塞雷拉也将给学术机构和生物技术以及制药公司提供一种订阅服务,后者不但提供巨大的计算机设备进行基因组的综合分析,而且提供庞大的软件和已经被测序的所有的基因组(包括老鼠的基因组)。

到2002年1月,塞雷拉数据库业务产生1.5亿美元年度收益,在不到3年时间里赢得了利润。订阅者包括大多数一流大学和学术机构,从加利福尼亚大学到哈佛到斯德哥尔摩的卡罗琳斯卡大学再到国家卫生研究院。在科学界(当然除了威尔康信托基金,它阻止它的受益人订阅）正在使用塞雷拉的序列数据的同时，科林斯、兰德和萨尔斯顿坚持重复说塞雷拉数据不能使用。

就在这新的一轮战斗激烈进行时，我在塞雷拉的小组正夜以继日地工作，分析我们努力产生的人类基因组序列。我们身上的压力很大，完全是我们自己给自己施加的。这项计划是由马克·亚当斯、尤金·梅尔斯、理查德·缪罗、格兰杰·萨顿、海姆·史密斯、马克·扬德尔（Mark Yandell）、罗伯特·霍尔特（Robert A. Holt）和我引导的。待发表于《科学》的文章经历了100多次反复修订，我们决定要全面阐述基因组和它的基因。我们都知道历史会通过这篇文章的质量来判断我们，这意味着我们的分析的质量和它关于人类的秘密。我想要对我们所发现的东西做一个详细严格的测试，然后满怀信心地把它呈献出来。

2001年2月16日我们的文章发表了。这不是一篇普通的文章。它有283名作者[2]，长47页（是普通长度的10倍），基因组图谱有170厘米高，用颜色标示，折叠插图，还让读者阅读大量的科学网页上的补充数据。一个主要的惊人之处是我们实际上发现的基因那么少。因塞特和HGS都声称已经分离并专利申请了20多万个基因，而且是用我们的EST方法。有时候，他们甚至声称有30多万个人类基因。几年前我发表了一篇文章指出这个数目应该很少，5万到8万的样子。现实是，最多只有2万6千个人类基因。

对基因总数做较大估计的失误基于简单的假设，人们假设基因是均匀分布于基因组上的，这个假设最后证明是不正确的。事实上，有一些区域（我们称之为沙漠）包含数百万的遗传密码碱基对，但是包含的基因很少甚至没有，比如13和18号染色体，还有X染色体。相比

323 较而言，一些区域或染色体基因密集地聚集在一起，比如19号染色体。对我来说，这个分布令人着迷，我马上提出问题，关于人类的进化到底是什么。比较果蝇的密码可以给出强烈暗示。

因为我们有一个共同的祖先，我们和果蝇共享一大套基因，而我们不共享的关于6亿年进化的基因很有意义。这些基因，包括与后天免疫力，细胞内和细胞间的信号传导途径，尤其是中枢神经系统有关的基因数目的迅速增长使我们成为唯一的人类。这类增长发生在我们染色体的基因密集的区域多于其他区域，尤其是通过复制一个给定范畴的基因。比方说，与细胞间沟通有联系的基因一再复制，能够在这些基因丰富的区域发生突变并且进化出新的功能。沙漠易于连接到更古老的区域和我们密码的功能，后者与维持生命的基本过程有联系。

看见发表于《科学》上的文章得以出版，这给了我所经历的最强烈的满足感。尽管有激烈的战斗，荒谬的言行，鸡毛蒜皮的挑剔和不断的埋怨，以及我们做的事是毫无希望的、不可能的和不能实行的预言，但是我们已经成功了。这是一个万分甜美的时刻：我已成功地测序了人类基因组，不是在15年内，而是在9个月内，由最棒的一个科学小组创造了历史。任何回报、奖品和赞扬都不可以代替这种美妙的感觉。

很明显，当我们在《科学》杂志上按计划发表我们的成果文章时，公共计划采取威胁政策联合抵制《科学》杂志，他们开始只在英国杂

志《自然》上发表文章。这对我是好的，因为我们现在将拥有自己的《科学》封面了。直至今天，一些《科学》杂志的职员仍然很不安，因为兰德和科林斯等人仍然只在《自然》上发表他们的基因组文章。

不幸的是，我的对手们继续努力一点点地破坏塞雷拉的成就。他们下一个攻击是发表在《国家科学院学报》上的一篇文章[3]，它声称我们的序列并不优于政府/威尔康信托基金序列，他们说它很强地依赖于他们的序列。根据萨尔斯顿所说，全基因组霰弹枪法没有声称的那样奏效，尽管桑格中心的理查德·德宾（Richard Durbin）已经承认了塞雷拉的序列在某些方面"比我们的好些"。[4]兰德认为它是一个"彻底的失败"[5]和"基因组的凉拌色拉"[6]而一笔带过。他们利用一些他们原本甚至都不相信的数学论据来严重地损害我们的工作信誉。我们的吉恩·梅尔斯，是由此受伤最深的人，他既痛苦伤心又愤怒。尽管我们考虑过采取法律行动，但是我决定用科学杂志上的数据和科学事实来反击更好些，永远铭记我的良师益友内森·卡普兰的话，"真相终将大白于天下"。

地球上最大的普通科学聚会——美国科学促进会年会，将要在旧金山举行。既然美国科学促进会是《科学》的发行人，所以这是《科学》文章的天然发散地。同时，政府资助的团队在圣诞节前在《自然》上也发表了一篇14页长的用他们污染了的数据组成的指责性文章。科林斯和我都被邀发表主旨演说。人群中爆发出欢呼声。之后，要求亲笔签名者和狂热仰慕者几乎将我压倒。

那天晚上，塞雷拉在旧金山设计中心主办了一场庆祝会，席上提供牡蛎、鱼子酱和冷冻伏特加酒。迈克·亨克皮勒参加了这次庆祝会，他错过了那次白宫发布会，因为当时他染上了水痘。晚会是我的职业生涯中最高兴的事，但是因为克莱尔的缺席而被破坏了，她说她太累了不能去加利福尼亚了。我和几位女士跳了舞，但是和希瑟跳得最多。在过去几年的战斗中，她一直都信任我。

我们测序完人类基因组后，继续测序老鼠的基因组。我曾经建议公共计划做老鼠的测序，而我们测序人类的，他们当时认为遭到了侮辱，但是我的出发点是好的。我们仅花6个月完成了测序老鼠的基因组，这使得塞雷拉在比较基因组学上占据了很大的优势[7]。这一次，很容易忽视公共计划，因为基本上没有老鼠数据可以利用。我们只用了从一个老鼠家族得来的霰弹枪法数据。避免使用较低质量的公共计划的老鼠数据污染我们的基因组，我们最终得到一个较人类基因测得更好的拼接结果。老鼠/人类比较首先显示了哺乳动物共享90%的基因，而且它们在我们染色体上出现的顺序几乎相同，在基因组层面毫不含糊地建立了进化关系。我们继续用从国家卫生研究院得到的资助测序老鼠基因组和疟蚊的基因组，后者携带疟疾寄生虫。

325 到目前为止，我已经在塞雷拉建立了新的计划，不仅有癌症疫苗的研究，而且包括世界上最大的蛋白质学部门（帮助指出所有那些基因是做什么的）。我在旧金山南部购买了一家制药公司，集中研究小分子。我与迈克·亨克皮勒合作组建了塞雷拉诊断学公司。我感到我正把塞雷拉引向正确的方向，从解读基因组到用它的密码发现新的测试和治疗。

一些机构对我们工作的赏识来得又快又密集。我去沙特阿拉伯接受费萨尔国王国际科学奖，随行的有 E·O·威尔逊（Wilson），他是伟大的昆虫学家、生物学家和作家；我还去维也纳接受由前苏联总统米哈伊尔·戈尔巴乔夫颁发的世界卫生奖。我从世界的一流大学获得了一大堆荣誉博士学位，而且获得了德国最高科学奖保罗·埃尔利希和路德维希·格达摩斯泰特奖；从日本获得了武田奖；从加拿大获得盖尔德纳基金会国际奖。政府资助的科学家们试图阻止我和我的小组分享盖尔德纳基金会国际奖，反对我独享保罗·埃尔利希奖的奖金时，甚至政治也界入其中，他们抱怨说，美国人类遗传学协会授予了我一个"未出版和未问世的研究"奖项[8]。

到目前为止，我的小组已经筋疲力尽了。吉恩、马克、海姆和我知道我们已经到达了生命中很少获得的一个高点，在我们有生之年这个高点将很难和不可能再次到达。吉恩和马克开始寻找新机会。我开始考虑回到 TIGR，做其他我想做的科学。如果塞雷拉是一个独立公司，我会待在那里，但是我越来越清楚，继续与托尼·怀特合作，我不能也将不会幸存，所以我开始计划我的出路。事实上，从怀特痛苦地在白宫被迫退居二线的方式看，他也已经计划出路了。

然而，悲剧将介入我们的生活。2001年9月11日，前一夜在旧金山做了一个报告后，我正前往机场，有消息说一架飞机正撞向世贸大厦。像所有其他人一样，当我看到第二架飞机撞上大楼时，吓呆了。那时，害怕恐怖袭击将遍及全国，所以我决定驱车出城到密尔布去，我母亲和继父住的地方，登记入住凯悦饭店，在那里我可以搁置几天。当悲剧的范围弥漫扩散时，正如每个美国人所做的，我也想做一些事去帮助灾害中的人们。假如数千人在这次火海和倒塌中丧失了生命，我认为塞雷拉测序设备可能帮助做DNA分析的重要工作，从而确认死者身份，对于常规实验室这是一项巨大的任务。鉴于遗体的状况，最好的办法是研究更丰富的线粒体DNA。尤其因为应用生物系统制作了一个法医测序试剂盒，它广泛被执法机构应用，所以我打电话给迈克·亨克皮勒。迈克建议我们打电话给托尼，接下来，他表示支持，并且允许我提供帮助。

几个月前，我在纽约国家历史博物馆做演讲后，我就见过纽约市的法医实验室的领导罗伯特·沙勒（Robert Shaler）了。我打电话给他，告诉他我所想的事。那时，所有航空交通仍然停飞，但是在托尼·怀特的专用喷气飞机和专门出入港许可证的帮助下，我和迈克的取证部门领导朗达·罗比（Rhonda Roby）出发了。我们是第一架允许飞过国家上空的非军用飞机，必须每隔30分钟向北美防空司令部报告，否则就有被击落的危险。

朗达和我着陆时遇到了纽约州警察，他们护送我们去纽约商业区。审查员办公室的气氛十分混乱，几乎毫无秩序。我们见到了鲍勃和纽约州法医办公室的领导，告知他们塞雷拉希望尽快获得法医实验室合格执照。当问及我们是否想参观出事地时，我说想，主要因为我弟弟的办公室在一号楼的第三层（我发现他办公室的每个人都没有受伤，心里就放心了）。当朗达和我以及州警察实验室的头头爬出警察巡逻车时，我被这场灾难的所见、所闻以及受灾程度所震撼。在法医的帐篷里，我们看见遇难者分离的遗体，有心脏，部分躯体，小骨头以及其他斑点和碎片。总的来说，大概有2万个需要分析、确认并返还给遇难者家属的样本。这些所见所闻又把我带回到在越南的时光，带回到了那次轰动一时的新年攻势，那时我必须选择帮助哪个严重伤员活下来，以及留下哪个让他死去。但是在这些帐篷里，没有人可以被救活了。

当我们回到塞雷拉时，很明显，要成立一个法医实验室，在我们前面还有很长一段路要走，因为做身份确认不能有错。朗达·罗比和于辉·罗杰斯（Yu-Hui Rogers）（现在是文特尔基因组序列中心研究所的领导）建立了我们所谓的"翱翔的鹰小组"，并且为了从联邦调查局和纽约州获得认证难以置信地努力工作着。然而，随着时间推移，托尼·怀特起初展现的热情已经消失了，他开始坚持回到商业运作。应用生物系统精心安排了塞雷拉的撤退，朗达被召回了福斯特市。我感到沮丧和尴尬，把我的话传给罗伯特·沙勒，我说这次可怕的悲剧之后，我们想做一些与众不同的事，而不是为了赢利。

托尼·怀特和我之间的紧张关系在旧金山的一次投资者会议上达到了一个极限。断断续续地，我陈述了我的标准生意经；对于允许我说的东西，几乎没有什么真正实质性内容。当提问开始时，托尼和阿普莱拉的首席财政官丹尼斯·温格各站在我的两边。会议一结束，我就离开了，带走了希瑟，她随我一起坐飞机离开，然后我们开车去看看我常去的一些地方。从某一点上看，我正回顾我的一生，从密尔布到塞雷拉。我开车去了我父亲埋葬的地方 —— 普西迪。我们在保卫城市的炮台旧遗址间行走，这是我中学时最喜欢的地方。我们然后前往索萨利托，那是我曾经去航海和度周末的地方，最后和迪恩·奥尼西一起共进晚餐，他是我在总统克林顿的晚宴上认识的，我发现他是一个热心肠的家伙。迪恩已经研发了一种低脂肪饮食，配合谨行和冥想的生活方式，作为改变得心脏病的风险的一种方案，现在正尝试着用相同的方法作癌症研究。桌边的人们 —— 他的前列腺癌团队 —— 像我一样，远离某个托尼或某个埃里克·兰德，他们是鼓舞人心的。直到很晚，我们开车回到了城里，我知道我该做什么了。

因为我不擅长把心事埋在心里，我向两个阿普莱拉董事会成员吐露了心事，说我想走，但是想以一种不会伤害塞雷拉的方式离开（换句话说，以一种不会伤害我的朋友们和同事们的方式）。我尽量想要一个优美的退场式，但是当到了托尼·怀特那儿时，我本该意识到是时候算账了。如果一个关系要结束，那么总是要留下一个决定的，一个能显示谁掌权、谁支配的决定。2002年1月，阿普莱拉董事会在塞雷拉我的办公室外面集会。参与者包括迈克·亨克皮勒，他曾打开了我生命中的这一章，还有塞雷拉诊断学的领导凯西·奥当尼斯（Kathy Ordoñez），他曾经从霍夫曼·拉罗什那里加入到这家公司。下午四点钟，董事会派公司律师威廉·索奇来见我。我被解雇了。

离我能够利用我的1/4认股权（775000股）还有几天，这个外财现在不得不丧失了。我将有30天时间出售我持有的任何其他股。索奇有两篇准备好的新闻稿，一篇是如果我合作，就发表，如果我不合作，另一篇就作为一个威胁。第一篇在1月22日发表。阿普莱拉股份公司宣布作为塞雷拉基因组团队的领导，我已经辞职了。托尼·怀特将暂时接管塞雷拉，他表扬我取得了"难以置信的成就"，但是说塞雷拉现在正转入药物开发："我们的董事会、克雷格和我都同意，塞雷拉正在进行的最大利益将为另外的在制药发现和发展方面有经验的高层管理提供空间。"并且我发现自己在新闻稿中同意"我相信这次辞职将给塞雷拉留下最佳位置以便它能继续创造历史"。已经测序了果蝇、人类、老鼠、小鼠和蚊子基因组后，我离开了塞雷拉，留下一宗赢利的数据库业务、一条蛋白质学管线、一家制药公司、一家新的诊断学公司以及塞雷拉金库里的10亿美元现金。

就算你知道结局就在眼前，你自己也不能真正为现实的打击做好准备。尽管我想离开塞雷拉，我仍希望有时间感谢我的小组，因为他们惊人的决心和他们的推动，他们给了我110%的信心和力量。而作为回报这一切的，却是我马上就得离去并开始清理我办公室一些纪念性物品。我的幸运图腾——海蛇的干皮——不会让我失望，但是现在，它被很快地和那些装在相框里的文章以及剩下的我的东西打包在一起运走了。我不允许自己回去，不允许自己看或对我的高级小组或1000多名我雇用的员工的任意一个说再见。林恩·郝兰德（Lynn Holland），我在TIGR时他曾经是我的私人助手，和我办公室小组的另一名成员克里斯汀·伍德（Christine Wood）流泪了。

那天晚上，我被安排在华盛顿的经济俱乐部发表一番主要演说，在那里我是贵宾。我回家换上晚礼服，然后给克莱尔打电话，但是她被一些事弄得悲痛欲绝，以至于不能和我说话。我在俱乐部做了即兴演说，希瑟仍然声称这次演说是我最好的演说。第二天，现实开始被充分理解。克莱尔感到不安，因为她知道我想回到TIGR和我的工作中，像当初计划的一样。到目前为止，她想保留她在TIGR的领导头 329 衔胜于一切。我也有一种真正的失落感，因为只有现在，我才意识到，我们共同努力创建了塞雷拉之后，我的小组对我来说有多重要。

消沉

我这几年所承受的攻击和挫折容易使人陷入深深的消沉中。也就是说我不断地下沉，但是我幸运的是，我基本能逃离临床上所说的不可测抑郁症。这是因为我的基因吗？由悉尼的圣文森特医院和澳大利亚新南威尔士大学的凯·威廉（Kay Wilhelm）发现，在消沉开始时厄运的影响对于那些从双亲那里继承了 17 号染色体上一个血清素运送基因，通称 5-羟色胺转运体基因短版本的人而言尤为巨大。

长度差异在于被称为"激活序列"的基因的一部分，它控制制造多少蛋白质。由于有一个较短的版本，所以大约 1/5 的人群制造少量蛋白质，即负责运送大脑的化学物质血清素，后者在情绪和疼痛协调、食欲和睡眠方面发挥了重要作用，并且受百忧解的影响。如果他们在 5 年之内经历了 3 次或更多的消极事件，那么他们中就有 80% 的几率变成临床抑郁症。我们再一次有了破坏单纯的遗传决定论的研究：大脑化学作用既依赖于基因和又依赖于环境，既依赖于生物和又依赖于社会。

这项研究也显示，那些有"遗传恢复力"的长版本基因的人反抗压抑，如果在类似环境下，这些基因只有 30% 的几率发展成精神疾病。其余人——大约一半的人——有两个混合遗传型。许多其他研究已经把短的版本和与焦虑有关的个性特点连在一起；其中包括伤害回避和神经过敏症以及越来越多的非法麻醉体验。对我来说幸运的是，我有两个长版本的基因和更多的血清素。

我与我的亲密朋友和顾问戴伍[1]·基尔南一起与阿普莱拉的律师最后协商，我同意一年之内不说任何有关批评托尼·怀特的事，如果我不说他的坏话，或不侵犯任何重要人物，他们就在最后给我剩余的股份。马克·亚当斯首当其冲 —— 他必须留下来。但是我们努力改变条款以便海姆、希瑟、林恩和克里斯能够和我待在一起，如果他们愿意的话。一旦我们在条款上达成一致，我就不再老是想着过去，开始展望未来了。 330

在24小时之内，我的最亲密的塞雷拉同事很少表示不听我的召唤的，而其他人表明一旦我在其他地方安定下来，如果他们可以的话，他们就跟着我。我最亲密的同事和伙伴想马上就跟我出去，但是我强烈要求他们留下来。我认为这对林恩、克里斯和希瑟是最难的，因为他们必须应付我的退场和新闻界，另外托尼·怀特趾高气扬地在我的位置上转悠。我的离开成为头条新闻，但是以我们的协议精神，我是不能评论的。到4月，我的工作被凯西·奥当尼斯取代了，132名人员被裁员，这相当于塞雷拉16%的职员。

离开塞雷拉对我影响巨大，以至于《福布斯》的一名记者说，我曾脱口而出："这至少有一个和死于疾病一样好的机会让我自杀。"[9]即使我曾这样说过（我不记得曾经这样说过），可能是某天晚上喝了酒闲聊时生动地夸张的结果。任何我的日子不好过时，我都有一个简

1.译者注：戴维的昵称。

单而有效的方式不再让自己难过：我所要做的是考虑令人难以置信的生命、乐趣和科学，如果我把自己淹没在越南，我就会错过这些事。

我在一件能使我快乐的事情上寻求安慰：我启动我的船，动身前往圣巴特斯碧蓝的大海航行，它位于法国的时尚区加勒比海。无论何时我努力理解我的生命和科学，无论何时我寻求新的挑战，我都面向广阔的大海，它是我的一个避难所。航行到看不见大陆了，接受不到手机和电视信号了，我找到了平静，并且有时间去思考、重新振作和恢复元气。

我生命中每一次主要的转变都伴随一次新的扩大眼界的航海冒险活动，为了使我保持头脑清醒，当我驻扎在越南时，我会驾驶我的7米长的闪电号小船围绕猴山航行，并且从岘港上行数千米。当我写我的博士论文时，我乘一艘敞篷小船从卡塔琳娜岛航行了数百千米去墨西哥。当我尝试使用自动测序时，我驾驶我的坎普岛瑞33"天狼星"号进行了我一生中最伟大的航行，穿过了百慕大三角多山的海域。我开始测序人类基因组之前，我曾驾驶我的28米长的单桅帆船魔法师号完成了穿过大西洋的比赛，当我完全投身于这次特别的人类基因的挑战时，我卖了它。现在，离开塞雷拉后不久，我又置身于一条新的快艇上，航行在新的海域，寻找新的科学机会。

当我在《快艇》杂志上看见这艘快艇的广告时，一眼就相中了她。她是一艘单桅帆船，总长33米，只有两岁，几乎没用过。船是由德国的弗莱斯设计的，他是魔法师的设计者。船在奥克兰建造,已经泊在新西兰。弗莱斯告诉我魔法师的妹妹和魔法师在设计上几乎如出一辙,除了她的船体更大速度更快。我飞到新西兰,驾驶她从奥克兰航行到豪拉基湾火山岛。我马上爱上了她,并且出了价。因为没有时间用她航行回家,所以我安排用货船把她运回佛罗里达。自从她2000年12月到达那里,我就有了极大的乐趣和娱乐,夏天驾驶她去科德角和缅因州海岸,冬天驾驶她去温暖的加勒比海。

2002年1月,当我驾驶她在加勒比海碧蓝的海水里航行时,我正在思考测序人类基因组后该做什么的问题。我将这么多精力和我自己全身心投入到了塞雷拉,再次白手起家是难以想象的。对我来说,回到TIGR曾是我安慰性的一个选择,但是因为我曾经放弃他们去建设塞雷拉,因此已经与克莱尔和其他人结下了所有的怨恨,从而回到TIGR是不可行的。

我原本可以远离科学躺在沙滩上,或者一直航行到我的坟墓里,但是这提醒了我,让我想起了在越南的那个伤员,或者因为太艰难、太痛苦了,他放弃了生命,最终死了。我的事业尚未完成。我已经成为一个梦想者和一个建设者,现在不是停止的时候。我决定从头开始比较容易,正如几年前我在国家卫生研究所做的一切。我决定行动起来,至少努力做一些新鲜事,比测序人类基因组有更大的影响力的事。

我保留了我在塞雷拉的股票,但是我宣布离开后,它的价格跌到历史最低点。结果,因为价格低于我的股票购置价,我的许多股票都无法出售了。但是我很幸运，我的钱虽然不像曾经那么多，但是支持我现在想要做的还绰绰有余。我把我在塞雷拉一半的股份给了我的非营利基金会，当价格高一点时，基金会可以卖掉股票，结果，我现在有1.5亿美元可以用来做我想做的科学研究。正是科学的思想，我以前从来没有时间追求的思想，慢慢把我带出了意志消沉的境地。我可以使人类基因组与患者发生更直接的联系；我可以看见基因组学为环境做了什么；我可以利用测序探索大海或城市空气惊人的多样性。还有许多东西我们不理解。我要追求最终的挑战：合成生命本身。我决定从头创建一项新的研究工作，就像我以前做的那样。希瑟、林恩和克里斯都告诉我，我一旦需要他们，他们就离开塞雷拉。我重新提起精神，振作起来，准备尝试着再次开始。

超越基因组

我们现在开始意识到一些遗传影响是我们自己的DNA密码无法解释的。我祖父母的生活——他们呼吸的空气，他们吃的食物以及他们承受的压力——都可能影响到我，尽管我从来没有直接经历那些事。这些"跨越世代的"的影响开始被关注。比如，人们研究北瑞典的一个遥远的教区，感谢上卡利克斯市登记了出生和死亡日期以及详细的收成记录，研究发现爷爷在9—12岁期间吃得较少的人们，则似乎可以活得长一些。效应是按性别分布的：爷爷的饮食只与孙子的寿命有关，奶奶的饮食只影响她们的孙女。这些影响可能起因于一个"后生说"的机制，一个影响后代基因启动或关闭的方式，而不是基因本身的变异或改变[10]，人类表观遗传学组计划现在正在进行中，它要探测出遗传密码是怎样被身体利用的。

第 17 章
蓝色星球和新生命

有机生命在无尽的波涛之下产生，

在海洋的珍珠洞里孕育成长；

先为幽芥之形，虽球面镜下不可观，

泥上移动或水中穿梭；

他们，世代繁盛，

获得了新的能力，呈现了大的肢体……

——伊拉兹马斯·达尔文，《自然的殿堂》

333　　从我最初研究跳动的心脏细胞起，我就被我的兴趣而不是我的同行所推动。在我离开塞雷拉的黑暗日子里，我再一次被自己的经历所鼓舞。我的一生都钟情于石油——我喜欢汽车、摩托车、机动船、帆船和飞机——结果我耗损了大量这种古生物产品，增加了我向大气排放的二氧化碳量。但是多年以后我从一个不计后果的超级燃料消费者变成了一个积极寻求替代品的关心环境的人。我要从哪儿开始新的冒险呢？哪里会有比海洋更好的地方呢？是海洋维持了我们的行星和我们的心智。如果我们想要准确评定气候变化的影响，我想我们应该搞清楚海洋里到底有什么，例如海洋酸化。我有一个计划可以做这些研究，而且作为一个额外的收益，这个计划还可以提供一个新的工具帮助我们与全球变暖作斗争。

因为我们是陆生动物，我们生活在岸上，甚至我们对气候变化影响的观点也是被我们人类中心化的生命观所支配。但是从太空看来我们的地球是蓝色的。生命开始的第一个舞台可能就是在这里，40亿~50亿年前的咸水里，在那里，当无生命分子和其他化学分子与从生命的生物化学划分出去的线交叉之时，一些我们今天定义为活着的 [334] 东西出现了。关键的物质是可以自我复制的细胞，即包在脂质膜里的蛋白质和遗传物质的复杂混合体。现在海洋生物有令人称奇的多样性，从大鲸鱼到小细菌，大多数我们还不很了解，尤其是大小处于显微镜可视范围末端的微生物我们就知之更少了。解决气候变化问题的方案可以源自对生物多样性的理解以及理解它是怎样利用太阳辐射吸收二氧化碳的。我想我可以进一步利用这些知识：设法去模拟几十亿年前海洋中发生的事件，从而得到一个新的生命种类，一个极有可能的美好前景。

当我从加勒比海回来的时候，我就马上开始工作了。我建立了一个新的非营利性的研究所，基因组学促进中心（TCAG），并申请到了免税待遇。有了克雷格·文特尔科学基金（JCVSF）的支持以及来自出售人类基因组科学、棣文萨酵素公司和塞雷拉的创立者的股票资金，我现在可以启动它了。我从塞雷拉雇用了希瑟、林恩和克里斯，我们开始在我的马里兰波托马克河的地下室里工作，一直到我能租到一个新的工作场所。我有几个科学想法想要尽快地实行。

我最关心的事情就是把我的环境计划建立并运作起来。无可置疑的科学证据表明每年我们向大气排入的35亿吨的二氧化碳正在改变着全球的气候模式，简而言之这种改变是现代生命所不能承受的。但是我想做的不仅仅是少使用些石油或汽油或者安装一个太阳能板。我认为基因组学可以提供一些独特的东西。海洋生物的霰弹枪测序法可以简要反映现在海洋的健康状况和为日后的监测提供帮助，同时也可以帮助揭示创造我们绝大部分大气的微生物的性质。海洋微生物的代谢机制也可能会给我们提供一个新的方法制作替代燃料，比如氢、甲烷或者乙醇。

我成立了生物替代能源研究所（IBEA），聘用海姆·史密斯作为它的科学顾问。开展环境基因组学研究需要大量的DNA测序装置，我对此是有先见之明的。我不得不劝说我的基金委员会去冒一个4千万美元的风险，建立一个与我们在塞雷拉时相当的新装置。我们建立了一个新的名叫JCVSF联合技术中心（JTC）的非营利性组织，该组织也同时为TIGR测序。就在希瑟和她的团队搬进马里兰州洛克维尔一座临时建筑物时，一座新的11000平方米的研究建筑在我几年前用捐助经费购买的土地上开工了。所雇用的员工很大比例是富有进取精神的，由于塞雷拉的大幅裁员，我们的企业发展迅速。很多我以前的朋友和同事过来加入我的新的研究组织。

就在环境保护第一次成为我的研究重点的时候，我在基因组科研前线还有一些未完成的事情要做。我想利用我的新式基因组学实验室进一步发展我们已有的成就，把我们对它的理解转化为药物，我也想继续进行人类基因组测序的研究并充分考虑它的伦理含义。同样重要的，也是出于自尊，我也想与来自政府支持的基因组科学家的攻击和

335

批评彻底做一个了结。在基因组竞争结束后，大家都继续自己的生活，但是事情并没有完，随着争夺单独测序人类基因组的荣誉的斗争的继续，敌意变得更激烈了。

也许最为臭名昭著的例子发生在2002年4月，当时《分子生物学杂志》[1]发表了题为《人类基因组计划：一个竞赛者的观点》的文章。这篇文章是由华盛顿大学的梅纳德·奥尔森撰写的，它曾被他的同事称为"基因组计划的良心"[2]。在薄薄的面纱下他打算把荣誉从我这里拿走给他的同事，他又回到我们的方法是否是真正的新方法这个老生常谈的问题上来了："文特尔声称，他'发明'的全基因测序法是基于他领导测序了一个小细菌基因组，该基因组几乎没有重复。"接下来他又断言我是个骗子："与文特尔在1998年6月所做的宣誓证词不符，塞雷拉把它的数据全部秘而不宣。"奥尔森的确给了我一个荣誉，因为"塞雷拉一开始毫无疑问地加速了第一次人类基因组测序，使其提前了两年完成。"

在此之前我就写了一份对兰德、萨斯顿和沃特斯顿的《分子生物学杂志》文章的辩驳[3]，文章认为他们应该得到单独享有测序人类基因组的荣誉，因为我的全基因组霰弹枪法测序已经失败了[4]。这反过来引得兰德等人在一篇非科学的评论文章里使用一些花招提出了同样的要求[5]。曾在TIGR和塞雷拉做过基因组拼接的格兰杰·萨顿对兰德特别生气，因为他认为就算萨斯顿和沃特斯顿没有理解塞雷拉的成就（毕竟他们两个是生物学家，在数学和计算机方面不是专家），兰德一定应该理解了。不仅因为他有很深的数学背景，而且因为他自己的人正在我们工作的基础上，发展一个名叫阿拉喀涅的他们版本的全基因组霰弹枪拼接器。

格兰杰认为那时我们已和好很久了。在《分子生物学杂志》文章发表较早之前的 2001 年 6 月，在克林顿总统的激励下，来自塞雷拉和国际人类基因组协会的计算生物学家们以中立方的身份（位于马里兰的切维蔡斯霍华·休斯医学会）讨论测序和装配序列。就像《纽约时报》报道的一样："没有双方领导出席的计算生物学家间的聚会气氛是热烈的。"[6] 格兰杰向与会者说明了为什么在完全不吸收公共数据的情况下，就可以重新召集塞雷拉人类基因组并得到更好的结果是可能的。遭受到接踵而来的攻击后，格兰杰的狂怒是可以理解的：那篇在《分子生物学杂志》论文的结果一年之前就已经被在切维蔡斯会议提出的数据驳倒了，"我们已经提出了一些相当令人信服的材料说明全基因组霰弹枪测序法是多么好了"。

事实上，到目前为止，在公共计划那一方还是有一些重要人物是相信我们的。其中之一是加州大学圣克鲁兹的吉姆·肯特（Jim Kent），这个留着胡子的粗壮的人物被认为是一个明星选手，他曾只用了四周时间就独自把在一百台奔腾 III 电脑上运转的渔叉拼接软件的程序组合在了一起，正好赶上白宫发布会。他做这一切时还是个研究生[7]。我对他的这些成就印象深刻。

肯特并不同意那篇在《分子生物学杂志》文章的结论，因为对他来说，公众和塞雷拉数据[8] 之间的差异是很明显的 —— 甚至在我们测序老鼠基因组之前 —— "兰德等人在《分子生物学杂志》文章中设想的公共数据的重组可能是不完全正确的。"他下结论说，"老实说，我的确认为塞雷拉的拼接工作大体上比我们的好（你应该希望这样，因为除了他们自己所做的，他们还可以看到我们的数据）。"他补充说，兰德自己的阿拉喀涅拼接器也是与塞雷拉所用的非常相仿，"它从另一角度暗示了塞雷拉方法虽然带有某种限制，基本上运作得还不错。"

　　回忆起当我们结束人类基因组接着测序老鼠时，我们没有理会基 337 因银行中有限的公共计划数据，而仅仅使用了我们自己的霰弹枪数据，所以我们又一次躲过了那些对我们真正的成就所提出的连珠炮似的诡辩和歪曲。利用一个加强的拼接器我们最终得到了比我们曾从人类基因组那里获得的更好的结果。阿里·帕特诺斯是当时的G5之一，重新看过兰德等人的《分子生物学杂志》文章后，他总结说文章"坦白地说糟透了，他们的方法是有效的，他们对老鼠所做的工作是最好的证明。"甚至我的老对手迈克·摩根也承认"你在否决某些人时一定要非常确定，因为通常它会起反作用。所有的那些文章不管怎样都会适得其反。"

　　虽然我发表了第二篇辩驳的文章[9]，但是我一直都很清楚，数据是赢得科学争论的唯一方法。我与迈克·亨克皮勒在ABI进行了接触；他也同样被这些不断的非难搞得心烦意乱，也想确保真实历史记录。鉴于我曾在阿普莱拉的遭遇和与托尼·怀特关于数据发表的争吵，我在向ABI购买3千万美元新DNA测序仪时附加了一个具有法律效力的合同，据此我们可以出版塞雷拉的数据和在公共领域不受约束地使用这些数据。（在2005年，塞雷拉将停止出售基因组信息而使它全部进入公有领域。）另外，我的研究所将会复制完整的基因组数据用以学术研究。一旦这个协定签署后，我们就与塞雷拉剩下的科学家合作，我们将会把塞雷拉的整个基因组拼接与包括公共计划的"终结"版本在内的其他版本的基因组进行比较。

索林·伊斯特里以前是吉恩·梅尔斯领导的一个团队的高级成员，现在是塞雷拉生物信息学的领头人，他担任新的合作计划的领导。数据分析大约会花费一年多的时间，而且要发展很多新的计算工具来进行第一次整个人类基因组的比较。我和《分子生物学杂志》的编辑同享这一计划，他很高兴我们将使所有的数据都可供使用，而且他说在我们的文章完成后他愿意发表它，也乐意帮助我们结束那些口舌之争。

那些数据是强有力的，它证明了全基因组霰弹枪法测序是精确的。当这项工作最后在2004年初发表时，它使我们可以精确地比较公开和非公开的基因组：塞雷拉的结果提供了更多各基因组的顺序和位置，但是公共计划的序列提供了更好的重复片段覆盖。政府和威尔康信托基金实验室还在继续完善他们的基因组序列，这件事将花费他们超过4年的时间和大约1亿美元（或许更多，具体的数目还不知道）。对比证实了公共数据每一次质量的改进都是对塞雷拉唯一拼接的逼近，不管是从品质还是精确度而言（各基因组顺序和位置）。塞雷拉的拼接事实上弥补了"终结"基因组中很多剩余的缺口，而该基因组序列是在2004年由公共计划在《自然》上大吹大擂地宣布的[10]。我们没有召开记者招待会就发表了我们的文章。这些数据本身就够有力的了[11]。

随着公开论战的最终结束，我打算开启一个人类基因组研究的新局面。在发表了人类基因组装配分析文章之后，TCAG（在与三个非营利性的研究所合并以后，它现在更名为文特尔研究所）已经开始着手排序和分析单个个体的基因组了。这个个体就是我。之所以选择我是出于科学研究的考虑，而不是自负或傲慢。早期包括塞雷拉基因组的合成版本，过分低估了人类变种的数目。而政府所支持项目的基因组是由来自有限个体的片段（复制体）拼接起来的，所以看不到遗传变化。塞雷拉的基因组来自于五个个体基因组的共有序列，包括我在内。我们使用赢者通吃的原理：我们的基因组使用在五个人中出现次数最多的部分。这也同样失去了由indels（插入/缺失多态性）导致的变种，indels是遗传密码中超过一个字母被改变的地方。当在一个个体DNA中插入/缺失一个较大的片段时，拼接程序并不记录这一变化，除非它发生在序列的多数部分。

换句话说我们双方在2000年6月大张旗鼓地公之于众的基因组并没有说明我们一开始想要解读它们的一个关键原因：一个由不同人混合或拼接的DNA抹去了个体差异，而这些个体差异会让我们一些人易患癌症、心脏病或其他的疾病（尽管已经有研究工作绘制过单个字母的变化图——单核苷酸多态性）。早期的基因组仅仅关注一个人的遗传密码的一个复制体，而事实上我们继承了分别来自父母的两个。在一些位置上，父母中的一方的基因起主要作用，而在另外一些地方是另一方基因起主要作用。我们需要检查所有60亿而不是30亿个字母的编码，才能得到最准确的人类基因组序列的真正的面目。

因为很明显的原因是，我们从来没有宣布说我和海姆是最初测序的两个捐献DNA的人，同时我们也没有刻意隐瞒。当调查TV新闻杂志《60分钟》报道了基因组竞赛时，它揭露说我是DNA捐献者之一；[339]

但是直到后来当《纽约时报》的尼克·韦德（Nick Wade）来采访我的新研究所时，我的基因组才真正变成了新闻。我对当时的谈话没有多想，直到接下来的周六早上当《纽约时报》送到我家时我才注意到它的头版报道《科学家披露基因组的秘密：它是他的》[12]。这个标题是不正确的，但是我猜想这有助于证明这样一个事实，那就是只有《纽约时报》说它是新闻时它才成为新闻。

失明发现

媒体曾兴致勃勃地报道过关于我的基因组的一些令人沮丧的发现。一个头版报道说："应《华尔街日报》的要求，文特尔博士的同事检查了他的一些与健康风险相联系的特定基因。在一个电话会议中文特尔得知，他的基因表示他失明的可能性很大。当你研究你的DNA时，你的生命可能会以如此方式呈现。"[13]

这份报纸提出，在我的基因中有一个名叫补足因子H（CFN）的基因有一个单字母的变化（一个名叫rs1061170的SNP），一些研究把它和"非常高"的患黄斑变性可能性相联系，黄斑变性是一个导致视网膜中心变性的常见病，它会毁坏中心视觉的功能。

在我的两个CFH基因复制体中，有一个有这样的变异，这使我患此疾病的可能性增加了3～4倍。如果两个复制体都发生变异的话，可能性就会上升到10倍以上。

早期的研究认为CFH可能在防止血管发炎和损坏方面起关键作用，所以它的变异会导致发炎从而致盲。因子

H的一个已知的性质是它管理补足系统的活化，补足系统是一个相关蛋白质的集合，它是身体的第一线的防御体系——一个先天的体系——它攻击外来的入侵者同时避免对于任何健康细胞"自身"的攻击。

可以说我的基因组在塞雷拉基因组中占了主要部分。就像在第十四章中提到的，基因组拼接小组希望能较多覆盖五个人中某个人的基因组，以确保我们能得到一个精确的拼接。虽然海姆的DNA已经在高质量的5万碱基对文库中了，但是因为早期的来自于我的基因组的测序文库在2000碱基对和1万碱基对范围最有效，这些文库被选 340 为3倍测序范围。总的来说，我的DNA在最后的塞雷拉基因组中占据了60%。

癌症和我的基因组

很多人生来就有一个变异从而使他们更容易发生肿瘤。一般来说，一些单核苷酸多态性（SNP）——单字母拼写错误——可以明显地改变一个基因的行为，同时其他的可能有更微妙的功能效果，使个体更易于患与其遗传背景和环境一致的疾病（例如，有一些基因会增加吸烟者患肺癌的概率，但是对不吸烟的人没有影响。）还有一些则根本不起任何作用（不具功能性的SNP）。

基因编码蛋白质，在这三个SNP类型中，最有趣的是那些改变蛋白质结构，从而通过改变氨基酸蛋白质的一个基本单位来发挥作用的类型。它们被叫作"错义SNP"。目前为止，好消息是，通过检查寻找我的基因组中与癌症有关的四个基因——Her 2、Tp 53、PIK 3 CA 和 RBL 2——的变异后，我们发现了两个错义 SNP，它们与癌症没有已知的联系，以及两个未知效用的异常 SNP。其中一个 SNP 发生在我们称之为保守位的 PIK 3 CA 上，它是蛋白质很少发生变化的部分，大概是因为它太重要了。

没有数据能说明这个特别的变化是否会使我陷于更大的危险。但是 PIK 3 CA 属于一个重要的基因族，该基因族编码名为脂质激酶的蛋白质，该酶修改脂肪分子并指导细胞生长、变形和移动。我们知道有 30 % 的直肠癌、胃癌和恶性胶质瘤的发生与 PIK 3 CA 变异有关，在较小程度上，它也与乳腺癌和肺癌有关。PIK 3 CA 变异还会导致脑瘤的自发产生。我可能会更进一步研究它。

获得一个人的基因组序列这件事也引发了一场争论，就像基因组学中很多其他问题一样。塞雷拉科学顾问团的成员们对于识别任何捐献者的身份感到不安。阿瑟·卡普兰（Art Caplan）把这个计划比作无名战士的坟墓，它是神圣不可知的。但是整个现代军事 DNA 法医学事实上将永远不会有"未知"的未来。就像许多早期的医学争论一样，从心脏移植到试管婴儿，大家的态度随着时间的流逝发生了翻天覆地的变化。对此最好的说明是，现在吉姆·沃森也让一家新开的商业风险投资公司——454 生命科学公司——测序他的基因组序列
341 了，基于马西斯·乌伦（Mathis Uhlen）开创性研究焦磷酸测序的工作，这家公司创造了一个测序仪，马西斯的研究工作是在斯德哥尔摩完成的。

自从我牵扯进这项计划的事情被曝光以来，我每次都被问及我们到底在我的基因组序列里获知了些什么。（事实上直到2006年，我的密码中所有60亿个碱基对的读取才告完成。）2007年，我们把第一个现代人的倍数染色体基因组序列发表在一个免费开放的杂志《公共科学图书馆生物学》上[14]。这个不可思议的知识真的困扰你了吗？你害怕把它贴在网上让全世界的人看吗？在这本书里，我总在主张和解释我们的基因组很少能给出确定的答案，它们所能告诉我们的大概最好的表达就是某种事情发生的可能性有多大。只有当我们得到我们所有基因含义的那个大的图景时 —— 这将会花费数10年的时间 —— 我们才可能指出它们是否可以告诉我们，我们有35%的概率患乳腺癌或结肠癌或其他什么。

对我的基因组来说，我最大的失望是在2005年，当时我被诊断有两种皮肤癌 —— 黑素瘤和基底细胞癌。幸运的是两者发现得都较早。然而我并没有认真地组织去分析什么导致这两个肿瘤的基因突变，这本将是件令人神往的事情：看到我的基因组是怎样对这些基因失去控制的，我的DNA是怎样让我这样倒霉以至于我的细胞开始不顾我整个身体的健康而自顾自地繁殖。

但我还是可以大体上知道我本应该看到些什么。癌症被认为是由一个基因缺陷的堆积引起的，一个流行的观点认为这个基因缺陷在干细胞上有最大的影响，干细胞为特定的组织和器官提供细胞类型。对结肠癌来说，第一步是在一个名叫ras的成长基因上有一个缺陷，该成长基因使细胞繁殖形成一个息肉，即癌变前的增长。一般来说，息肉细胞中其他的增长控制基因也会遭到破坏，随着肿块的增大，更多的变异以一个极大的概率形成，因为快速繁殖的细胞更容易携带变异甚至"增变"基因，这推进了 DNA 的错误率。这就是我以前的一名同事 —— 来自约翰·霍普金斯的伯特·佛哥斯坦（Bert Vogelstein）提出的多击模型。他可以说是当今世界上最重要的癌症研究员。在文特尔研究所，我们有一个由鲍勃·施特劳斯伯格指导的正在进行的与几个著名研究团队的较大合作项目，其中就包括佛哥斯坦的团队。在该合作项目中，我们正在研究癌细胞中基因的体细胞变化。体细胞变化是由诸如毒素和辐射等环境因素导致的非生殖细胞中基因的变异引起的。这些可能在一个个体身上导致癌症，但是它是非遗传的癌症形式，不可能由父母传递给下一代。

　　仅仅 3%～5% 的癌是由从父母那里继承了遗传缺陷引起的；剩下的 95%～97% 是由体细胞基因改变引起的。就在很多研究团体正在寻找与癌症起因有关的基因变化时，我们主要关注可能有效治愈的肿瘤的基因变化。酪氨酸激酶受体是我们细胞中某种关键的细胞生长调节蛋白。最近高效癌症化疗剂已经可以阻断酪氨酸激酶受体，但是它们的效力常常依赖于出现在受体基因中的变异类型。于是我们就开始测序酪氨酸激酶受体族基因以寻找体细胞突变。我们的确不需要看得很远：在研究之初我们检查了脑瘤中的基因，很快就发现了几个独特的突变。我们现在已经把研究扩展到了几个包括乳腺癌和结肠癌在内的其他的癌症类型。

测序和癌症

可以想象，在未来，医生要使用"个人化药品"治疗

癌症，这种个人化药品得益于新一代DNA解读机的研究，
该机器可以预言哪些肺癌患者适合某一类新药。非小细胞
肺癌在世界范围内占据了癌症死亡的最大比例，早期的研
究显示，有1/4的患者肿瘤细胞内有额外的表皮生长因子
受体（EGFR）基因的复制体，从而更容易对诸如吉非替尼
和埃罗替尼的抗化剂药物产生疗效。康涅狄格州的454生
命科学公司与波士顿附近的达纳法贝尔癌症研究中心和
布罗德研究所的科学家们合作，他们使用一次性可以产生
成百上千个DNA序列的454测序法去分析肿瘤样本中的
EGFR基因突变，基因样本来自于22个肺癌患者，这些肺
癌患者接受了EGFR抗化剂的治疗，他们期望找到对该治
疗方法最有效的患者。

就在新设备中的测序仪制作大量我的基因组片段时，我把注意力
转向了一个新计划，这个计划合并了我一生中的两个最爱：科学和航
海。这个概念是很简单的：舀一些海水然后用很细的过滤器把所有在 343
海中生存的微生物都滤出来，同时分离所有来自这些微生物的DNA，
然后得到这些DNA的霰弹枪文库序列，一次测序几千到几百万个序
列，把这些序列拼接成染色体和染色体片段，最后为基因和代谢途径
分析序列从而准确地理解在这片海里到底生活着些什么。我们不打
算搜寻一个特别的生命类型，我们将得到一滴海水中微生物差异的快
照——海洋自己的基因组。

对我而言这是一个我研究工作的直接扩展，该研究从EST方法到
全基因霰弹枪法到史上第一个有机体的基因组，然后当然到人类基因

组。同样和以前的计划一样，这个计划也遭遇过质疑。很多人确定霰弹枪法测序海水是不会成功的，因为我们这是在测序一盆含有大量不同物种的汤。回到拼图游戏类比上来，这就像同时玩上千个拼图游戏，把所有的碎片都混合在一起，然后尽力同时解决所有的单个难题。

然而从以前在TIGR的基因组测序经历中，我已知道我们的计算工具可以从这样复杂的混合物中准确地拼接不止一个完整的基因组。在1996年，我们就收到过一个从患者身上分离出来的据信为肺炎链球菌种。在测序该细菌基因组时，拼接程序揭示了两个分离的但非常接近的相关细菌种类基因组，而不是一个。这一经历和很多的其他经历——不仅仅是把人类270万个DNA片段装配回人类染色体——我确信一个唯一的基因组序列会提供一个该基因组序列唯一的精确拼接。

为了说服能源部的一个资助评审委员会同意资助我的海洋试验计划，我做了一个简单的示范：我把每一个已测序的微生物基因组（当时大约是100个基因组）粉碎成不超过1000个碱基对长的碎片。然后我把这些碎片混合在一起放在拼接器上过一遍。仔细检查过数据后发现我们的程序把序列准确地重建成每一个个体的基因组，一个错误的拼接也没有。这给评审委员会留下了深刻的印象，但是他们还是不能肯定这个程序会在海洋微生物上也有效。

344　　　我决定设计一个试验性实验来指导一个真正的测试，资金将再一次由我的基金资助。与百慕大生物研究站的头目安东尼·纳普（Anthony H. Knapp）接触后，他安排我实验室的杰夫·霍夫曼（Jeff

Hoffman）采取一些马尾藻海的水样。我们故意选择马尾藻海是因为它被认为是一个海洋沙漠，营养缺乏，所以没有太多的微生物。那些海水的特色就是微生物极少。

一旦包含有首批样品的微生物的过滤器在测序试验室被处理并且数据检查后，我就知道我们成功了。我们已经打开了一扇对现代科学知之甚少的世界之门。从日照水面到海底深谷到处有人类难以想象的生物，包含了 10^{30} 个数量级单细胞生物和 10^{31} 个数量级的病毒。总计有 10^{30} 个生物体，为这个星球上的每个人描绘了百万个独特的种类或者 10 万亿亿个生物。

对于大多数科学，我们能认识的只是我们能看到或测量到的。例如微生物，对于我们可以培养的我们知道很多。问题是只有不到 1% 的相当少的微生物可以被分离和培养，而 99% 的不能被实验室培养的微生物，我们对此一无所知。事实上对很多方面来说，它们就像不存在一样。想到我的霰弹枪技术将会揭示我们曾错过的 99% 的生命，我就感到激动万分。现在我可以打开海洋的密码，它随着不同的海而变化，不管它是来自于海床的火山口、软珊瑚花园的附近还是海底的火山顶上。

从那时到现在我们已经发现了几万个新的物种，它们很多是奇特怪异的。我们发现的超过 130 万个基因都来自于仅 200 公升的浅表海水中。将这个数字放到相关背景中，你会发现第一批样品的分析就使这个星球上的已知基因多了一倍。在这个我们曾认为是世上最贫瘠的水体中发现如此庞大数量的生物对进化生物学提出了极大的挑战。

　　这项研究也有它的实际意义。我们分离的大约 2 万个蛋白质参与了氢加工，另外有 800 个新基因利用了光的能量。这一数据使科学家已知的光感受器（例如在我们眼睛背后发现的那些成分）的数目翻了两番，这意味着某种新类型的光驱动生物学可能会解释马尾藻海出乎意料的高多样性。

345

　　本来我们应该继续在马尾藻海采样，但是我想看看在世界不同的地方是否有很大的差异。于是在文特尔研究所基金、戈登和贝蒂·摩尔基金会、美国能源部和发现频道的资助下，魔法师 2 号远征开始了。我的游艇经过了特别的改装，已经适合环球航行，因此她可以跨海航行并日夜收集水样。这次发现之旅 —— 以及自我发现 —— 引领了一个新领域，环境基因组学[15]，该领域被誉为是新奇和刺激的。我感到这次努力的意义即使不超过测序人类基因组的长远影响，也与它旗鼓相当。

　　两年了，当魔术师 2 号从哈里法克斯、新斯科舍到东热带太平洋到处采样时，我飞来飞去不时地加入到船员组中。特别是我发现了一条水路 —— 直穿过巴拿马运河到可可斯岛然后到加拉帕戈斯 —— 这是种特别的转换体验，就像我把基因组学和写这本书以及和鲨鱼一起潜水结合起来，所有这些都发生在电视摄像机的注视下。处于一次冒险的中心是令人刺激的，这次冒险部分是在 19 世纪猎犬号和挑战者号旅程的鼓舞下进行的。

　　为了收集 DNA，我们每 200 海里采集一次海水样本，然后通过越来越细的过滤器过滤海水，收集细菌然后收集病毒。在被空运到洛克维尔测序之前，过滤器被保存在甲板上的一台冰箱里。在洛克维尔，由史部·尤冉峰（Shibu Yooseph）领导的一个小组利用非凡的计算能力 —— 包括曾用来设计动画《史莱克》和模拟氢弹爆炸的超级计算机 —— 来重构和分析大量的霰弹枪微生物DNA数据。他把每一个DNA片段都和其他的相比较，从而产生相关的序列串和预测数据中的蛋白质。在拉荷亚的索尔克研究所，杰勒德·曼宁（Gerard Manning）也用此数据与蛋白质数据库（Pfam）相比较，后者是一个所有已知蛋白质族的特征谱集合，他们利用的是来自于加利福尼亚卡尔斯巴德的一家名叫时代逻辑的公司的硬件"加速者"，在它的帮助下，杰勒德的小组做了将近3.5亿次的比较，相比以前的工作，这提高了一个或两个数量级。最后的计算花费了两个星期，但是如果用一个标准的计算机来完成这些工作将需要一个世纪。得到的数据简直让人喘不上气来。在2007年发表在《公共科学图书馆生物学》上的三篇文章里，我的团队在道格·鲁希（Doug Rusch）的领导下描述了400个新发现的微生物和600万个新基因，这使当时科学所知的数量增加了一倍[16]。 346

这次探险对已经建立的生命之树的观点形成巨大冲击。人们曾经以为我们自己眼睛中的光探测蛋白色素是相对罕见的。但是我们的基因拉网显示所有海面上的生物都产生探测有色光的光视紫质。这些蛋白质帮助微生物利用日光，就像植物那样，但是没有光合作用。它们使用它们的"光收获"机制把带电原子抽运到相当于太阳能电池的装置中。蓝绿电池变体在不同的环境下被发现 —— 蓝光品种主要在公海中被发现，比如说紫蓝色的马尾藻海，绿光品种生活在海岸附近。

在环球航行中我的小组发现了一些新蛋白质，其中一些保护微生物不受紫外射线的伤害，另外一些与紫外光伤害修复有关。我们发现某些蛋白质特征在海中比在陆上得到更多的肯定。例如，陆生革兰阳性细菌以其强壮的孢子而闻名，但是它的海生亲戚却没有这个特征。鞭毛是驱动细菌前进的鞭状延伸，菌毛是细菌间用来交换遗传物质的一种短的延伸物（相当于微生物的性器官），它们在海上出现的频率也不高。

我们也很惊奇地发现了很多种被认为是特定于某一生命王国的蛋白质，它们在水中也是更为广泛分布的。例如谷氨酰胺合成酶（GS），这种蛋白质在氮新陈代谢中充当一个关键的角色。超过 9000 个 GS 或类似 GS 的序列被揭示。很多是我们称之为 II 型 GS（这种蛋白质的三个基本类型之一）。这是一个意外的发现，因为 II 型 GS 与类似于我们自己的细胞一样的真核细胞联系更多，而与大多数我们分析的过滤器中的"简单"生命——细菌和病毒——无关。

在所有我们研究的蛋白质家族中，激酶族是特别有意思的。蛋白质激酶是一种管理我们身体中最基本的细胞运作的酶。它们通过连接化学物质磷酸盐团，来控制蛋白质的活性以及这些细胞中的小分子。由于它们的重要性，它们也是治疗癌症和其他疾病的关键靶。以前，大家认为应该在不同的生命王国里发现不同的激酶族：我们的细胞使用真核细胞蛋白激酶（ePK），而细菌依赖组氨酸激酶。然而我们发现类 ePK 激酶在细菌中普遍存在，而且事实上比组氨酸激酶还要普遍。同样也发现在所有的激酶家族中十个关键的蛋白质特性是相同的，这显示它们是处于决定一个激酶是什么的核心地位。这样被大量生物分享的基因的数据可以被用来作为一台时间机器：我们可以制造一定也在一个共同的祖先身上作用的激酶，在这个特别的情况下，也就是推导出几个蛋白质家族，该家族一定在几十亿年前三种主要的生命分离之时就存在了。

关于气候变化方面，魔法师2号也有有趣的发现。一些海域比其他海域有更多的低碳生物。传统上认为这些海洋生物数量可以表示当地的营养水平，所以大量的生物意味着富含营养的水域。但是事实可能不是这么简单。细菌病毒——噬菌体——可能事实上对保持某些海域微生物的低水平起至关重要的作用。如果我们可以更好地理解这种关系，知道怎样抑制这种病毒，或者让细菌可以抵抗噬菌体的攻击，那么就会有更多的这种微生物可以吸收二氧化碳从而减少气候变化。这种新理解引出了更加明显的可能性。

在发现数百万新基因的基础上，我们开始装配一个程序包以开始新的进化阶段。在地球的大气中微生物扮演了一个极其重要的角色。多亏了光合作用，树木吸收二氧化碳。海洋也是一样，但要涉及更多的机制。我们是否可以设计新的生物，使其在一家耗煤工厂的减排体系中生长，并且吸收它的二氧化碳？我们是否能利用微生物和它们非凡的生物化学功能去改变大气成分？我们是否可以促成星球的微生物肺让它深呼吸？这并不像听起来那样疯狂。毕竟我们把现在呼吸的空气中的氧气归功于20亿年前微生物数量的一次变化。这些微生物不得不停止吸氧气以免被毒害，而它们排出的"氧气废气"变成了大气的一部分。为了与燃烧化石燃料的影响相抵消，或许土壤微生物可以用来摄取更多的碳。组成地球的扩展肺的群落有可能集结在矿坑、深层水体或沙漠中。

　　第一步是解读微生物、植物以及其他成千上万的可以处理污染的生物的基因组，这些污染物包括二氧化碳、放射性核素还有重金属。很多这样的基因组已经被测序了，大多数是用我的方法，很多是我的小组做的。我也扩展了一下我在马尾藻海用的方法，该扩展被用来研究曼哈顿的纽约人每天呼吸的空气。纽约现在是我们空气基因组计划的试验台，在它的上空我希望确认细菌、真菌和病毒这些随着我们的呼吸就会进入我们肺里的微生物。当我写这本书时，很多的微生物正在被测序。利用这些无数微生物集合的信息，我不仅可以研究监视空气质量和监视生物恐怖主义的新方法，而且还可以调查是否有利用这些生物及其精细化学作用获利的方法。

　　我已经有一份长长的名单，名单里是有希望改善全球变暖影响的微生物。泥煤沼泽里拥有荚膜甲基球菌，它们循环出温室气体甲烷。沼泽红假单胞菌是一种土壤细菌，它把二氧化碳转化为细胞材料，把氮气转化为氨水并且还能生成氢气。欧洲亚硝化单胞菌和念珠藻也参与固氮作用。在海生微生物中，假微型海链藻是一种硅藻，它可以把碳转化到海底深处。这些都可以对清理我们生病的大气发挥作用。

　　我们可以继续深入研究。我们是否可以利用我们当前的知识去设计和用化学方法创建一种新物种的染色体，从而产生第一个自我复制的人工生命体，该人工生命体可以用来充当新的替代能源的来源？这个提议肯定会导致基础生物学家的反感，但是这只是对上千年来无数人利用生物学过程制造有用产品的早期研究的自然扩展。生物技术可

348

以上溯到几千年前,当时的酿酒发酵制作了第一种生物燃料:酒精。

已有证据表明这些微生物可以在石化工业方面实现革命性突破。杜邦是许多传统的石化公司之一,它依赖便宜的石油供给,把石油转化为各种聚合物,这些聚合物在衣物、地毯、绳子和防弹背心中广泛使用。现在他们正在开展最新的商业试验,该试验从使用石油转换到使用饲养在糖培养基上的工程细菌作为一个可更新的碳原料,他们采用的方法和植物从空气中固定二氧化碳的方法相同。

杜邦的科学家们和帕洛阿尔托的杰能科合作并修改了埃希氏大肠杆菌使其把葡萄糖转化为名叫丙二醇的化合物。在田纳西的工厂里,数吨这种细菌利用玉米糖来制作合成物 —— 索罗娜聚合物[1],该合成物被公司用来制作防污地毯和衣物。这只是开始。假如我们能够设计细菌来生产燃料,例如丁烷、丙烷或者甚至是辛烷,而原料都是 349 糖,那结果会怎样?或者更好,假设我们可以设计它们使用纤维素去工作,纤维素是一种糖聚合体,它是植物和树的构成成分,那结果又会是怎样?这种幻想技术将会改变现实世界。我们星球上有限的石油资源已经导致了财富分配的极大不均,引起燃料战争,挑战我们的国家安全,排放大量的污染气体以及导致从风暴到洪水和干旱的气候变化等一系列问题。

我自己的合成人工基因组之梦可以上溯到1995年。在TIGR完成了历史上头两次的基因组测序后,我们承担了一个主要的研究,该研

---

1. 译者注:索罗娜聚合物是由1,3丙二醇与精对苯二甲酸聚合而成,它可以给纤维和化纤带来独特的特性。

究试图确定一个单独细胞生存所需的最小基因集合。这离创造一个仅仅包含理论预测生命所需的基因的合成染色体只有一步之遥。我希望这种对生命基本形式的认识可以为我们达到控制一个生物体的基因格局的新水平铺平道路。

在我实施这样一个大胆的计划之前，我请人对凭空制造一个基因组这样的想法进行了伦理学的评审。这项活动需要超过18个月的时间去征求绝大多数宗教团体的意见。就在我们的方法证明是科学可行的时候，一些担心出现了，包括从该技术潜在的危险（生物武器、不可预料的环境影响）到它对我们的生命意义概念提出的挑战等各个方面。到评审完成的时候，我已经发动了塞雷拉开始测序人类基因组了。人造基因组的问题就不得不暂缓一步了。

在结束塞雷拉工作之后，我又踌躇满志地回到了合成生命这个问题上。2003年9月3日星期五，我被阿里·帕特诺斯召集去康涅狄格大道800号的椭圆屋饭店参加一个紧急的午餐会议，椭圆屋饭店离宾夕法尼亚大道上的椭圆办公室只有几个街区远。我把车停在饭店门口的路边，之后的会议或许可以最好地概述下一个里程碑。阿里·帕特诺斯曾促成基因组战争的停战，后来他继续为能源部生物理事会工作。参加会议的有他的老板 —— 能源部科学办公室主任雷蒙德·李·奥巴赫（Raymond Lee Orbach）；总统科学顾问兼科技政策办公室主任约翰·马伯格（John H. Marburger Ⅲ）；白宫国土安全办公室生物恐怖主义、研究和发展主管劳伦斯·克尔（Lawrence Kerr）；另外还有一个能源部官员和我。值得注意的是这样一个高层会议只是在两小时前才开始准备的。

与会人员热烈讨论了由能源部资助的合成基因组计划的突破。该计划由我的替代能源研究所承担（在2004年IBEA并入了文特尔研究所）。该计划耗资300万美元去"发展一个合成染色体"，即创造一个完全人造染色体的可以自我复制的生命的第一步。在会议召开的前一天，我打电话给阿里告诉他，我们的小组主要是海姆·史密斯和克莱德·哈奇森（Clyde Hutchison）在为一个小基因组合成DNA的工作上取得了跳跃性进展，该工作使我们的合成物种计划向前迈出了一步。我们已经最终得到了生物活性 φ-X174合成物，它是一种抗生素，感染埃希氏大肠杆菌。为此我们已经过了5年的尝试，但是没有任何成功。

我一直都把 φ-X174合成看作是为人造物种创造染色体重要的一步，也是我们更大的目标。φ-X174在一个细菌里成长的必要条件是在它的DNA密码里每一个碱基对都必须正确：一点都不能错。我指出除非我们能够正确拼接 φ-X174的5000多个碱基对，否则我们将永远都不能合成一个由50万个碱基对组成的最小的细菌染色体。有几次我们已经产出了大小恰当的分子但是因为它不能传染，所以我们知道它的DNA中有错误。在我们组建了这个新的研究所和研究队伍并且设计了几种合成策略后，这个计划慢慢地向前推进了。我自己心里确定，我们能够用一个系统的方法仔细分析这个问题时，我们是会成功的。例如我坚持在每一步都测序它的DNA，这样我们就可以确定哪里产生了错误，并且可以指出怎样克服它们。这种步步为营的方法把主观臆测从我们的科学研究里剔除了。

海姆和克莱德通过理解每一个化学和酶反应的细节把这一原则

推广得更远。在一次马拉松式的会议上，他们解决了这个最后的问题。虽然他们还不得不测验这组人造病毒的传染性，但他们对合成很有信心，并安排与我共进晚餐来讨论下一步的研究。我们三个人在我房子附近的一家名叫珍妮·米歇尔（Jean Michel）的法国餐馆里碰面。他们都像年轻的博士后同事那样，脸上洋溢着那种只有知道自己解决了一个问题才有的兴奋表情。但是还有两个关键的步骤留待证明他们已经取得了成功：他们必须演示这个合成的病毒是有传染性的，以此证明我们有一些东西是真正起作用的，他们也必须对这个合成的噬菌体基因组进行测序，以此证明我们并没有使用变体——φ-X174密码中过剩的碱基对或其他病毒的污染。海姆说传染性一经测试完他就会和我联系。

351

我们重建的病毒的确杀死了细菌，就像真的一样，我又一次来到一家餐厅里了，这次是与来自政府的科学家谈论那些成就的意义。我们被带到我们的餐桌前，我很快就开始介绍我们的工作，从最小基因组计划到 φ-X174 合成。马伯格（Marburger）不停地打断介绍提出问题，显示了他对该计划的前景有很好的理解。了解到我们或许可以在一周之内合成任意少于 1 万个碱基对的病毒，而较大的病毒例如马尔堡病毒或伊波拉病毒（两者都大约是 1.8 万个碱基对，都很令人讨厌）也只需要一个月左右，克尔坐在那里只是不停地发出哇哇的声音。我告诉他们我已经与国家科学院的院长布鲁斯·艾伯特（Bruce Alberts）以及《科学》的编辑堂·肯尼迪（Don Kennedy）联系过了。数据的发表依旧是一个问题：如果有必要，我们也做好了对我们方法进行审查的准备，以免坏人可以利用这个威力巨大的技术。

　　这个问题最终全部同意由白宫来做决定。我会愿意把我的工作让一个新的委员会审议吗？如果它的成立是为了调查"两用"研究的话，"两用"研究是指既能带来好处也能带来伤害的研究。我认为这是个好办法。抛开我们自己的合成基因组研究不说，我相信这样类型的检查是迫切需要的；我只举出一个例子，很多研究小组努力试图解开H5N1禽流感病毒更易于感染人类之谜，看是什么把它变成了全球流行的病毒株。这种关切最后促使成立了一个美国科学生物安全委员会，它的成员来自各个政府部门的代表。我们急切地想发表我们 φ-X174 论文而不用自我审查，它在2003年12月23日发表在《国家科学院学报》上[17]。我们之所以最后决定把它发表在学报上是因为这篇文章的三位作者海姆、克莱德和我是科学院成员，我们知道我们应该有一个空间表达我们想要说的话并且这个杂志会尽快把它发表。

　　鉴于我们的科学研究意义重大，而且因为它是由国家能源部资助的，所以能源部部长斯宾塞·亚伯拉罕（Spencer Abraham）同意出席在华盛顿城区举行的记者招待会，站在一屋子记者面前，他说我们的工作"是令人惊叹不已的"，而且指出这将会导致微生物工程的创立 ³⁵²从而应对污染和二氧化碳过剩甚至满足未来燃料需求。

长寿？

　　我的小组彻底检查了我的基因组，寻找与疾病、残疾和衰退相联系的DNA图谱，这些工作并不总是显示坏消息。去年圣诞节，黄嘉祺告诉我，我在一种称为CETP（胆固醇酯转移蛋白）的基因上是"V/V纯合子1405V"，她的意思是说我有一个变体与长寿有关——活到90岁或更长——会使我在年老时依然有清醒的头脑和很好的记忆力。这个变体被纽约爱因斯坦医学院的尼尔·巴奇拉伊（Nir Barzilai）领导的一个团队证实与长寿基因有关。这个小组检查了158个中欧系犹太人（东欧）家系中95岁以上的人。与缺乏该基因变体的老年人相比，拥有这个基因变体的人有两倍的可能性去拥有一个好的脑功能。这些研究者们在一个较年轻的团体里也同样独立地验证了他们的发现。我的基因变体所创造的蛋白质改变了另外一种叫胆固醇脂的蛋白质从而影响了"好"HDL和"坏"LDL胆固醇的大小，它们打包在脂肪和蛋白质（脂蛋白）颗粒中。百岁老人拥有CETP VV的可能性是普通人的3倍，而且也有比对照组多得多的HDL和LDL脂蛋白。一般认为较大的胆固醇不容易挤进血管中，这就降低了我患心脏病的可能性——至少从该基因有限的认识上是这样的。当然，如果我们能够在治疗上模拟这种变体的CETP VV的保护效果的话，我们可能会提高西方老年人的生活质量。

海姆走上讲台和我们一起巧妙地回答了一些问题，尽管我们已经演练了好多次关于他该说什么不该说什么，但是当他被一名记者问及致命病菌的可能性时，他好像把这一切都忘了。在海姆不经意间说出"我们可以制造天花基因组"时，我打断他并指出这只是可能性，我们知道天花DNA自己没有传染性，我试图在海姆的推测上泼一点冷水。海姆打断我说"但是我们讨论过克服它的方法呀，"然后他扭头向我不好意思地咧嘴一笑："我是不是不应该说这些，嗯？"幸运的是

353

我们的交流在《纽约时报》的报道中没有超过一段，报道大部分是有利的。我在果蝇基因组计划中的老合作者格里·鲁宾在《今日美国》中说："这是一个非常重要的技术进步。设想有一天你可以坐在电脑前设计一个基因组，然后再去建造它。"[18]

一些媒体不对这次发布做报道或者感到失望，因为我们只是宣布了一个病毒而不是一个期待已久的合成的生命细胞。（我发现一件挺可笑的事情，媒体对我们的报道已经从早期的怀疑转变为现在对我们的厌倦，因为我们只是宣布合成一个病毒而不是一个新的生命形式。）科学家们也分成了两派。纽约州立大学石溪分校的埃卡德·维曼（Eckard Wimmer）从事了3年骨髓灰质炎研究，他称它为"一桩非常漂亮的工作"，但是对其他人而言，我们的病毒只是小菜一碟[19]。

但是对阿里·帕特诺斯来说，这一发展已经足够刺激让他成为我的新公司总裁了。新公司起名为人造基因组学，它致力于推动这一研究向前发展。海姆·史密斯和我也劝说克莱德·哈奇森全职加入文特尔研究所参与该计划构造一个基于生殖支原体的人造基因组，比起改造噬菌体而言，这可是一项雄心勃勃的计划。生殖支原体和流感嗜血杆菌是我们在证明霰弹枪法的可行性时用到的有机体，那时是1995年——就在那一年合成基因组计划诞生了，至少是在观念上诞生了。

就在我们全身心投入测序人类基因组时，海姆和我就提出过一些简单的问题：如果一个物种需要1800个基因（流感嗜血杆菌）而另外一个物种需要482个（生殖支原体），那么对于生命而言，是否有一个最小的操作体系？我们能否定义这个操作体系？换一句话说我们能否在遗传基因的理解上问这样一个老问题 ——"生命是什么？"

这不仅是一些简单的问题，而且还很幼稚，当我们测序第三个基因组的时候，有个问题就很清楚了，我们测序的第三个基因组为太古细菌詹氏甲烷球菌，这是一种被称为自养型的生物，它以无机化学原料为生。与其他微生物的糖类代谢不同，甲烷球菌把二氧化碳转换为甲烷同时产生细胞能量。我开始明白不同的基因盒子可以在微生物细胞中替换，而且它们依赖于它们所处的不同环境。生活在无糖环境中的细胞，例如甲烷球菌，就缺少使其拥有代谢糖类能力的基因。所以我们不能定义生命的最小操作系统，因为它依赖于生命的生存环境。354 我们最多能定义一个最小基因组，这个概念会随着我们产生更多的数据而进一步向前发展。

我打算做一系列的研究把基因从生殖支原体一个个剔出去，看看失去哪一个它仍可以生存。克莱德和他的博士后同事斯科特·N·彼得森（Scott N. Peterson）设计了一种新奇的方法，名叫全基因组转位子突变形成，该方法就是任意把不相关的DNA插入到基因里，从而搅乱它们的功能，这样我们就可以知道它在基因组中的影响。（那个不相关的DNA是以转位子形式存在的，它是一些小DNA片段，包含了必要的遗传成分被任意地插入基因组的随便哪个地方。我们基因组中一个重要的部分是由DNA寄生虫组成的，而不仅仅是基因自己的准确的基因密码。）

在我们的实验中，这一微生物的膜皮被制成有一些漏洞在上边，这样转位子DNA可以进入它们内部，随便在基因组中找一个位子呆下来，当一个转位子插入一个基因序列后，它就使这个基因不起作用了。为了准确跟踪我们所做的一切，我们在转位子上加了一个抗生素抗性基因。我们知道任何在抗生素环境中生存下来的细胞都肯定有抗体基因，结果是该细胞也包含有导入了抗体基因的转位子。很容易设计一个方案阅读从转位子的末端到幸存的生殖支原体菌落的遗传密码。我们有完整的生殖支原体的基因组序列，这个序列准确显示了转位子插在基因组的什么地方。如果它位于一个基因的中间并且细胞仍然活着，我们就可以说这个基因对于这种生长条件下的细胞是非必要的。如果没有对环境的定义，那么这些数据就使我们更深入地理解了为什么生命所必需的基因功能是难以捉摸的。

一个简单的例子涉及了生殖支原体的两个基因，其中之一编码一种可以把葡萄糖带入细胞的蛋白质，另一个基因则编码输运果糖的蛋白质。生殖支原体可以依赖任意一种糖生存。如果只提供葡萄糖，转位子可以插到果糖输运基因里而对细胞没有任何影响。从这些实验中你可能已推断出果糖输运基因是不重要的，对这种情况而言这是对的。[355]然而，如果只提供果糖，果糖输运基因就变得重要了。如果我们要理解基因的功能的话，环境是很重要的。

另外一个复杂因素是我们的支原体菌株并不是无性繁殖的，可能一个支原体的变性和一个残存基因支撑它的兄弟和姐妹，在那里一个基因已经被一个转位子剔了出去。几年以后约翰·格拉斯（John I. Glass）领导的一个小组仔细地做了一次关于复制的实验以保证这是不会发生的。

利用计算机分析了生物中基因所做的一切，比较了13个相关的被测序的基因组，我们得到了一个大约99个基因的集合，我们认为该集合可以从生殖支原体的基因组中剔除。它1/5的基因组是多余的，我们现在可以看到该生命的完全遗传最小量了。

利用手头由φ-X174研究发展来的新技术，海姆、克莱德和我开始尝试着从一个实验室化学制品中构造整个生殖支原体基因组，在我写这本书时，这项工作已经由一个20多人的小组完成了。在每一个阶段我们都不得不发展新的方法去处理那些我们面临的巨大的技术挑战。

注意到甚至一个单独的拼写错误都会导致致命的结果，我们不得不以一个空前的准确水平重新测序这个有58万个碱基对的支原体：10年前的标准是每1万个碱基对有一个错误，但是利用新的机器，我们已经把它降到了每50万个有一个错误。这个结果可能是现存唯——一个最正确的细菌序列了：之前没有任何其他人得到百分之百正确的结果，甚至我们的最具纯粹主义的批评者们也没有。

现在我们不得不重建一个简化的版本了。研究人员使用标准实验室机器制作DNA的细小结构，称为寡聚核苷酸或寡核苷酸。这些是我们人造基因组的基本原料。海姆和他的小组利用精细化学煞费苦心地把无数个拥有大约50个碱基对的小块编接到更少的几个小片段里，然后在埃希氏大肠杆菌中培植它们，再把这些非常小的碎片变成少量较大的片段 —— 基因盒 —— 直到它们最终成为两个较大片段，可以被拼接到新的生命形式的螺旋基因组里。在整个过程中，我们不得不制造和利用合成DNA，比我们以前的标度大10~20倍。

现在我们已经制作了螺旋基因组，正在把这个人造DNA插到细菌里面。我们屏住呼吸仔细观察在试管里的1千亿个微生物中是否会 356 出现一个或更多的微生物携带着我们的人造DNA，并且子细胞开始按照我们的生命谱来代谢和繁殖。我们曾经成功地把一个细菌的基因组移植到另一个细菌里，做出了第一例物种变形并引起世界范围的高度注意[20]。移植一个人造基因组实验准备就绪后，我们也申请了一项专利，关于怎样建立一个我们所说的"实验室支原体"。

如果我们的计划成功了，一个新的生物将进入我们的世界，尽管还需要用现有的细菌细胞机制读取它的人工DNA。我们常常被问及我们的步子是否迈得太大了，我总是回答道——至少到目前为止——我们只是重建了一个已经在自然界存在的生命的简化版。我补充道我们已经对我们的工作进行过一个大型的伦理评论了，我们觉得我们做的是好科学。利用人造基因组我们可以插入和消除单个基因或基因集合，从而以明确的方法验证我们基因淘汰实验的结果，并且也可以真正地描绘出生命是怎样运作的。

我做着这些研究度过了我的60岁生日，走过了我父亲伤心错过的里程碑，同时我的生活也转向了一个非常积极的方向，尽管我和克莱尔离婚了，她再婚了而且看起来她的生活也很幸福。是她建议把TIGR和文特尔研究所合并，在2006年9月12日，我那三个组织的董事会全体一致同意把TIGR、J·克雷格·文特尔科学基金和文特尔研究所合并成为J·克雷格·文特尔研究所。这一活动把我所有在14年前建立的组织合并成一个世界上最大的私立研究所，它的研究人员和工作人员超过了500人，实验室面积超过23000平方米，超过2亿美元的联合资产和7000万美元的年度预算。追溯到第一批基因组数据并且每年继续发表,我们的科学文献使文特尔研究所的小组成为现代科学最常被引用的一个。我的董事会也投票支持允许我在加利福尼亚的索尔克开办一所西海岸文特尔研究院。一栋新建筑定于2009年完成,坐落于加利福尼亚大学圣迭戈分校的校园里,界于斯克里普斯海洋学研究所和医学院之间。也许我一生中最好的改变就是,我和希瑟在2006年初开始约会,并且在那年7月订婚。

357

既然我是注视自己的基因序列的化学机制的第一人,我仍然努力理解它意味着什么,这份努力将可能持续数十年。一直以来,我确信,当测序的价格降到我们花1000美元就能阅读人类基因组时,那么几百万人们将有机会做相同的事了。这片浩瀚的科学海洋仍有待我去探索。

第一批人工合成基因组是一个自然有机体的精简型版本,只是开始。我现在想再往前走。我的合成基因组公司正试图开发盒子 —— 基因模块 —— 把有机体转化成一个可以从太阳光和水制造干净氢燃料或吸收更多二氧化碳的生物工厂。从这里,我想把我们带离海滨进入到未经探索的水域 —— 一个进化新阶段 —— 直到一天,一个DNA基因物种可以坐在电脑前设计另一个物种。我梦想,有一天我们通过产生真正的人造生命来展现我们理解生命的软件。以这种方式,我想发现一个被解码的生命是否真的是一个被理解的生命。

致谢

　　《解码生命》已经酝酿很久了。20世纪90年代初我开始考虑写一些我的经历，那时许多人鼓励我这样做，描述一下我不同寻常的背景和我在实验室以及辽阔海洋上的冒险经历。离开TIGR组建塞雷拉测序人类基因组后，我想这段经历也确实值得记录一下，但是有两个因素耽搁了这项计划 —— 首先没有时间，另外记者James Shreeve表示有兴趣撰写或者合著一本关于阅读人类遗传密码的书。我们最终决定，一本合著书会减损James独立评估基因组竞赛的能力，而且也和我原本打算以自己的口吻写一本自己的书的想法冲突。我同意James可以自由进入塞雷拉，至少两年之内我不写我的自传。4年后，第一个人类基因组测序完成以及我被塞雷拉解雇后，我感到该是尝试这项高要求的工作的时候了。

　　当我开始寻找代理人帮助评价这本书的可行性时，John Brockman联系了我，他也认为我该写一写自己的事了。从一开始，John就鼓励我，敦促我写一本自己的书，几年中，John不仅是一个了不起的代理人，而且是一个好朋友和宣传者。在这里，我对他表示感谢，他使得这本书的问世成为现实。

我有幸拜访了几个对我的故事感兴趣的出版商，并且对英国的企鹅（Penguin）和美国的维京（Viking）留下了深刻印象。我认为哪儿也不能遇到比维京的Rick Kot更好的编辑了。我认为，Rick的编辑和热情毫无疑问改进了每一页的可读性和这本书的整体质量。

正如和我想象的许多书的情况一样，《解码生命》也不是一蹴而就。当我全职研究我的项目时，我给自己定了严格的纪律来推进这项工作。我的大部分内容是在飞机上和驾驶魔法师2号探险的大海上完成的，经过4年的努力，我写完了24余万字。我雇用伦敦《每日电讯报》（The Daily Telegraph）的Roger Highfield帮助修改和重编我的文本。Roger除了校订，还进行了一些重要的可以提供独特见解的采访，以便拓展这个故事的观点和脉络。Roger校订后，我又花了6个月时间重写了手稿。有些地方修改了多次，Roger提供了有价值的科学可读性反馈意见。我为他所做的努力表示感谢。

从这本书的框架开始到它最终完成，有几个人对我和这项计划产生了不小的影响，我的未婚妻希瑟给了我莫大的帮助，从最粗糙的初稿到最后的校对，她都提供了最初的反馈意见，每一次草稿都给予鼓励。很显然，没有她的鼓励和帮助，这本书也不会问世。我的朋友和同事Ham Smith几乎阅读了本书的每次草稿，并提供热心的反馈意见和鼓励、建议，从第一个基因组测序到合成基因组的新领域，他都是一个绝好的伙伴。要特别感谢Erling Norrby和Juan Enriquez以及文特尔研究所的董事会、朋友们和魔法师2号的船员们，他们曾多次阅读本书的几个版本。

在撰写《解码生命》的过程中，我曾与家人无数次听采访的录音，包括我的母亲伊丽莎白，她的弟弟 David Wisdom，以及我父亲的妹妹 Marge Hurlow 和她的丈夫 Robert（Bud）Hurlow，他也参与了几次航海冒险或提供了一些经验。David Wisdom 还提供一份粗略的家谱和历史，在本书中我用到了一部分。

以下是其他读过本书的手稿或检查过文字的准确度或提供过采访的人，但绝不仅限于此：Ari Patrinos、Clyde Hutchinson、Ken Nealson、我弟弟基斯和弟媳 Laurel Venter、我的哥哥加里、我的母亲伊丽莎白、Bruce Cameron、Ronald（Ron）Nadel、Jack Dixon、Dave Kiernan、Mala Htun、Ashley Myler Klick、Tim Friend、Rich Bourke、Claire Fraser-Liggett、Charles Howard 和魔法师 2 号的船员 Olivia Judson、Joe Kowalski、Julie Gross Adelson 和 Reid Adler。分析我的遗传密码时，我荣幸地和文特尔研究所里一组有奉献精神的科学家一起工作，包括 Roger（Bob）Strausberg、Samuel（Sam）Levi、Jiaqi Huangl 和 Pauline Ng。

每当提到新闻文章、科学论文、采访、其他基因组图书 [（James Shreeve 的《基因组战争》（*Genome Wars*）以及 John Sulston 和 Georgina Ferry 的《生命共同体》（*The Common Thread*）]，和不同的人验证事实时，我都试图使《解码生命》尽可能精确，但是仍然有错误。只有一个人对此负责，那就是我本人了。我也为这本书建立了一个网站，www. ALifeDecoded. org，在那里，我将发布补充材料、科学论文、我的遗传密码、重要的环节和任何校正之处。

注释

第 1 章
记录我的密码

第 2 章
死亡大学

第 3 章
肾上腺素迷

[1] James Shreeve , *The Genome War : How Craig Venter Tried to Capture the Code of Life and Save the World* (New York : Ballantine , 2005) , p. 6.

[2] 幸运的是，利斯继续他在《士绅》杂志的事业，后来他成为这家季刊的编辑并且在科诺夫出版社创立了文学杂志，他还写了大量的小说和短篇小说集。1994年他被法国期刊《观察家》提名为当代200名重要的作家之一。《科库斯评论》在评论利斯的短篇集《克虏伯的露露》时说："利斯是我们的乔伊斯，我们的贝克特，我们真正的现代主义者。"

[3] Daniel Max , " Gordon Lish : An Editor Who Attracts Controversy , " *St. Petersburg Times* , May 3 , 1987 , p. 7D

[4] Leah Garchik , " News Personals , " *San Francisco Chronicle* , March 1 , 1991 , p. A8.

[1] 对于酒精的味觉也与一个名叫COMT（儿茶酚抑喘定转移酶）的基因的变种有联系，它对应一种可以使多巴胺失效的酵素。然而，我的基因组包含一个变体，该变体与一个较低的酗酒可能性相联系。尽管我喜欢喝酒，看起来我更愿意通过有刺激性的事物来激发我的快乐中枢。

[1] 《诚实的吉姆》的几个最初的副本之一保存在文特尔研究所。

[2] James D. Watson , *A Passion for DNA : Genes , Genomes and Society* (New York : Oxford University Press , 2000) , p. 97.

[3] Francis Crick , *What Mad Pursuit : A Personal View of Scientific Discovery* (London : Weidenfeld and Nicolson , 1988) , p. 64.

［4］ 现在成为文特尔研究所收藏的一部分。

［5］ James D Watson, *The Double Helix Ed G Stent* (London : Weidenfeld & Nicolson , 1981) , p. 98.

［6］ James D Watson, *Genes* , *Girls and Gamow* (Oxford : Oxford University Press , 2001) , p. 5.

［7］ Matt Ridley , *Francis Crick : Discoverer of the Genetic Code* (London : Harper Press , 2006) , p. 77.

［8］ Watson , *A Passion for DNA* , p. 120.

［9］ Venter , J. C. , Dixon , J. E. , Maroko , P. R. , and Kaplan , N. O. " Biologically Active Catecholamines Covalently Bound to Glass Beads. " *Proc. Natl. Acad. Sci.* , USA 69 , 1141 –1145 , 1972

第 5 章
科学的天堂，
官僚的地狱

［1］ " 除了工作我的最大的兴趣就是园艺和 ' 坐在船里四处游逛 ' " Fred Sanger , 《自传》, Nobelprize. org. 例如，他喜欢和 César Milstein 一起出海。

［2］ Chung , F. Z. , Lentes , K. U. , Gocayne , J. D. , Fitzgerald , M. , Robinson , D. , Kerlavage , A. R. , Fraser , C. M. , and Venter , J. C. " Cloning and Sequence Analysis of the Human Brain Beta-Adrenergic Receptor : Evolutionary Relationship to Rodent and Avian Beta Receptors and Porcine Muscarinic Receptors. " *FEBS Lett* 211 , 200 - 206 , 1987.

［3］ Gocayne , J. D. , Robinson , D. A. , Fitzgerald , M. G. , Chung , F. -Z. , Kerlavage , A. R. , Lentes , K. -U. , Lai , J. -Y. , Wang , C. D. , Fraser , C. M. , and Venter , J. C. , " Primary Structure of Rat Cardiac Beta-Adrenergic and Muscarinic Cholinergic Receptors Obtained by Automated DNA Sequence Analysis : Further Evidence for a Multigene Family. "*Proc. Natl. Acad. Sci.*, USA 84 , 8296 - 8300 , 1987.

[4]　Cook-Deegan , *The Gene Wars* , p. 139。

[5]　限制图就是这样通过利用不同的酵素剪切DNA，然后再判断每个酵素产生的片段的长度而制成的。使用不同的酵素就可以构建"摘要图"给出片段的顺序和大小。当片段被测序后，就知道了酵素剪切的位置，片段就可以以正确的顺序排成限制图。

[6]　Cook-Deegan , *The Gene Wars* , p. 184.

[7]　James Shreeve , *The Genome War : How Craig Venter Tried to Capture the Code of Life and Save the World* (New York : Ballantine , 2005) , p. 79. 当时Watson正在和Gerry Rubin谈话。

[8]　Cook-Deegan , *The Gene Wars* , pp. 313-314.

[9]　Ibid. , pp. 226 , 220.

**第 6 章
大生物学**

[1]　James D. Watson , *DNA : The Secret of Life* (New York : Knopf , 2003) , p. 180.

[2]　Christopher Anderson and Peter Aldhous , *Nature* , 354 , November 14 , 1991.

[3]　James D. Watson , *DNA : The Secret of Life* , p. 280.

[4]　Adams , M. D. , Kelley , J. M. , Gocayne , J. D. , Dubnick , M. , Polymeropoulos , M. H. , Xiao , H. , Merril , C. R. , Wu , A. , Olde , B. , Moreno , R. , Kerlavage , A. R. , McCombie , W. R. , and Venter ,

J. C., " Complementary DNA Sequencing : ' Expressed Sequence Tags ' and the Human Genome Project, " *Science* 252, 1651–1656, 1991.

[5]　Leslie Roberts, *Science*, 252, June 21, 1991.

[6]　John Sulston and Georgina Ferry, T*he Common Thread* (London : Corgi, 2003), p. 9.

[7]　Ibid., p. 125.

[8]　Leslie Roberts, " Genome Patent Fight Erupts, " *Science* October 11, 1991, 184, Vol. 254, No. 5029, 184–186.

[9]　Robert Cook-Deegan, *The Gene Wars : Science, Politics and the Human Genome* (New York : Norton, 1994), p. 311.

[10]　James Shreeve, *The Genome War : How Craig Venter Tried to Capture the Code of Life and Save the World* (New York : Ballantine, 2005), p. 85.

[11]　尽管它是依我的DNA而定，但是它也是由其他的四个人的DNA通过"服从多数原则"构成的。

[12]　霰弹枪法的确可以提供足够的DNA片段去铺满这片区域。

[13]　Roberts，基因专利战争爆发。

[14]　Cook-Degan, *The Gene Wars*, p. 208. Brenner创造的一个名字，他开玩笑说他自己更愿意称之为THUG（恶棍）。

[15]　Peter Aldhous, *Nature* 353, 785, 1991.

[16] Letter from Jan Witkowski to Craig Venter, October 30, 1991.

[17] Christopher Anderson, *Nature* 353, 485-486, 1991.

[18] Alex Barnum, *San Francisco Chronicle*, December 2, 1991.

[19] Sulston and Ferry, *The Common Thread*, p.103.

[20] Robin McKie, "Scandal of U. S. bid to buy vital UK research," *Observer*, January 26, 1992, 21. Ibid.

[21] Ibid

[22] Ibid., p. 3.

[23] Sulston and Ferry, *The Common Thread*, p. 115.

[24] 布丽奇特·奥格尔维会见罗杰·海菲尔, 2006年7月25日。Cook-Deegan, *The Gene Wars*, p. 333.

[25] Cook-Deegan, *The Gene Wars*, p. 336.

[26] Ibid., p. 328.

[27] Victor McElheny, *Watson and DNA : Making a Scientific Revolution* (New York : John Wiley, 2003), p. 266.

[28] Christopher Anderson, *Nature* 9 July 9, 1992, vol. 358, issue 6382.

[29] Michael Gottesman, *Purely Academic Molecular Interventions* 4 : 10-15 (2004)

[30] Gina Kolata, " Biologist 's speedy gene method scares peers but gains backers , " *The New York Times* , July 28 , 1992 , p. C1.

[31] Ibid

[32] Cook-Deegan , *The Gene Wars* , p. 325.

第 7 章
TIGR 问世

[1] John Sulston and Georgina Ferry , *The Common Thread* (London : Corgi , 2003) , p. 127.

[2] 见第2章注释1。

[3] Gina Kolata, " Biologist 's Speedy Gene Method Scares Peers But Gains Backer , " *The New York Times* , July 28 , 1992 , p. C1.

[4] Robert Cook-Deegan , *The Gene Wars : Science , Politics and the Human Genome* (New York : Norton , 1994) , p. 327.

[5] Francis Collins , *The Language of God : A Scientist Presents Evidence for Belief* (New York : Free Press , 2006) , p. 36.

[6] Cook-Deegan , *The Gene Wars* , p. 341.

[7] Editorial , *Nature* , " Venter 's venture " 362 : 575–576 , 1993

第 8 章
基因战争

[1] Daniel S. Greenberg , " Clinton Goes Slow on Health Research , " *The Baltimore Sun* , August 10 , 1993 , p. 11 A.

[2] Eliot Marshall , " Varmus : the View from Bethesda , " *Science* , vol. 262 , no. 5138 , p. 1364 , November 26 , 1993.

[3]　"NIH Shakeup Continues,"　*Science* 262 : 643 , 1993.

[4]　James Shreeve , *The Genome War* (New York : Ballantine , 2004), p. 90.

[5]　Sandra Sugawara , "A Healthy Vision , " *The Washington Post* , November 16 , 1992.

[6]　Robert F. Massung*, Joseph J. Esposito , Li-ing Liu , Jin Qi , Theresa R. Utterback , Janice C. Knight , Lisa Aubin , Thomas E. Yuran , Joseph M. Parsons , Vladimir N. Loparev , Nickolay A. Selivanov , Kathleen F. Cavallaro*, Anthony R. Kerlavage , Brian W. J. Mahy & J. Craig Venter. Potential virulence determinants in terminal regions of variola smallpox virus genome. *Nature* 366 , (December 30 , 1993) pp. 748–751.

[7]　"Gone but not forgotten , " *The Economist* , August 14 , 1993.

[8]　Betsy Wagner , "Smallpox is Now a Hostage in the Lab , " *The Washington Post* , January 4 , 1994.

[9]　Christopher Anderson , "NIH Drops Bid for Gene Patents , " *Science* 263 : 909–910 , February 18 , 1994.

[10]　然而，基因绝不是问题的全部：在2002年《科学》的一篇文章里伦敦大学国王学院的Terrie Moffitt发现一个有趣的先天后天的影响，他发现仅仅被虐待和不太活跃的孩子才更有可能发展出行为问题。Caspi, A., McClay, J, Moffi tt, T., Mill, J., Martin, J., Craig, I, Taylor, A., and Poulton, R. （2002）. Evidence that the cycle of violence in maltreated children depends on genotype. *Science* , 297 , 851–854.

[11]　Eliot Marshall , "HGS Opens Its Databanks — For a Price , "

Science 266 , 25 , October 7 , 1994 ; and David Dickson , " HGS seeks exclusive option on all patents using its cDNA sequences , " *Nature* 371 , 463 , October 6 , 1994 .

[12] " Breast Cancer Discovery Sparks New Debate on Patenting Human Genes , " *Nature* 371 , 271–272 , September 22 , 1994 .

[13] " Ownership and the Human Genome , " *Nature* 371 , 363–364 , September 29 , 1994 .

[14] Jerry Bishop , " Merck 's Plan for Public-Domain Gene Data Could Blow Lid Off Secret Genetic Research , " *The Wall Street Journal Europe* , September 30 , 1994 .

[15] Eliot Marshall , " A Showdown Over Gene Fragments , " *Science* 266 , 208–210 , October 14 , 1994 .

[16] John Sulston and Georgina Ferry , *The Common Thread* (London : Corgi , 2003) , p. 139 .

[17] Eliot Marshall , " The Company That Genome Researchers Love to Hate , " *Science* 266 , 1800–1802 , December 16 , 1994 .

第 9 章
霰弹枪法测序

[1] Ashburner , M. , *Won for All* : *How the Drosophila Genome was Sequenced* (Cold Spring Harbor Laboratory Press , 2006) , p. 7 .

[2] Rachel Nowak , " Venter Wins Sequence Race — Twice , " *Science* 268 , 1273 , June 2 , 1995 .

[3] *Time* , June 5 , 1995 , p. 21 .

[4] Nicholas Wade , " Bacterium 's Full Gene Makeup Is Decoded , "

May 26 , 1995 , p. A16.

[5] Fleischmann , R. D. , Adams , M. D. , White , O. , Clayton , R. A. , Kirkness , E. F. , Kerlavage , A. R. , Bult , C. J. , Tomb , J. -F. , Doughtery , B. A. , Merrick , J. M. , McKenney , K. , Sutton , G. , FitzHugh , W. , Fields , C. , Gocayne , J. D. , Scott , J. , Shirley , R. , Liu , L. -I. , Glodek , A. , Kelley , J. M. , Weidman , J. F. , Phillips , C. A. , Spriggs , T. , Hedblom , E. , Cotton , M. D. , Utterback , T. R. , Hanna , M. C. , Nguyen , D. T. , Saudek , D. M. , Brandon , R. C. , Fine , L. D. , Fritchman , J. L. , Fuhrmann , J. L. , Geoghagen , N. S. M. , Gnehm , C. L. , McDonald , L. A. , Small , K. V. , Fraser , C. M. , Smith , H. O. , Venter , J. C. " Whole-Genome Random Sequencing and Assembly of *Haemophilus infl uenzae* Rd , "*Science* 269 , 496– 512 , 1995.

[6] Smith , H. O. , Tomb , J. -F. , Doughtery , B. A. , Fleischmann , R. D. , and Venter , J. C. , " Frequency and Distribution of DNA Uptake Signal Sequences in the *Haemophilus infl uenzae* Rd Genome , " *Science* 269 , 538–540 , 1995.

[7] James Shreeve , *The Genome* War : *How Craig Venter Tried to Capture the Code of Life and Save the World* (New York : Ballantine , 2005) , p. 110.

[8] Nicholas Wade , " First Sequencing of Cell 's DNA Defi nes Basis of Life , " *The New York Times* , August 1 , 1995 , p. C1.

[9] Rachel Nowak , " Homing In on the Human Genome , " *Science* 269 , 469 , July 28 , 1995.

[10] Fraser , C. M. , Gocayne , J. D. , White , O. , Adams , M. D. , Clayton , R. A. , Fleischmann , R. , Bult , C. J. , Kerlavage , A. R. , Sutton , G. , Kelley , J. M. , Fritchman , J. L. , Weidman , J. F. , Small , K.

V. , Sandusky , M. , Fuhrmann , J. , Nguyen , D. , Utterback , T. R. ,
Saudek , D. M. , Phillips , C. A. , Merrick , J. M. ,
Tomb , J. , Dougherty , B. A. , Bott , K. F. , Hu , P. , Lucier , T. S. ,
Peterson S. N. , Smith , H. O. , Hutchison , C. A. , Venter , J. C. " The
Minimal Gene Complement of *Mycoplasma genitalium* , " *Science*
270 , 397–403 , 1995 .

[11] Andre Goffeau , " Life with 482 Genes , " *Science* 270 , October
20 , 1995 .

[12] Karen Young Kreeger , " First Completed Microbial Genomes Signal
Birth of New Area of Study , " *The Scientist* , November 27 , 1995 .

[13] Adams , M. D. , Kerlavage , A. R. , Fleischmann , R. D. , Fuldner ,
R. A. , Bult , C. J. , Lee , N. H. , Kirkness , E. F. , Weinstock , K. G. ,
Gocayne , J. D. , White , O. , Sutton , G. , Blake , J. A. , Brandon ,
R. C. , Man-Wai , C. , Clayton , R. A. , Cline , R. T. , Cotton , M. D. ,
Earle-Hughes , J. , Fine , L. D. , FitzGerald , L. M. , FitzHugh , W.
M. , Fritchman , J. L. , Geoghagen , N. S. , Glodek , A. , Gnehm , C.
L. , Hanna , M. C. , Hedbloom , E. , Hinkle , Jr. , P. S. , Kelley , J. M. ,
Kelley , J. C. , Liu , L. I. , Marmaros , S. M. , Merrick , J. M. , Moreno-
Palanques , R. F. , McDonald , L. A. , Nguyen , D. T. , Pelligrino ,
S. M. , Phillips , C. A. , Ryder , S. E. , Scott , J. L. , Saudek , D.
M. , Shirley , R. Small , K. V. , Spriggs , T. A. , Utterback , T. R. ,
Weidman , J. F. , Li , Y. , Bednarik , D. P. , Cao , L. , Cepeda , M. A. ,
Coleman , T. A. , Collins , E. J. , Dimke , D. , Feng , P. , Ferrie , A. ,
Fischer , C. , Hastings , G. A. , He , W. W. , Hu , J. S. , Greene , J.
M. , Gruber , J. , Hudson , P. , Kim , A. , Kozak , D. L. , Kunsch , C. ,
Hungjun , J. , Li , H. , Meissner , P. S. , Olsen , H. , Raymond , L. ,
Wei , Y. F. , Wing , J. , Xu , C. , Yu , G. L. , Ruben , S. M. , Dillon , P.
J. , Fannon , M. R. , Rosen , C. A. , Haseltine , W. A. , Fields , C. ,
Fraser , C. M. , Venter , J. C. " Initial Assessment of Human Gene
Diversity and Expression Patterns Based Upon 52 Million Basepairs

of cDNA Sequence. "*Nature* 377 suppl. , 3-174 , 1995.

[14] John Maddox , " Directory to the human genome , "*Nature* 376 , pp. 459-460 , August 10 , 1995.

[15] Elyse Tanouye , *The Wall Street Journal* , September 28 , 1995.

[16] Tim Friend , *USA Today* , vr 28 , 1995.

[17] Nicholas Wade , *The New York Times* , September 28 , 1995.

[18] David Brown and Rick Weiss , *The Washington Post* , September 28 , 1955.

[19] Sue Goetinck , *The Dallas Morning News* , September 28 , 1995.

[20] Ibid.

[21] John Carey , " The Gene Kings , "*Business Week* , May 8 , 1995.

[22] Richard Jerome , " The Gene Hunter , "*People* , June 12 , 1995.

[23] Troy Goodman , *U. S. News and World Report* , October 9 , 1995.

[24] Bult , C. J. , White , O. , Olsen , G. J. , Zhou , L. , Fleischmann , R. D. , Sutton , G. G. , Blake , J. A. , FitzGerald , L. M. , Clayton , R. A. , Gocayne , J. D. , Kerlavage , A. R. Dougherty , B. A. Tomb , J.-F. , Adams , M. D. , Reich , C. I. , Overbeek , R. , Kirkness , E. F. , Weinstock , K. G. , Merrick , J. M. , Glodek , A. , Scott , J. L. , Geoghagen , S. M. , Weidman , J. F. , Fuhrmann , J. L. , Nguyen , D. , Utterback , T. R. , Kelley , J. M. , Peterson , J. D. , Sadow , P. W. , Hanna , M. C. , Cotton , M. D. , Roberts , K . M. Hurst , M. A. , Kaine , B. P. , Borodovsky , M. , Klenk , H. -P. ,

Fraser, C. M., Smith, H. O., Woese, C. R and Venter, J. C. "Complete Genome Sequence of the Methanogenic Archaeon, *Methanococcus jannaschii*, "*Science* 372, 1058–1073, 1996.

[25] Tim Friend, *USA Today*, August 23–25, 1996.

[26] *The Christian Science Monitor*, August 23, 1996.

[27] *The Economist*, August 24, 1996.

[28] Jim Wilson, *Popular Mechanics*, December 1996.

[29] *San Jose Mercury News*, August 23, 1996.

[30] Curt Suplee, *The Washington Post*, September 30, 1996.

[31] Nicholas Wade, "Thinking Small Paying Off Big in Gene Quest, " *The New York Times*, February 3, 1997.

第 10 章
机构脱离

[1] Gina Kolata, "Wallace Steinberg Dies at 61; Backed Health Care Ventures, " *The New York Times*, July 29, 1995.

[2] Angus Phillips, "He Leaves His Body to Science, His Heart to Sailing. "*The Washington Post*, November 24, 1996.

[3] Nicholas Wade, *The New York Times*, June 24, 1997.

[4] Beth Berselli, "Gene Split; Research Partners Human Genome and TIGR Are Ending Their Marriage of Convenience, " *The Washington Post*, July 7, 1997.

[5] *The (Memphis) Commercial Appeal*, July 4, 1997.

[6] *Tim Friend*, " 20 000 New Genes Boon to Research , "*USA Today*, June 25 , 1997.

[7] Ibid.

第 11 章
测序人类

[1] Maurice Wilkins , *The Third Man of the Double Helix* : *The Autobiography of Maurice Wilkins* (Oxford : Oxford University Press , 2003), p. 206.

[2] James Shreeve , *The Genome War* : *How Craig Venter Tried to Capture the Code of Life and Save the World* (New York : Ballantine Books , 2005), p. 19.

[3] Elizabeth Pennisi , " DNA Sequencers ' Trial by Fire , " *Science* 280 , 814−817 , May 8 , 1998.

[4] John Sulston and Georgina Ferry , *The Common Thread* , (London : Corgi , 2003), p. 172.

[5] Shreeve , *The Genome War* , p. 163.

[6] Ibid. , p. 21.

[7] Nicholas Wade , " Scientist 's Plan : Map All DNA Within 3 Years , " *The New York Times* , May 10 , 1998 , p. 1, 20

[8] Ibid.

[9] Ibid.

[10] Nicholas Wade , " Beyond Sequencing of Human DNA , " *The New York Times* , May 12 , 1998.

[11] Sulston and Ferry, *The Common Thread*, p. 172.

[12] Ibid., p. 174.

[13] Justin Gillis and Rick Weiss, " Private Firm Aims to Beat Government to Gene Map, " *The Washington Post*, May 12, 1998, A01.

[14] Nicholas Wade, " Beyond Sequencing of Human DNA. "

[15] Gillis and Weiss, " Private Firm. "

[16] Ibid.

[17] Elizabeth Pennisi, " DNA Sequencers ' Trial by Fire, " *Science*, May 8 1998 : Vol. 280. no. 5365, pp. 814–817.

[18] Sulston and Ferry, *The Common Thread*, p. 171.

[19] Shreeve *The Genome War*, p. 23.

[20] Ibid., p. 51.

[21] Sulston and Ferry, *The Common Thread*, p. 180.

[22] Ashburner, M. *Won for All : How the Drosophila Genome was Sequenced* (Cold Spring Harbor Laboratory Press, 2006), p. 1.

[23] Ibid., p. 15.

[24] Sulston and Ferry, *The Common Thread*, p. 176.

[25] Ibid.

[26] Shreeve, *The Genome War*, p. 48.

[27] Ibid., p. 53.

[28] Sulston and Ferry, *The Common Thread*, p. 188.

[29] Shreeve, *The Genome War*, p. 53.

**第 12 章
疯狂的杂志
和破坏性的
生意人**

[1] John Sulston and Georgina Ferry, *The Common Thread* (London :
Corgi, 2003), p. 190.

[2] James Shreeve, *The Genome War : How Craig Venter Tried to
Capture the Code of Life and Save the World* (New York : Ballantine,
2005), p. 125.

[3] Shreeve, *The Genome War*, p. 93.

[4] Ibid., p. 226.

[5] Maynard Olson, " The Human Genome Project : A Player 's
Perspective, "*Journal of Molecular Biology*, 2002, 319, 931–942.

**第 13 章
向前飞**

[1] James Shreeve, *The Genome War : How Craig Venter Tried to
Capture the Code of Life and Save the World* (New York : Ballantine,
2005), p. 285.

[2] Ashburner, M. *Won for All : How the Drosophila Genome was
Sequenced* (Cold Spring Harbor Laboratory Press, 2006), p. 45.

[3] Shreeve, *The Genome War*, p. 300.

[4] Ashburner, M., *Won for All*, p. 55.

[5] John Sulston and Georgina Ferry, *The Common Thread* (London :

Corgi, 2003), p. 232.

[6]　Mark D. Adams, Susan E. Celniker, Robert A. Holt, Cheryl A. Evans, Jeannine D. Gocayne, Peter G. Amanatides, Steven E. Scherer, Peter W. Li, Roger A. Hoskins, Richard F. Galle, Reed A. George, Suzanna E. Lewis, Stephen Richards, Michael Ashburner, Scott N. Henderson, Granger G. Sutton, Jennifer R. Wortman, Mark D. Yandell, Qing Zhang, Lin X. Chen, Rhonda C. Brandon, Yu-Hui C. Rogers, Robert G. Blazej, Mark Champe, Barret D. Pfeiffer, Kenneth H. Wan, Clare Doyle, Evan G. Baxter, Gregg Helt, Catherine R. Nelson, George L. Gabor Miklos, Josep F. Abril, Anna Agbayani, Hui-Jin An, Cynthia Andrews-Pfannkoch, Danita Baldwin, Richard M. Ballew, Anand Basu, James Baxendale, Leyla Bayraktaroglu, Ellen M. Beasley, Karen Y. Beeson, P. V. Benos, Benjamin P. Berman, Deepali Bhandari, Slava Bolshakov, Dana Borkova, Michael R. Botchan, John Bouck, Peter Brokstein, Phillipe Brottier, Kenneth C. Burtis, Dana A. Busam, Heather Butler, Edouard Cadieu, Angela Center, Ishwar Chandra, J. Michael Cherry, Simon Cawley, Carl Dahlke, Lionel B. Davenport, Peter Davies, Beatriz de Pablos, Arthur Delcher, Zuoming Deng, Anne Deslattes Mays, Ian Dew, Suzanne M. Dietz, Kristina Dodson, Lisa E. Doup, Michael Downes, Shannon Dugan-Rocha, Boris C. Dunkov, Patrick Dunn, Kenneth J. Durbin, Carlos C. Evangelista, Concepcion Ferraz, Steven Ferriera, Wolfgang Fleischmann, Carl Fosler, Andrei E. Gabrielian, Neha S. Garg, William M. Gelbart, Ken Glasser, Anna Glodek, Fangcheng Gong, J. Harley Gorrell, Zhiping Gu, Ping Guan, Michael Harris, Nomi L. Harris, Damon Harvey, Thomas J. Heiman, Judith R. Hernandez, Jarrett Houck, Damon Hostin, Kathryn A. Houston, Timothy J. Howland, Ming-Hui Wei, Chinyere Ibegwam, Mena Jalali, Francis Kalush, Gary H. Karpen, Zhaoxi Ke, James A. Kennison, Karen A. Ketchum, Bruce E. Kimmel, Chinnappa D. Kodira, Cheryl Kraft, Saul Kravitz,

David Kulp, Zhongwu Lai, Paul Lasko, Yiding Lei, Alexander A. Levitsky, Jiayin Li, Zhenya Li, Yong Liang, Xiaoying Lin, Xiangjun Liu, Bettina Mattei, Tina C. McIntosh, Michael P. McLeod, Duncan McPherson, Gennady Merkulov, Natalia V. Milshina, Clark Mobarry, Joe Morris, Ali Moshrefi, Stephen M. Mount, Mee Moy, Brian Murphy, Lee Murphy, Donna M. Muzny, David L. Nelson, David R. Nelson, Keith A. Nelson, Katherine Nixon, Deborah R. Nusskern, Joanne M. Pacleb, Michael Palazzolo, Gjange S. Pittman, Sue Pan, John Pollard, Vinita Puri, Martin G. Reese, Knut Reinert, Karin Remington, Robert D. C. Saunders, Frederick Scheeler, Hua Shen, Bixiang Christopher Shue, Inga Sidén-Kiamos, Michael Simpson, Marian P. Skupski, Tom Smith, Eugene Spier, Allan C. Spradling, Mark Stapleton, Renee Strong, Eric Sun, Robert Svirskas, Cyndee Tector, Russell Turner, Eli Venter, Aihui H. Wang, Xin Wang, Zhen-Yuan Wang, David A. Wassarman, George M. Weinstock, Jean Weissenbach, Sherita M. Williams, Trevor Woodage, Kim C. Worley, David Wu, Song Yang, Q. Alison Yao, Jane Ye, Ru-Fang Yeh, Jayshree S. Zaveri, Ming Zhan, Guangren Zhang, Qi Zhao, Liansheng Zheng, Xiangqun H. Zheng, Fei N. Zhong, Wenyan Zhong, Xiaojun Zhou, Shiaoping Zhu, Xiaohong Zhu, Hamilton O. Smith, Richard A. Gibbs, Eugene W. Myers, Gerald M. Rubin, and J. Craig Venter. "The Genome Sequence of Drosophila melanogaster," *Science*, March 24, 2000: 2185–2195.

[7]　Justin Gillis, "Will this MAVERICK unlock the greatest scientifi -c discovery of his age? Copernicus, Newton, Einstein and VENTER?" *USA Weekend*, January 29–31, 1999.

[8]　Philip E. Ross, "Gene Machine," *Forbes Magazine*, February 21, 2000.

**第 14 章
第一份人类
基因组**

[1] 褐色眼睛有和蓝色眼睛同样多的黑色素细胞，但是它们产生相对较多的黑色素。蓝色并不是由于黑色素本身的颜色而是由于黑色素细胞的光散射效应（就像天空是蓝色的一样）。新生婴儿眼睛是蓝色的是因为他们还没有生成很多的黑色素。

[2] David Ewing Duncan, *The Geneticist Who Played Hoops with My DNA : … and Other Masterminds from the Frontiers of Biotech* (London : Fourth Estate, 2005).

[3] James C. Mullikin, and Amanda A. McMurray, " Sequencing the Genome, Fast, "*Science*, March 19, 1999 : Vol. 283. no. 5409, pp. 1867–1868.

[4] 1999年3月15日星期一，NHGRI发布：人类基因组计划宣布已成功完成了试验性计划，开始大规模地以新颁布的加速的时间表来测序人类基因组：

　　　国际人类基因组计划今天宣布他们已经完成了测序人类基因组的先期试验性工作阶段，开始大规模地测序所有约30亿个字母（被称为碱基对）的人类DNA的说明书。在这些试验性工作的基础上，一个国际协会预言在2000年春天之前他们将会产生至少90％人类基因组序列的"研究草图"，比预期有相当的提前。"我非常高兴看到人类基因组计划对完成人类历史上的最重要的科学计划——揭开遗传密码的秘密——的积极影响。该计划将会改变我们对自己身体和疾病的认识，提高对一些现代医学难以处理的疾病的治疗、治愈和控制手段，"副总统阿尔·戈尔说，"尤其使我感到激动的是，我们正在进入全面测序阶段并且有望提前原计划一年半完成一个工作草图。"

[5] Francis Collins, *The Language of God : A Scientist Presents Evidence for Belief* (New York : Free Press, 2006), p. 119.

[6] James Shreeve, *The Genome War : How Craig Venter Tried to*

Capture the Code of Life and Save the World (New York : Ballantine , 2005) , p. 186.

[7]　Collins , *The Language of God* , p. 120.

[8]　Tim Friend , " Feds May Have Tried to Bend Law for Gene Map , " *USA Today* , March 13 , 2000.

[9]　Shreeve , *The Genome War* , p. 314.

[10]　John Sulston and Georgina Ferry , *The Common Thread* (London : Corgi , 2003) , p. 182.

[11]　Ibid. , p. 240.

[12]　Ibid. , p. 228.

[13]　Collins , *The Language of God* , p. 121.

[14]　Ibid.

[15]　Sulston and Ferry , *The Common Thread* , p. 185.

[16]　Ibid. , p. 241.

[17]　Ibid. , p. 265.

[18]　Ibid. , p. 277.

[19]　David Whitehouse , " Gene firm labeled a ' con job ' " BBC News Online , March 6 , 2000.

英国主要的基因测序试验室桑格中心的主任约翰·萨尔斯顿

博士攻击美国塞雷拉公司以及它的主任克雷格·文特尔博士，说
他们试图出售DNA数据牟利，而该数据既包括公共数据也包括
私人数据。他们还使用该计划的遗传信息来读取人类基因组，国
际上对此争论日益激烈，萨尔斯顿说公众必须知道事情的真相。
他对BBS说："如果它对我们不是这样严肃的话，这本应该是件
愉快的事。"萨尔斯顿博士说："塞雷拉吸取了所有的公众数据，
加上他们自己的一点点数据然后成套出售。对于想要购买它的人
来说这也不错，这由他们决定。"但是他补充说塞雷拉的数据是
某种"欺骗性工作……正在浮现的事实是绝对非常规的。他们
真的试图建立一个为期5年左右的关于人类基因组的完全垄断的
地位。除了是'拥有'人类基因本身的伦理问题，"萨尔斯顿博士
认为，"危险的是塞雷拉将会一意孤行并劝说政客们减少对基因
研究的公共基金支持，因为他们会认为私人公司就可以做所有的
事情了。"

[20] Sorin Istrail, Granger G. Sutton, Liliana Florea, Aaron L. Halpern, Clark M. Mobarry, Ross Lippert, Brian Walenz, Hagit Shatkay, Ian Dew, Jason R. Miller, Michael J. Flanigan, Nathan J. Edwards, Randall Bolanos, Daniel Fasulo, Bjarni V. Halldorsson, Sridhar Hannenhalli, Russell Turner, Shibu Yooseph, Fu Lu, Deborah R. Nusskern, Bixiong Chris Shue, Xiangqun Holly Zheng, Fei Zhong, Arthur L. Delcher, Daniel H. Huson, Saul A. Kravitz, Laurent Mouchard, Knut Reinert, Karin A. Remington, Andrew G. Clark, Michael S. Waterman, Evan E. Eichler, Mark D. Adams, Michael W. Hunkapiller, Eugene W. Myers, and J. Craig Venter, "Whole Genome Shotgun Assembly and Comparison of Human Genome Assemblies," *Proc. Nat!. Acad. Sci.* USA, published online, February 9, 2004, 10. 1073.

[21] Memo from Lynn Holland to Celera senior staff; containing Rich Roberts e-mail and Eric Lander e-mail.

[22] Shreeve, *The Genome War*, p. 314.

[23] Sulston and Ferry, *The Common Thread*, p. 244.

[24] Peter G Gosselin, Paul Jacobs, " Rush to Crack Genetic Code Breeds Trouble Science : Public-private rift arises after company seeks exclusive rights in exchange for sharing expanding data, " *Los Angles Times*, March 6, 2000.

[25] Justin Gills, " Gene-Mapping Controversy Escalates ; Rockville Firm Says Government Offi cials Seek to Undercut Its Effort, " *The Washington Post*, March 7, 2000.

[26] Nicholas Wade, " Genome Decoding Plan Is Derailed by Confl icts, " *The New York Times*, March 9, 2000.

[27] Gillis, " Gene-Mapping Controversy Escalates. "

[28] Sulston and Ferry, *The Common Thread*, p. 246.

[29] Transcript of Briefing by Directors of Office on Science and Technology Policy and the Human Genome Project , *U. S. Newswire*, March 14, 2000.

[30] Ibid.

[31] Frederick Goolden and Michael Lemonick, " The Race is Over, " *Time*, July 3, 2000.

[32] Sulston and Ferry, *The Common Thread*, p. 250.

[33] Shreeve, *The Genome War*, p. 296.

[34] Bill Clinton, *My Life* (London : Hutchinson, 2004), p. 889.

[35] Deb Reichmann, A Blue Dress and a Presidential Blood Sample, " *Pittsburgh Post-Gazette* (Associated Press) September 22, 1998. Charles B. Babcock. " The DNA Test, " *The Washington Post*, September 22, 1998.

[36] Collins. *The Language of God*, p. 122.

[37] Bob Davis and Ron Winslow, " Joint release of DNA drafts is planned, " *The Wall Street Journal*, June 20, 2000.

[38] Ibid.

**第 15 章
白 宫，2000
年6月26日**

[1] Matt Ridley. *Genome : The Autobiography of a Species* (New York : Harper Perennial, 2000), p. 5.

[2] Bill Clinton, *My Life* (London : Hutchinson, 2004), p. 910.

[3] John Sulston and Georgina Ferry, *The Common Thread* (London : Corgi, 2003), p. 258.

[4] Ibid., p. 252.

[5] Francis Collins, *The Language of God : A Scientist Presents Evidence for Belief* (New York : Free Press, New York, 2006), p. 2

[6] Francis Collins, *The Language of God*, p. 3.

[7] Ibid.

**第 16 章
出版和被
诅咒**

[1] Michael Ashburner. See James Shreeve, *The Genome War : How Craig Venter Tried to Capture the Code of Life and Save the World* (New York : Ballantine, 2005), p. 361.

[2] J. Craig Venter, Mark D. Adams, Eugene W. Myers, Peter W. Li, Richard J. Mural, Granger G. Sutton, Hamilton O. Smith, Mark Yandell, Cheryl A. Evans, Robert A. Holt, Jeannine D. Gocayne, Peter Amanatides, Richard M. Ballew, Daniel H. Huson, Jennifer Russo Wortman, Qing Zhang, Chinnappa D. Kodira, Xiangqun H. Zheng, Lin Chen, Marian Skupski, Gangadharan Subramanian, Paul D. Thomas, Jinghui Zhang, George L. Gabor Miklos, Catherine Nelson, Samuel Broder, Andrew G. Clark, Joe Nadeau, Victor A. McKusick, Norton Zinder, Arnold J. Levine, Richard J. Roberts, Mel Simon, Carolyn Slayman, Michael Hunkapiller, Randall Bolanos, Arthur Delcher, Ian Dew, Daniel Fasulo, Michael Flanigan, Liliana Florea, Aaron Halpern, Sridhar Hannenhalli, Saul Kravitz, Samuel Levy, Clark Mobarry, Knut Reinert, Karin Remington, Jane Abu-Threideh, Ellen Beasley, Kendra Biddick, Vivien Bonazzi, Rhonda Brandon, Michele Cargill, Ishwar Chandramouliswaran, Rosane Charlab, Kabir Chaturvedi, Zuoming Deng, Valentina Di Francesco, Patrick Dunn, Karen Eilbeck, Carlos Evangelista, Andrei E. Gabrielian, Weiniu Gan, Wangmao Ge, Fangcheng Gong, Zhiping Gu, Ping Guan, Thomas J. Heiman, Maureen E. Higgins, Rui-Ru Ji, Zhaoxi Ke, Karen A. Ketchum, Zhongwu Lai, Yiding Lei, Zhenya Li, Jiayin Li, Yong Liang, Xiaoying Lin, Fu Lu, Gennady V. Merkulov, Natalia Milshina, Helen M. Moore, Ashwinikumar K Naik, Vaibhav A. Narayan, Beena Neelam, Deborah Nusskern, Douglas B. Rusch, Steven Salzberg, 2 Wei Shao, Bixiong Shue, Jingtao Sun, Zhen Yuan Wang, Aihui Wang, Xin Wang, Jian Wang, Ming-Hui Wei, Ron Wides, Chunlin Xiao, Chunhua Yan, Alison Yao, Jane Ye, Ming Zhan, Weiqing Zhang, Hongyu Zhang, Qi Zhao, Lianvldvall. sheng Zheng, Fei Zhong, Wenyan Zhong, Shiaoping C. Zhu, Shaying Zhao, 2 Dennis Gilbert, Suzanna Baumhueter, Gene Spier, Christine Carter, Anibal Cravchik, Trevor Woodage, Feroze Ali, Huijin An, Aderonke Awe, Danita Baldwin, Holly Baden, Mary Barnstead, Ian Barrow, Karen Beeson, Dana

Busam, Amy Carver, Angela Center, Ming Lai Cheng, Liz Curry, Steve Danaher, Lionel Davenport, Raymond Desilets, Susanne Dietz, Kristina Dodson, Lisa Doup, Steven Ferriera, Neha Garg, Andres Gluecksmann, Brit Hart, Jason Haynes, Charles Haynes, Cheryl Heiner, Suzanne Hladun, Damon Hostin, Jarrett Houck, Timothy Howland, Chinyere Ibegwam, Jeffery Johnson, Francis Kalush, Lesley Kline, Shashi Koduru, Amy Love, Felecia Mann, David May, Steven McCawley, Tina McIntosh, Ivy McMullen, Mee Moy, Linda Moy, Brian Murphy, Keith Nelson, Cynthia Pfannkoch, Eric Pratts, Vinita Puri, Hina Qureshi, Matthew Reardon, Robert Rodriguez, Yu-Hui Rogers, Deanna Romblad, Bob Ruhfel, Richard Scott, Cynthia Sitter, Michelle Smallwood, Erin Stewart, Renee Strong, Ellen Suh, Reginald Thomas, Ni Ni Tint, Sukyee Tse, Claire Vech, Gary Wang, Jeremy Wetter, Sherita Williams, Monica Williams, Sandra Windsor, Emily Winn-Deen, Keriellen Wolfe, Jayshree Zaveri, Karena Zaveri, Josep F. Abril, Roderic Guigo, 4 Michael J. Campbell, Kimmen V. Sjolander, Brian Karlak, Anish Kejariwal, Huaiyu Mi, Betty Lazareva, Thomas Hatton, Apurva Narechania, Karen Diemer, Anushya Muruganujan, Nan Guo, Shinji Sato, Vineet Bafna, Sorin Istrail, Ross Lippert, Russell Schwartz, Brian Walenz, Shibu Yooseph, David Allen, Anand Basu, James Baxendale, Louis Blick, Marcelo Caminha, John Carnes-Stine, Parris Caulk, Yen-Hui Chiang, My Coyne, Carl Dahlke, Anne Deslattes Mays, Maria Dombroski, Michael Donnelly, Dale Ely, Shiva Esparham, Carl Fosler, Harold Gire, Stephen Glanowski, Kenneth Glasser, Anna Glodek, Mark Gorokhov, Ken Graham, Barry Gropman, Michael Harris, Jeremy Heil, Scott Henderson, Jeffrey Hoover, Donald Jennings, Catherine Jordan, James Jordan, John Kasha, Leonid Kagan, Cheryl Kraft, Alexander Levitsky, Mark Lewis, Xiangjun Liu, John Lopez, Daniel Ma, William Majoros, Joe McDaniel, Sean Murphy, Matthew Newman, Trung Nguyen, Ngoc Nguyen, Marc Nodell, Sue Pan, Jim Peck, Marshall Peterson, William Rowe,

Robert Sanders, John Scott, Michael Simpson, Thomas Smith, Arlan Sprague, Timothy Stockwell, Russell Turner, Eli Venter, Mei Wang, Meiyuan Wen, David Wu, Mitchell Wu, Ashley Xia, Ali Zandieh, Xiaohong Zhu, *The Sequence of the Human Genome*, February 16, 2001 Vol. 291 Science, 1304–1351.

[3] R Waterston, E Lander, and J Sulston, " On the sequencing of the human genome, " *Proc. Natl. Acad. Sci. USA*, 99, 3712-16, 2002.

[4] John Sulston and Georgina Ferry. *The Common Thread.* (Corgi, 2003) p. 271.

[5] James Shreeve. *The Genome War. How Craig Venter Tried to Capture the Code of Life and Save the World.* (Ballantine, New York, 2005) p. 364.

[6] David Ewing Duncan, *The Geneticist Who Played Hoops with My DNA* : ... *and Other Masterminds from the Frontiers of Biotech* (London : Fourth Estate, 2005), p. 134.

[7] Mural, R. J., Adams, M. D., Myers, E. W., Smith, H. O., Miklos, G. L., Wides, R., Halpern, A., Li, P. W., Sutton, G., Nadeau, J., Salzbert, S. L., Holt, R., Kodira, C. D., Lu, F., Evangelista, C. C., Gan, W., Heiman, T. J., Li, J., Merkulov, G. V., Naik, A. K., Qi, R., Wang, A., Wang, X., Yan, X., Yooseph, S., Zheng, L., Zhu, S. C., Biddick, K., Bolanos, R.,
Delcher, A., Dew, I., Fasulo, D., Flanigan, M., Huson, D., Kravitz, S., Miller, J. R., Mobarry, C., Reinert, K., Remington, K., Zhang, Q., Zheng, X. H., Nusskern, D., Lai, Z., Lei, Y., Zhong, W., Yao, A., Guan, P., Ji, R., Gu, Z., Wang, Z., Y., Zhong, F., Ziao, C., Chiang, C., Yandell, M., Wortman, J., Amanatides, P., Hladun, S., Pratts, E., Johnson, J., Dodson, K.,

Woodford , K. , Evans , J. C. , Gropman , B. , Rusch , D. , Venter , E. ,
Wang , M. , Smith , T. , Houck , Tompkins , D. E. ,
Haynes , C. , Jacob , D. , Chin , S. Allen , D. , Dahlke , C. , Sanders ,
B. , Li , K. , Liu , F. , Levitsky , A. , Majoros , W. , Chen , Q. , Xia , A. ,
Lopez , J. , Donnelly , M. , Newman , M. , Glodek , A. , Kraft , C. ,
Nodell , M. , Beeson , K. , Cai , S. , Caulk , P. , Chen , Y. , Coyne ,
M. , Dietz , S. , Dullaghan , P. , Fosler , C. , Gire , C. , Gocayne , J.
D. , Hoover , J. , Howland , T. , Ma , D. , McIntosh , T. , Murphy , B. ,
Murphy , S. , Nelson , K. , Parker , K. Prudhomme , A. , Puri , Vinita ,
Qureshi , H. , Raley , J. C. , Reardon , M. , Regier , M. , Rogers , Y. ,
Romblad , D. , Scott , J. ,
Scott , R. , Sitter , C. , Sprague , A. , Stewart , E. , Strong , R. , Suh ,
E. , Sylvester , K. , Tint , N. N. , Tsonis , C. , Wang , G. ,
Wang , G. , Williams , M. , Williams , S. , Windsor , S. Wolfe , K. ,
Wu , M. , Zaveri , J. , Zubeda , N. , Subramanian , G. , Venter , J.
C. " A Comparison of Whole-Genome Shotgun-Derived Mouse
Chromosome 16 and the Human Genome , " *Science* , 296 , 1661–
1671 , 2002.

[8]   Sulston and Ferry , *The Common Thread* , p. 261.

[9]   Meredith Wadman , " Biology 's Bad Boy Is Back , " *Fortune* , March
8 , 2004.

[10]   这个效应的另外一个可能的机制取决于生命初始的特性。在生命
的头24小时，亲代DNA还没有混合形成个体，这些DNA甚至还
没有被使用过。亲代基因信息到处乱跑着控制和影响生命发展的
早期阶段。这些信息写在RNA里面，它是我们细胞中比DNA更
为古老的外遗传密码，它从卵子和精子里遗传下来。你可以把这
看作是一个RNA操作系统，该操作系统可以使进化软件在细胞
里运行。

**第 17 章
蓝色星球
和新生命**

[1] Maynard Olson , " The Human Genome Project : A Player 's Perspective. "*J. Mol. Biol.* 319 , 931–42 , 2002.

[2] John Sulston and Georgina Ferry. *The Common Thread* (London : Corgi , 2003) , p. 192.

[3] Myers , E. W. , Sutton , G. G. , Smith , H. O. , Adams , M. D. , Venter , J. C. , " On the sequencing and assembly of the human genome , " *Proc. Natl. Acad. Sci. USA* 99 , 7 , 4145–4146 , 2002.

[4] R Waterston , E. Lander , and J Sulston , " On the sequencing of the human genome , " *Proc. Natl. Acad. Sci. USA* , vol 99 , 2002 , pp. 3712–3716.

[5] Ibid.

[6] Nicholas Wade , " Genome Project Rivals Trade Notes , Cordially , " *The New York Times* , June 12 , 2001 , p. 2.

[7] Nicholas Wade , " Grad Student Becomes Gene Effort 's Unlikely Hero , "*The New York Times* , February 13 , 2001 , p. 2.

[8] Particularly on chromosome 22.

[9] Mark D. Adams , Granger G. Sutton , Hamilton O. Smith , Eugene W. Myers , and J. Craig Venter , " The independence of our genome assemblies , "*Proc. Natl. Acad. Sci. USA* 2003 100 : 3025–3026. Jim Kent , e-mail to Roger Highfield , April 21 , 2006.

[10] International Human Genome Sequencing Consortium. Finishing the euchromatic sequence of the human genome , *Nature* 431 , 931–945 (21 October 2004)

[11] Sorin Istrail, Granger G. Sutton, Liliana Florea, Aaron L. Halpern, Clark M. Mobarry, Ross Lippert, Brian Walenz, Hagit Shatkay, Ian Dew, Jason R. Miller, Michael J. Flanigan, Nathan J. Edwards, Randall Bolanos, Daniel Fasulo, Bjarni V. Halldorsson, Sridhar Hannenhalli, Russell Turner, Shibu Yooseph, Fu Lu, Deborah R. Nusskern, Bixiong Chris Shue, Xiangqun Holly Zheng, Fei Zhong, Arthur L. Delcher, Daniel H. Huson, Saul A. Kravitz, Laurent Mouchard, Knut Reinert, Karin A. Remington, Andrew G. Clark, Michael S. Waterman, Evan E. Eichler, Mark D. Adams, Michael W. Hunkapiller, Eugene W. Myers, and J. Craig Venter, " Whole genome shotgun assembly and comparison of human genome assemblies, " *Proc. Natl. Acad. Sci. USA*, February 9, 2004, 10. 1073.

[12] Nicholas Wade, Scientist Revels Secret of the Genome : It 's His, *The New York Times*, April 27, 2002.

[13] Antonio Regalado, " Entrepreneur Puts Himself Up for Study In Genetic ' Tell-All, ' " *The Wall Street Journal*, October 18, 2006.

[14] Samuel Levy, Granger Sutton, Pauline g, Lars Feuk, Aaron L. Halpern, Brian Walcnz, Nelson Axelrod, Jiaqi Huang, Ewen Kirkness, Gennady Denisov, Yuan Lin, Jeffrey R MacDonald, Andy Wing Chun Pang, Mary Shago, Tim Stockwell, Alexia Tsiarnouri, Vineet Bafna, Vikas Bansal, Saul Kravitz, Dana Busam, Karen Beeson, Tina Mcintosh, John Gill, Jon Borman, Yu-Hui Rogers, Marvin Frazier, tephen Scherer, Robert L Strausberg, J. Craig Venter, " The First Diploid Genome Sequence for Homo Sapien. " *PLoS Biology*, 2007.

[15] Venter, J. C., Remington, K., Heidelberg, J., Halpern, A., Rusch, D., Eisen, J., Wu, D., Paulsen, I., Nelson, K., Nelson, W., Fouts, D., Levy, S., Knap, A., Lomas, M., Nealson, K.,

White, O., Peterson, J., Hoffman, J., Parsons, R., Baden-Tillson, H., Pfannkoch, C., Rogers, YH., and Smith, H. "Environmental Genome Shotgun Sequencing of the Sargasso Sea," *Science* 304 (5667): 66–74(2004).

[16] Douglas B. Rusch, Aaron L. Halpern, Granger Sutton, Karla B. Heidelberg, Shannon Williamson, Shibu Yooseph, Dongying Wu, Jonathan A. Eisen, Jeff M. Hoffman, Karin Remington, Karen Beeson, Bao Tran, Hamilton Smith, Holly Baden-Tillson, Clare Stewart, Joyce Thorpe, Jason Freeman, Cynthia Andrews-Pfannkoch, Joseph E. Venter, Kelvin Li, Saul Kravitz, John F. Heidelberg, Terry Utterback, Yu-Hui Rogers, Luisa 1. Falco, Valeria Souza, German Bonilla-Rosso, Luis E. Eguiarte, David M. Karl, Shubha Sathyendranath, Trevor Platt, Eldredge Bermingham, Victor Gallardo, Giselle Tamayo-Castille, Michael R. Ferrari, Robert L. Srrausberg, Kenneth Nealson, Robert Friedman, Marvin Frazier, J. Craig Venter, "The Sorcerer II Global Ocean Sampling Expedition: Northwest Atlantic through Eastern Tropical Pacific," *PioS Biology*, 398–431, 2007; Shibu Yooseph, Granger Sutton, Douglas B. Rusch, Aaron L. Halpern, Shannon J. Williamson, Karin Remington, Jonathan A. Eisen, Karla B. Heidelberg, Gerard Manning, Weizhong Li, Lukasz Jaroszewski, Piotr Cieplak, Christopher S. Miller, Huiying Li, Susan T. Mashiyama, Marcin P. Joachimiak, Christopher van Belle, John-Marc Chandonia, David A. Soergel, Yufeng Zhai, Kannan Natarajan, Shaun Lee, Benjamin J. Raphael, Vineet Bafna, Robert Friedman, Steven E. Brenner, Adam Godzik, David Eisenberg, Jack E. Dixon, Susan S. Taylor, Robert L. Strausberg, Marvin Frazier, J. Craig Venter, "The Sorcerer II Global Ocean Sampling Expedition: Expanding the Universe of Protein Families," *PioS Biology*, 432–466, 2007; Natarajan Kannan, Susan S. Taylor, Yufeng Zhai, J. Craig Venter, Gerard Manning, "Structural and Functional Diversity of the Microbial Kinome," *PLoS Biology*, 467–

478 , 2007.

[**17**]　Smith H. O. , Hutchison C. A. , III , Pfannkoch C , and Venter , J. C. , " Generating a synthetic genome by whole genome assembly : _ X 174 bacteriophage from synthetic oligonucleotides , " *Proc. Natl. Acad. Sci. USA* 100 : 15440−15445 (2003) .

[**18**]　Elizabeth Weise , " Scientists create a virus that reproduces , " *USA Today* , November 14 , 2003.

[**19**]　Elizabeth Pennisi , " Venter Cooks Up a Synthetic Genome in Record Time , " *Science* , November 21 , 2003 : vol. 302 . no. 5649 , p. 1307.

[**20**]　Carole Lartigue , John 1. Glass , Nina Alperovich , Rembert Pieper , Prashanth P. Parmar , Clyde A. Hutchison III , Hamilton O. Smith , and J. Craig Venter , " Genome Transplantation in Bacteria : Changing One Species to Another , " *Science* , June 28 , 2007.

索引

B

C

D

E

F

G

H

I

J

K

M

N

P

Q

R

S

T

U

V

W

X

Y

Z

图书在版编目（CIP）数据

解码生命 / （美）J.克雷格·文特尔著；赵海军，周海燕译 . — 长沙：湖南科学技术出版社，
2018.1
（第一推动丛书 . 生命系列）
ISBN 978-7-5357-9499-4

Ⅰ.①解… Ⅱ.①J… ②赵… ③周… Ⅲ.①人类基因—基因组—普及读物 Ⅳ.① Q987-49
中国版本图书馆 CIP 数据核字（2017）第 226190 号

A Life Decoded
Copyright © 2007 by J. Craig Venter
All Rights Reserved

湖南科学技术出版社通过美国 Brockman，Inc. 独家获得本书中文简体版中国大陆出版发行权
著作权合同登记号 18-2015-072

JIEMA SHENGMING
解码生命

著者	印刷
[美] J.克雷格·文特尔	长沙超峰印刷有限公司
译者	厂址
赵海军　周海燕	宁乡县金州新区泉洲北路 100 号
责任编辑	邮编
吴炜　孙桂均　李蓓	410600
装帧设计	版次
邵年　李叶　李星霖　赵宛青	2018 年 1 月第 1 版
出版发行	印次
湖南科学技术出版社	2018 年 1 月第 1 次印刷
社址	开本
长沙市湘雅路 276 号	880mm×1230mm　1/32
http://www.hnstp.com	印张
湖南科学技术出版社	18.25
天猫旗舰店网址	字数
http://hnkjcbs.tmall.com	388000
邮购联系	书号
本社直销科 0731-84375808	ISBN 978-7-5357-9499-4
	定价
	69.00 元